FINE WINE シリーズ

A Regional Guide to the Best Producers and Their Wines

スペイン
リオハ&北西部

ヘスス・バルキン｜ルイス・グティエレス｜ビクトール・デ・ラ・セルナ 著

大狩 洋 監修

序文 ヒュー・ジョンソン
写真 ジョン・ワイアンド
翻訳 大田 直子

スペイン・ワイン産地への誘い

　リオハ、心地よい響きに直ぐ目に浮かぶ光景、北に連なる雄大なカンタブリア山脈を背景に、山麓の斜面からなだらかな起伏と段丘がエブロ川を挟んで、うねる地勢の葡萄畑が続く。山脈の影響によって北からの冷たい風はさえぎられ、恵みをもたらす大地をつくりだす。

　朝焼けの静寂の中、葡萄畑では農作業をする姿がある。「良きワインは、良き葡萄から、良き葡萄は、良き土から」のたとえどおり、大地を愛する情熱に国境は無い。大量に作れば良いという時代は終わり、酷使されてきた葡萄畑も、個々にテロワールを表現できる迄に手入れされた。

　世界的銘醸地であれば、伝統を守ってさえいれば揺るぎない、と思いがちだが栽培醸造家は「革新、革新の毎日なのです。そうしなければ明日は無い」と説いた。

　リオハ・アルタ、トレモンタルボ村においては、長い年月を経て、恵みの大切さを実感できる好運にめぐり会えた。ワインは艶やかで、疑いなく樹齢の豊かさのキャラクターとエレガントさ、造り手の人柄まで感じずにはいられない貴重かつ高潔、驚嘆に値するワインであった。

　ワインについて尋ねると、「唯一、言えるとするならば、それは豊かな自然が作り出してくれるということだけです」。畑に目を向けると、軽く乾燥した土地にプレ・フィロキセラの葡萄が数種注意深く栽培され続けている。葡萄樹はねじれ、樹齢100年を超えるその様は、全く異なり衝撃的にさえ思えた。真実は葡萄畑にあった。

　本書は、幾重にわたって葡萄畑が要であると論じられており、各章で、歴史等が深く掘り下げられていて興味が膨らむ。はっきりと理解できていなかった事象、何が起こり、試行錯誤の結果どうなったかが、具体的に因果関係が解き明かされている。

　新旧ベストワイナリー、リオハ、ナバラ、ビエルソ、ガリシア、バスク、カンタブリアのボデガと造り手の肖像が明確に刻まれた、系譜とも言える解説がFINEST WINESと共に記されている。

　北西部は美食の宝庫、ガストロノミーの世界に仲間入りを果たしており、葡萄畑から食卓へ導くガイドが記され、スペイン・ワイン産地への好奇心を誘う本でもある。

　本書は、「真に新たな時代の幕開け」を実感させ、歓びを共有でき、人生を豊かにしてくれる一冊である。

監修者　大狩 洋

Contents

監修者序文　大狩 洋 2
序文　ヒュー・ジョンソン 4
まえがき 5

序　説
1　歴史、文化、市場：神話からモダニズムまで 6
2　地理、地質、気候：山脈から海まで 18
3　葡萄品種：土着品種の勝利 24
4　葡萄栽培：バック・トゥー・ザ・フューチャー 36
5　ワインづくり：伝統とモダン 44

最上のつくり手とそのワイン
6　リオハ 54
7　ナバラ 204
8　ビエルソ 224
9　リアス・バイシャスとその他のガリシア 244
10　バスク国とカンタブリア沿岸 286

ワインを味わう
11　ヴィンテージ：1990〜2010および古い特選ヴィンテージ 296
12　ワインと料理：スペイン北西部の極上レストラン 304
13　秘密のアドレス：熟成したリオハの魔法 312
14　トップ10：極上ワイン100選 314

用語解説 316
参考図書 317
索　引 318

序　文

ヒュー・ジョンソン

優れたワインが、自らを他の平凡なワインから峻別させるのは、気どった見せかけではなく、「会話」によってである——そう、それは、飲み手達がどうしても話したくなり、話し出しては興奮させられ、そしてときには、ワイン自身もそれに参加する会話。

この考えは、超現実主義的すぎるだろうか？　真に創造的で、まぎれもなく本物のワインに出会ったとき、読者はそのボトルと会話を始めていないだろうか？　いま、デカンターを2度もテーブルに置いたところで。あなたはその色を愛で、今は少し衰えた新オークの香りと、それに代わって刻々と広がっていく熟したブラックカラントの甘い香りについて語っている。すると、ヨードの刺激的な強い香りがそれをさえぎる。それは海からの声で、いま浜辺に車を止め、ドアを開けたばかりのときのように、はっきりと聞こえてくる。「ジロンド川が見えますか？」とワインが囁きかけてくる。「白い石ころで覆われた灰色の長い斜面が見えるでしょ。私はラトゥール。しばらく私を舌の上で含んで。その間に私の秘密をすべてお話しします。私を生み出した葡萄たち、8月にほんの少ししか会えなかった陽光、そして摘果の日まで続いた9月の灼熱の日々。私の力が衰えたって？　そう、確かに歳を取ったわ。でもそのぶん雄弁になったわ。私の弱みを握った気でいるの？　でも私は今まで以上に性格がはっきり出たでしょ。」

聴く耳を持っている人には聞こえるはずだ。世界のワインの大半は、フランスの言葉のない漫画サン・パロールのようなものだが、良いワインはサラブレッドのようで、トラックを走っているときも、厩舎で休んでいるときでさえも、美しい肢体とみなぎる気迫を持っている。不釣り合いなほどに多くの言葉と、当然多くのお金が注がれるが、それはいつも先頭を走っているからだ。理想とするものがなくて、なにを熱望できるというのか？　熱望はけっして無益なものではない。われわれにさらに多くのサラブレッドを、さらに多くの会話を、そしてわれわれを誘惑する、さらに多くの官能的な声をもたらしてきたし、これからももたらし続ける。

今からほんの2、30年ほど前、ワインの世界はいくつかの孤峰をのぞいて平坦なものだった。もちろん深い裂け目もあれば、奈落さえもあったが、われわれはそれを避けるために最善を尽くした。大陸の衝突は新たな山脈を生みだし、浸食は不毛な岩石を肥沃な土地に変えた。ここで、当時としては無謀に思えた熱望を抱き、崖をよじ登るようにして標高の高い場所に葡萄苗を植えた少数の開拓者について言及する必要があるだろうか？　彼らは最初語るべきものをほとんど持たないワインから始めたが、苦境に耐えた者たちは新しい文法と新しい語彙を獲得し、その声が会話に加わり、やがて世界的な言語となっていった。

もちろん、すでにそのスタイルを確立していた者たちの間でも、絶えざる変化があった。彼らの言語は独自の文学世界を築いていたが、そこでも新しい傑作が次々と生み出された。ワイン世界の古典的地域というものは、すべてが発見されつくし、すべてが語りつくされ、あらゆる手段が取りつくされた、そんな枯渇した場所ではない。最も優れた転換・変化が起こりえるところなのである。そして大地と人の技が融合して生み出される精妙の極みを追究するために最大の努力を払うことが経済的に報われる場所である。

リオハが輸出されるようになったのは150年前のことである。フィロキセラ禍で枯渇したボルドーのピンチヒッターとして始まったが、緊急事態がやがてヨーロッパ有数のワインを生み出したことは、歴史と地理がなせる奇跡である。ある程度フルボディのサンプルを涼しいセラーの真新しい樽に入れておくと、調和の取れた、快活で、香り高く、なめらかなワインになる。非常に売りやすいが、単一のテロワールを反映するワインではない。リオハの伝統は、ハウススタイルで醸造するための葡萄を大量に買い付ける大手ボデガのものだった。

限られた国内市場ではこれで問題なかったが、20世紀末に高品質のワインを求める声がグローバルになるにつれ、ブランドもののレセルバ・ラベル以上のものが必要になった。今世紀に入るまでに、人々はこう問いかけていた。「リオハとは何だろう？」アメリカン・オークで長期熟成された色の薄い甘い赤なのか、それとも、現代的なアイデアでボデガから生まれる濃く強い荒削りのワインなのか？　そこに映し出されているのは葡萄畑なのか、それともセラーだけなのか？

スペイン各地との激しい競合に直面しているリオハにとって、この問題はきわめて重要である。まだ最終的な答えは出ていないが、解決策の急増で世界の関心がスペイン北西部の葡萄畑に集まっている。リオハだけでなく、ナバラ、ビエルソ、ガリシア、そしてバスク地方も注目されている。この歴史ある世界の中の新世界を探り、記録するのはおそらく本書が初めてだろう。

まえがき

ヘスス・バルキン、ルイス・グティエレス、ビクトール・デ・ラ・セルナ

リオハはスペイン北西部の中心に位置する。この名高い地域は（もっと歴史あるヘレスとともに）長いあいだスペインにおける葡萄栽培とワインづくりの頂点を象徴してきた。しかしその圧倒的な存在感が、大西洋の影響を受ける重要な周囲の葡萄畑をかすませる傾向がある。本書では、そのすべてに目を向け、古くからこの地域の文化にワインが果たしてきた役割を考察する。気候、土壌、葡萄品種、葡萄栽培、ワインづくりといったテーマを、古代から中世、そして現代まで深く掘り下げる。

葡萄栽培は紀元前1世紀にローマ人によってスペインにもたらされ、急速に広まった。イスラム帝国による征服後、最後のキリスト教の砦はこの地域にあり、再征服されたスペイン全土の葡萄畑の復興もここから始まった。16世紀、リベイロからイギリスに輸出していた短い繁栄の時代が過ぎると、その後300年あまり、この地域のワインは域内取引に逆戻りした──葡萄栽培もワインづくりも技術が最も未熟だった時代である。フィロキセラ禍のあとにフランス人が到着し、鉄道の誕生に続いて輸送が改善されて、1870年にリオハの貿易が始まった。そして20世紀は浮き沈みの多い激動ともいえる時代だった。

「多様性」は、スペインのこの地方の気候、風景、土壌、そして底土を考えるときのキーワードである──この国のワインに関するあまりにも単純な決まり文句に、ぜひとも必要な修正だ。多様性はこの地域の葡萄品種にも当てはまる。リオハはテンプラニージョ（テンプラニーリョ）と同義と思っている人が多いが、ほかにもいくつかの葡萄品種がかかわっている。

そして魅力的なワインづくりの文化も同じく多様である。私たちは白リオハの生産における最近の発展を調べ、バラエタルとブレンドの相対的な強さを比較した。さらに、ナバラに見られる国際品種と土着品種の活用に関する議論を考察している。そしてアルバリーニョの勝利と、ガリシアおよびビエルソにおけるメンシアとゴデージョの台頭について語り、オンダラビ・スリのような外来の固有種についても論じる。

この数十年スペイン北西部に見られる品質のまぎれもない向上は、主に葡萄畑での一層の努力のたまものである。1990年代から、ワインのつくり手は果実の供給源に以前よりはるかに直接的にかかわるようになった。彼らはいまや単なるブレンドの達人ではない。さらに、1960年代から70年代にかけて、スペインの田園地帯に遅ればせながら訪れた産業化と同時に起こった、化学肥料の過剰使用と法外な収穫量の追求をやめられた者（あるいはもともとそんなことにのめり込んでいなかった者）こそが、最高の生産者である。地域によっては葡萄畑が急斜面のため、人間にとっても動物にとっても労働集約的な昔ながらの手法しか使えない。

近年、ワイン愛好家の間でとくに熱く議論されているのは、古典的あるいは伝統的なリオハのスタイルが消えたとされていることだ。深い色、完熟果実、そして小さい新オーク樽を基本とする「新しい味」への嗜好に取って代わられたと考えられる。本書では、これがどの程度本当なのかについて論じ、さらに、リオハをはじめとするスペイン北西部の各地域で共存するさまざまなワインづくりのスタイルを説明する。

優れたワイナリーとワインがとくに集中しているのはリオハである。この地方の最優秀生産者の多くは19世紀または20世紀初期の創立であり、その歴史は彼らの卓越した古いワインに存分に生きている。しかし、物語は始まったばかりだが、将来が非常に有望な優れた生産者も存在する。

他の地域では、ほとんどの生産者はリオハの最古のワイナリーが受け継いでいるような崇高な伝統をもたない。したがってその地域の生産者は、比較的最近のワインの質だけで選ばれている。各章の導入部で、非常に良質だがスペースの関係で十分なプロフィールを紹介できない生産者を選外佳作として挙げた。

1 | 歴史、文化、市場

神話からモダニズムへ

スペインの葡萄畑とワインの起源にまつわる伝説はたくさんあるが、確かな証拠となるとほとんどない——とくにはるか北西部については。ここは比較的あとになってローマ人の植民地になった土地であり、ギリシャ人とフェニキア人——紀元前11世紀に早くもスペイン南西部に葡萄樹を導入したと考えられている人々——は足を踏み入れたことがない。

ログローニョ近くで見つかったローマ時代の遺物は、現在リオハと呼ばれる地域で実際に葡萄栽培が行われていたことを裏づけている。しかし例のスペイン特有の過去——1世紀にわたるイスラム教徒による植民地化とそれに続くワイン拒絶、そのあとのキリスト教徒による再征服——がわざわいして、葡萄栽培とその初期の発展に関係する証拠の大半は消えてしまった。したがってこの地の場合、歴史は中世から始まる。10世紀ないし11世紀頃、ここで葡萄畑の復興が始まり、のちにスペイン全土に広がった。そして北西部にキリスト教徒の進出が始まった。

アラン・ウエツ・ド・ランスが画期的な研究 Vignobles et Vins du Nord-Ouest de l'Espagne (1967) で指摘しているように、中世の勅許状には葡萄畑に言及しているものが非常に多いので、何世紀にもわたる戦争のせいでそれまで不毛の地だったエブロ川やドゥエロ川の流域だけでなく、イスラム教徒の侵入が最低限で長続きしなかった僻地のガリシアにあるミーニョ川流域の数多くの小さな谷でも、カスティージャ人が復興して再び入植すると、葡萄樹の栽培は主要な関心事となったに違いない。

ワインは日常の食事の大事な要素と考えられていた——特権階級（貴族、聖職者）だけでなく、零細な栽培者自身や大勢の労働者にとっても、貴重なカロリー源だったのだ。1205年、ホアン・ド・プレハノ司教がリオハのアルベルダ修道院の土地に住む労働者全員のための食料割り当て量を決めたが、それには1日3食のワインも含まれていた。「パンとチーズとワインを正午に、パン

左：リオハの風景はドラマチックに中世を彷彿とさせるが、この地のワインの起源は時代のもやに包まれている。

とワインを午後に、パンと肉とワインを晩に食すこと」。

葡萄樹は気候と土地が許すあらゆる場所に植えられ、中世末には葡萄畑がスペインでこれまでの最大面積に広がっていた。リオハでは、初めてスペイン語で詩作したゴンサロ・デ・ベルセオ（1197〜1264年）がすでに un vaso de bon vino（「1杯の美味しいワイン」）に言及している。

気温が低すぎ湿気が多すぎる場所では、北部沿岸と同じように、シードルがワインの代わりだった。しかしワインのほうがはるかに評価は高く、1213年の勅令で国王アルフォンソ9世が、シードルを飲まされていたガリシアのルーゴ大聖堂の修道士たちに同情し、リバダビアのワインを（現在リベイロと呼ばれる地から）大量に贈ったことが、その評価を物語っている。

保護主義の代償

キリスト教徒が再征服した当初からワインの取引はわずかにあったが、特権階級にほぼ限定されていた。広大で山の多い地方では輸送が困難かつコスト高だったからだが、それとはまったく異なるいかにもスペインらしい事情、すなわち保護主義のせいでもあった。王は住民たちに、少なくとも当年の収穫分が飲みつくされるまでは、地元のワインだけを飲むよう強制することによって、ワイン生産地を保護したのだ。

保護主義のおかげで、バスク地方の西にあるサンタンデール地方（現カンタブリア州）の湿気の多い山谷のような好ましくない環境でも、葡萄畑は存続した。他からのワインが禁止されていたばかりに、そこで大量の酸っぱいチャコリが生産された。19世紀初頭になってようやく保護主義が撤廃され、160キロ南のバリャドリッドに近いナバ・デル・レイ（現ルエダ）から芳醇な白ワインが自由に入ってくるようになる。そして数年のうちに、サンタンデールの葡萄畑の大部分が消滅した。

このような理由で、19世紀になってリオハが台頭するまで、ワインの活発な取引はなかった——ただし、1つだけ注目すべき例外がある。それは16世紀に栄えたリベイロ・デ・アビアのワインの国内および国際的な取引

7

神話からモダニズムへ

だ。このワイン、とくに高名な白ワインは、アメリカの植民地に出荷され、その価格はシェリー酒とほぼ同等だった。スペイン北部でも、地元の生産量が不足して外からの補充が許されるたびに売られた。しかしイギリス、フランス、ベネチア、アラゴン、そしてフランドルの船にも、ビゴのリベイロ・ワインが積まれた。

このワインはとくにイギリスで知られており、ウエツ・ド・ランスは、14世紀にイギリスがリバダビアを侵略したことに端を発しているかもしれないと考えている。ジャン・フロワサール（1337～1405年）——イングランド王エドワード3世の王妃、フィリッパ・オブ・エノーのために書かれた彼の『年代記』は、百年戦争の重要な情報源である——によると、イギリス人兵士たちはそのワインがとても強いので、飲むと2日間は何もできないことを知ったという。小型のイギリス船はリバダビアからはるばるミーニョまで航海することができたとする未確認の報告がある。確かなのは、イギリスのワイン商人が地元民に、樽への硫黄添加などの新しい技術を教えたことである。

国王フィリペ2世がイングランドを相手に不運な戦争を起こしたせいで、リベイロの商業は凶運をたどり、17世紀半ばのポルトガル独立のあとに完全に消滅した。イギリスの商人たちはオポルトに住みつき、ガリシアのワインのことなど忘れ去った。

当時、近代的なスペインワインの生産が始まったヘレスと違って、スペイン北西部には瓶詰めワインも有名な生産者もなかった。名前とスタイルのあるワイン——特別うれしくもない日常の食事の一部にとどまらないワイン——が現れたのは19世紀半ばになってからのことで、中心はリオハだったが、その東隣のナバラにもいくつかボデガが生まれた。

リオハの台頭

1870年代から80年代にかけて、リオハとナバラの一部がヨーロッパ有数のワイン産地になるチャンスを与えたのは、1860年代にフランスを襲ったウドンコ病、さらにはフィロキセラの蔓延である。自分たちの収入源がこの害虫のせいで死んでいくのを目の当たりにしたフランスの栽培者は、しおれていく葡萄畑の代わりを求めて南に下った。彼らはリオハまで旅し、一部のスペイン人起業家——とくに有名なのはリスカルとムリエタの2人の侯爵——がボルドーまで行って生産手法を学ぶと、その手法がすぐにリオハで標準として採用された。

リオハをはじめとするスペイン北西部におけるそれ以前の旧態依然としたスタイルは、主に単純なカーボニック・マセレーションだった。葡萄の栽培者はたいてい、自分の家族のためにワインをつくっていた。ワインを熟成させる技術も、そのための樽を買うスペースもお金もなかったので、安易な昔ながらのやり方が用いられる傾向にあった。つまり、房をまるごと石のラガレスに入れ、たいてい足で踏んでワインに発酵させる。それはビノ・ド・コセチェロ（「収穫者のワイン」）であり、リオハ・アラベサでは今でも人気が高い。

しかし、赤も白も極上ワインの生産にはすぐにボルドー式のやり方が採用され、この土地の伝統に深く入り込み、まもなくリオハ式として定着した。葡萄をオークの大桶（バット）で発酵させ、225ℓのオーク樽で熟成させる。この手法は、アメリカン・オークでしばしば長すぎるほど長期間、熟成させるボルドースタイルとは違う。

リオハの信望が——とくに赤ワインがビルバオやサン・セバスチャンのような都市で必需品となったスペイン北部で——非常に高まったため、1世紀以上にわたって、このリオハ式が全国各地で手本とされた。したがって1970年代まで、高品質のスペインワインの大半はリオハのコピーにすぎなかった。

基礎を築く

リオハ最古のワイナリーの基礎が築かれたのは、イガイの地所に初めて葡萄樹が植えられた1825年である。1852年にルチアノ・フランシスコ・ラモン・ド・ムリエタによってワイナリーが開かれ、のちにマルケス・ド・ムリエタとなる。1878年、彼はイガイの地所と葡萄畑を取得し、それ以来そこはスペイン有数のボデガの本拠地となっている。彼は有名な赤のリオハだけでなく、白で

歴史、文化、市場

上：1367年4月3日、カスティージャ内戦の一環でアングロ・ガスコン軍（左）とフランコ・カスティージャ軍が戦ったナヘラ（またはナバレッテ）の戦い。フロワサールによると、イギリス人が土地のワインを発見したのはこの頃だという。

も業界をリードしている。会社はずっと家族所有だったが、1983年に別の貴族クレイセル伯爵家のビセント・セブリアン＝サガリーガに買収された。

1858年、外交官で作家だったリスカル侯爵家のカミロ・ウルタード・デ・アメサガが自分の肩書を名前にしたボデガを設立する。彼は1836年からボルドーに住んでいたので、エルシエゴの自分の地所でフランスの品種を試してみることに決め、フランスのモデルと技術に従ってワイナリーを構築した。彼はスペインで初めてバリックを使った。彼のワインはすぐに賞を獲得するようになり、国王アルフォンソ7世のお気に入りとなる。自分のつくるワインの人気があまりにも高まったため、侯爵は模造品を防ぐために必要に迫られて、コルクを抜くためには破らなくてはならない金のネットを発明する。するとすぐにそのネット自体が流行し、最上級リオハを区別する特徴となった。

9

神話からモダニズムへ

この頃、多くのワイナリーが誕生した。ラ・リオハ・アルタは1890年に、リオハとバスク地方出身の5人の葡萄生産者によって設立され、今日も変わらず、同じ5家族が所有している。ロペス・デ・ヘレディアは1877年に、ドン・ラファエル・ロペス・デ・ヘレディア・イ・ランデタによって設立された。1913年から14年にかけて、彼はエブロ川左岸に100ヘクタールのトンドニア葡萄園をつくったが、これがリオハ有数の葡萄畑とブランドになっている。さらに人気の高いアーロのバリオ・デ・ラ・エスタシオン（鉄道駅の近く）にもボデガを建てた。近隣にはラ・リオハ・アルタのほかボデガス・ビルバイナスやクネのような有名ブランドが軒を連ねる。ビルバイナスとクネはそれぞれ1901年と1879年から続いている。駅とアーロからの列車がワインの取引と成功にとって非常に重要な役割を果たしていたので、当時、できるだけその近くに会社を設立するのは理にかなっていた。そして事実上、そこがリオハのビジネスの中心となった。

当時からあって今も存在するブランドには、モンテシージョ（1872年）、ベルベラーナ（1877年）、アゲ（1881年）、マルティネス・ラクエスタとラグニーリャ（1885年）、ボデガス・フランコ・エスパニョーラスとボデガス・リオハナス（1890年）、ボデガス・パラシオ（1894年）、パテルニーナ（1896年）がある。

リオハの呼称とその規定が形になり始めたのは20世紀初頭だが、規制審議会が設立されたのは1926年になってからのことである。

リオハ以外

ナバラでは、リオハの例にならう生産者もあった——最も著名なのはエブロ川沿いのシントルエニゴのチビテ家である。1647年から活動するチビテは、1860年代に近代的なワイナリーを始めた。近くのコレジャではカミロ・カスティージャが1856年にボデガを設立。どちらも今なお活動しており、チビテはナバラの良質な辛口ワインの発展に決定的な役割を果たし、カスティージャはナバラの葡萄栽培の伝統が果たす重要な役割を守っている。カスティージャが所有するモスカテル・

上：今でもロペス・デ・ヘレディアにあるバリックとそのオリジナルの銘を見ると、19世紀末のリオハがボルドーに借りがあることは明らかだ。

デ・グラーノ・メヌード（ミュスカ・ブラン・ア・プティ・グラン）の比類ない葡萄畑から、20世紀に他の生産者たちが挿し木を調達し、ナバラにおけるミュスカ普及を促進した。

しかし全般的に見て、19世紀——と20世紀の大半——におけるスペイン北西部の葡萄畑とワインの歴史の中心はリオハだった。リオハにほぼ限定されていたと言ってもいいだろう。他の地域にはバルクワインが普及し、フィロキセラ禍とそれに続く葡萄樹の植え直しのあと、生産の大半は協同組合が行なうようになった。ほとんどが貧困にあえいでいた農民の確かな収入源を確保するための試みとして、それを積極的に推進したのはカトリック教会と、のちのフランコ政権である。良質のワイ

ンは彼らの目標ではなかった——実際、良質のワインという概念そのものがスペインのワイン産地の大部分とはまったく無縁だったようだ。1904年から地元の貴族のためにアルバリーニョのボトルワインをつくり始めた、ガリシアのリアス・バイシャスにあるパラシオ・デ・フェフィニャネスのような、小規模で良質なワイナリーはきわめてまれだったのである。

フィロキセラ禍後の盛衰

フィロキセラはフランスの葡萄畑を破滅させてから30年後にとうとうスペインを襲い、1901年までにこの国の葡萄樹はほとんど死滅した。その頃までにフランスの商人たちはリオハを離れ、ボルドーやラングドック・ルシヨンに帰っていた。

北西部の葡萄畑の植え直しには10年を要したが、リオハがヘレスと並ぶスペインのトップ産地としての地位を再び確立するには、それほど長くかからなかった。しかし興味深いことに、この名声をもってしても、リオハはマドリードおよびスペイン南部の大衆市場を支配することはなかった——少なくとも1960年代までは。それまで、ラ・マンチャの安くてごくごく飲めるワインが当地では好まれていたのだ。

1960年代から1980年代にかけては、スペインワインにとって激動の時代だった。リオハは発展し、1970年頃にはフィロキセラ禍以降初めて国際市場でかなり善戦し、イギリス市場で大きく成長した。しかし70年代の終わりには、生産過剰と凡庸さがこの進歩の土台をむしばんでいた。1980年代までにリオハの難局は明白となり、それまで知られていなかった、あるいは忘れられていた地域が、高い評価と市場での成功という意味で台頭するチャンスを得た。

しかしリオハは立ち直った。1970年代の信望失墜の原因は、収穫量の多い若い葡萄樹を使ったことと、葡萄を厳しく選果しなかったことにあった。産業技術が幅を利かせ、(アルコール度数を高くしないために) 未熟な果実を短期間だけマセレーションするようになって、香りの潜在力にも、昔ながらのオーク熟成に耐えられるストラクチャーにも欠ける、低品質のマストができるようになったのだ。その結果生まれるのは、こくがなくて酸っぱくて味気ない、ココナッツやバニラの嫌なにおいがするワインである。

問題の原因の1つは、ボデガが葡萄の供給元として葡萄栽培者を信頼し、自分たちの葡萄畑を持っていないことだった。そのために利益の対立が起こる。重さで売る栽培者は葡萄の品質にはほとんど関心を持たず、量のことばかり気にかけるが、ワイナリーが仕入れ先に望むのはそれとは正反対のことだ。実際、ワイナリーのなかにはワイン工場以外の何ものでもないところもあり、そういうワイナリーが1980年代に膨大な収穫量の畑の葡萄からつくって出荷したボトルが、リオハの評判を傷つけた。

現在、リオハとスペイン北西部のワイナリーの大部分は葡萄畑を所有し、ワインにとって生命線とも言える葡萄栽培を思いどおりに管理することを考えている。いまだに葡萄の供給源として外部の仕入れ先だけにほぼ頼っているところは、思い浮かぶところでマルティネス・ラクエスタやモンテシージョなど、ごくわずかである。

アルタ・エスプレシオンと現代性

苦しい数十年のあいだも、ごく一部の生産者は、より長期間のマセレーションとフレンチ・オークなど樽での短期間熟成を試していた。関連する重大な出来事はマルケス・デ・カセレスの設立、そこで1970年代初めにフランスのエミール・ペイノーによってつくられた果実味あふれる(リオハの伝統を完全に破っている)ワイン、そしてコンティーノの創立である。コンティーノは1970年代に単一畑ワインのコンセプトを開拓したが、当時は、年ごとに不安定にならないようにさまざまな小地区のワインをブレンドするのが一般的だった。カセレスもコンティーノもフレンチ・オークを使用し、ワインは平均的なリオハより色が濃くてフルーティーだった。ナバ

次頁:ほとんどのリオハの生産者は自分たちで葡萄畑を管理することが不可欠と考えている。この美しい例はランシエゴ近く。

神話からモダニズムへ

上：ディナスティア・ビバンコとその彫像はリオハの近代化を象徴しているが、この会社はスペイン有数のワイン博物館も所有している。

ラでは、同様のスタイルをそれほど高価でないワインで実現しようと、チビテが1975年にグラン・フェウドというブランドを発売している。

　リオハには他にもパイオニアがいた。ボデガス・パラシオスは1980年代にフランス人コンサルタントのミシェル・ローランの助けを借りて、コスメ・パラシオ・イ・エルマノスを開発した。しかしこの地域でもっと素晴らしい、もっと全面的な変化が起こったのは、1990年代になってからのことだ。主要なプレーヤーの大半——レミレス・デ・ガヌーサ、ロダ、サン・ビセンテ、トーレ・ムガ——は1992年までにすでに登場していたが、優れた1994ヴィンテージがリリースされてはじめて、新しい動き

が顕著になった。ワインの新しいスタイルの呼称として、いくぶん残念なアルタ・エスプレシオン（「高い表現力」）という言葉がつくられ（ほかのワインは「低い表現力」なのか？）、誰もがそのことを語り始め、ラベルにまで記されるようになった。

　悪い伝統から脱皮するのは良いことだが、並みの葡萄から過抽出しようとするのも同じくらい悪いやり方だ。ワインに香りを加えるためだけにオークを使うのは、国内外の顧客のスペインワイン離れを招くだけである。重いボトルにワインを詰めて、高い値札を付けるのは、必ず大失敗につながる道である。

歴史、文化、市場

行き過ぎて、引き返し

平凡な工業生産のリオハが1980年代から90年代にかけて生産量の大半を占めていたが、トップクラスには「多ければ多いほど良い」の精神に取りつかれた生産者もいて、新オーク400％、はては600％という話も聞こえ始めた。過熟、過抽出、過剰オークは、1990年代によくある過剰だった。極端（こくがなくて水っぽい味気ないワイン）から極端（黒っぽくて熟しすぎたべたつくワインで、だらしなく、重たく、酸味が低い）に走るのは決して良くない。しかし実際にそうなったのだ。

今は振り子が少し戻って、色や濃度や力強さだけでなく、酸味、バランス、そしてフィネスについても語られる。中間市場のリオハも以前よりすっきりした肉付きの良いものになっている。振り返ってみると、やはり素晴らしい2001ヴィンテージが、より良いバランスとエレガンスを生産者が追求する新たな時代の幕開けだったと思われる。しかしその変化は広まらず、「アルタ・エスプレシオン」のような現象にならなかったのは確かだ。どちらかというと静かな革命だった。

実のところ、最高の「モダン」ワインは——すべてではないが酸味とバランスと濃度のあるものは——伝統的なリオハのスタイルで熟成されている。したがって、リオハの特徴とテロワールはあるが、それが現れるのに時間がかかる。ワインづくりのスタイルのせいでワインが若いときには読みにくいのだ。いずれにしても、それまで人々は伝統的なワインが若いときにはどんなものなのかを知らなかった。なぜなら、その段階でリリースされたことがなかったからだ。今では1947、1954、あるいは1964のワインは若いころ、最近のリオハとよく似ていたに違いないと考える評論家もいる。

残念ながら、今はたいていの人が赤のボルドーやヴィンテージ・ポルトを若すぎるうちに飲んでしまうのと同じように、リオハを寝かせて熟成させ、きちんと十分に成熟してから飲む人はほとんどいない。リオハはワイナリーが熟成させ、飲み頃になってはじめて出荷するという伝統が、状況を悪化させた。ワインを何年も取っておくことは、スペインの消費者の間では一般的でない。

今日のリオハでは、やり過ぎや荒っぽさが少しずつ弱まっている。濃度は前より上がっていても、ワインにバランスとフィネスを求める生産者が増えつつある。彼らは葡萄畑が品質の重要な決め手であると考えていて、伝統に再び敬意を払いながらも、現代の手法と技術を最大限に活用している。1970年代と80年代のワインはあまりにもこくがなく味気なかったので、それより前のものとは比べものにならなかった。望ましいのは、2つのスタイル——1970年以前と「アルタ・エスプレシオン」——が1つにまとまることであり、現在、実際にそうなりつつあるようだ。さらに望ましいのは、両者の長所が結びつくことによって、最近のヴィンテージのワインが、今なお多くの喜びをもたらすことができる1940年代、50年代、そして60年代の卓越したボトルのように熟成することだ。

ナバラが逃したチャンス

リオハのこの激動の時代は、スペインの他のワイン産地にとってはチャンスだったが、北西部のどこもそのチャンスをとらえることができなかった。最もあからさまだったのがナバラである。かつてはイギリスのワイン刊行物が次のスペインの驚異になると予告した地域だ。しかしそうはならなかった。なぜなら、ナバラの生産の大半は、ぱっとしないバルクワインを国際市場で競争できるボトルワインとしてよみがえらせるために外部の「エキスパート」に頼る大規模な協同組合に牛耳られていたからだ。1980年代のペネデスやソモンターノのような他のスペインワイン産地と同様、ナバラは国際的なスタイルに迎合して、ガルナッチャの古木を引き抜き、一面にテンプラニージョ、メルロー、カルベネ・ソーヴィニヨン、シャルドネを植えたのだ。

チビテやゲルベンスのように、独自のスタイルにこだわって、行き過ぎた均質化を避けた生産者もわずかながら存在した。しかし大部分のナバラ・ワインは、お決まりのメルローかシャルドネになってしまった。最初こそ物珍しがられたが、ナバラもスーパーマーケットの棚でオーストラリアやチリや南アフリカと競合する個性のない

ワインにすぎないことが明らかになった——しかも競合成績は芳しくなかった。

2000年からの10年間、比較的小さいナバラの生産者グループがこの凋落に悩み、ガルナッチャとテンプラニージョを主とする赤のブレンド、そしてミュスカとビウランを主とする白で、地域の個性を取り戻そうと試みている。しかし長く厳しい戦いになるだろう。

メンシアのブーム

スペイン北西部の赤ワイン産地には健闘しているところも2、3あるが、規模も総生産量もリオハはもちろんナバラと比べても非常に小さい。粘板岩土壌の急斜面につくられた葡萄畑と興味深いメンシア品種を有するビエルソとリベイラ・サクラは、2000年以後、急成長を遂げる。ご多分にもれず、地元民を現状に対する自己満足からたたき起こすためには、部外者が介入する必要があった。ビエルソでは、著名なプリオラートのアルバロ・パラシオスとその甥のリカルド・ペレス・パラシオス。スペインで最も大西洋の影響を感じるきびきびした赤を産するリベイラ・サクラには、隣のビエルソからパラシオスに続くつくり手のラウル・ペレスが、この地で初めて魅力的なワインをつくるために移ってきた。

葡萄畑の面積は合わせて5200ha、生産量は合わせて約1800万から2000万ℓのこの2つの産地は、商業的観点からみると小さいが、規模の大小にかかわらず個々の生産者が国内外で高い評価を得ている地域のリストに名を連ねている。なかには熱狂的なファンを惹きつけ、20世紀末までは見られなかったようなマニアの境地に入っている生産者もいる。

優れた白のホープ

400年前のリベイロ衰退以来ほとんど忘れられていたが生まれ変わった、ガリシアの白ワイン産地についてもほぼ同じことが言える。つい1980年代まで、この地域を訪れる人たちが見かけたのはバルクワインか、ラベルのない生産者不明のボトルワインだけだった。それは個人生産者が計画性もなく原始的な技術でつくったワインだ。アルバリーニョは葡萄品種として高く評価されていたが、その評価が（パラシオ・デ・フェフィニャネスを除いて）ほとんどワインに反映されなかった。1970年代、引退したエンジニアのサンティアゴ・ルイスがオ・ロサル小地区で非常に香り豊かな白をつくり始め、そのワインが国内外で受けた称賛が流れを変えた。葡萄栽培、ワインづくり、そしてマーケティングに投資が行われるようになり、商業的な成功が実現する。

残念ながら、過剰生産と技術への過剰な信頼がリアス・バイシャスの真の進歩をいくぶん妨げた。収穫量を減らした不干渉主義のワインづくりによって一流を追求する生産者は——ヘラルド・メンデス、パソ・デ・セニョーランス、フィジャボアなど——ごくわずかだ。あとは、技術的には正しいが退屈で向上心のないスーパー向けワインをつくることに満足していた。

今のところ商業的にあまり成功していないガリシアの他の地域は、リアス・バイシャスをまねている。熟成するに足る独特のゴデージョ（ゴデーリョ）・ワイン（原料はフィロキセラ禍から1970年代の間に忘れられかけた葡萄品種）のあるバルデオラスと、例の昔ながらの代役のリベイロは、最も進歩を遂げた2地域である。ここでも、比較的小さい栽培者と生産者の急増がこの復興にとってきわめて重要であり、はるかに無名だが潜在的にはとても優れているアストゥリアスやカンタブリア、そしてかなり良くなったチャコリを産するバスク地方も、すぐにそうなるだろう。

気候変動の兆候が表れ、国際的な顧客がアルコール度数の高い重いワインから離れたとき、冷涼な大西洋沿岸地域がスペイン北西部で大きな成功を収めるかもしれない。

2 | 地理、地質、気候

山脈から海まで

ワイン愛好家は（素人もプロも）一般的に、スペインワインの世界は一様なものと考えがちである。その結果、ワインをつくるスペインの気候と地質はどういうわけか均質だという認識が、漠然とだが広まっている。こんなひねくれた道理さえ通る。すなわち、スペインワインになんらかの共通する特徴があるなら、それは似たような生育条件から生まれるに違いない、というわけだ。実際にはこれほど馬鹿げた決まり文句はなかなか見つからないだろう。地理、地質、あるいは気候という点で、これ以上ないほど真実とはかけ離れている（後の章で見る葡萄品種と葡萄栽培についてももちろんである）。

スペイン北西部だけでも、気候、地形、土壌、そして底土の魅力的な多様性が特徴的である。本書の地域別の章には、ナバラ南部の砂漠に近い環境（年間降水量250ミリ）からガリシア西部の豊富な降雨まで、あるいはリオハとモンテレイの平坦な低地の葡萄畑からビエルソやナバラ北部の急斜面やリベイロとリベイラ・サクラの険しい段々畑まで、はたまたリオハ・アラベサの石灰岩からビエルソの片岩、リベイロの花崗岩、リアス・バイシャスの砂地まで、バラエティーに富むシナリオが示されている。

大西洋の影響を受ける多湿のガリシア内でも、モンテレイやリベイラ・サクラのビベイ小地区などに半大陸性気候がみられる。カンタブリア海に面した沿岸の葡萄畑（ビノ・デ・ラ・ティエラ・コスタ・デ・カンタブリアとチャコリの大部分）と内陸の低地の葡萄畑（ビノ・デ・ラ・ティエラ・デ・カンガス、ビノ・デ・ラ・ティエラ・デ・リエバナ）とでは、気温に大きな差がある。同様に、リオハ・アルタの大部分が属する大西洋気候とリオハ・バハからナバラにまで広がる乾燥した地中海性気候（平均降水量300ミリ）も、著しく対照的である。

土壌組成という意味では、どんなに見かけは均質でも、著しく変化に富んでいることが多い。リベイラ・サクラの最良の土壌は大部分が粘板岩層の上に堆積していて、非常に酸性度が高い。リアス・バイシャスでは大半が花崗岩にかぶさる砂、ビエルソ北部では大半が粘板岩だ。しかしどんなルールにも例外はあり、同じ地域内でも驚くほどの相違が見られることも決して珍しくない。1つだけ例を挙げると、モンテフラ山がそびえるナバラのティエラ・エスーリャ小地区では山の石灰岩の隣に沖積堆積物があるため、まったく異なるワインが生まれる。

リオハの多様性

本書の大半を占めるリオハの多様性は、3つの自治州、すなわちラ・リオハ（大部分）、パイス・バスコ、ナバラにまたがっているのが特徴である。たとえこの行政区分を無視しても——そして理想の世界ではワインの特徴と関係ない——私たちが取り上げているのは、長さがおよそ100キロで幅が50キロもあり、アーロの北東からアルファロの東部までエブロ川が横切る地域である。さらにラ・リオハはリオハ・アルタ、リオハ・アラベサ、そしてリオハ・バハの3小地区に分かれていて、それぞれの違いは地理と地質と気候で決まっている。気候条件は大西洋と地中海の影響が錯綜するのが特徴で、影響が交互に現れる場所もあれば、本当の大陸性気候に近いところもある。平均年間降水量（場所によってかなりばらつきがありうる）は約400ミリである。

土壌が違うために、粘土石灰石リオハ、含鉄粘土リオハ、沖積リオハの区別が可能になる——マヌエル・ルイス・エルナンデスが1978年発表の学術論文で厳密に立証した特徴のとおりだ。

粘土石灰石土壌は一般的に不毛で、色は黄色っぽく、鉄分が比較的少なく、石灰石含有率が20から60％である。リオハ・アラベサだけでなく、アーロ、ビジャルバ、その他のリオハ・アルタの町近辺でも豊富な土壌だ。高いエキス分が低いアルコール度を補うワインをつくる——この地域の特徴だ。そのため、この土壌は極上リオハのテロワールの主流である。

右：リオハ・アルタの高い山々とリアス・バイシャスの海。
次々頁：リベイラ・サクラの典型的な険しい昔ながらの石積みの段々畑。

山脈から海まで

　含鉄粘土土壌は砂岩、粘土、および泥灰土からなり、石灰石は少ない（5〜15％）が、粘土と酸化鉄が多い。標高の高い地域に見られ、沖積段丘を区分し、沖積土壌と粘土石灰石土壌の境界線の役割を果たしている。
　沖積土壌はふつうリオハの平原に分布している。リオハ・バハとエブロ川およびその支流沿いに多い。石灰石成分が乏しい代わりに底土の炭酸カルシウムの割合が高いことが多いが、他の土壌より肥えている傾向がある。

上：リオハのサン・ビセンテで見られる軽くて風に吹き飛ばされる土。
右：リオハのラセルナはまったく異なる石ころだらけの土壌である。

地理、地質、気候

3 | 葡萄品種

土着品種の勝利

スペインワインは1980年代から1990年代の初めまで、一種のアイデンティティ危機にさらされた。フランコ政権後、この国はようやく未来とつながり、近代化して繁栄の時代に入った。しかしそのワインは突然時代遅れに思われ、地元で高く評価されなくなる。地元の葡萄、地元の伝統、地元のワインは過小評価される傾向があった。土着品種はあまり良くないので、海外に出せるワインをつくるには有名な国際品種の助けが必要だといわんばかりに、フランスの葡萄が「品質改善品種」のような婉曲表現で呼ばれるようになった。リオハではカベルネ・ソーヴィニヨンについて大論争が巻き起こる。まるでスペイン人は自分たちの葡萄を恥じているかのようだった。

その後、1990年代にプリオラートでガルナッチャの「奇跡」が起こり、地中海沿岸でモナストレル、ビエルソでメンシア、ガリシアでゴデージョとアルバリーニョ、バレンシアとマンチュエラでボバル、ソモンターノでパラレタ、そしてルエダでベルデホが復活した。リオハでは、グラシアーノがカムバックし、他の古い葡萄品種（マトゥラナ・ブランカとマトゥラナ・ティンタ、またはトゥルンテスなど）が完全に再評価された。この土着品種の復興によって必然的に、カベルネとシャルドネを植えるのは間違いだろうかと疑問を持つ人もいた。振り返ってみると、顕著な例外はあるものの、答えはそのとおりだったということになる。世界最高級の赤がボルドーでつくられるのだから、赤葡萄はカベルネ・ソーヴィニヨン（またはメルロー）でなくてはならない、と考えられていた。白についても同じで、ブルゴーニュを根拠にシャルドネでなくてはならなかった。ここではこのような品種を説明するつもりはないが、スペインではそれほど遠くない過去に、バターとスモークがシャルドネの、そしてピーマンがカベルネ・ソーヴィニヨンの、理想的な表現だと信じられていたことは、覚えておく価値がある。実際には、前者は過剰な樽発酵とマロラクティック発酵を、後者は熟していないことを、それぞれ示していたのだ。

カタルーニャ（おもにペネデス）、ナバラ、そしてソモンターノは、とりわけフランス品種に賭けた地域だった。そして現在、最も深いアイデンティティ危機と最も深刻なマーケティング問題を抱えているが、それは偶然ではない。人々は相違点——オリジナリティ、個性、独自性——を探している。この風潮のなかで国際品種はすぐにスーパー向け商品に格下げされ、新世界からたいてい低価格でなだれ込んでくる同じようなワインと競争しなくてはならなくなった。

ナバラにはシャルドネが300ha、カベルネ・ソーヴィニヨンが1300ha栽培されている。興味深いよくできたシャルドネの模範例はある（チビテの125アニベルサリオ・シャルドネ）。カベルネ・ソーヴィニヨンとメルローとテンプラニージョの良質なブレンドもある（ただしその代償として、ガルナッチャが軽視されてロゼに追いやられた）。ナバラではシラーとピノ・ノワールが、地元のガルナッチャ、グラシアーノ、マスエロ、およびテンプラニージョと並んで認可されている。白にはソーヴィニヨン・ブランとモスカテル・デ・グラノ・メヌードも、リオハ産の3種の主要な葡萄、すなわちビウラ、マルバシア、ガルナッチャ・ブランカとともに認められている。

リオハでは、カベルネ・ソーヴィニヨンが良い結果を生む場合があり、この品種を植えられた葡萄畑のなかには本当に古いものもある——実際、この葡萄はリオハではガルナッチャより長い歴史がある。マルケス・デ・リスカルのカミロ・ウルタード・デ・アメサガが、地元の自治体と緊密に協力して、9000本のフランス種の葡萄樹——リースリング・ヨハニスベルク、カベルネ・ソーヴィニヨン、セミヨン・ブラン、フルミント、モアサック、ピノ・グリ、ピノ・ブラン、ピノ・ノワール、ピクプール——を1862年に植えたのだ。最高の古いリオハのなかには、カベルネ・ソーヴィニヨンの割合が高いキュヴェ・メドックのボトルもある。しかし1990年代の実験期間のあと、カベルネは事実上、非合法化された。現在は黙認されている——既存の葡萄畑を維持して葡萄を使うことはできる——が、この品種の名はどこにも記せない。リスカルは、

右：小さい木に見えるゴデージョの低い葡萄樹。
人気を回復している数ある土着葡萄種の1つ。

バロン・デ・チレルでカベルネの割合が高いワインの伝統を続けており、カンピージョのセレクション・エスペシャルのように、同じ品種を主体につくられている例もある。皮肉なことに、シャルドネはついにこの地域の白品種の1つとして認められた。

バラエタルとブレンド

品種名を表示するバラエタル・ワインは最近考案されたもので、スペインにはその伝統がない。それどころか、葡萄品種は葡萄畑ですでに混ざり合っていた——同じ色の異なる品種だけでなく、よりフレッシュで香り高いマストのために、赤の品種と白の品種も一緒に植えられていた。赤ワインに一定の割合の白葡萄を使う手法は、以前ほど一般的ではないが、今でも実践されている。実際、リオハに赤よりも白の葡萄が多かった理由は、白ワインへの需要が現在よりはるかに多かったからだけではなく、赤ワインの葡萄の約2割が白だったからだと言われていた——これは都市伝説ならぬ田舎伝説に負うところがあるようだ。

単一品種だけで複雑な満足のいくワインをつくることができるほど、完璧な葡萄品種は数少ない。ピノ・ノワール、シャルドネ、ネッビオーロ、リースリングが、とくに北部地方では思い浮かぶ。南に下がれば下がるほど、熱がすべてを均質化してしまうので、バランスと複雑さを保つために別の葡萄をブレンドする必要がある。最近でこそ、たいてい現代的な濃度の高いスタイルの純粋なテンプラニージョのキュヴェがはやっているが、ガルナッチャ、マスエロ、グラシアーノ、そしてビウラをさまざまな割合でブレンドするのが以前からの伝統である。しかしメンシアは単独でも際立つ。アルバリーニョとゴデージョも一般に単独で瓶詰めされ、リースリングほど長寿ではないが、きちんと保管されれば数年間もつうえに良くなる。

テンプラニージョ

テンプラニージョはスペインの最も重要な葡萄品種であり、スペインの葡萄栽培の稼ぎ頭である。30以上の原産地呼称の認可葡萄リストに載っており、赤のリオハのベースである。その5万haという面積は、リオハの葡萄畑合計の80％に近い——1980年代の31％から驚異的な増加である。

DOCリオハ2008

葡萄品種	葡萄畑面積
テンプラニージョ	5万515ha
ガルナッチャ	6153ha
マスエロ	1610ha
グラシアーノ	993ha
他の赤	61ha
実験的な赤	170ha
赤合計	5万9502ha
ビウラ	3924ha
マルバシア	57ha
ガルナッチャ・ブランカ	14ha
新しい白	20ha
他の白	68ha
実験的な白	5ha
白合計	4088ha
赤白合計	6万3590ha

スペイン語の「テンプラーノ」は「早い」という意味なので、テンプラニージョという名称は早熟の品種であることを示唆する。このような品種はふつう寒冷な地域が原産で、そのような地域の霜などの問題を避けるために早く熟すよう順応している。テンプラニージョの場合、リオハのどこかが原産と考えられている。リオハ・アルタ北西部やリオハ・アラベサのような粘土石灰石土壌で繁茂する。酸味とエレガンスを得るために寒冷な気候が必要だが、色と熟度を得るためには熱が必要とされるので、大陸性気候とある程度の高度が理想的だ。ワインは特別に香り高いとか、酸味が強いとか、渋みがあるわ

けではないが、（収穫量が管理されている限りは）非常にバランスがとれていて、オークと相性が良い。おそらくそのおかげで、最初は比較的速く熟成するが、そのあと熟成度が安定期に入り、何十年もその状態が保たれる。1925、1942、1947、1959、1964のような優れたヴィンテージの最高の模範的なワインは、いまだに生き生きとしていて美味しく飲める。

伝説によると、テンプラニージョはピノ・ノワールと関係があるらしい。カミーノ・デ・サンティアゴ（聖ヤコブの道）を歩くクリュニー修道院の修道士と巡礼者によって、挿し木がスペインに持ち込まれたというのだ。この話は、十分に熟成したリオハはどことなく赤のブルゴーニュを彷彿とさせることと、ピノ・ノワールとテンプラニージョの成長周期が似ていることで、信憑性が高まっている。それでも2種類の葡萄は遺伝子的に異なるので、実際は伝説にすぎない。

葡萄樹は伝統的にはバソ（フランス語ではゴブレ）式で剪定されていたが、新しい植え方ではトレリスを使い、二重コルドンに仕立てられる。テンプラニージョの同義として、（リベラ・デル・デュエロでは）ティンタ・デル・パイス、（トロでは）ティンタ・デ・トロ、（ラ・マンチャでは）センシベル、（カタルーニャでは「ウサギの目」を意味する）ウル・デ・リェブレ、ティンタ・ロリス、（ポルトガルでは）アラゴネスと呼ばれる。

ガルナッチャ

すべての葡萄はもともと赤で、白は突然変異で生まれたことが、研究によってわかっている。ガルナッチャ・ブランカもその例であり、他のガルナッチャもすべて主要なガルナッチャ・ティンタに由来する。ガルナッチャは確実にスペイン原産で、おそらくアラゴンが発祥だが、スペイン全土だけでなく、フランス、イタリア（サルディーニャでカンノナウと呼ばれる）、ギリシャ、イスラエル、キプロス、モロッコ、アルジェリアでも見られる。さらにオーストラリア、南アフリカ、アメリカ、メキシコ、チリでも広く植えられている。最近の数字によると、広範囲で引き抜かれた結果、栽培面積（6万5000ha）は赤品種のなかでテンプラニージョとボバルに次いでスペイン第3位にすぎないが、世界でもカベルネとメルローに次ぐ第3位である。

ウェス・デ・ランスが著書で明らかにしているとおり、ガルナッチャがリオハに植えられたのはフィロキセラ禍の後のことである。リオハで最も多く植えられている葡萄だった時期もあったが、だんだん後退し、今では6000haで葡萄畑総面積の11％である。リオハ・バハの石の多い粘土が豊富な土壌でよく熟すが、アルタとアラベサではあまり実らない。

ガルナッチャはかつてナバラでも主要な葡萄だったが、リオハと同様、フランス品種およびテンプラニージョに相次いで取って代わられている。ガルナッチャには、収穫量の多いものから少ないもの、果実が大きいものから小さいもの、色が薄いものから濃いものまで、さまざまなクローンがある。その結果、つくられるワインのスタイルはナバラのきびきびしたロゼから、シャトーヌフ・デュ・パープのシャトー・ラヤの赤、フィンカ・ドフィやレルミタのようなアルバロ・パラシオスの濃厚なプリオラートまで、非常に幅広い。糖度の高いマストと、地中海沿岸のハーブ（ラベンダー、ローズマリー、タイム）だけでなく赤い果実（ラズベリー、イチゴ、サクランボのリキュール）を特徴とする熟成したワインを生み出す。

グラシアーノ

スペイン語の「グラシア」は「気品」を意味するので、グラシアーノはおおざっぱに「気品あふれる」と訳すことができる——そう、ともかくワインのつくり手にとっては気品にあふれている。葡萄栽培者は別の見方をするかもしれない。なぜなら、その低い収穫量を考えると、グラシアーノは彼らにとっては悪夢だからだ。実際、その名称は「グラシアス、ノー」（いいえ、けっこう）から来たに違いないと言う人もいる。

次頁：リオハの葡萄の多くは土着品種であり、何世紀ものあいだ、めまぐるしく変わる条件に順応してきた。

もともとリオハとナバラで見られたこの葡萄は、今ではリベラ・デル・グアディアナ、ラ・マンチャ、そしてバレンシアにもあり、アンダルシアのティンティージャ・デ・ロタ、ラングドックのモラステル、ポルトガルのティンタ・ミウダと同じである。一般的にとても香り豊かで酸味に富む、非常に明るい色のワインを生む。これはテンプラニージョを活気づけるには理想的だ。20世紀のあいだはほぼ消滅していたが、今では復活して1000haに近づいている。1994ヴィンテージの素晴らしいコンティーノ・グラシアーノをはじめ、バラエタル・ワインさえ出ている。

他の赤品種

マスエロはマスエラ、カリニェナ、またはカリニャンとも呼ばれ、アラゴンのカリニェナが原産と言われているが、その地では葡萄畑の面積の6%を占めるにすぎず、ガルナッチャに押されている。しかし主にその色と酸味のおかげで、リオハ（1562年にすでに存在が記録されている）でもナバラでも、つねにブレンドの重要な要素である。収穫量が多い（1ha当り200hℓは楽に超える）傾向があるので、マスエロ自体は非常に粗野なものになるおそれがある。香りは非常に軽いが色が深く、酸味と渋みがきわめて豊かである。古い葡萄樹がもたらすバランスから真のメリットが得られる品種である。

リオハの赤品種の新入りに、マトゥラノまたはマトゥラナ・ティンタがある。DNA検査によるとエスパデイロに近いが、別の品種である。その品質にはっきりした判断を下すのは時期尚早だが、色と香りと酸味が良く、ほどほどのアルコール度であれば、ほかの葡萄を補う品種として非常に興味深いと思われる。

リオハの白品種

リオハには白葡萄が4400ha余りある。この面積自体は決して小さくはない――ローヌ北部のコンドリューの42倍ある――が、リオハの葡萄畑総面積6万3500haのわずか7%しかない。4300haを占めるおもな白葡萄はビウラで、カタルーニャとフランスの一部ではマカベオまたはマカベウと呼ばれる（スパークリングワインであるカバの主要品種の1つでもある）。伝統的に特性のない葡萄と考えられてきたビウラから生まれるワインは、新鮮で、軽くて、若く、緑がかった麦わら色で、酸味が比較的強く、花とハーブの香りがする。ブルゴーニュの手法に従って樽熟成または樽発酵することも可能で、そうすると色が深くなり、果実のアロマと木のなめらかな香りが一体化し、より豊かで丸みのあるテクスチャーになる。

最近までリオハに認められる白葡萄は、60ha未満しか残っていないマルバシア・リオハナと、合計で16haにも満たないガルナッチャ・ブランカ（グルナシュ・ブラン）の2種類だけだった。生産者はふつう、ビウラを主とするブレンドに、他の2種類のどちらか、あるいは両方を補っている。マルバシア・リオハナは、ペネデスではスビラット・パレント、エストレマドゥーラではアラリへと呼ばれる。ガルナッチャ・ブランカは、葡萄畑でもワイナリーでも注意深く扱う必要がある。そのワインからしばしば連想されるネガティブな特徴――さえない薄茶色、酸味が弱いために口蓋で感じるある種の重さ――を避けるためだ。

それでもやはり、たとえ間違っていることがすでに証明されていても、多くの人がリオハでは既存の品種で良いワインはつくれないと考えていた。彼らは新しい葡萄が認められない限り、リオハの白ワインに未来はないと主張した。議論が激しくなる間も、白に充てられる面積は縮小し続けた――とうとう事が起こるまでは。2008年3月、1925年以来初めて、新しい葡萄がこのDOに許可されたのだ。合計9種類の葡萄がリストに加えられ、そのうち6種類が白だった。この決定から、白のリオハは変わる必要があるという結論を下せる。6種類の新入りのうち、3種類は復活しつつある伝統的な品種である（絶滅しかけていたものもある）。すなわち、マトゥラナ・ブランカ、トゥロンテス、およびテンプラニージョ・ブランコだ。あとの3種はかなり有名なシャルドネ、ソーヴィニョン・ブラン、そしてベルデホである。ベルデホは大部分が原産地であるスペイン中央部のルエダに限定されているので、厳密には国際品種ではない。

しかしこの改革は、第一印象ほど急進的ではなかっ

た。シャルドネ、ソーヴィニヨン・ブラン、ベルデホの含有率は制限されていて、いかなるブレンドでも49％を超えてはならない。さらに、その名称をラベルに記載することができない。量産ワインの平均的な品質には役立つが、私たちの意見では、真に興味深い改善は新しく許可された他の3種から生まれる——少なくとも、際立つ個性のあるワインという意味では。

　最初の「復活」葡萄、マトゥラナ・ブランカはリバダビアとも呼ばれるが、まぎらわしいことに同じ名前の赤葡萄とは関係がない。収穫量の少ない品種で、過去にはきわめて重要だったが、フィロキセラ禍の後にほぼ消滅した。この葡萄を復活させたのは、ログローニョの有機生産者ビーニャ・イハルバだ。復活プロジェクトは果実を実らせるのに12年かかったが、結果は有望のようだ。ワインは明るい金色で、見事なノーズは花の香りと熟したモモ、そしてハチミツとミツロウがほのかに混じる。ミディアム・ボディーで、さわやかな酸味、しなやかなテクスチャー、余韻が長く続き、素晴らしい後味だ。同じつくり手が別に魅力的な赤のマトゥラナ・ティンタを復活させて瓶詰めしている。

　テンプラニージョ・ブランカの存在が初めて確認されたのは1988年のことで、赤のテンプラニージョの遺伝子変異によって生まれた。赤の葡萄樹の枝の1本に突然白い葡萄がたわわに実ったのだ！　それ以来、人々は白のテンプラニージョについてさまざまなことを書いている——事実、味わうより書くほうが多かった。というのも、たった1本の枝から新しい品種を繁殖させるプロセスは驚くほど時間がかかる。色のほかは、テンプラニージョとテンプラニージョ・ブランコのワインはよく似ている。テンプラニージョ・ブランコのノーズも芳醇な果物だが、そこに白い花の様相が加わり、ビウラおよびマルバシアと合わさって生まれるワインに、今は不足しがちな濃密さと重みを与えるはずだ。

　トゥルンテス（ガリシアのトロンテスやアルゼンチンのトロンテスと混同してはいけない）について言えば、カスティージャ・イ・レオンでアルビージョ・マヨールと呼ばれるもののようだ。アルコールは低いが酸味が豊かな品種で、リオハの白に興味を添えて差別化が実現できる。

　リオハとナバラを離れる前に、両地域でもカバが生産されていることを説明しなくてはならない。カバの呼称は、ふつう考えられているようにカタルーニャに限定されているわけではないからだ。もともとカバ・スタイルでワインをつくりたい人すべてに開放されていた。ファウスティーノ、エスクデロ、オラーラ、オンダーレ、その他のリオハでよく知られるワイナリーは、主にビウラからスパークリングワインもつくっているが、カバがあるからこそ、この地でパレリャーダ、チャレロ、シャルドネ、さらにはピノ・ノワールまで見られるのだ。

大西洋の赤

　北西部の2大産地であるリオハとナバラから目を転じると、他にも赤の品種がいくつか見つかる。中心はビエルソだが、ガリシアやバスク地方にもある。メンシア種はビエルソの葡萄畑面積の65％を占める（それを補完するのはガルナッチャ・ティントレラ、メルロー、カベルネ・ソーヴィニヨン、そして少量のテンプラニージョ）。メンシアは、ガリシア、リアス・バイシャス、リベイロ、リベイラ・サクラ、バルデオラス、そしてモンテレイのすべての原産地呼称で認可されており、北西地域の赤の王様になっている。限定された量を収穫すると、花とミネラルを連想させる、しなやかで新鮮な、ブルゴーニュとローヌ北部の中間のような、活気に満ちたワインを生み出す。

　メンシアは、19世紀末のフィロキセラ禍の後に初めて広まったようで、遺伝的差異が限られていることから、比較的最近の品種であることがうかがえる。しばしばカベルネ・フランと結びつけられるが、専門家はその誤りを立証し、その代りポルトガルのダン地方でジャエンと呼ばれる品種と同じであると確認した。

　ガルナッチャ・ティントレラは北西部全土で栽培されており、この地域の評判を落とした酸っぱくて不快な赤ワインの主な原因だった。国際的にはアリカンテ・ブーシェと呼ばれるこの品種は、数少ないタンテュリエ葡萄の1つであり、つまり果皮だけでなく果肉も色がついて

いる。そのワインの主な特徴は深い色と強い酸味である。ガルナッチャとプティ・ブーシェ（これ自体もタンテュリエ・ド・シェールとアラモンの掛け合わせ）の交配種で、1866年にアンリ・ブーシェが開発した。葡萄栽培者の間ではその高い収穫量と抵抗力が、ワイン生産者の間ではその色と酸味とストラクチャーが、人気を博した。

ガリシアの葡萄畑にはさまざまな赤と白の品種が散らばっている（その多くがポルトガルと共通だ）。名称も綴りもいろいろである。同じ葡萄を表す同義語があり、同じ名前がしばしば関係のない異なる葡萄に使われるので、混乱が増す。大部分の品種が無名で、ほとんど関心を払われていない。しかし確実に潜在力を有する品種もある。適切に栽培し、良識的な量を収穫し、葡萄畑でもワイナリーでもきちんと管理すれば、個性のあるワインをつくり出す可能性がある。

このような品種の潜在力を探っているのは、ビエルソでメンシアを使ってワインをつくり始めたラウル・ペレスのような人たちである。ペレスは現在、ビエルソのあちこちでコンサルタントとして働き、ジョイントベンチャーで仕事をし、非常に個性的な大西洋の赤と数種類の白をつくっている。最近まで、メンシアでつくることができるのはせいぜいロゼだと考えられていた。現在の名声は、（プリオラートとリオハで知られた）アルバロ・パラシオスとその甥のリカルド・ペレス・パラシオス、そして彼らの会社ディセンディエンテス・デ・ホセ・パラシオスから出ているビエルソとコルジョンのワインおよび単一畑のキュヴェに負うところが大きい。

オーストリアでベルデホ・ネグロと呼ばれるエスパデイロは、ガリシアから国境を越えたポルトガルのヴィーニョ・ヴェルデ地方に数ある目立たない赤の1つである。非常に色の薄いワインを生むので「色のない葡萄」と呼ばれ、主にロゼに使われている。その好例が、キンタ・デ・ゴマリス（リベイロのコト・デ・ゴマリスと混同しないように言っておくとヴィーニョ・ヴェルデにある）とキンタ・デ・カラペソスの2つだ。丈夫で、発芽が遅く、熟すのも遅い品種であり、ウドンコカビにとても敏感で、きちんと熟すにはかなりの熱を必要とする。マストは低糖度で色素が少なく、アルコール度数が低く酸味が非常に強いワインを生む。しかしガリシアのリアス・バイシャスでは、例のペレスの助けを借りて、印象的な濃い色の赤ワイン、ゴリアルド・エスパデイロをつくり出している。

バスタルドはモンテイでよく見かける品種で、マリア・アルドーニャとも呼ばれる。ポルトガル、バルデオラス、リベイラ・サクラ（同義のメレンサオで通っている）、ジュラ（トゥルソーと呼ばれる）でもかなり普及している。色が非常に薄い香り豊かな赤を生み出し、多くの人々の関心を引き寄せている。（ドウロのニーポートから出ているバスタルドに注意）。

変わった赤葡萄のリストには、カイーニョ・ティント、ロウレイラ・ティンタ、ソウソン、ブランセリャオ、モウラトン、フェロン、グラオ・ネグロなども入っている。これらの珍しい品種のなかには、将来的にスターダムにのし上がるものもあることは間違いない。なぜなら、この地域は新鮮で飲みやすい赤に将来性があるからだ。ここかしこでつくられている酸味が弱くて重い、オークが過剰なフルーツ爆弾にうんざりしている熱心な愛好家は、そういう赤をますます好むようになっている。

アルバリーニョをはじめとするガリシアの白

常識的には、白は北方の寒冷な地域でつくられ、赤は南方の暑い地域でつくられるとされている。そのため、大西洋岸——東のバスク地方から西のガリシアまで——と国の北西3分の1には、スペインの最も刺激的な白（と、ついでに言えば大西洋の赤）の産地が見つかる。

アルバリーニョはもっぱらイベリア半島北西部で栽培されている白葡萄である。中心はスペインのガリシア地方だが、ポルトガルにも見られる。伝説によるとこの葡萄は中央ヨーロッパの品種、とくにリースリングとつながっているという。聖ヤコブの道を歩く巡礼者か、道沿いに修道院が発展したことによって、スペインに持ち込

左：テンプラニージョの古木。リオハの最も重要な品種だが、30余りの他の原産地呼称でも認められている。

土着品種の勝利

まれたというのだ。(同じ論法でビエルソの赤のメンシアとカベルネ・フランが結びつけられる)。しかしどれも伝説にすぎないようだ。スペインの葡萄栽培の権威であるホセ・ルイス・エルナエス・マニャスによる最近のDNA研究によって、中世以降だけで進化したにしてはアルバリーニョの遺伝子は複雑すぎることがわかっている。この証拠と、この品種が聖ヤコブの道沿いと修道院以外の場所で見つからないことから、はるか昔に地元で生まれたことがうかがえる。エルナエス・マニャスによると、ローマ人が持ち込んだ葡萄樹の成分が、おそらく種子を運ぶ鳥の助けを借りて、自生の葡萄に合わさったというのが真相という——アルバリーニョだけでなく、ゴデージョやトレイシャドゥーラのような共通のルーツをもつ品種についても、同じことが言える。

ガリシアのリアス・バイシャスは、アルバリーニョが最も代表的な原産地呼称である。1986年にこの地のDOが生まれたとき、シンプルにアルバリーニョと呼ぶ意向だったが、規定によってDOは地理に言及する必要があり、葡萄品種の名称のような一般的なものは許されない。そのため最終的に、そこに並ぶ魚介の豊かな無数の入り江を名称に取り入れ、リアス・バイシャス(「下流のフィヨルド」)と呼ばれることになった。アルバリーニョとは近隣のリベイロおよびリベイラ・サクラのDOにも含まれる——ただし、リアス・バイシャスはそれを阻止しようとした。争いは続いており、葡萄を守ろうとする最近の試みとして、DOでないワインがその名を挙げることは禁止されている。原産地呼称はそもそもリアス・バイシャス産のアルバリーニョのためにあるべきだったのかもしれない。

アルバリーニョは2年目か3年目、ボトルの中で複雑さと深みが出てから飲んだほうが良い。若いときのノーズは花が爆発し、ハーブやバルサムの香り(切りたての草、ローレル、ウイキョウ、ミント、アニシード)、さまざまなフルーツ(リンゴやアプリコット)、ときに柑橘類(グレープフルーツ、オレンジの皮)やトロピカル(マンゴー、パパイヤ、ライチ)もあり、最高のものにはチョークのようなミネラル感がある。

1年が過ぎると最初のアロマは一部失われ、リンゴがモモに変わるが、奥行きと厚みが出て、マルメロとハチミツがほのかに香り、バルサムの雰囲気(ローレル、ひょっとするとローズマリーかタイム)が増し、ミネラルの余韻が増幅する。

ゴデージョは現在、アルバリーニョに次いで2番目に重要な白葡萄である。粘板岩土壌がさっぱりしたスパイシーな、ときに麝香の香りがするワインを生むバルデオラス(ギティアンとアス・ソルテスの2つが試すべきブランド)で栽培されているほか、ビエルソ、リアス・バイシャス、リベイラ・サクラでも一般的だ。ポルトガルではゴウベイア、モンテレイではベルデージョと呼ばれる。ベルデージョはポルトガルでも使われる名前だが、マデイラのベルデージョと混同してはならない。

ほかにもさまざまな白葡萄がある。ロウレイラ・ブランカまたはロウレイロは、アルバリーニョ以外の主要な白品種の1つで、国境の両側に広く普及し、高く評価されている。名前の由来は独特の香りにある。「ロウレイロ」とは、ガジェゴでもポルトガルでも「ベイリーフ」を意味する。トレイシャドゥーラまたはトラハドゥーラは、リベイロの主要原料の1つだが、他のDOでも使える。カイーニョ・ブランコ、トロンテス、パロミノ(ヘレスの葡萄)、ドーニャ・ブランカ、そしてラドも、ガリシアの葡萄畑のあちこちで出会う名前である。赤の場合と同じように、これらの葡萄に関心を向けている生産者もいるので、そのうち面白いワインが生まれることは確実である。

チャコリを使う3つの産地——ビスカイコ・チャコリナ、アラバコ・チャコリナ(葡萄樹は合計70ha)、ゲタリアコ・チャコリナ——は、バスク地方の3県——ビスカヤ、アラバ、ギスプコア——に対応する。そこでは地元品種のオンダラビ・スリに、ほとんどが地元で消費されるオンダラビ・ベルツァからつくる少量の赤をブレンドして、低アルコールで時に軽やかな白をつくる。どちらの葡萄も地域固有種と考えられていて(20世紀のフランス人葡萄学者のピエール・ガレは、この赤はカベルネ・フランと関係があると考えていたが)、他の地域では見られない。他の葡萄はDOによって異なるが、プティ・マンサン、プ

ティ・クルビュ、グロ・マンサン、フォル・ブランシュも少し見られ、生産者はソーヴィニヨン・ブラン、シャルドネ、リースリングも試している。

最後に、(ビノ・デ・ラ・ティエラ・デ・カンガスはあるが) ワインよりシードルが優勢なアストゥリアスをのぞいてみると、さらに興味深い珍しい品種が見つかる。カラスキン、ベルデホ・ネグロ、アルバリン・デ・イビアスなどは、将来的にいくつか驚きのワインを生む可能性が十分にある。

各DOで認可されている葡萄

リオハ
赤：テンプラニージョ、ガルナッチャ、マスエロ、グラシアーノ、マトゥラナ・ティンタ（マトゥラノ）、モナステル。
白：ビウラ、マルバシア・リオハナ（スビラット・パレント）、ガルナッチャ・ブランカ、シャルドネ、ソーヴィニヨン・ブラン、ベルデホ、マトゥラナ・ブランカ、テンプラニージョ・ブランコ、トゥルンテス。

ナバラ
赤：カベルネ・ソーヴィニヨン、ガルナッチャ（またはガルナッチャ・ティンタ）、グラシアーノ、マスエロ、メルロー、テンプラニージョ、シラー、ピノ・ノワール。
白：シャルドネ、ガルナッチャ・ブランカ、マルバシア、モスカテル・デ・グラノ・メヌード（ミュスカ・ア・プティ・グラン）、ビウラ、ソーヴィニヨン・ブラン。

ビエルソ
赤：メンシア、ガルナッチャ・ティントレラ（アリカンテ・ブーシェ）、メルロー、カベルネ・ソーヴィニヨン、テンプラニージョ。
白：ドーニャ・ブランカ、パロミノ、マルバシア、ゴデージョ。

モンテレイ
赤：アラウシャ（テンプラニージョ）、メンシア、バスタルド（マリア・アルドーニャ）。
白：ドーニャ・ブランカ、ベルデージョ（ゴデージョ）、トレイシャドゥーラ、カイーニョ。

リアス・バイシャス
白：アルバリーニョ、ロウレイラ・ブランカ、トレイシャドゥーラ、カイーニョ・ブランコ、トロンテス、ゴデージョ。
赤：カイーニョ・ティント、エスパデイロ、ロウレイラ・ティンタ、ソウソン、メンシア、ブランセリャオ。

リベイラ・サクラ
白：アルバリーニョ、ロウレイラ、トレイシャドゥーラ、ゴデージョ、ドーニャ・ブランカ、トロンテス。
赤：メンシア、ブランセリャオ、ガルナッチャ・ティントレラ、テンプラニージョ、ソウソン、カイーニョ・ティント、モウラトン。

リベイロ
白：トレイシャドゥーラ、トロンテス、パロミノ、ゴデージョ、ロウレイラ、アルバリーニョ、マカベオ、ラド。
赤：カイーニョ、ソウソン、フェロン、メンシア、テンプラニージョ、ブランセリャオ、ガルナッチャ・ティントレラ。

バルデオラス
白：ゴデージョ、ドーニャ・ブランカ、パロミノ。
赤：メンシア、メレンサオ、グラオ・ネグロ、ガルナッチャ。

アラバコ・チャコリナ（アラバからのチャコリ）
白：オンダラビ・スリ、プティ・マンサン、プティ・クルビュ、グロ・マンサン。

ビスカイコ・チャコリナ
白：オンダラビ・スリ、フォル・ブランシュ。
赤：オンダラビ・ベルツァ。

ゲタリアコ・チャコリナ
白：オンダラビ・スリ、グロ・マンサン、リースリング。
赤：オンダラビ・ベルツァ。

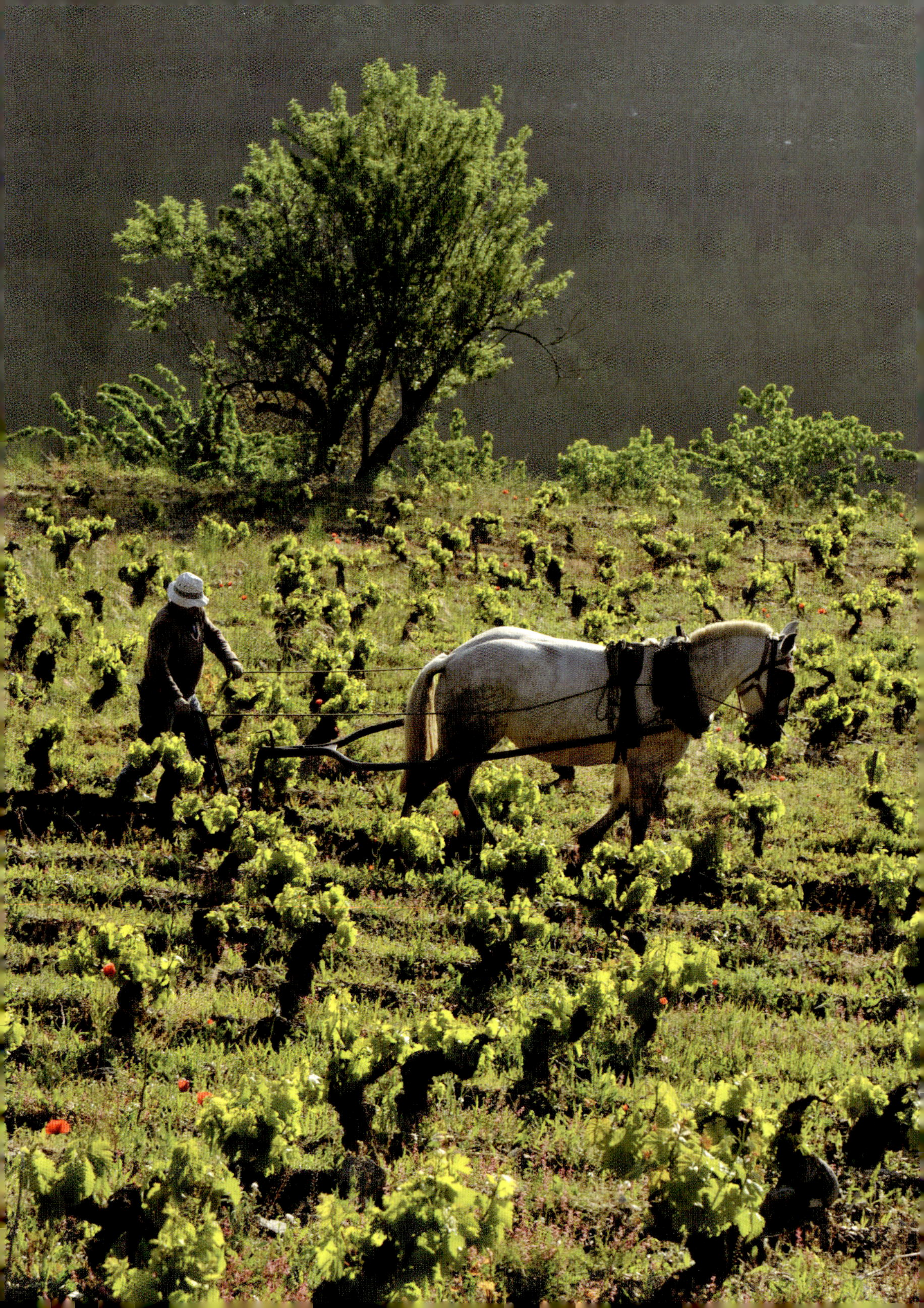

4 | 葡萄栽培

バック・トゥー・ザ・フューチャー

スペインのどの地方にも、長く豊かな葡萄栽培の伝統がある。気候条件があまり好ましくないところも例外ではない。条件が好ましくないのは主に湿気の多い国の北西部、たとえばガリシア北部、アストゥリアス、カンタブリア、そしてバスク地方の沿岸部である。もっと簡潔に言うと、多湿で曇りの多い低温のビスケー湾沿岸であり、そこでは19世紀末まで何千haもの葡萄畑があったが、その大部分がフィロキセラで駄目になり、そのあと再植されなかった。1857年、サンタンデール県（現在のカンタブリア自治州）には2225haの葡萄畑があったが、1922年にはわずか61haしか残っていなかった。最近、この地域にもささやかな復興が起こり、2009年には葡萄畑が130haになり、10年前には1つもなかったワイナリーが9つになっている。

小さな寄生虫がヨーロッパの葡萄畑のほとんどを消し去るという悲劇が起こる前から、さまざまな外部事情がスペイン北西部の葡萄畑を発達させ、その目覚ましい拡大に貢献した──いかにもスペインらしい現象であり、そのおかげでこの国は世界のどこよりも葡萄栽培に充てられている土地面積が大きい。その面積の大部分は昔も今もスペインの南半分にあり、そこでは日照りが続く条件のために、それなりの収穫量を上げるにはかなり広い土地に葡萄を植えることが必須である。しかしスペイン北西部でも、歴史的にはかなり広い土地が葡萄樹に充てられ──フィロキセラ禍直前の1889年には11の県に14万5000ha余りの葡萄畑があり──収穫量は南よりもはるかに多かった。

さまざまな局面の原因は交易に、というよりその欠如にある。キリスト教徒によるスペインの再征服が長期間におよぶなか（ようやく完了したのは1492年）、ワインは政治的・宗教的な理由もあって食事の重要な要素であり、新しいキリスト教徒の町ではことごとく、中産階級と商人たちがすぐに町の周囲を葡萄樹で囲った。この財産を守りたいと考えた地方自治体は保護主義策を導入し、ほとんどが勅令による支援を受けた。つまり、少なくとも当年の地元の供給分が飲みつくされるまでは、町の外から来たワインを売ることはできなかったのだ。

この保護主義は19世紀初めまで、スペインを支配する歴代の王朝によって維持された。スペインのこの山の多い地域ではいつの時代もワインの長距離輸送は難しかったが、もしこのような勅令が出されなかったら、地域間の取引はもっと盛んだっただろう。そうなればルエダのような周辺地域は得をしただろうが、貧しい葡萄栽培地域──湿ったカンタブリア海沿岸で薄い緑色の美味しくないワインをつくっていた地域──の葡萄畑は、ずっと前に縮小するか消滅していただろう。

19世紀より前、交易主導で葡萄畑が拡大したことが知られている北西部の地域が1つだけある──ガリシアのリベイロ・デ・リバダビアである。そこでは16世紀にイングランドへの輸出がそれなりに発展した。しかし、国王フィリペ2世が攻撃的な政策を展開し、ついにスペインの無敵艦隊が敗れる事態になって、それも終わりになった。イギリスの商人たちはポルトガルに目を向けるようになり、ワインの国際取引は転機を迎える。

バルクワインの地域内取引と自家製ワイン（たいていワインをつくる家族が飲むためだけのもの）の優位はどちらも、北西部の葡萄栽培の発展にとってきわめて重要だった。葡萄畑の所有権もしかりである。葡萄畑は通常、国王か貴族か、（とくにガリシアでは）教会のものだった。農民はまあまあの好条件で土地を借りており、どんな財産権の取得も遅々として進まない。そのような状況下にあって、葡萄栽培のやり方は原始的で、葡萄畑は安定しない。取り木によって繁殖させるに足る高品質の葡萄樹を見つけることは、深刻な問題の1つにすぎなかった。

左：馬による耕作は決して廃れていない慣習で、伝統的手法への回帰を示すわかりやすいしるしの1つだ。

フランス人と害虫

　このような不都合な事情を背景に、19世紀と20世紀の進歩が起こったのだ。オイディウムとフィロキセラという双子の災難が訪れる前の決定的な進歩は、待望の保護主義法の撤廃だった——リオハの赤ワインとオールド・カスティージャ（現在のルエダ）からの白ワインが、沿岸の二流ワインに取って代わることを許すと、国王が決定したのだ。少なくとも沿岸のワインにとって同じくらい衝撃的だったのは、（フランスより少しあとの）1855年頃にスペインを襲ったオイディウム危機である。オイディウムはまたの名をウドンコ病菌という有害な微細真菌だが、干ばつに襲われるスペイン南部だけでなく、リオハ・バハやナバラのような内陸の葡萄畑でも、深刻な問題ではなかった。しかしビスケー湾沿岸に残っていた葡萄畑は消し去られた。

　フィロキセラはアメリカ大陸からやってきた寄生虫で、すべてを貪り食う。比較的ゆっくり広がるので、フランスの葡萄畑が荒廃してから20世紀初頭についにスペインの葡萄畑が襲われるまで、4分の1世紀の間があった。その間、スペイン北部の葡萄栽培は歴史上初めて、それ以降散発的にしか生じない現象を経験した——繁栄である。

　パニックに襲われたボルドーの仲買人たちは、つくられなくなった赤ワインの代替え品を必要としていた。そして彼らは、市場が求めるとおりの良質で力強く見事な色の赤ワインの供給源を、（もっと南のドゥエロだけでなく）近くのリオハやナバラに発見する。彼らはビトリア、アーロ、ログローニョに店を構え、大勢の野心的なスペイン貴族に働きかけた。貴族たちの先頭に立っていたのは、すでにメドックのパターンにならってワイナリーを設立するチャンスをとらえていた、リスカルとムエリタの2人の侯爵だ。彼らはスペイン北部に初の「工業的」ワイナリーをつくった——1世紀前に南部のシェリー業界によって設立されて以降、スペインでは初めてだった。

　この激変の期間、葡萄栽培はさまざまな進歩を遂げ、その影響は今日も感じられる。オイディウム危機が、最も弱い葡萄品種の運命を決定した——ビスカヤで最高の赤のチャコリをつくると評されていたガスコンもその1つだ。この品種は完全に、そして永遠に消え去った。他の沿岸の品種——とくに最高の白葡萄のオンダラビ・スリ——も絶滅の危機に瀕し、効果的な抗オイディウム処置が一般的になってようやく、再導入された。内陸では、オイディウムに比較的強いガルナッチャがアラゴンからナバラへと西に移動し、初めてリオハに進出した。しかしそこで普及する前に、次の大きな襲来を受ける——フィロキセラだ。

外来の葡萄樹

　リオハでは依然として、テンプラニージョと多少のマスエロ（カリニャン）およびグラシアーノが主要な赤品種で、（1889年に灌漑された葡萄畑が2000haあったが、）一般には乾地農法で耕作される傾斜葡萄畑で栽培され、低いゴブレ式に先を剪定されていた。これはフランス南東部で用いられているのとよく似た整枝システムで、地元ではバソと呼ばれる。1862年にジャン・ピノー——モダンなワインづくりの発展を助けるためにアラバの当局に雇われたメドックのメートル・ド・シェ——がやって来て、初の「外来」葡萄樹の導入が加速した。とくにピノーがエルシエゴにあるトレア・ワイナリーでリスカル侯爵の右腕になった後は拍車がかかった。

　トレアは22haからあっという間に77haに拡大し、2万本あまりの新しい葡萄樹はボルドーの品種で、極上のリスカル・ワインに役立つカベルネ・ソーヴィニョンだけでなく、マルベックやセミヨンのような、それほど期待されていない品種もあった。しかし改革を受け止める地元の栽培者たちの態度には懐疑と軽蔑がないまぜになっていた。彼らは土着品種のほうがうまくやっていけると主張したのだ。そして彼らは正しかった。新しく植えた樹は弱く、その収穫量は土着品種のわずか3分の1しかなかった。最終的に、フランス品種はリオハでは例外にとどまった。

　外来品種があまりうまくいかなかった主な理由の1つは、地元の葡萄からつくられる赤ワインは輸出するに十分な品質であることを、フランス人仲買人がすぐに認識

上：自分でかつげる噴霧器だけをかついでロバに乗る栽培者は、多くの小規模な葡萄栽培の典型である。

したことだ。もう1つの理由は、マルケス・デ・リスカルやマルケス・デ・ムリエタのようなボルドースタイルのワイナリーでも、葡萄のニーズをまかなえることは滅多になく、地元の栽培者からの購買は必須だったことにある。そういう栽培者たちはボルドーの葡萄樹を試すことはなく、テンプラニージョ、マスエロ、そして大量のグラシアーノを供給し続けた。

　ピノーについて言えば、セラーでの働きのほうが葡萄樹の選択よりも影響力があった。彼は葡萄の除梗や破砕、小さい発酵槽の使用、225ℓ樽での赤の熟成など、ボルドーの醸造手法を取り入れた。これらの技術はリオハ全土で真似られた。瓶詰めされた熟成向きの発泡性でない赤ワイン（と白ワイン）が、初めてスペインから市場に提供されたのだ。フランスの葡萄畑が復活した後も、これはこの地域にとって安定の保証だった。なぜなら、バスク地方のサン・セバスチャンとビルバオの間の工業化された地域に新たに生まれた裕福な中流階級が、そのワインを自分たちのものとして選んだからだ。

ナバラの絶頂期

　フィロキセラ禍が起こる直前、リオハの葡萄畑の面積は1874年の3万4000haから5万2000haまで拡大した。隣接するナバラでは、拡大はさらに迅速でかつ見事だった。1877年の3万haからわずか12年で4万8000haになり、そのうちの8000haは灌漑されていた。その原始的な浸水手法は、今なおアルゼンチンの一部で使われている。19世紀の終わりまでに、ナバラの葡萄畑の面積は過去最高の5万4500haに達していた。

　ナバラはリオハと同様、フランスの災難によって得をしたが、リオハより温暖で地中海の影響を受けるテロワールから生まれた雑なワインは、リオハのものほど高い価

39

格も評価も得られなかった。大量販売のおかげで、それまで他の作物に充てられていた土地に葡萄樹が植えられるようになった。とくにオリーブの木で覆われていたエブロ川沿い——リベラ地方——が顕著だった。農民たちは木々の各列の間に葡萄樹を並べて植え始めた。ここは回復力のあるアラゴンの品種、ガルナッチャが最初に定着した地域である。

ダブルパンチ

はるか北西のビスケー湾沿いでは、保護主義の終わりとオイディウムというダブルパンチを生き残った沿岸の葡萄畑はほとんどなかった。南部と内陸のガリシアでは、葡萄栽培には非常に長くしっかりした伝統があったが、回復は初めゆっくりで、この地域の軽い白ワインはフランスへの大規模な輸出からは恩恵を受けなかった。しかし1889年までに、オレンセ県は30年前の葡萄畑の面積をほぼ回復した——およそ1万8000haだ。リオハと同じように、鉄道の出現が地元の生産を後押しし、産物は沿岸の大都市ア・コルーニャやビーゴに楽に届くようになった。

アルバリーニョの故郷ポンテベドラの状況ははるかに悪かった。湿度が高いので葡萄樹は蔓棚に這わせて仕立てられたが、それでも多くの樹がオイディウムに負けた。さらに、アルゼンチンとキューバへの大量移民は、多くの葡萄畑が見捨てられるということだった。この停滞は1980年代まで続き、ワインばかりかワイン・ブランデーさえも、カスティージャ、カタルーニャ、アンダルシアから輸入することになった。

20世紀が始まるまでに、フィロキセラは北西部の大部分に達した。状況は悪くなるばかりだ。フランスの市場は消えた。キューバはスペインにとってバルクワインの最上顧客だったが、米西戦争後にはキューバ市場も消えたのと同じだ。

フィロキセラはスペインでは急速に広がらなかったので、生産量全体は急激に落ち込まなかった。その結果、ワインの価格は急上昇しなかったが、そのせいで再植の意欲は薄れた。それとは対照的に、第2次世界大戦中に穀物価格の急上昇したおかげで、多くの葡萄栽培者が大麦や小麦やライ麦に切り替えた。そのため長期間の危機が始まり、1930年代の大恐慌とスペイン内戦によって長引いた。多くの地域で、葡萄畑は二度と復活しなかった。

フィロキセラは1890年から1900年の間にスペイン北西部の大部分を襲ったが、リオハとナバラには遅れてやって来た。しかし遅れても荒廃は他所と同じに徹底していた。1909年にナバラに残ったのはわずか713ha。リオハでは1901年に危機が始まり、早いうちに一部が再植されたにもかかわらず、1910年までに葡萄畑の面積は半分になっていた。

質より量

20世紀前半、スペインの悲惨な経済的・社会的状況——そして大規模な海外移民とごくわずかな栽培者利益——が原因で、再植にとんでもない間違いが起こることになる。その間違いのせいで復興はさらに遅れた。

素朴なワインづくりが実践され、地元の専属市場にほぼ全面的に頼っていたにもかかわらず、何世紀にもわたって葡萄栽培が行われてきたおかげで、この地域では高品質品種——ガリシアのアルバリーニョとゴデージョから、リオハのテンプラニージョまで——の栽培が可能だった。しかしフィロキセラ禍後の再植では、質より量が優先された。協同組合のセラーと、ナバラからガリシアまでの大規模な仲買人が、農民に人並みの収入を得られる望みを与えたからだ。彼らがつくり始めた——そして1990年まで不況のガリシア地方でまだつくられていた——格安のバルクワインは、栽培しやすい多収穫の品種からつくることが可能で、土着品種は絶滅寸前に追いやられた。1980年には、バルデオラスに残ったゴデージョの樹はわずか400本あまり、リアス・バイシャス

右：極上ワインの多くは灌木性の葡萄樹から生まれるが、蔓棚に這わせてよく手入れされた葡萄樹から生まれるものも同じくらい素晴らしい場合もある。

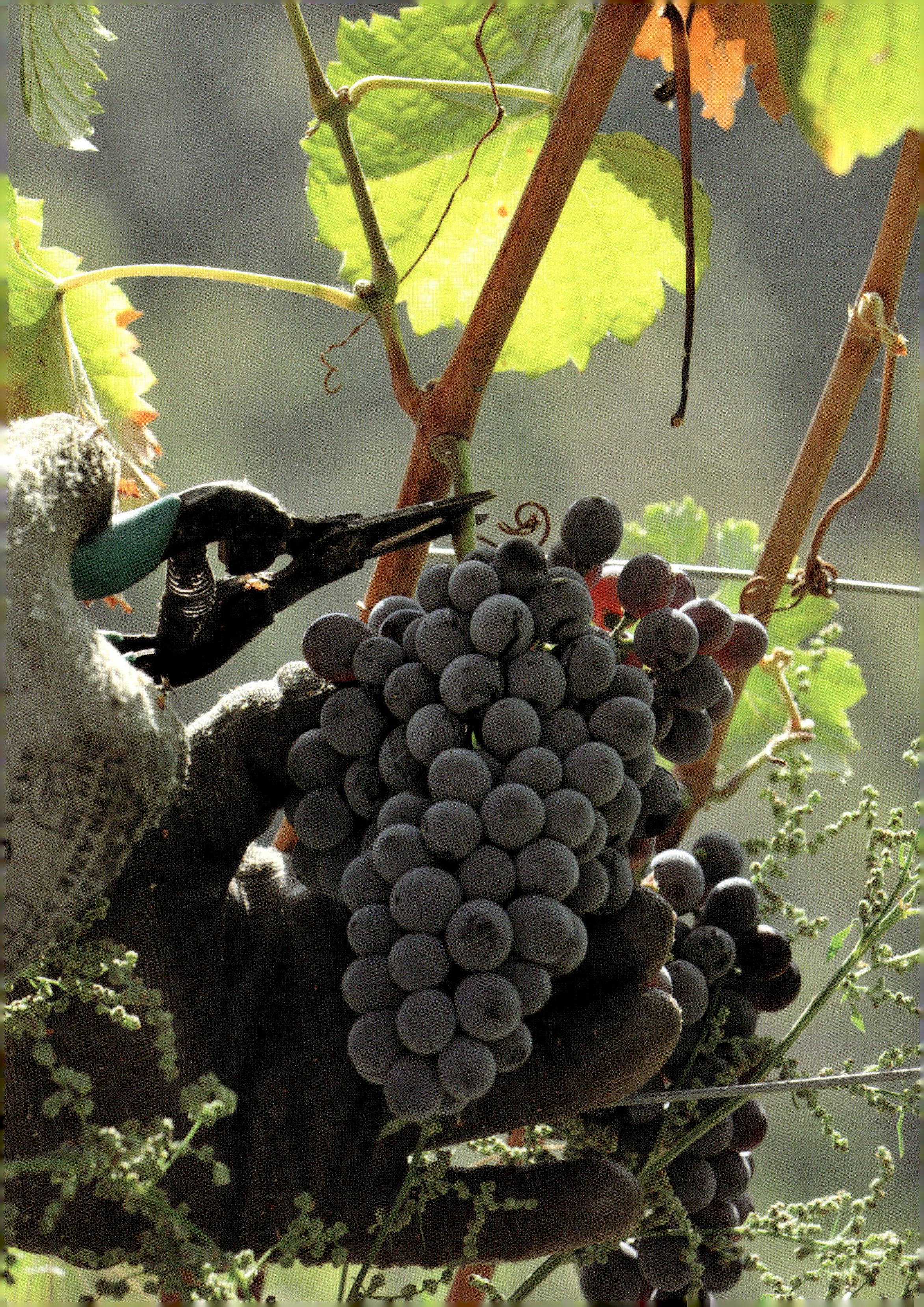

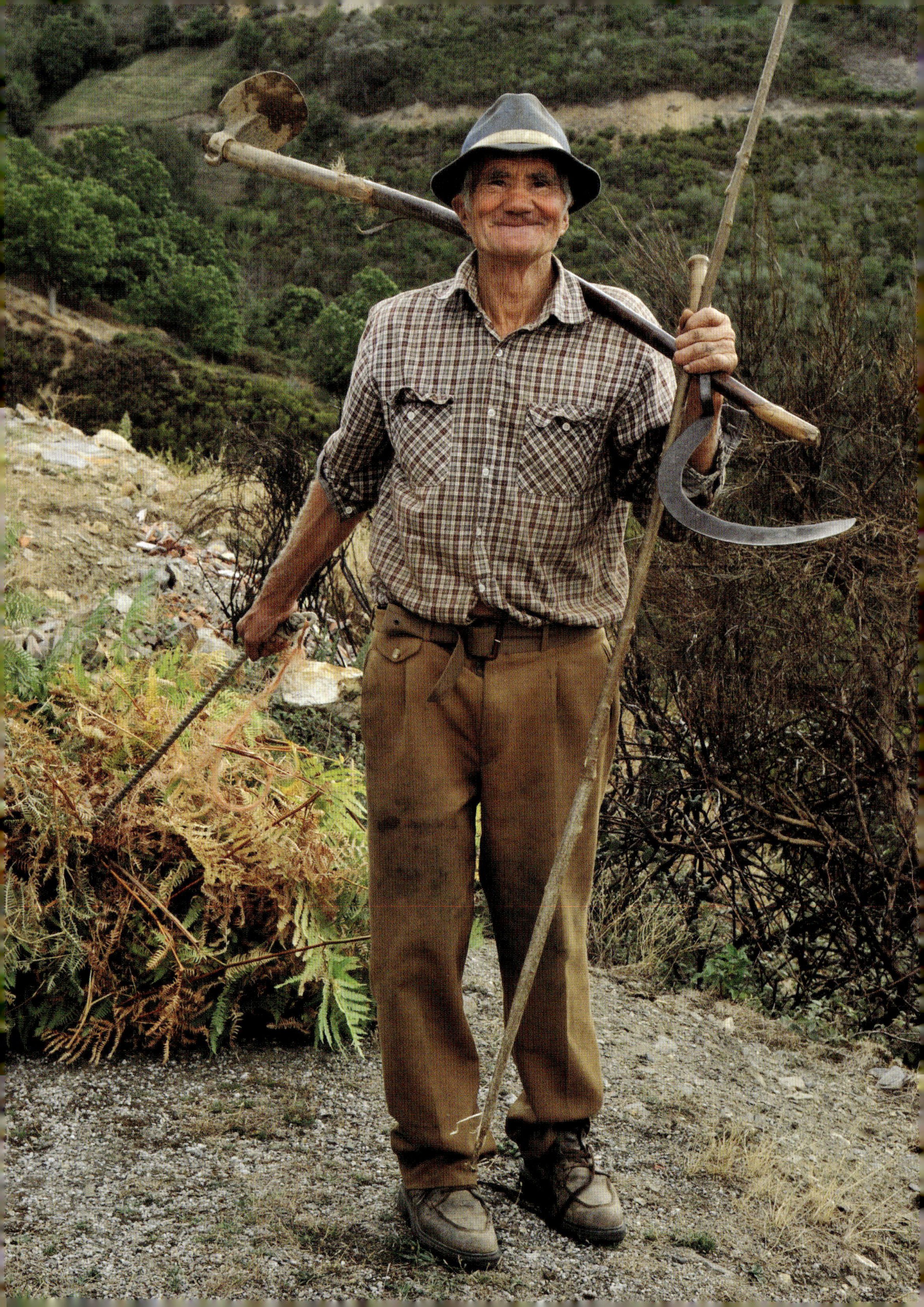

に残ったアルバリーニョはおよそ200haだった。

　ガリシア全土で、丈夫だが特徴のないヘレス原産のパロミノ（地元ではヘレスと呼ばれる）と、果肉の色が濃いガルナッチャ・ティントレラ（アリカンテ・ブーシェ）が、土着品種に取って代わった。

　人的資源をあまり必要としない品種が求められたことも、1910年以降に再植が始まったとき、ナバラとリオハ・バハでガルナッチャが輝かしい進歩を遂げたことの主要な原因である。この場合、品種の質的潜在力ははるかに優れていたが、この葡萄をそこまで成功させたのはその耐寒性だった（ただし春の着果不良には弱く、そのせいでしばしば収穫量が激減する）。

　1960年代末までに、リオハではガルナッチャの栽培面積がテンプラニージョのそれを追い抜いた。マルケス・デ・リスカルのような伝統的な生産者とマルケス・デ・カセレスのような新しい生産者が土着品種に対して新たに食指を動かしはじめて、その流れが再び逆転した。そうして2008年までに、リオハでは総面積6万3000haのうち、驚きの5万haをテンプラニージョが占めていて、ガルナッチャはわずか6000haになっていた。

　新たに資金が投じられるとともに、国内および国際的な市場が受容力を増したおかげで、ガリシアでは良質なワインづくりを再開することが可能になり、それがきっかけで土着品種が——ブランセリャオやカラブニェイラのような非常に変わった品種さえも——復活し、パロミノ畑の大部分が喜んで引き抜かれることになった。しかしこのような発展にもかかわらず、与えられた不当な悪評のせいでガルナッチャはリオハでひどい待遇を受け、ナバラではなおさらだった。あまりにも多くの良質の古いガルナッチャの葡萄畑が、リオハでテンプラニージョ熱が吹き荒れている間に破壊されたが、ナバラにおける決断はもっとはるかに悲惨だった。

　数あるスペインの産地——とくにソモンターノとペネデス——の同業者と同様、ナバラの栽培者たちは、自分たちの葡萄につく値段がバルクワインのものとほとんど変わらないことにうんざりしていた。そのため、彼らは一方でニューワールドのワイン、他方でリオハのワインと張り合おうとして、フランス品種（主にメルロー、カベルネ・ソーヴィニョン、そしてシャルドネ）とテンプラニージョに運命を賭けた。この戦略は裏目に出て、21世紀の初めには、地域色の強化に対するイメージ改革が試みられており、赤ではガルナッチャとテンプラニージョ、白ではビウラとモスカテル・デ・グラノ・メヌード（ミュスカ・ブラン・ア・プチ・グラン）に重点が置かれた。

　その頃までに、北西部の葡萄栽培の歴史は、リオハでまた意外な展開を示していた。一連のマイナーな地域固有品種を植えることが認可されたのだ。その品種の一部——とくに赤のマトゥラナ・ティンタと白のテンプラニージョ・ブランコ——は、栽培者の関心をおおいに惹きつけているため、この地域の葡萄畑マップがまた大きく変わるかもしれない。

　レメリュリのテルモ・ロドリゲスのような品質志向の栽培者による、ゴブレ式剪定への回帰と蔓棚システムの廃止の主張もまた、古い地元色の強い品種と技術への部分的回帰を示している。20世紀の長く厳しい時代を経験したあと、この地域は遅ればせながら、だが真剣に、伝統を回復しようとしているのだ。

左：とくに狭くて急斜面の葡萄畑では、その地の経験、知識、そして昔ながらの道具が貴重である。

5 | ワインづくり

伝統とモダン

近年、ワイン愛好家の間で——スペイン以外でも——とくに熱く議論されているテーマは、リオハの古典的あるいは伝統的なスタイルが消えたと言われていることである。古いアメリカン・オークの大樽での長期間熟成と、第1次よりむしろ第2次の果物のアロマとフレーバーを特徴とするこのスタイルは人気を失い、深い色、完熟の果実、そして小さい新オーク樽による「新しい味」に取って代わられたと考えられている。しかしそのように単純にはっきり二分されるのかどうかは、おおいに疑問である。リオハにはいくつかの異なる重複するスタイルが共存している。そしてスペイン北西部の他の地域では、リオハのような良質の伝統がないので、現代的なワインづくりのテクニックが至るところに見られるかもしれないが、葡萄畑では最高の生産者は過去に戻りつつある。

古いものと新しいもの

活動し続けないものは死んで腐るというのは自明の理である。しかしワインの世界について他にどんなことが言われようと、この世界はとりわけ活動的である。この2、30年は革新と新たなトレンドがまさに特徴的だった。さまざまなアイデアと哲学が生まれ、ワインのつくり手は多種多様な問題について自分の立場を決めなくてはならない。たとえば、バイオダイナミック農法、テロワールの重要性、キャノピー・マネジメント（樹冠管理）、低温浸漬、マイクロ酸素処理、逆浸透、樽産地、新オーク、あぶりの程度、オークのチップ、使う亜硫酸塩のレベル、といった具合に。私たちはなんらかのワインづくり哲学に独善的に固執してはいないが、革新が盛んなワインづくりの風土——そしてワインへの愛情から批判的な反論が沸き返るような状況——で生きるほうが、不変で動かしようのない規則に縛られるより、はるかに望ましいと思っていることは確かだ。

スペイン全般、とくにスペイン北西部の場合、伝統はつねにモダンに勝ると主張するのは愚か者だけである。良質のワインをつくるスペインというのは（ヘレスとリオハとベガ・シシリアだけは除いて）最近の考えであり、スペインをようやく他のヨーロッパ主要国と同レベルに押し上げた経済的・社会的発展から生まれたものだ。

もちろん、近代化の試みのなかには最悪の部類に入る行き過ぎを招いたものもある。しかし、ガリシアやバスクの30年前の白ワインが今日のものより優れていると主張する人はほとんどいないだろう——20年前のビエルソの赤についても同じことが言える。カンタブリアやアストゥリアスのような新興地域も引き合いに出せる。これらの地域は、数世紀ぶりに本当におもしろいワインをつくり始めている。

成功への道を進む過程で犠牲者が出たことも真実だ。トスタード・デ・リベイロはそのような犠牲者の一例である。トスタード・デ・リベイロは屋内で干した葡萄からつくられる自然な甘口ワインで、最盛期には高い名声を手にしていた。しかし現在、DOリベイロの生産者からほとんど関心を払われていない。なぜなら生産コストが高く、ニッチなワインにしかなりえないからだ。ヴィティビニコラ・デ・リベイロのトスタード・デ・コステイラのような模範例はわずかしか残っていない。質も名声も一段低いが、トスタディージョ・デ・リエバナについても同じようなことが言える。カンタブリアのポテスでつくられる甘口ワインだが、地元の葡萄と国際的な（つまりグローバルな）ワインづくりの手法でつくられる赤と白のテーブルワインが好まれるために、ほぼ消滅してしまった。

しかし重要なのは、これらのワイン生産地のほぼすべてにおいて、信望を築いている名前はほとんどが若い世代に属していることだ。リアス・バイシャスでは、称賛に値する伝統を誇るのはパラシオ・デ・フェフィニャネスだけである。この地の比較的最近の地位向上を引っ張ってきたのは、ヘラルド・メンデスやマリソール・ブエノらである。ガリシアの他の地域でも、品質復興の陰にいる主要人物と、葡萄畑かセラーを訪問するにせよ、商業的なイベントやワインフェアで会うにせよ、とにかく今でも

右：古いオークの槽はいまだに伝統的なつくり手によって使われているが、昔はその多くが近代的あるいは革命的だった。

9548
T-18-3-10

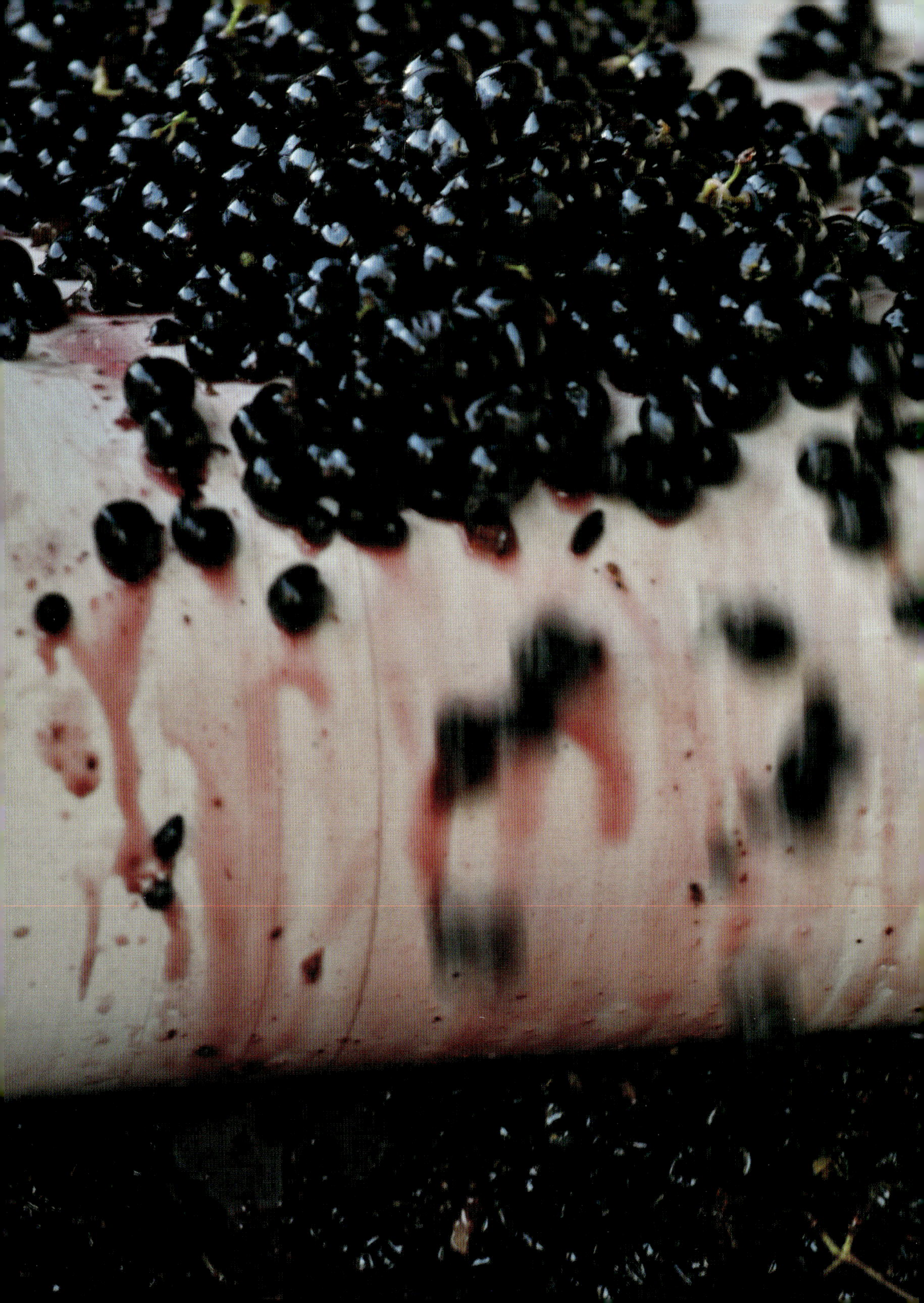

気楽に話ができる。セネン・ギティアン、エミリオ・ロホ、ラファエル・パラシオス、あるいはラウル・ペレスのことを考えてほしい。ほかの数十人のオーナーやワイン学者とともに、彼らはそれぞれの地域で品質基準を構築したか、構築しつつある。

ナバラの場合は、おそらく事情が異なる。というのも、ナバラの心もとない革新時代の特徴は、外来品種（妙なことにスペインでの呼び名は「品質改善品種」）に対する過剰な信頼だった。結果は一部の非常に有能な評者が予想したほど、うまくいかなかった。現在、テロワール、伝統的な品種、そして品質志向の葡萄栽培法のバランスを実現している生産者には、明るい未来が開けているようだ。

リオハの微妙なニュアンス

伝統とモダンに関する意見の違いが最も顕著なのはリオハだが、広範にわたる微妙なニュアンスにも注意を払わなくてはならない。なぜなら、議論は時々言われるほど白黒はっきりしているわけではないからだ。たとえば、アルタディ、コンタドール、フィンカ・アジェンデ、ロダ、サン・ビセンテのような近代的ワイナリーの創始者たちの才能を否定しようとするのは、思惑のある人か、かなりいかがわしい個人的意図がある人だけだろう。同時に、リオハのエリートを網羅するリストの先頭には今日でも、数十年から数世紀におよぶリオハの歴史をつくった人たちの名前が記されるべきである。すなわち、マヌエル・キンタノ、ルシアーノ・ムリエタ、カミロ・ウルタード・デ・アメサガ、ジャン・ピノー、ラファエル・ロペス・デ・エレディアなど、この地域のワインづくりにとって画期的な出来事を起こした人たちである。

実際、ここには特筆すべきパラドックスがある。後に挙げた人々はリオハワインの近代化に貢献したという意味で、まさに卓越していた──彼らはまさしく近代リオハにとって真の父である。それならなぜ、彼らのワインは現在「古典」として称賛されているのだろう？ ほとんどの古典は若いとき、ずばり革命的ではないにしても革新的であったことは、歴史が示している。そしてこのパラドックスを理解してこそ、リオハとスペインの他のワイン産地との間に画された一線の理解が始まる。リオハでは、かつて新奇なもの、つまり「近代主義」と見なされていた良質のワインづくりが、今では伝統になっている。当時はその活動を成功させるため奮闘する必要があり、それができたのはひとえに、先見の明のある人たちの努力があったからだ。

一方、リオハ以外のスペインのほとんどの産地では、最近でこそ品質が急上昇したがそれ以前は、そして若干の著名な例外は除いて、伝統が意味するのは希釈、平凡、素朴、保存のための異常に高いアルコール度数、そして場合によっては葡萄畑またはワイナリーでの不当な薬品添加だった。一世紀半前にリオハの侯爵たちが、当時としては「モダン」な葡萄栽培とワインづくりの技術を導入することによって何とかしようとしたのも、大差ない悲惨な状況だったのだ。

リオハの近代主義と伝統主義

そういう事情を踏まえると、今日の「モダンな」スタイルと技術が、もっと古典的（つまり一世紀前の「近代的」）なアプローチと比べて、リオハにとって純粋な進歩を示しているのかと問うのは理にかなっている。ワインの世界は党派心と視野の狭い議論に傾きがちであることはよく知られている。理由を説明するのは私たちより歴史学者、心理学者、あるいは社会学者のほうが適任だが、人間はたとえ現実的な利益は何も得られない状況にあっても、旗の下に集結して仲間内の信念を抱く傾向がある──サッカーファンが良い例である。同様の現象がワインの世界のワイン愛好家の間にも起こる。

1つの考え方は、ここ20年の「近代主義」はリオハにとって一種の災いである、というものだ。このひどく保守的な姿勢は私たちとは違う──私たちの個人セラーに古典的なつくり手の歴史的なヴィンテージがどれだけた

左：厳しい選果も綿密な現代的手法の1つで、葡萄が選別台を通過するときに行われる。

伝統とモダン

くさん詰まっていても、あるいは、そのようなボトルが結局は他の何よりも大きな喜びをもたらすことがどれだけ多くても。変化に反対する人たちは、私たちから見ると、都合の良いことだけしか覚えていないことはなはだしい。数十年前の代表的秀作、つまりクネやラ・リオハ・アルタ、ムリエタ、リオハナス、リスカル、トンドニアなどの最高のレセルバとグラン・レセルバだけを記憶している。今より大きな割合を占めていた大量の平凡なものは忘れる傾向にある。

過去にリオハをスペイン第2のワイン産地（第1はヘレス）にした定石は、1970年代にはうまくいかなくなった。葡萄の栽培面積を無制限に増やし、さらに収穫量も増やし過ぎた——せいぜい並みとしか言えないワインを何百万本もてっとり早く生み出す、高収量の若いクローンを植えるために、古い樹を根こそぎにするところまでいったのだ。もちろん、高い水準を維持する素晴らしい由緒あるワイナリーも必ずあり（まずはトンドニアだが、一時期のラ・リオハ・アルタ、そしてもう少し不安定なところでクネが挙げられる）、さらに伝統と革新のバランスを取ろうと奮闘して抜け目なくトップクラスの座に就いた新入りもいた（ムガ、コンティーノ、マルケス・デ・カセレスなど）。

リオハの世界は長いあいだ、産地統制に課される制限よりもきつく自らの伝統に抑制されていた——それが革新とはまったく相いれないことがあとになって明らかになった。意欲的なボデガが市場に提供すべきものについてはコンセンサスがあった。すなわち、何よりもまずクリアンサ、レセルバ、そしてグラン・レセルバ——すべて赤である。レセルバのラベルが貼られているものには、2種類の系列が生まれることがあった。1つはビーノ・フィーノ・スタイル、もう1つはもっと肉付きが良い果実味の強いものだ。伝統的な若い「コセチェロ」スタイルの赤を維持する生産者もいた。白については、同じオーク熟成の方針で分類と商品が決まり、古いスタイルにはあまり重点が置かれなかった。

20世紀の最後の10年間、この正統主義と対決し、スタイルの画一性に盾突き、その過程で非常に個性の強いワインをつくる覚悟をした生産者の一団が現れた。このグループには、マルティネス・ブハンダ兄弟のようなパイオニアがいて、新たな冒険を企てた。老舗のワイナリーがつくる特別なキュヴェ（マルケス・デ・リスカルのバロン・デ・チレル、ムガのトレ・ムガ）や、もっと新しいつくり手（ブレトンのドミニオ・デ・コンテ）の特別なキュヴェ、単一畑のワイン、アルタディの古樹のラインアップ、ビーニャ・イハルバの50％グラシアーノの画期的なレセルバ、クリアンサ／レセルバ／グラン・レセルバに縛られずにつくられた素晴らしい赤（パラシオのコスメ・パラシオ・エルマノス、新しいアジェンデとセニョリオ・デ・サン・ビセンテ）、といった具合だ。

彼らが達成したのはリオハの正統主義に対する反逆ではない。それどころか創造性への回帰であり、リオハの伝統の精髄をなす品質の追求である——18世紀末、19世紀後半、そして20世紀の最初の数十年に、有力者たちを突き動かしたのと同じ信条である。

20世紀末に現れた最初の革新者グループに続いたのが、グレゴリオ、エグレン、ロペス・デ・ラカジェ、マドラソ、メンドーサ、ムガ、レミレス・デ・ガヌサ、ロドリゲス、ロメオといった面々だ。彼ら全員にとって——世界中のほぼあらゆるワイン産地の同業者も同様だが——鍵を握っていたのは勇気である。彼らは、葡萄の供給と葡萄栽培の管理について、難しい決断をする覚悟があったのだ。テロワールを伝えようという立場から、ありとあらゆる決定を下した。そして葡萄畑とワイナリーにおける急進的なアプローチと引き換えに、ヴィンテージを捨てることになった。

実は、こういうことはすべて10年か20年前に起こるべきだった。しかし歴史の風は予測できない方向に吹くものであり、どんな国にもキラリと光る時がある。20世紀末がリオハのその時であり、遅くてもないよりはましである。しかしリオハの過去がどんなに素晴らしくても、最高になるのはまだ先だと、私たちは確信している。

右：ワインのスタイルに影響するワインづくりの決定事項はたくさんあるが、添加する二酸化硫黄のレベルもその1つである。

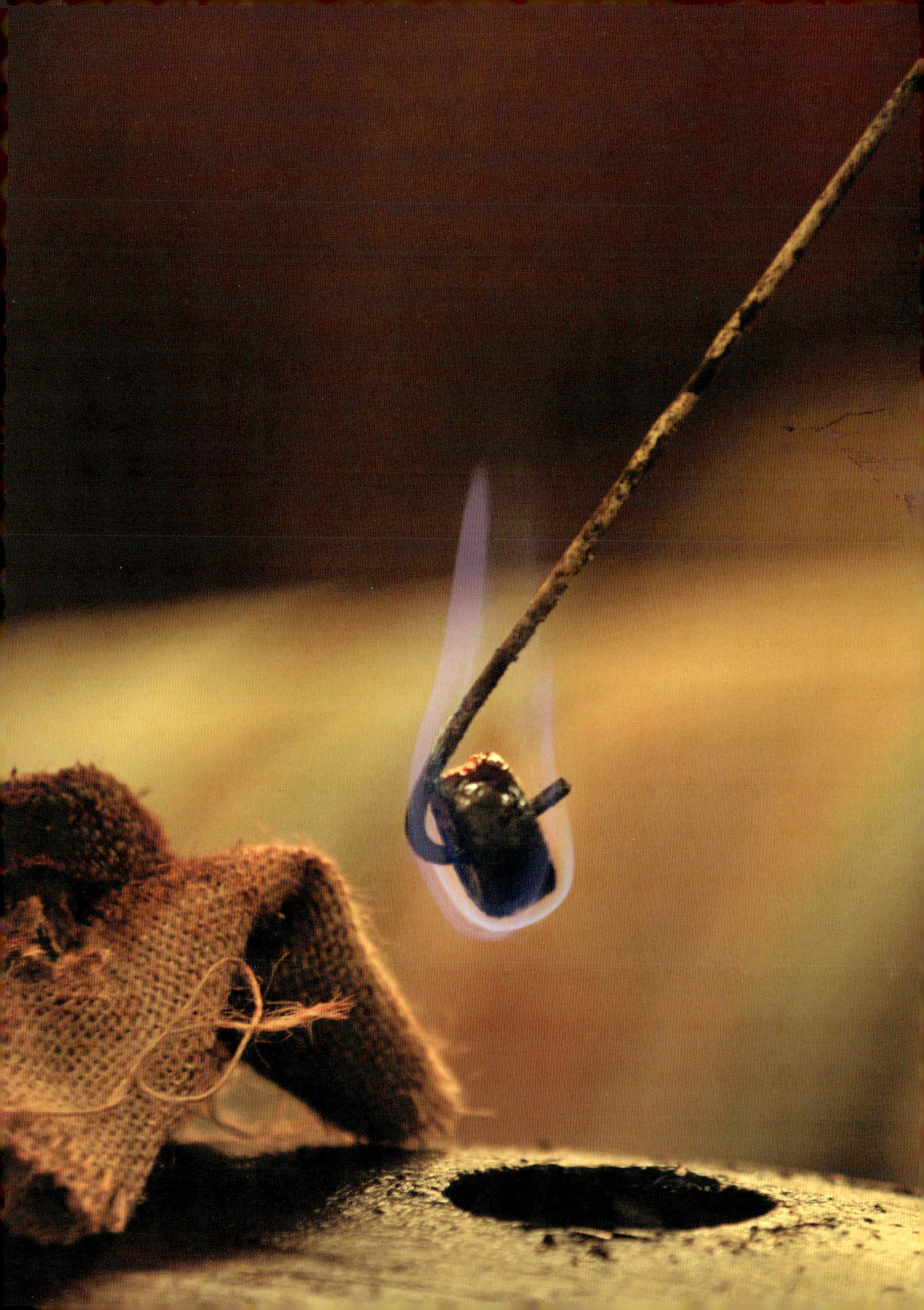

非凡なテロワールと世代を超えて育まれてきたワインづくりの技術に裏打ちされた明るい未来には、夢のようなワインを昔も今もつくっている優れたワイナリーが重要な役割を果たす。潜在力は——まだ完全には理解されていないが——途方もなく大きく、さらなる複雑さと豊かさの可能性を秘めている。リオハの超一流の伝統はつねに「モダンなもの」に活気づけられ、超一流のモダンなものが次に古典になるのだ。結局、ワインの世界を体系化するふりをしているうわべだけの分類のほとんどは、真に重要な境界、すなわち優れたワインを平凡な葡萄果汁と隔てる境界に比べれば、2次的なものにすぎない。

しかしながら、両極端の間に位置するワインがいくらでも見つかっても、伝統的リオハとモダン・リオハの二分は決して気まぐれでないことは認めなくてはならない。さらに、優れたワインはどちらの手法でもつくられていることを強調しておきたい。私たちは2つの手に入りやすい「古風な」スタイルの例について論じる。それはビーニャ・クビージョ・クリアンサとビーニャ・アラナ・レセルバだ。モダンなものについては、セニョリオ・デ・クスクリタとオスタトゥ・レセルバ、あるいはもっと果実主体のプハンサとビー・デ・バシリオを挙げることができる。このいずれかを古典的リオハと並べてグラスに注ぐと、興味をそそられるうえに多くのことを教えられる。そして、注がれるワインが模範的なものであり（上に挙げたワインのなかにはヴィンテージで一変するものもある）、テイスターが先入観を抱いていないなら、楽しむこともできる。ワインの世界はとても豊かで多様なのだから、わざわざ境界や限界を設けることでそれを台無しにしようとすることはない。すでにあまりにも多くの人がそんなことをするには忙しすぎる。

伝統とモダン

では、私たちが伝統的リオハとモダンなリオハと言う場合、正確にはどういう意味なのだろう？　このあいまいな部分が多い領域において、一方から他方を区別する特徴は——初心者にとって——どれなのだろう？

赤ワインに関する限り、前衛的なワインの特徴は、深い色、新鮮な果物のアロマ（最悪の場合はひどく熟しすぎた果物）、高いエキス分、そしてバニラとスギの香りがする新しいフレンチ・オークの使用である。さらに模範的なものは、樹が古いからか、濃度を求める葡萄栽培法のためか、理由はともあれ低収量の葡萄畑の葡萄を原料としている。

対照的に、古典的なリオハの赤は色がもっと薄くて、モダンなものに見られる深いサクランボ色ではなく、ルビーとレンガの色合いである。古いアメリカン・オークで長期間熟成されている傾向があり、そのため（良い例では）レザーとドライフラワー（ジャスミンを含む）の特徴的なブーケがあり、たいてい（必ずではないが）さまざまな葡萄畑から、あるいはリオハ内のさまざまなサブゾーンからの葡萄のブレンドでつくられている。

今日、クリアンサにしろ、コセチェロにしろ、カーボニック・マセレーションのものにしろ、1970年代の標準的な日常的リオハワインの代表例はほとんどない——なぜなら、普通は最高のものしか生き残らないからだ。このスタイルに近づいているモダン・リオハの例は、トンドニアのビーニャ・クビージョか、ラ・リオハ・アルタのビーニャ・アラナ（レセルバ）かもしれない——が、これらは当時と今の双璧であることを心に留めておいてほしい。人が1960年代や70年代のワインがなつかしいと言うとき、その人が考えているのはインペリアーレ、コンティーノ、またはアリエンソ——その多くがまだ生きていて、今日も存分に楽しめる——かもしれないが、それは間違いだろう。想像してほしい。ビーニャ・クビージョを開けると、バランスが欠けていて、ひどく粗野な香りと不快なレザーのアロマがする。ほのかなキャラメルの香りではなく、衛生上の目的であぶり直した古い樽の特徴的な悪臭がする。それが昔の平凡なリオハの本当の姿なのだ。そう

ワインづくり

上：一部の生産者が用いる格別に熟した葡萄は高いアルコール度数を生むので、注意深く監視する必要がある。

いう状況の中で、1990年代の変化はワイン愛好家にとって天の恵みであり、たとえばバージョベラとソラバルのような信頼できる生産者がつくる、すっきりした果実味あふれるクリアンサを——高い価格や在庫の少ないキュヴェを心配せずに——楽しめる可能性が生まれた。

リオハのタイプ——規定

ワインづくりの新旧に関する議論の枠組みを理解するためには、現在の規定を説明するのが役に立つかもしれない。基本的にこの2、30年変わっていない。法律的な類型は、それぞれのワインがラベルに表示できる具体的な熟成証明を定めている。基本的には周知のクリアンサ、レセルバ、グラン・レセルバの3つに加えて、醸造年度だけを示すいわゆる汎用背ラベル

伝統とモダン

である。これに加えるべきは、今では時代遅れのCVC（*conjunto de varias cosechas*、「異なるヴィンテージのブレンド」の意）であり、過去には商業的に重要な関連性があった。

　より高級なランク（クリアンサ、レセルバ、またはグラン・レセルバ）に入るための決定要因は、3つのランクそれぞれが求める最低要件が満たされるまで、225ℓのオーク樽で過ごした期間とそのあと瓶内で過ごした追加期間を合わせた熟成期間である。

クリアンサ　醸造年の10月1日から最低2年間、赤の場合はそのうち12カ月以上、白とロゼの場合は6カ月以上、オーク樽で熟成させなくてはならない。

レセルバ　赤：合計熟成期間が3年で、そのうち1年以上はオーク樽で熟成。
白／ロゼ：合計熟成期間が2年以上で、そのうち6カ月はオークで熟成。

グラン・レセルバ　赤：オーク樽で2年以上、その後さらに3年以上を瓶熟成。
白／ロゼ：合計4年以上で、オーク熟成が最低6カ月。

　汎用ラベルに表示されるのは醸造年だけで、もともと若いオーク熟成されないワインのために考案されたものである。そのワインは指定ヴィンテージのものの構成比が85％以上なくてはならない――リオハの規定では、（他の地域でも多いことだが）、「いかなるヴィンテージでもマストまたはワインの特性値を修正できるように」、他のヴィンテージの葡萄も少ない割合でブレンドすることが許されているからだ。（ちなみに、この柔軟性はクリアンサ、レセルバ、グラン・レセルバにも認められている）。この2、30年、前衛的な生産者は自分たちのワインにこの汎用ラベルを選んでいる。なぜなら、彼らにとって熟成に関するリオハの規定は不必要な拘束だからだ。

　マーケティングとワインづくりの信望という観点から、これらの制限の妥当性を理解するために留意すべきは、コンセホ・レグラドール（原産地呼称統制委員会）の規定だけでなく地元の昔ながらの伝統も、レセルバとグラン・レセルバが当然のことながら各ボデガの最も複雑で芳醇で調和のとれたワインであるとしていることだ――レセルバとグラン・レセルバは、最高の葡萄からつくられ、最も長い熟成期間を経ているという想定に基づく仮説である。この認識は、極端なまでに厳密な葡萄畑の管理を行う多くの生産者から、疑問を投げかけられた。彼らはいくつもある葡萄畑を厳密に区別し、別々に醸造し、群を抜く低収量によって濃厚さを追求し、自分たちのワインに特有のストラクチャーを求めて新しいフレンチ・オークを使う。このようなつくり手たちは、自分のワインが卓越していることを確信しているので（ただし確証も反証も後になってからであり、もちろん失望することも数えきれないほどある）、そのラベルに最も誉れ高いしるし（グラン・レセルバ）が付されるべきだと考えた。しかし同時に彼らは、（a）ワインが樽の中で余分な時を過ごしたからといって良くならないことを知っていた、（b）エキス分が高く、オークの影響が強く、ほとんどまたはまったく瓶熟成されていない、果実味あふれるワインを求める市場セグメントのニーズを満たしたかった、（c）5年もワインを熟成させるための財政的課題に対処できなかった。

　これらの新しいワインの大部分は、クリアンサの要件に適合していた（そして今もしている）が、そう指定することは、個性派を売り物にしていたワインの信望を高めるよりむしろ減じる。ラベルに最も名誉あるしるしを付けることができないなら、あらゆる熟成表示を徹底的に無視することが当然の解決策である。そうすれば消費者の関心は再びブランド名に向かい、今度はつくり手のイメージを中心に築かれる――これもまた、昔から葡萄栽培とワインづくりの責任者がつくり手のブランドイメージに隠れていたスペインのワイン界においては、飛躍的進歩である。

　以上の動向すべての結果として、賞を獲得するような、評論家に高く評価される、高級で高価なワインにも、

ワインづくり

上：レセルバとグラン・レセルバの中には、それとして識別されるものもあれば（上）、もっと質素なワインのようなラベルのものもある（下）。

向上心のない若いコセチェロ・ワインと同じ、汎用の（ヴィンテージだけが表示されている）ラベルが付されていた。しかし、この慣習に例外はないと考えるのは誤りだろう。というのも、自社のワインにレセルバのラベルを維持している前衛的な生産者もいる。ただし、事実上古典的なワインに限定されるグラン・レセルバについては当てはまらない。

したがってレセルバの表示は、そのワインが伝統的なリオハのスタイルはおろか、中間的なスタイルでつくられたことさえ、示しているわけではない。そこにあるのは豊かで複雑な世界であり、簡単な決まりきった公式に要約することはできない。さまざまなワイナリーの、さらにはキュヴェごとの、異なる哲学とスタイルについて学ぶ必要があるのだ。次頁以降で最も特筆すべきつくり手たちを紹介するので、読者の皆さんは魅力的なリオハの世界を探るのに十分な情報を得ることができるだろう。

53

6 ｜ 最上のつくり手とそのワイン

Rioja　リオハ

　アーロはリオハ・アルタの中心地であり、多くの人にとって全リオハのワインの中心地である。リオハの最北西端にあるこの町は、はるか南東に位置するアルファロとは正反対で、両者の対比がリオハの気候と地形の特性を明らかにする。その違いを考えてみよう。アーロは大西洋気候、アルファロは地中海性気候。アーロは海抜440メートル、アルファロは300メートル。平均気温はアーロが12.7℃、アルファロが13.8℃。アーロの年間降水量は455ミリ、アルファロは369ミリである。

　しかし昔から、リオハで良質のワインづくりに最も適した場所はアーロ周辺であるとされている。その評判は土壌組成に負うところが大きい——テンプラニージョ栽培に理想的な粘土石灰質と含鉄粘土の組み合わせだ。白亜質の土壌が酸味とエレガンスをもたらし、粘土が濃度と力強さを与える一方で、含鉄粘土には複雑さを生むさまざまな微量元素が含まれる。一般的に言ってアーロは、テンプラニージョに少量のグラシアーノとマスエロをブレンドしてボルドー型ボトルに詰める、本格的だが新鮮なワインをつくる土地だ。

　この地のワインには長い歴史があるが、本当にうまくいき始めたのは1850年以降にフランスの商人たちがスペインに現れてからのことだ。ネゴシアンたちはリオハやナバラまで流れてきて、その多くがアーロに落ち着き、オイディウムとフィロキセラで駄目になったフランスの渇きを癒すワインを探し求めた。彼らは思いがけない繁栄を町にもたらした。その証拠が1886年に建てられ、当時最も傑出していた2人の闘牛士、ラガルティホとフラスクエロによって落成式が行われた、巨大な闘牛場である。

　繁栄はもっと実質的な利益ももたらした。1890年までに電気がひかれた町はスペインに2つしかなかったが、アーロはその1つになったのだ（もう1つはヘレス）。これは町の自負心を大いに盛り上げ、そのことがやがて全国的に認知され、ある程度いまだに認知されている。今

右：瓶にコルク栓をしている男の像は、ワインがアーロの町の繁栄に果たす役割に敬意を表している。

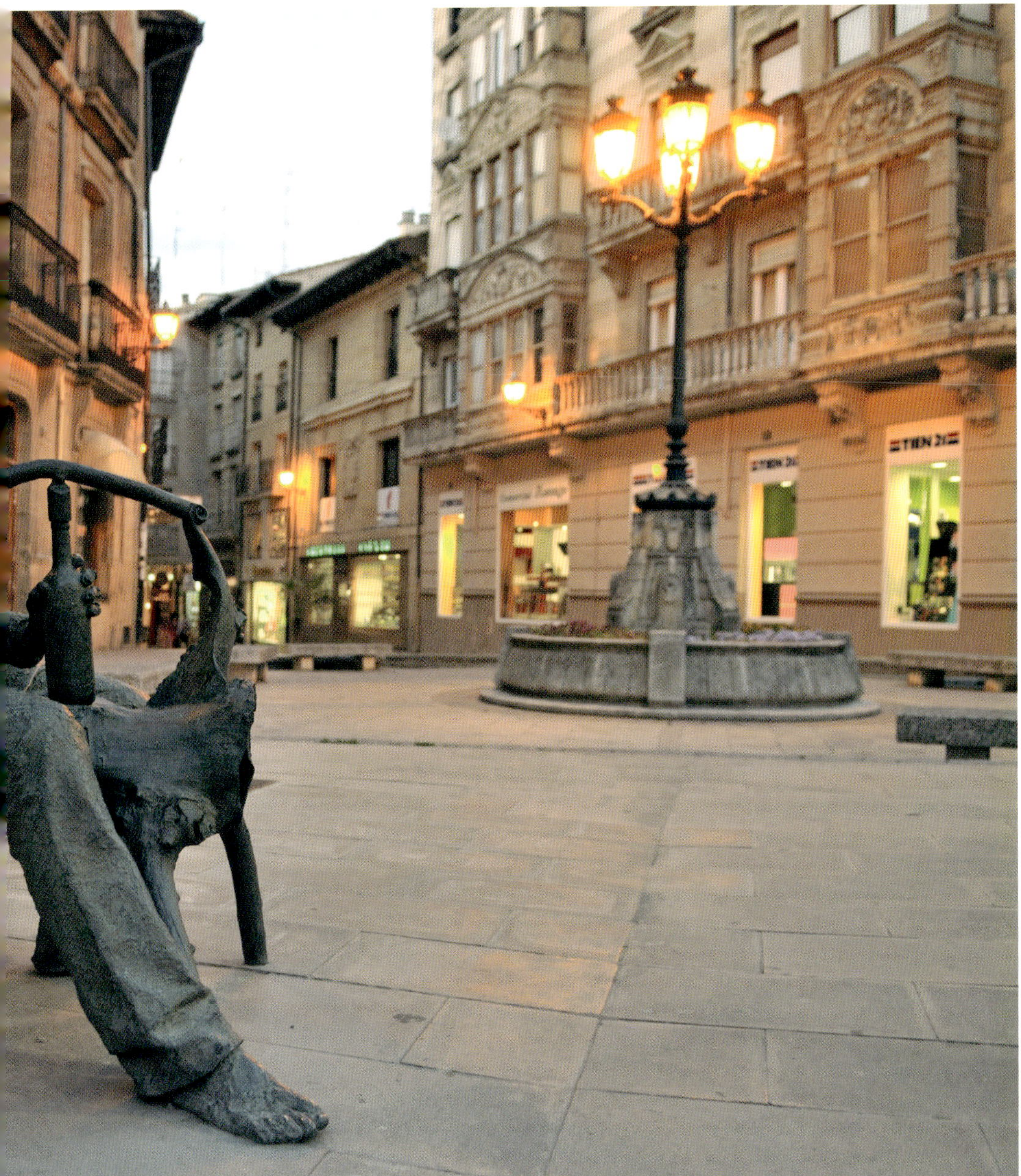

リオハの土壌タイプ

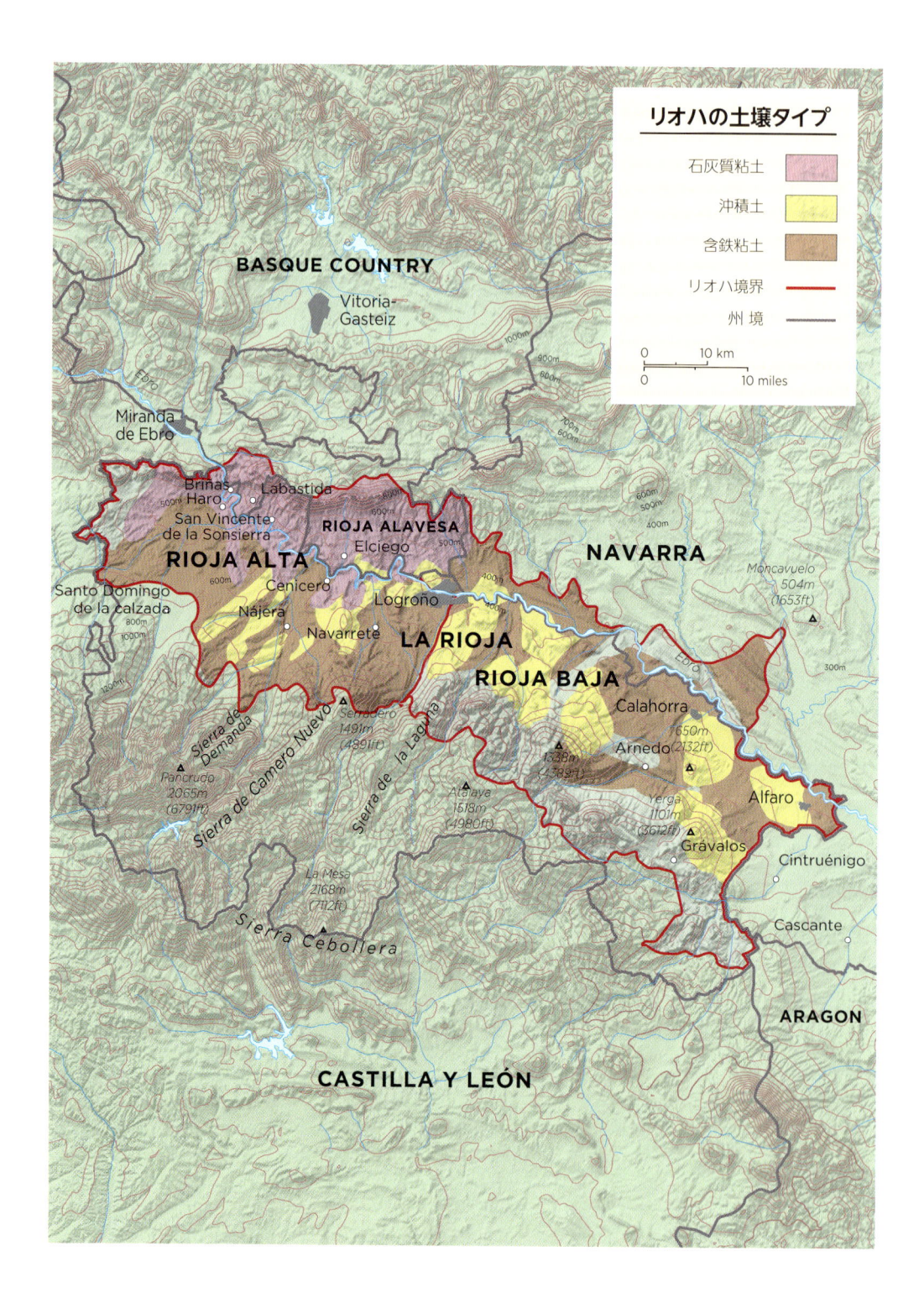

石灰質粘土	
沖積土	
含鉄粘土	
リオハ境界	——
州境	——

日でも両親と一緒に車でアーロに向かう幼い子供たちが口にする、当時からの言い習わしまである——「明かりが見えるから、アーロに着いたに違いない」。同じ頃、1891年にはアーロが新たに確立した地位を王妃マリア・クリスティーナが認め、アーロは市（シウダード）となることを許可され、翌年にはバンコ・デ・エスパーニャが支店を開いた（州都以外では珍しいことだった）。1892年にはエスタシオン・エノロジカ——主要なワイン研究センター——の運用が始まった。

これが黄金時代だった。世紀が変わるまでに「アーロ、パリ、そして……ロンドン」という有名なフレーズが生まれ、いまだに買い物袋に印刷されている（ただし、ファッション・ブティックではなく肉屋で使われることの多い袋だが）。アーロを19世紀の世界最大の都市と同じレベルに並べようとするのは厚かましい——あるいは恥知らず——という印象だったかもしれない。それでも当時、とくに大儲けをしていたアーロのエリートたちにとって、まんざら冗談でもなかった。

バリオ・デ・ラ・エスタシオン
Barrio de la Estación

アーロの駅に隣接する有名な地区、バリオ・デ・ラ・エスタシオンに集まる由緒あるブランドの数は他に類がない。ロペス・デ・エレディア、クネ、ラ・リオハ・アルタ、そしてムガをはじめ多くのワイナリーがこの地区で開業した。ワインの世界で同じくらい一流ブランドが密集しているのは、ドウロ川を挟んでポルトの向かいにあるビラ・ノバ・デ・ガイアのポートワインロッジくらいだろう。

理由はごく単純だ。物流の一言に尽きる。1880年、列車の駅が市境のすぐ外のカンタルラナス（おおざっぱに訳すと「カエルの鳴き声」）と呼ばれる場所の園芸用地を使って建てられ、市場のあるビルバオまでワインを運ぶ中心地となった。アーロがリオハのワインおよび交易の中心地としての地位を確立したのは、鉄道ととくにアーロの駅のおかげであることは間違いない。

この町にワイナリーが集中したことで、周囲の村は葡萄栽培に専念することになった。カサライナ、ビリャルバ・デ・リオハ、あるいはロデスノといった場所には、広大な葡萄畑があるが著名なボデガはない。現代のリオハではサハラにワイナリーがあり、アーロの南西12キロに位置するクスクリタ・デル・リオ・ティロンには、古いワイナリーが最近復活した歴史的なカスティージョ・デ・クスクリタがある。

ワインに興味がない人でも、バリオ・デ・ラ・エスタシオンの古いワイナリーは、工学技術の偉業に驚嘆するためだけでも訪れる価値があるだろう。ロペス・デ・エレディアやロダのように、樽を保管するための印象的な「カラドス」（文字どおりには「貫かれた」または「穿孔された」の意）地下道が、岩を突き抜けてエブロ川のそばまで掘られているワイナリーもある。

昔と今

古い石造りのワイナリーの大部分はおおむね最初に建てられたまま残っているが、悲しいことに、町の中心部についてはそうは言えない。美しい石造りの修道院に、ベニドルムにふさわしいような1970年代に下手な発想で開発された都市景観が密接している。アンティークが正しく評価されず、単に古いだけとされていた時代の遺物である。

アーロを訪れる人がさらに感じるのは、川をはさんで向かいにあるバスク地方との近さである。ここでは昔からバスクの影響が強く——クネのラベルにはアーロ＝サン・セバスチャン、ラ・リオハ・アルタのラベルにはアーロ＝ビルバオと記されていた——いまだに雰囲気や人々は感心するほどバスク風だ。プラザ・フアン・ガルシア・ガト広場のメソン・アタマリのような、タパスで熟成した白ワインを一杯やるのにぴったりのピンチョス・バーは、サン・セバスチャンにあるものとよく似ている。

現在アーロの人口は1万2000人を超え、そのほとんどが何らかのかたちでワイン業に関係している。であれば、この町の観光客に一番人気のイベントもワインに関係していることは驚くにあたらないはずだ。ラ・バターリャ・デル・ビーノ（「ワインの戦い」）は毎年6月29日の朝に行われるもので、まさしく名前が示すとおりの内容

だ。誰もが赤ワインをかけ合い、最後にはみんな紫色に染まる。ダウンタウンから6キロほど離れたロス・リスコス・デ・ビリビオと呼ばれる場所で行われる。もともとはもっと上品なイベントで、起源は18世紀以前にさかのぼる宗教行事だったが、それがだんだんに崩れて現代の形になり、1949年に新たな名前が付いた。今では観光省が宣言しているとおり、正式にフィエスタ・デ・インテレス・トゥリスティコ・ナシオナル（観光客にお薦めのお祭り）とされている。

葡萄栽培、園芸

葡萄栽培とワインに携わる人が大勢いることと並んで、アーロに定着している興味深い伝統、しかもこの町のアイデンティティに重要な役割を果たしている伝統が、園芸である。その由来は、近隣の出身だった裕福な地主のレオポルド・ゴンサレス・アルナエスにまでさかのぼる。1919年、アルナエスはいくらかの土地を市議会に託し、2つの条件を満たすアーロの人なら誰にでも貸すようにと指示した。条件とは、その土地を耕すこと、そして収穫したものは売らないこと。200ほどあるベナホスと呼ばれるこの共用菜園は、500㎡から1000㎡の区画に分けられている。今でも利用できる区画もあるが、登録されているアーロの住民だけが申し込める順番待ちリストがある。

ボデガス・ムガのホルヘ・ムガにとって、園芸の魅力はわかりきっている。「ここでは冬にやることがあまりないので、人々は本当に園芸にのめりこむ」とムガは言う。「私は毎日放課後に子供たちを迎えに行き、自分たちの畑に行って作業する。みんな園芸が好きで、友達より良い野菜をつくろうとする競争の側面もある。それに自然に育てられたものを食べるのも大好きだ」。都会に縛られている私たちには何とも魅力的な話ではないか。

オリャウリ、ブリオネス、サン・ビセンテ・デ・ラ・ソンシエラ
Ollauri, Briones, and San Vicente de la Sonsierra

アーロからそう遠くまで行かなくても、葡萄畑でもワイナリーでもその両方でも、リオハのワインにとって重要な場所は見つけられる。オリャウリ、ブリオネス、サン・ビセンテ・デ・ラ・ソンシエラの3村は、ラ・リオハ州内の北西部なのでリオハ・アルタに属する。

オリャウリ——葡萄畑が70ha未満でワイナリーは5つ、住民は合計332人の小さな村——はアーロの町はずれとも言える。18世紀まではヒミレオやロデスノとともにブリオネスの一部だった。

近隣の重要な村はオリャウリの隣のロデスノと、葡萄栽培が盛んなサラトンである。サラトンには近くのワイナリーが所有する葡萄畑や葡萄を仕入れている栽培農家がある。ブリオネスとサン・ビセンテはもう少し大きくて、昔からリオハでトップクラスの葡萄の供給源とされている。サン・ビセンテ周辺は白亜に富んだ黄色い土壌が多く、ブリオネスにはもっと赤い鉄分の豊富な土壌が多い。

ブリオネスの住民はベロネスと呼ばれ、最高の葡萄畑を論じる古い本には必ずこの場所が出てくる。歴史的に重要なこの村には城郭や堂々とした石造りの家、そして荘厳な教会（ヌエストラ・セニョーラ・デ・ラ・アスンシオン）があり、そのすべてが豊かだった過去を反映している。現在この村にはアーロよりも広い葡萄畑がある——アーロの1000haに対して1300ha——が、ワイナリーはわずか7つ、住民は1150人である。

この村はボデガス・ディナスティア・ビバンコのワイン博物館のおかげで、観光地としても重要になっている。ムセオ・デ・ラ・カルチュラ・デル・ビーノはワインに関する品々や芸術の個人コレクションとして最高であるだけでなく、ワイン博物館としても世界有数だろう。ローマ時代の遺物、古い道具類、3500点におよぶコルク栓抜きのコレクション、そしてソロリャ、ピカソ、ヤン・ファン・スコレルをはじめ多くの芸術家によるワインに関する作品や絵画を擁している。

サン・ビセンテ・デ・ラ・ソンシエラはソンシエラ山のふもとにあり、ワイナリーが合わせて25あるという意味でとても重要な村である。赤を中心とする葡萄畑も1700haあまりある。人口も1150人で3村の中で最も多

アーロ

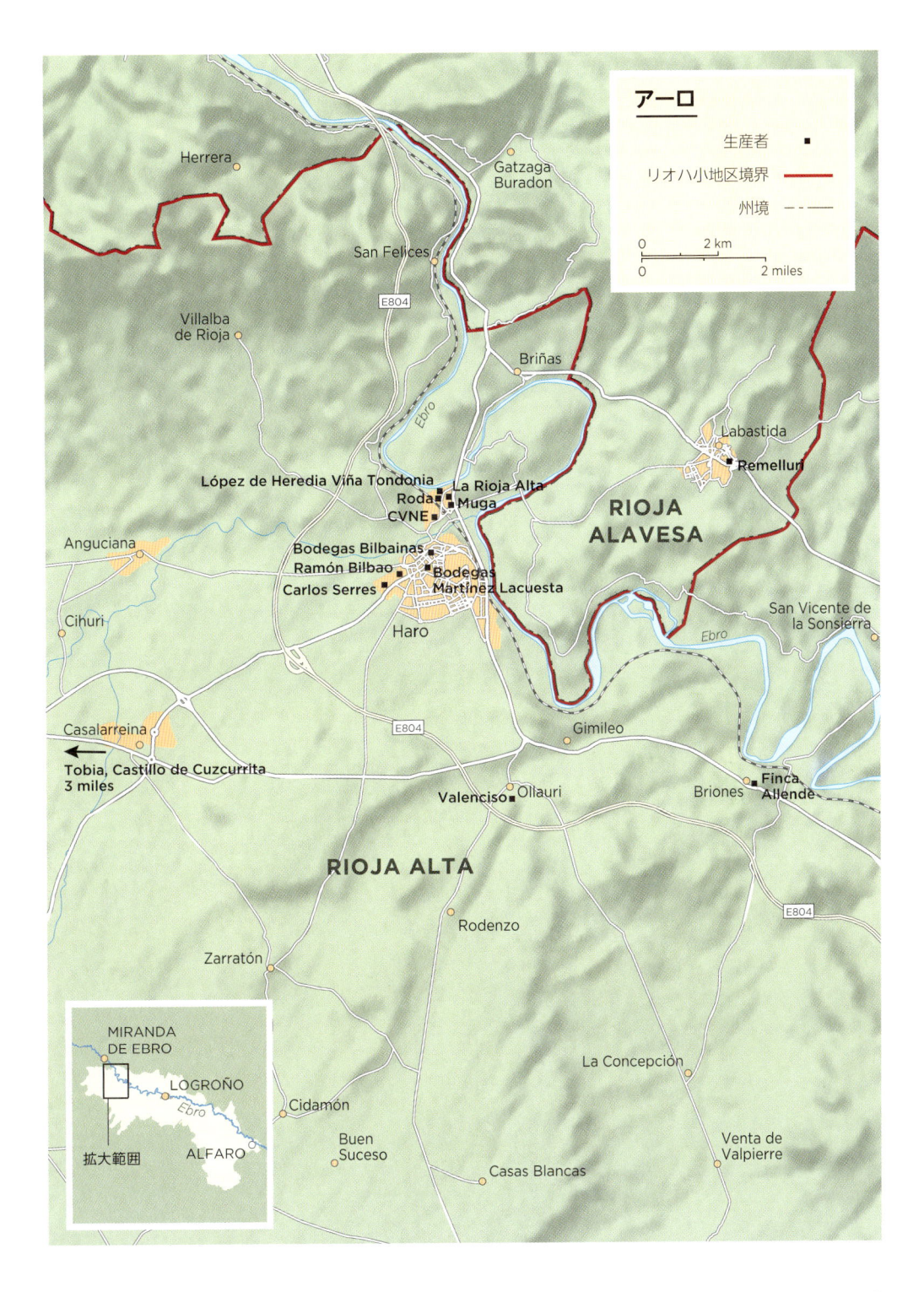

凡例:
- 生産者 ■
- リオハ小地区境界 ―――
- 州境 ― ― ―

0 — 2 km
0 — 2 miles

RIOJA ALAVESA

RIOJA ALTA

主な地名:
- Herrera
- Gatzaga Buradon
- San Felices
- Villalba de Rioja
- Briñas
- Labastida
- Remellur
- Anguciana
- López de Heredia Viña Tondonia
- Roda
- La Rioja Alta
- CVNE
- Muga
- Bodegas Bilbainas
- Ramón Bilbao
- Bodegas Martínez Lacuesta
- Carlos Serres
- Cihuri
- Haro
- San Vicente de la Sonsierra
- Casalarreina
- Tobia, Castillo de Cuzcurrita 3 miles
- Gimileo
- Ollauri
- Valenciso
- Briones
- Finca Allende
- Zarratón
- Rodenzo
- La Concepción
- Cidamón
- Buen Suceso
- Casas Blancas
- Venta de Valpierre

インセット:
- MIRANDA DE EBRO
- LOGROÑO
- ALFARO
- Ebro
- 拡大範囲

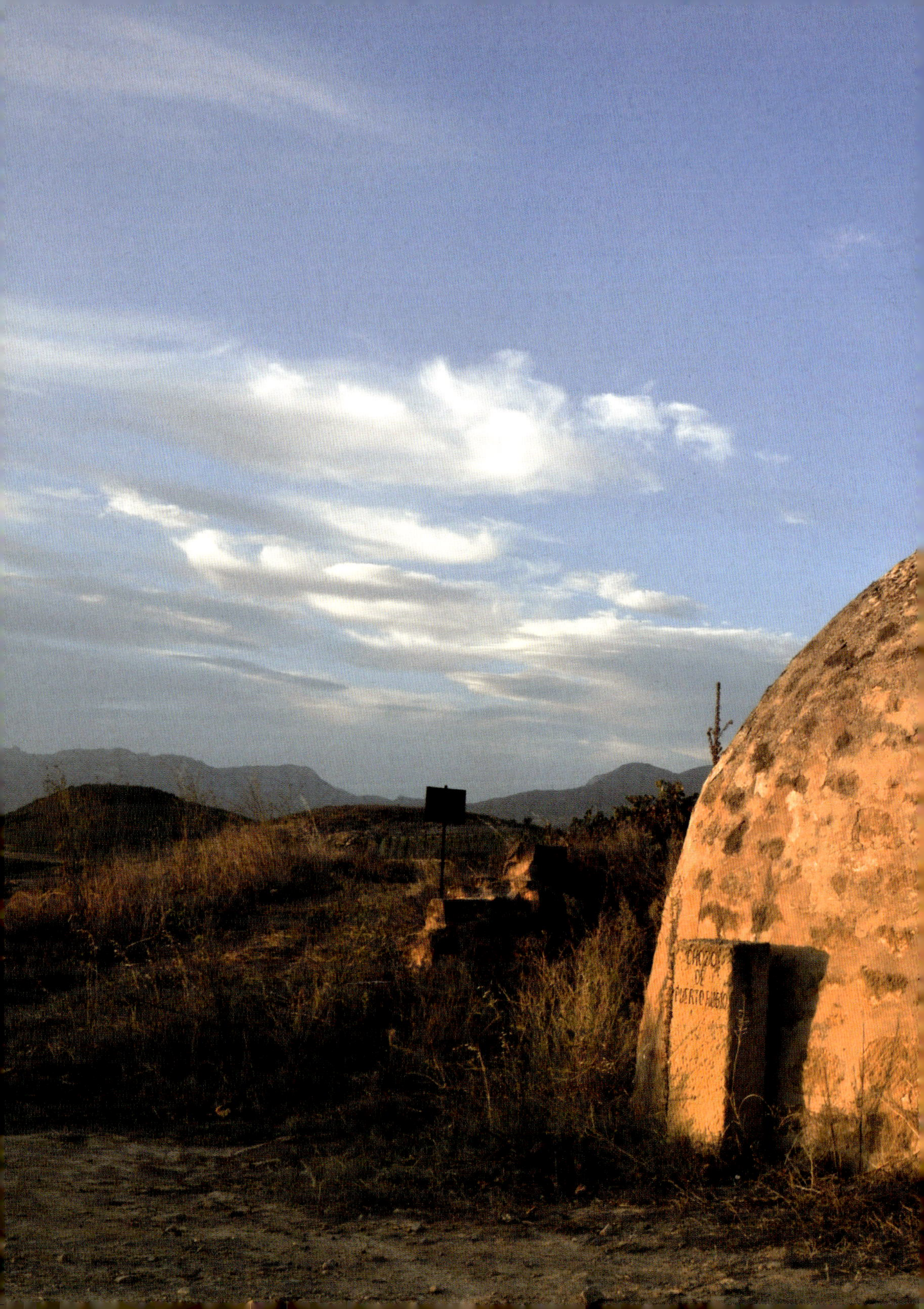
CHOZO
DE

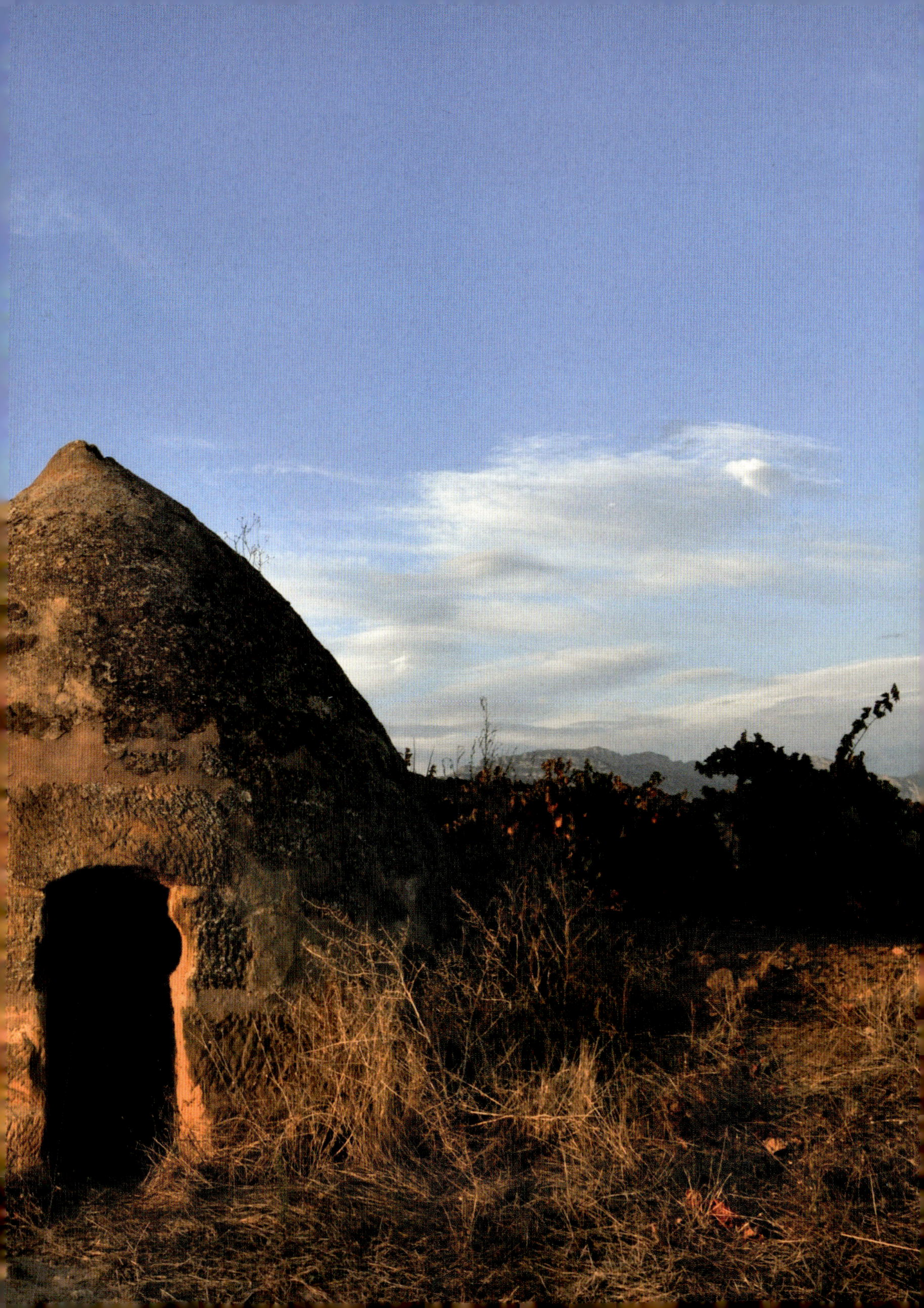

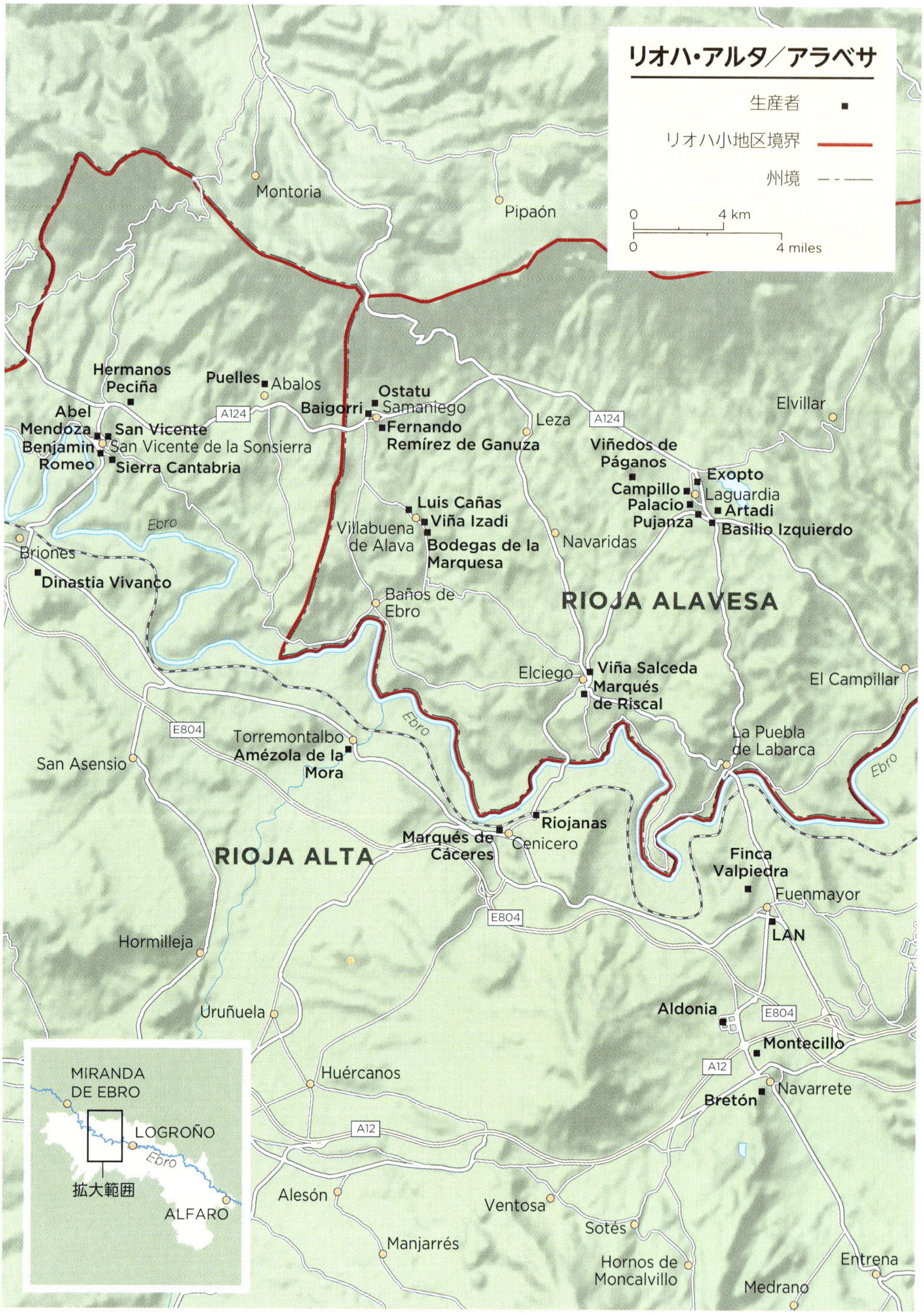

リオハ・アルタ／アラベサ
生産者
リオハ小地区境界
州境
0 4 km
0 4 miles
Montoria
Pipaón
Hermanos Peciña
Puelles
Abalos
Ostatu
Samaniego
Baigorri
Fernando Remírez de Ganuza
Abel Mendoza
San Vicente
Benjamin Romeo
San Vicente de la Sonsierra
Sierra Cantabria
Leza
A124
Elvillar
Viñedos de Páganos
Exopto
Campillo
Laguardia
Palacio
Artadi
Pujanza
Basilio Izquierdo
Luis Cañas
Viña Izadi
Villabuena de Alava
Bodegas de la Marquesa
Navaridas
Ebro
Briones
Dinastia Vivanco
Baños de Ebro
RIOJA ALAVESA
Elciego
Viña Salceda
Marqués de Riscal
El Campillar
E804
Torremontalbo
Amézola de la Mora
San Asensio
La Puebla de Labarca
Riojanas
Marqués de Cáceres
Cenicero
RIOJA ALTA
Finca Valpiedra
Fuenmayor
LAN
Hormilleja
Uruñuela
Aldonia
Montecillo
A12
Huércanos
Navarrete
Bretón
Alesón
Ventosa
Sotés
Manjarrés
Hornos de Moncalvillo
Entrena
Medrano
MIRANDA DE EBRO
LOGROÑO
拡大範囲
ALFARO

い。アーロから11キロしか離れていないが、標高は100メートルほど高い528メートルで、それが気候にも影響し、葡萄の成熟がかなり遅い。

サン・ビセンテには先史時代から人が住んでいた痕跡があり、長く豊かな歴史を誇る古い村である。そのしるしは教会、建物、遺跡、そして城跡に見られる。サン・ビセンテは、スタイルも地質成分もリオハ・アラベサとの共通点が多い。土壌は白亜質に富み、気候は寒冷で、家族と友人が飲むための、カーボニック・マセレーションでつくられるオーク熟成しない若いコセチェロ・ワインのゆるぎない伝統をはじめ、バスクの影響が顕著に見られる。最近の報道によると、スペイン有数のワイナリーであるベガ・シシリアが、ベンジャミン・ロスチャイルドとの合弁事業で、サン・ビセンテの古い葡萄樹を110ha買ったという。この事業は2009年に初めて12万kgの葡萄からワインをつくり、毎年平均約30万本を生産する計画である。

サン・アセンシオとナバレテ
San Asensio and Navarrete

リオハ・アルタのこの地域には、はっきりさせるべき基本的な区別がある――ボデガが集まるサン・アセンシオと、葡萄畑に適したテロワールのサン・アセンシオである。後者のほうがあまり興味をひかないのは確かだが、それでも得るところがある――リオハのこの地域の土壌の変化をわかりやすく説明できるのだ。N232号線――明らかに粘土が主役の西のブリオネスから、優れた石灰石土壌の東のセニセロまで走る道路――は、サン・アセンシオを通っていて、2つのサン・アセンシオの間に位置する。ここでその違いは著しく、肥沃なほうの土壌は植物がよく育って繁茂する。見た目には心地よいが、葡萄樹の栽培には向いていないことは確かだ。この種の土壌にはビートのほうが適しているように思われる。

公正を期して言うならば、サン・アセンシオの南、もっと高くて乾燥した土地に行くと、すぐに古い葡萄畑が目につく。しかし多くはない。それでも村周辺の多くのワイナリーがたいてい所有しているのは周辺地域の土地である。中でもナバレテには、ブレトン、アルドニア、ナバハス、コラルが設立されている。サン・アセンシオを本拠地とするボデガの大部分は、ベリカを除いて、比較的小さくて無名である。

ラバスティダ、サマニエゴ、エルシエゴ、ラガルディア
Labastida, Samaniego, Elciego, and Laguardia

リオハ全土で最も高い葡萄畑はリオハ・アラベサ地区の北端に位置するラバスティダにあり、標高700メートルを超える。そこはレメユリの地所で、堂々たるシエラ・カンタブリア山脈の斜面に広がる。山脈はこの地域を大西洋の嵐からしっかり守り、比較的乾燥した状態に保っている。リオハ・アラベサは基本的にリオハ西部のエブロ川左(北)岸を占め、リオハ・アルタは右岸を占めている。しかしラバスティダからアラベサの主要都市ラガルディアまで行く人は、ずっと左岸にいるのに、アルタの一区画――サン・ビセンテ周辺のソンシエラ地区――を横切る。どうしてか？ すべてが政治的（あるいは行政的と言ってもいい）な話だ。リオハ・アラベサは別の自治州――バスク国にあるのだ（バスクの民族主義者は別の国だと言うだろう）。ソンシエラを含むリオハ・アルタは、リオハ・バハと同様、ラ・リオハ自治州に属している。

行政区分は別にして、ソンシエラとアラベサに気候やテロワールの大きな違いはない。どちらの気候もアルタ地区と似ていて、年間降水量はおよそ550ミリである。しかしシエラ・カンタブリアに直接守られているこの地域は、右岸より少し暖かく、地中海の影響が強い。

アラベサのワインは右岸のものといくぶん違うことが多い。よりふくよかで、赤い色が深く、酸味が少ない。これは土壌の均質性が高いせいである。冬の葡萄畑の白と黄色が証明しているとおり、アラベサとソンシエラの大部分は石灰石成分が主流であるのに対して、エブロ川の対岸では土壌のばらつきがはるかに大きい。

リオハ・アラベサには葡萄畑が1万3000ha余りあるが、3地区のなかでは最小であり、共通の特徴がある――リオハの中でテンプラニージョ単一栽培に最も近い

地区なのだ。ここで生まれるワインの79％はこの主要な地元品種からつくられる。テンプラニージョのバラエタルがリオハ全体でも珍しかった時代に、初めてつくられた場所でもある。アラベサには真のテンプラニージョ信仰がある──「あらゆる本物のリオハワインの魂」とアルタディのフアン・カルロス・ロペス・デ・ラカルは好んで言う。テンプラニージョはその色と、酸度が控えめでも豊かに熟成する力が好まれている。ここではほかに白のビウラと、古典的なガルナッチャ、マスエロ、グラシアーノも栽培されている。しかしどれも多くはない。

もう1つのアラベサの特徴、すなわちワイナリーがたくさんあり、その多くがこの数年間に設立されたことを理解するには、政治に戻らなくてはならない。その主な理由は、ラ・リオハをはじめ大半の自治州より財政的な自立が許されているバスク政府が、手厚い融資と助成金の政策を実行したことにある。

新しいボデガの設立を助成することによって、バスク当局はリオハ・アラベサの小規模栽培者がワインのつくり手になり、（少なくとも理論的には）自分たちの努力に対する見返りを増やすことを奨励した。しかしこの政策で得をしたのは小規模農家だけではない。クネやエグレン家のようなリオハ・アルタの大手生産者は、事業を拡大し、ビーニャ・レアルやビニェードス・デ・パゴスのような新しいワイナリーを設立するとき、州境を越えてアラベサに移っている。

このような著名なワイナリーに加えて、ラバスティダからラガルディアまでの地域にあるそれほど有名でないボデガにも、良質のワインをつくっているところが多い。トップクラスとして、ルベリ・モンヘ・アメストイ、バジョベラ、コビラ、エレダー・ウガルテ、ドミニオ・デ・ベルサルなどが挙げられる。

セニセロ、フエンマヨール、ラセルナ、オヨン
Cenicero, Fuenmayor, Laserna, and Oyón

リオハのセニセロという小さな町（人口2100人）を中心とする地域はしばしば、西のアーロに住む隣人から、かなりそっけなく「リオハ中部」あるいは「ミドル・リオハ」と呼ばれる。彼らは自分たちの地域だけが本当のリオハ・アルタだと主張する。言い争いは別にして、違いは少しある。なぜなら、こちらのほうがログローニョに近く、地中海の風とその暖かく乾燥した影響を多少受けやすいからである。しかしリオハ当局はずっと前にログローニョより西はすべてアルタと決め、それ以上の区別はしていない。しかし区別するべきかもしれない。というのも、100キロにわたる範囲に6万ha以上の葡萄畑があっては、原産地呼称としては広すぎて厳密なテロワール感は伝わらない。しかしこの地域のあらゆる場所でとれる葡萄をブレンドに使い、すべて同じリオハのラベルを付ける自由は、この地域のワイン産業における「ネゴシアン」精神の中核をなしており、地域の指導者たちは今のところそれを変えるつもりはない。

セニセロ周辺の良質なワインの伝統は、アーロと同じくらい古い。モンテシージョは1874年、ボデガス・リオハナは1890年に設立されている。この伝統のほうが具体的なテロワールの差よりも、地区全般の特徴としては重要である。なぜなら、このリオハ中央部にあるボデガのほとんどが隣接するいくつかの地域──リオハ・アラベサ、アーロ、オリャウリ、ログローニョなど──に葡萄畑を所有しているか、またはそこで葡萄を買っているからだ。もしセニセロ地区を区別するテロワールの特徴があるとしたら、それはエブロ川および支流のナヘリージャ川の広範な影響である。高度がそれほど高くない沖積地の葡萄畑が一般的で、エブロ川の曲がりくねりは1970年代以降のコンティーノやフィンカ・バルピエドラのような単一農園の葡萄畑から生まれるワインの誕生に有利に働いた。

フエンマヨール、トレモンタルボ、ナバレテも、このリオハ中央部の主要なワインづくりの町である。しかし、巨大なマルケス・デ・カセレス、リオハナス、サンタ・ダリア協同組合のほか、マルティネス・ラオルデン、ベルベラナ、コンセホ・デ・ラ・アルタ、レアル・コンパニーア・デ・ビノス、サエンス・デ・サンタマリアなど、重要なボデガが集中しているセニセロが中心になっている。フエンマヨール地区にはモンテシージョ、ラン、フィンカ・バルピエドラだけ

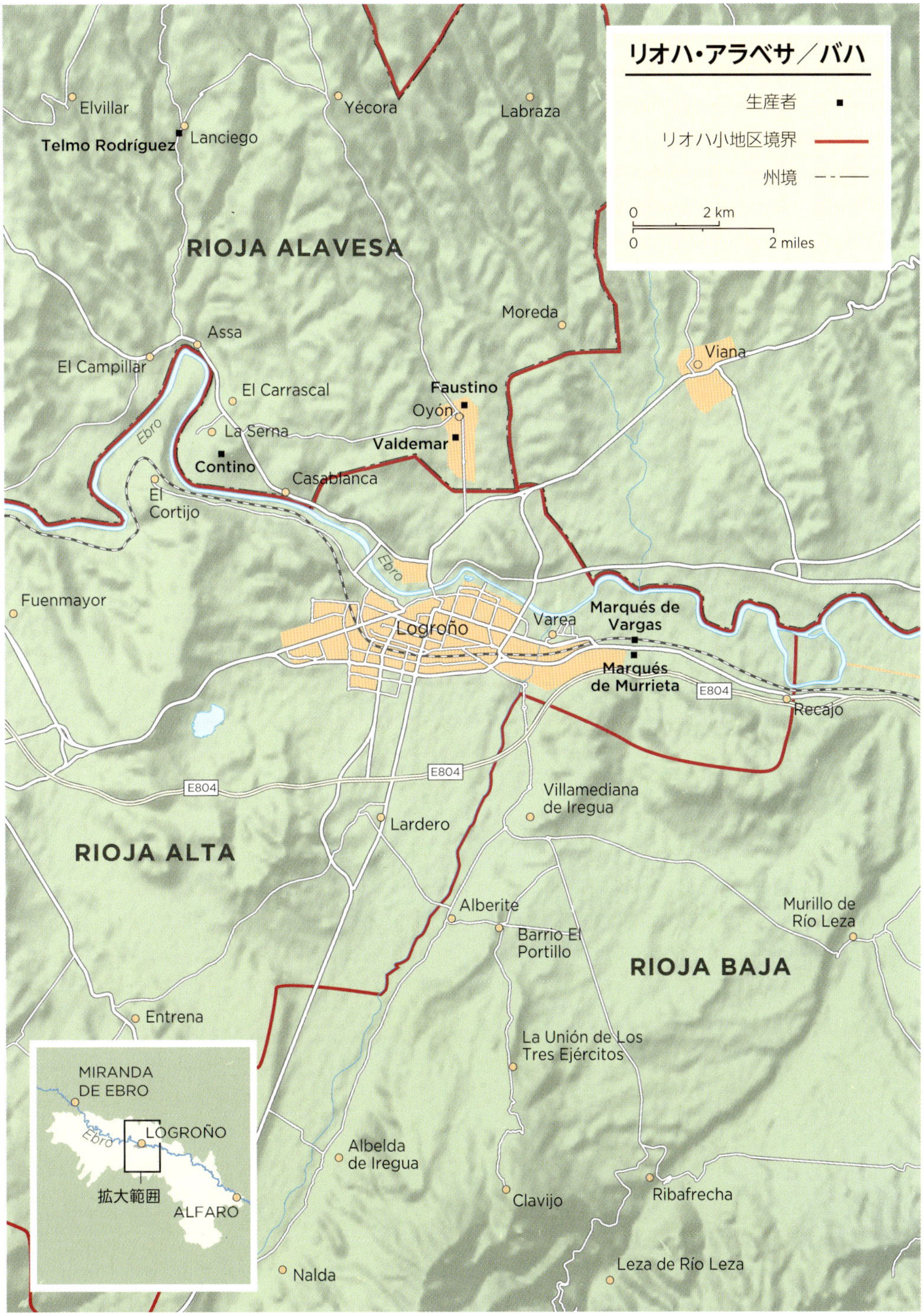
リオハ・アラベサ／バハ
生産者
リオハ小地区境界
州境
0
2 km
0
2 miles
RIOJA ALAVESA
RIOJA ALTA
RIOJA BAJA
Elvillar
Yécora
Labraza
Telmo Rodríguez
Lanciego
Moreda
Assa
El Campillar
Viana
El Carrascal
Faustino
Oyón
La Serna
Valdemar
Contino
Casablanca
El Cortijo
Ebro
Fuenmayor
Logroño
Varea
Marqués de Vargas
Marqués de Murrieta
E804
Recajo
Villamediana de Iregua
Lardero
Alberite
Barrio El Portillo
Murillo de Río Leza
Entrena
La Unión de Los Tres Ejércitos
Albelda de Iregua
Clavijo
Ribafrecha
Nalda
Leza de Río Leza
MIRANDA DE EBRO
LOGROÑO
拡大範囲
ALFARO

でなく、アゲ、アルタンサ、モンテレビア、マルケス・デル・プエルト、ペトラランダなど、良質のつくり手がさらにたくさん集まっている。

ログローニョ
Logroño

　ログローニョはリオハ最大の都市であるだけでなく州都でもある――そして歴史的にも開拓の最前線であり中心地だった。ここは恵まれた土壌も葡萄栽培に適した特別な条件もない（ただし、どこでもそうだがここにも例外はあり、それが異彩を放つフィンカ・イガイだ）。それでもログローニョは、隣接するセニセロ、フエンマヨール、ラガルディア、オヨン、トレモンタルボなど、さまざまな地区を包括する広大なワイン産地の真ん中に立っている。この地理的位置と地域経済の中心という役割を合わせると、これだけ多くのボデガが本社を置く場所としてこの町を選ぶ理由の説明がつく。さらに、ログローニョがアーロとその象徴であるバリオ・デ・ラ・エスタシオンに次いで、リオハ第2の重要な流通網のかなめになった理由も説明がつく。

　しかし時代は移り変わり、今日のワインの世界では、生産面だけでなくコミュニケーション面でも、重点は葡萄畑に移っている。そのため多くの生産者が、この（成長しつつある）都市環境から、ワイン事業の農業性に適していると思われる場所に移転している。それでも、マルケス・デ・ムリエタとマルケス・デ・バルガスのような長く輝かしい歴史を誇る優れたボデガや、フランコ・エスパニョーラス、ビーニャ・イハルバ、そしてカンポ・ビエホ、オラーラなど、多くの会社がログローニョに残っている。

アルベルダ、メンダビア、グラバロス、アルファロ
Albelda, Mendavia, Grávalos, and Alfaro

　アルファロのホセ・パラシオスのような先駆者が物事の流れを変えるまで、リオハのこの地域は、アルコール度の高い質素なバルクワインをつくるか、リオハ・アルタとリオハ・アラベサが低温多湿で熟しにくいために生じる葡萄不足を克服するために、色の良い葡萄を供給するか、どちらかを運命づけられているかに思えた。

　アルベルダ・デ・イレグア、アルファロ、アルデアヌエバ・デ・エブロ、その他のリオハ・バハのワインを産する村々で、通常、熟度は問題にならない。大西洋からの冷たい風の代わりに、この地区は地中海の影響を強く受け、リオハの中で最も乾燥していて暖かい。これはつまり干ばつがしばしば災害を引き起こすということだが、現在は点滴灌漑によって部分的に緩和されている。夏には気温が35℃になることも珍しくなく、降水は痛ましいほど少ない。

　しかしこのような厳しい環境にも利点はある。収量が低く、ワインは濃く、ガルナッチャは非常によく育つ。パラシオス家は、かつて侮蔑されていたこの地区で上質のワインがつくれることを示した。今ではバゴルディ、バロン・デ・レイ、ビウルコ・ゴッリ、ナバルソティージョ、オンダーレ、オンタニョン、アリシア・ロハス、バルサクロ、ビーニャ・エルミニアなど、他の優れたつくり手が後に続いている。リオハ・バハは今や侮れない勢力である。

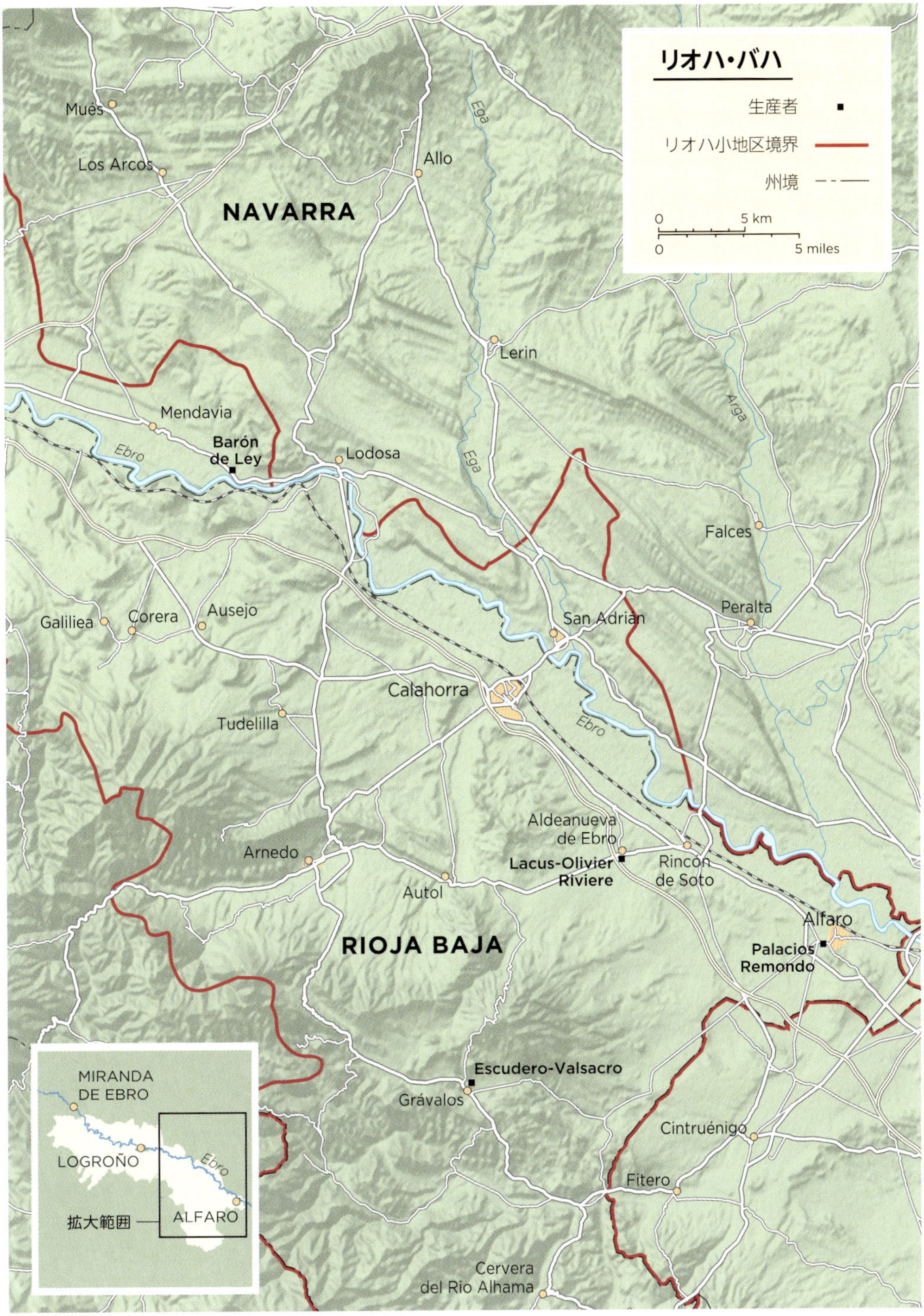
リオハ・バハ
生産者
リオハ小地区境界
州境
0 5 km
0 5 miles
NAVARRA
Mués
Los Arcos
Allo
Ega
Lerin
Arga
Mendavia
Barón de Ley
Ebro
Lodosa
Falces
Peralta
San Adrian
Galiliea
Corera
Ausejo
Calahorra
Tudelilla
Aldeanueva de Ebro
Lacus-Olivier Riviere
Rincón de Soto
Arnedo
Autol
Alfaro
Palacios Remondo
RIOJA BAJA
Escudero-Valsacro
Grávalos
Cintruénigo
Fitero
Cervera del Rio Alhama
MIRANDA DE EBRO
LOGROÑO
ALFARO
拡大範囲

HARO

CVNE クネ

　　ンパニア・ビニコラ・デル・ノルテ・デ・エスパーニャ（北スペインワイン会社）というかなり大げさな名前は、一般に省略形のCVNE（クネ）のほうがよく知られている。ワイン産地リオハの中心地であるアーロに設立されたのは1879年、ブームの絶頂期で、オイディウムとフィロキセラで壊滅的被害を受けたフランスに供給するために、ワイナリーが1日おきに生まれていた時代だ。創業者はビルバオ出身の2人兄弟、エウセビオとライムンド・レアル・デ・アスアと、リオハ出身の友人イシドロ・コルクエラ、その他の小規模株主だった。実は会社はしばらくの間、コルクエラ・レアル・デ・アスア・コンパニアと呼ばれていた。今なお創業者の子孫がアーロのバリオ・デ・ラ・エスタシオンを拠点に会社を経営している。

　創業当初は単なる仲買人として活動していたが、すぐに葡萄畑を買ったり植えたりして、ワイン（とブランデー）をつくり始めた。年が経つにつれ、会社は次第にバルクワイン（とブランデー）から離れていき、CVNE（クネ）の名前はやがて発音しやすいCUNE（クネ）というブランドに変わっていく。「スパークリング・リオハ」をつくるためにシャンパーニュのランスからブレンドの達人を招き、当時非常に人気の高かった万国博覧会（バルセロナ、ロンドン、ブリュッセル、パリ）で賞やメダルを獲得するようになった。間もなくモノポル、ビーニャ・レアル、インペリアルといったブランドが生まれ、名品として会社の柱となり、クネはリオハだけでなくスペイン全土で有数のボデガとして地歩を固めた。

　この会社は昔から前向きで近代的で、最新の技術に投資して新しい葡萄栽培やワインづくりの手法を試す態勢がつねに整っている。この開拓者精神は今も健在で、非常に良い結果をもたらし、クネが成功し続けている要因の1つであることは間違いない。

右：クネの最高経営責任者ビクトル・ウルティアと販売およびマーケティングを担当するマリア・ウルティア。

この会社はつねに前向きで近代的だ。
開拓者精神は今も健在で、非常に良い結果をもたらし、
クネが成功し続けている要因の1つであることは間違いない。

C.V.N.E.

この革新的精神を示す初期の例が、1890年から1909年にかけてワイナリーの延長として建てられた新しいセラーである。伝説的なアレクサンドル・ギュスターヴ・エッフェル設計の建物は、形も機能も驚くほど独創的で革新的だ。天井を支える伝統的な石やレンガの柱に金属の骨組みが取って代わり、壮観であるだけでなく、樽を動かし、操り、積み上げるためのスペースが増えて、作業がはるかに快適になった。建てられてからずっと、インペリアルをオーク樽で熟成させるのに使われている。

インペリアルは1920年代以降、クネの旗艦ワインである。名前の由来はインペリアル・パイントで、そのサイズのボトルがこのワインを売るのに使われていたことによる。リオハ・アルタの典型で、ベースはアーロ、ブリニャス、ブリオネス、ビリャルバ、セニセロ、オリャウリなどのテンプラニージョで、マスエロ、グラシアーノ、さらにビウラでバランスを取ってできるワインは、ほど良い酸味があり、やや渋めで、アルコール度は約13%、ボルドー型ボトルで供される。伝統的には3分の2がリオハ・アルタで3分の1がリオハ・アラベサ、ビーニャ・レアルは3分の1がアルタで3分の2がアラベサだった。現在、インペリアルはリオハ・アルタ産の葡萄だけでつくられ、ビーニャ・レアルはリオハ・アラベサ産の葡萄だけでつくられる。

2004年7月、国王フアン・カルロス1世の落成により、ラガルディアに素晴らしいビーニャ・レアルのワイナリーがオープンした。メインの建物はフランス人建築家フィリペ・マジエールが設計した巨大な樽部屋である。以降、ビーニャ・レアルは別の会社でありワイナリーだが、ここでは一緒に扱うことにした。なぜなら、ビーニャ・レアルはクネの歴史において重要な役割を果たしているからだ。コンティーノもクネグループの一部だが、ずっと独立しているので、そのワインは別の項目で紹介する。

ビーニャ・レアルは当初カスティージョ・サン・マテオと呼ばれていた（他にも古いブランド名にはリオハ・クラレテ、クネ・クラレテ、リオハ・トローニョ、ランセロスなどがある）。テンプラニージョ、ガルナッチャ、マスエロのブレンドで、インペリアルよりも長く熟成できる力強いワインだ。ブランド名は1940年にようやく登録され、最高のヴィンテージはレセルバ・エスペシアルに指定される。

創業からほぼ130年たって、いまだに同じ一族が会社を経営しており、ビクトル・ウルティアが最高経営責任者、マリア・ウルティアが販売とマーケティングを担当している。現在、生産量の大半はビーニャ・レアル・クリアンサ、クネのブランコ、ロサド、クリアンサ、レセルバ、そしてモノポルがベースになっている。コロナ・セミ・ドゥルセの生産はごく少量で、ビーニャ・レアルのレセルバとグラン・レセルバは約15万本、インペリアルは生産される年に15万本から30万本である。

一家は240haの葡萄畑を主にアーロ周辺に所有しているが、地元の栽培者からも葡萄を買っている。葡萄畑の広がり、ヴィンテージのばらつき、特定の年にしかつくられないブランドの存在は言うまでもなく、会社がつくるワインの量を考えると、葡萄畑からワインまで固定的な定石に従うのは不可能である。しかしいくつか一般的なポイントを挙げることはできる。たとえば、クネ・ブランドはサハサラの葡萄からつくられる。ビーニャ・レアルの大部分は1940年から2001年にかけて植えられたラセルナの105haの葡萄畑から生まれているが、その畑は30年以上クネが育てているのに、会社のものではない。ラガルディアにあるクネの自社畑もビーニャ・レアルに貢献している。インペリアルについて言うと、原料はビリャルバ、アーロ、サラトン、ブリオネス、そしてトレモンタルボの古樹から供給されている。レアル・デ・アスアはアーロの北西にあるビリャルバの葡萄からつくられる。

インペリアルとビーニャ・レアルの古いヴィンテージは、今でもスペインの店やレストランで手に入り、価格はかなり幅があるが掘り出し物も見つかる。最高の例を2つだけ挙げるとしたら抜群のインペリアル1968とビーニャ・レアル・レセルバ・エスペシアル1962だが、そういうワインを飲んだとき、当然こんな疑問が浮かぶ。今日つくられるワインもこのように熟成するのだろうか？ この疑問に答えるためには、物事を見通す力が必要だ。1920年代か

左：アレクサンドル・ギュスターヴ・エッフェルが設計したクネの建物は、その革新的という評判を反映している。

上：サハサラから届いたクネ・ブランド用の葡萄。入念に手入れされている伝統的な垂直式圧搾機。

ら60年代にかけての古いヴィンテージは、収穫から10年ないし12年後に瓶詰めされている──財政的コストと必要なスペースを考えると、現在では完全に問題外の話だ。1970年代までは樽熟成が6年より短いことはなかったが、1970年代から80年代の間にだんだん短縮された。この頃ではワインの樽熟成は約2年である。そして違うのはワインの熟成方法だけではない。他にもさまざまなことがリオハでは変わっている。

したがって、私たちの疑問に対する答えは「場合による」としか言えない。古いワインのすべてが良質ではなく、今日のワインはすべて早く熟成が進むわけではない。今日のワインは、高品質の葡萄からつくられ、伝統的な方法で醸造され育まれれば、古いものと同じように熟成する。良い葡萄畑があれば、どんなふうにつくられたかに関係なく、ワインは必ず姿を現す。1992～94年につくられた初期の前衛的なリオハの中には、今では古典的側面を持つものもある。私たちは2004年のインペリアル・グラン・レセルバ──2008年10月に瓶詰めされたが、

これを書いている時点（2010年）でまだリリースされていない──が古いヴィンテージのものと同じように、見事に熟成すると信じている。

残念なことに、ほとんどの人はごく最近のヴィンテージしか飲んでいない。レストランのリストには未熟なワインばかりが並んでいて──古いリオハは長い間スペインでも無視されてきた──成熟したワインがどんなものかを忘れる危険がある。しかしさいわい、関心が戻りつつあるようだ。

極上ワイン

Monopole
モノポル

1915年に生まれたモノポルは、スペインの白ワイン・ブランドの最古参である。当初のヴィンテージは明らかに樽で熟成されたが、もともとは伝統的な白より新鮮でフルーティーで色の薄いワインが意図されていた。現在はビウラの葡萄を優しくプレスし、低温で清澄化し、そのあと果物と花の1次アロマを保つため

に、マストを低温のステンレススチールの槽で発酵させる。すべてがワインの熟成潜在力に不利に作用するが、モノポルは若飲み用である。

Imperial
インペリアル

インペリアルはリオハの象徴の1つであり、スペインで最も力があって最も高級なブランドの1つである。レセルバと、特別な年にグラン・レセルバとしてつくられるが、後者は将来的には消える可能性が高く、1種類のインペリアルしか残らないだろう。1940年代の初めまではオークの大樽で発酵されていたが、会社がコンクリート槽に変え、そのあと2001ヴィンテージでオークの「ティナ(槽)」に戻った。現在のヴィンテージは36カ月以上オーク樽で熟成されるが、これは昔よりもかなり短い。1970年までワインは6年以上をオーク樽で過ごしていたし、20世紀前半にはその2倍以上だった。インペリアルはアーロの典型である。本格的で、厳粛で、微細で、上品で、新鮮で、バランスが取れている。クネは現在もっと高価なワインをラインアップに加えているが、この見事に熟成するワインはビーニャ・レアルとともに、私たちのお気に入りのクネワインである。2010年に私たちは幸運にも1928年から2004年までのさまざまなヴィンテージのグランデ・レセルバをテイスティングする(そして飲む)機会に恵まれた。古いヴィンテージで気に入ったのは、1947★(間違いなく同年のボルドーの有名ブランドとも張り合えるワールドクラスのワイン)、1959★、そして1968だが、もっと最近のワインでは1995が注目に値する。

Real de Asúa
レアル・デ・アスア

レアル・デ・アスアのラベルは1994年に会社の創業者に敬意を表して——彼らの姓を冠して——つくられ、リオハ・アルタにあるクネの葡萄畑でとれる葡萄から特別なヴィンテージにのみつくられる。同社の他のワインと違うのは熟成プロセスで、100%新フレンチ・オーク樽で行われる。2002年はこの地方は豊作にならなかったが、よくあるように、並外れたワインは困難な年に生まれるものであり、レアル・デ・アスアの場合、このヴィンテージが今のところ私たちのお気に入りだ。国際的なアクセントで「スーパー・インペリアル」とも呼ばれる。

Viña Real
ビーニャ・レアル

ビーニャ・レアルとは王の葡萄畑という意味で、初期のヴィンテージに原料を収穫していたエルシエゴのカミノ・レアル(「王の道」)周辺にある葡萄畑に由来する名前である。昔はブランドが非常に短命で、リオハの初期に商標はさらにまれだったので、どれがビーニャ・レアルの最初のヴィンテージかはっきりしない。1920年代と30年代にも使われていたようだが、正式に登録されたのは1940年のことである。今日、ビーニャ・レアルは会社名でありワイナリーの名前であり、さまざまなワインの名前でもある。ワインには3種類の赤——クリアンサ(別名プラタつまり「銀」)、レセルバ(別名オロつまり「金」)そしてグラン・レセルバ——と、樽発酵される100%ビウラの白、ブランコ・フェルメンタード・エン・バリカが含まれる。ワインはつねに色が濃く、力強く、こくがあって、インペリアルよりアルコール度数が高く、いくぶん快楽主義的で、ブルゴーニュ型ボトルに詰められ、リオハ・アラベサを象徴している。もともとオークはアメリカンだったが、今日ではアメリカンとフレンチが同じ割合である。1954★、1962、あるいは1964の優れたボトルはまだ見つけて味わえる。グラン・レセルバ2001は最近のリリースで私たちが気に入っているものだ。ビーニャ・レアル・レセルバ1998やもっと新しい2005は価格の割に質が高く、見つけやすく、今楽しむことができる。

Pagos de Viña Real
パゴス・デ・ビーニャ・レアル

この高級キュヴェは当たり年の2001年に生まれ、新しいビーニャ・レアルのワイナリーで初めて醸造された。ワイナリー周囲にある古樹のパゴス(葡萄畑)で収穫されたテンプラニージョ100%で、マロラクティック発酵を施され、100%新フレンチ・オーク樽で熟成されていて、国際的な味とスタイルにならっているところが多いが、地域の伝統にはいささが反している。

Corona
コロナ

90%ビウラと10%マルバシアからつくられるコロナは、天候が許す年だけつくられ、半甘口ワインとして希少なものである。甘口ワインはつねに例外だが、リオハではさらに少ない。葡萄に貴腐菌がつく必要があり、新アメリカン・オーク樽で発酵および熟成される。普通は若いうちに飲むが、スペインの内戦が終わった年につくられ、長年クネのセラーの隅に放置され、ずっとあとになって発見された特別な1939★は非凡なワインである。

クネ(ビーニャ・レアルを含む)
葡萄畑面積:344ha　平均生産量:500万本
Barrio de la Estación s/n, 26200 Haro, La Rioja
Tel: +34 941 304 800　Fax: +34 941 304 815
www.cvne.com

HARO

Bodegas López de Heredia/Tondonia
ボデガス・ロペス・デ・エレディア／トンドニア

ボデガス・ロペス・デ・エレディアは、一般にフルネームでは呼ばれない。トンドニアまたはアーロに住む年配者が使う単なるエレディアという呼び名のほうが通りはよいが、最近アメリカではロペスがはやっている。しかしどう呼ぼうと、このワイナリーはリオハワインの先頭に立って活躍している。

バリオ・デ・ラ・エスタシオンの「大聖堂」を本拠地とするこの会社は、大きな計画を立てたことはない。その非常に高い評価は、ボデガ自身の歴史、ワインの個性と品質、伝統的なやり方から一寸もそれないという意志の強さ、そして2人の魅力的な姉妹、マリア・ホセとメルセデスがもたらす自然な結果なのだ。姉妹は会社のマーケティングとコミュニケーション部門をとても近代的かつ効率的に運営している。日常の管理や生産にも責任を負っているが、そちらの仕事は兄弟のフリオ・セサルや、父親で80歳をゆうに超えているのにいまだに毎日働いているペドロと分担している。この会社は間違いなく、葡萄栽培とワインづくりについての決定がつねに家族――創業者と息子のラファエル・ロペス・デ・エレディア・アランサエスとその兄弟のフリオ・セサルから、孫のペドロ・ロペス・デ・エレディア・ウガルデとひ孫に当る前述のフリオ・セサル、マリア・ホセ、そしてメルセデスまで――によってなされてきた家族経営の会社である。家族はもうすぐ150周年を迎えるこの見事な歴史的ワイナリーの屋台骨である。

トンドニアがリオハの表彰台に上がる地位にふさわしい理由は、そのワインの品ぞろえのほぼすべてにわたる純然たる品質と魅力である。

我らがヒロインのマリア・ホセとメルセデス・ロペス・デ・エレディアの話に戻ろう。この美人姉妹は自分たちの信念に対して誠実で頑固だが、同時にとても優しくて気前がいい。（2010年にバレンシアで200人以上を招いて行われた試飲会で、1947、1954、1964、1968、1970のような著名なヴィンテージのボトルを躊躇することなく何十本も開けて注いだ）。メルセデスとマリア・ホセはリオハの伝統の象徴かもしれないが、同時に、とても現代的で気さくな女主人でもある。そこに実は矛盾はない。それは豊かな深みの表れにすぎず、そのおかげで、トンドニアは世界中のワイン愛好家から温かい愛情を抱かれているのだ。その理由はおそらく、トンドニアがリオハで果たしている役割が、ゴッシニィによる有名なアステリックスの物語に出てくる小さな村に似ているところにあるのだろう。彼女たちが、旗艦ワインの古風なスタイルを変えようとせず、ラインアップをモダンな赤や白に広げようともしない、ごく少数のつくり手に入っている限り、その状況は変わらない。

しかしロペス・デ・エレディアの非常に高い評判の土台は、まったく当然ともいえるオーナー姉妹に対する愛情や、少数派の――完全に失われたと表現される場合もある――理念に対して私たちが感じがちな確かな魅力ではない。実のところ、トンドニアがリオハの表彰台に上がるにふさわしい理由は、そのワインの品ぞろえのほぼすべてにわたる純然たる品質と魅力である。2000年も前に考え出され、今なお正当性を失っていないと思われる決まり文句を使えば（ただし本来の意味は違ったのだが）、「イン・ヴィーノ・ヴェリタス」すなわち「ワインの中に真実あり」である。

姉妹のどちらかと一緒に、ほこりをかぶったボトルでいっぱいのセラーの地下通路を歩くのは、上質ワインの愛好家が楽しめる感動的な経験だ。そして、その地下道の荘厳な雰囲気、そこに寝かされている圧倒的な数のボトル、その古雅な輝きを目にし、樽に対する家族の愛情深い気遣いを感じた訪問者は、このワイナリーが実は重要視している根本的な真実を見逃すかもしれない。すなわち、ワインは何よりも葡萄畑でつくられるものであり、このワイナリーの優れたワインはすべて、それを生んだ

右：マリア・ホセ・ロペス・デ・エレディアは、妹のメルセデスとともに家族の会社の輝かしい評判を守っている。

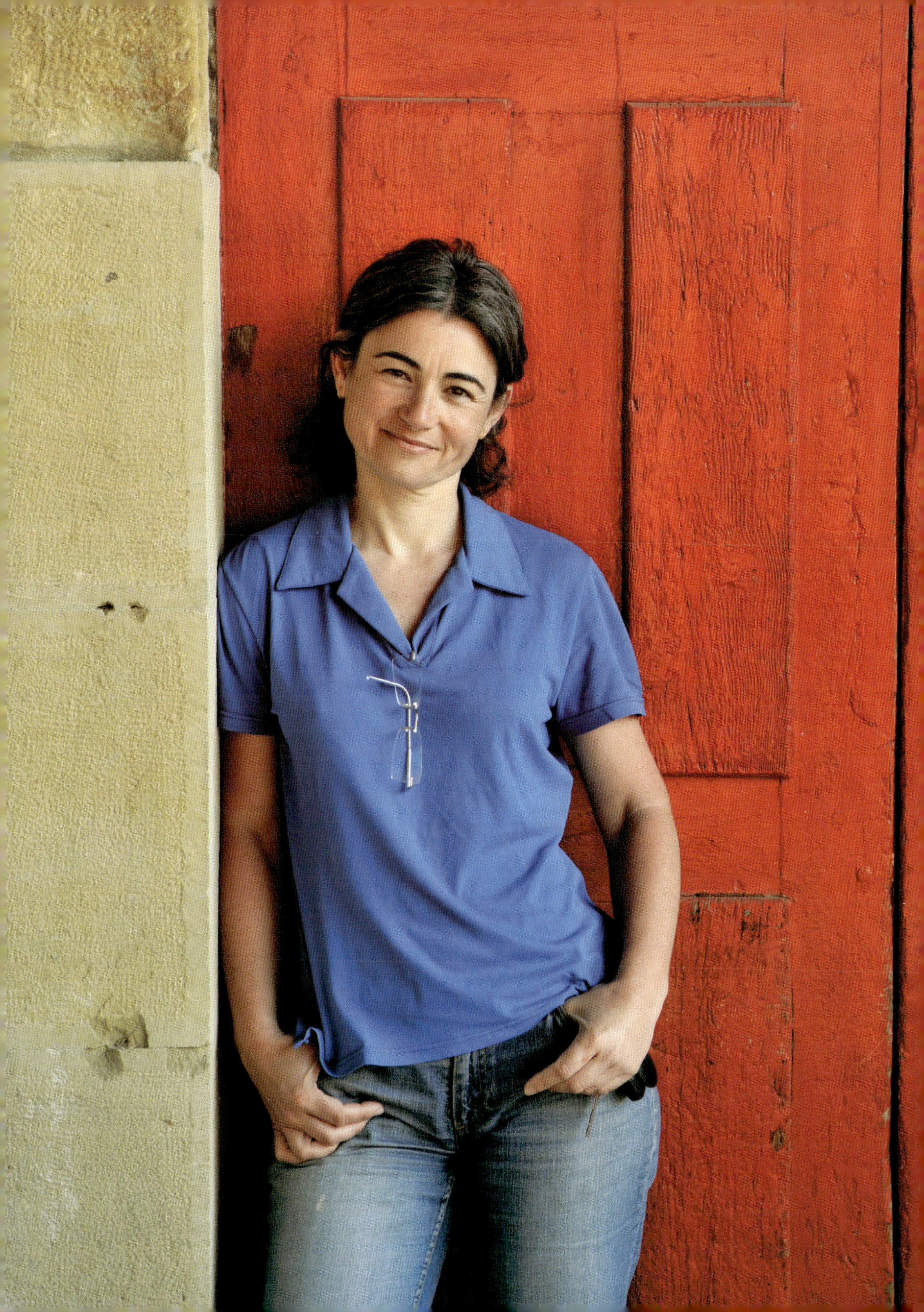

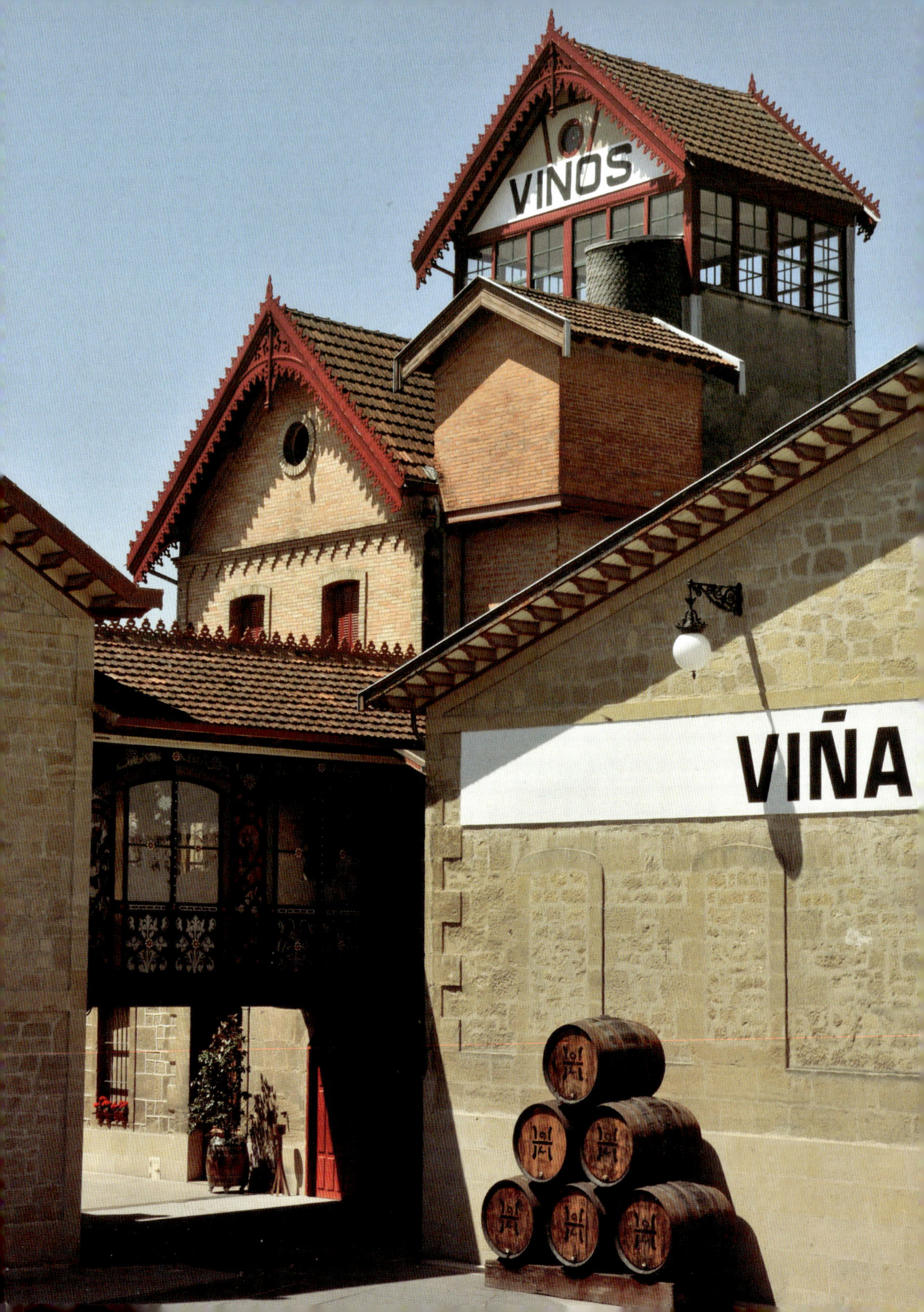
VINOS
VIÑA

葡萄畑の名前が付けられているのは見せかけではないのだ。創業者によって付けられたビーニャ・トンドニア、ビーニャ・ボスコニア、ビーニャ・サコニアといった名前は鳴り響いている。

　ここで、創業者であるラファエル・ロペス・デ・エレディア・イ・ランデタの素晴らしい人物像に触れないのは、許されない手抜かりだろう。現オーナーの曽祖父は強い個性をもつ起業家たちの1人だった。彼らの野心と進取の精神のおかげで——スペイン人は昔から実業家に不信感を抱いていたにもかかわらず——19世紀後半と20世紀の最初の30年は、本来ならスペインが経験するはずだったほど悲惨なことにはならなかった。彼のような人がもっと大勢いなかったのは残念である。

　ビーニャ・トンドニアと呼ばれる偉大な農園を構成する葡萄畑——いったん統合され、1913年から14年に植えられた——を買ったのは、ドン・ラファエルだった。その100haは、象徴的にも実質的にも中心となる会社の財産である。他の主要な葡萄畑も、会社のアイデンティティを強めるために創業者が買い入れ、ビーニャ・ボスコニア（エル・ボスクの15ha）、ビーニャ・クビージョ（クビージャスの24ha）、そしてビーニャ・サコニア（24haで由来のサコが所在地であり、現在はビーニャ・グラボニアを産する）と名付けた。すべてアーロ周辺で、海抜460mのエブロ河岸にあるセラーの建物にごく近い畑もある。栽培されているのは古典的なリオハ品種で、テンプラニージョ、ガルナッチャ、グラシアーノ、マスエラ、ビウラ、マルバシアである。

　ボデガス・ロペス・デ・エレディアは、テロワールに対して非常に徹底したアプローチをとっているが、同時に、そこにはちょっとしたパラドックスがある。たいていの人にとって、テロワールはヴィンテージによる変化と密接に結びついている。真のテロワールは、ヴィンテージごとに異なる状況を踏まえ、最終的な成熟期と収穫期をはじめとするシーズン中の気象条件に照らさなければ、表現はおろか感じることさえできないと、思う人もいるかもしれない。しかしエレディアが最終的に目指すのは、来る年も来る年も一貫して、それぞれのテロワールの真の特徴を表現することである。すなわち「1つの葡萄畑に1つのワイン」というのが、ラファエル・ロペス・デ・エレディアによって提唱された哲学であり、今なお生きている。そのため必然的に、より干渉主義のワインづくりが必要となる。なぜなら各年のワインにヴィンテージによるばらつきが出ることは許されないからだ。むしろ、ビーニャ・トンドニア・レセルバはビーニャ・トンドニア・レセルバらしく振舞わなくてはならず、ビーニャ・クビージョは同じようにそのアイデンティティを保たなくてはならない。実際に1981年まで、これらのワインに醸造年のラベルはなく、代わりに醸造されてから経過した年数だけが記された。したがって1977年に瓶詰めされたビーニャ・ボスコニア5⁰（上付き）アニョは、実はビーニャ・ボスコニア・レセルバ1972である。

最終目標は毎年一貫して、それぞれの
テロワールの真の特徴を表現することである。
すなわち、「1つの葡萄畑に1つのワイン」
という哲学なのだ。

　この慣習に関してロペス・デ・エレディア姉妹は、自分たちのワインの品ぞろえに2種類の異なる系列があることを強調している。1つの系列は、彼女たちが「市販用」と呼ぶ、店頭やレストランのリストに長居しないもの、クリアンサやレセルバとラベルに記されているワインに相当するものだ。ビーニャ・トンドニア・ロサドもその系列かもしれない。ヴィンテージから10年以上経ってはじめてリリースされることが多いが、伝統的にはクリアンサのラベルが貼られている（実際、最近はグラン・レセルバとして出されているが、その資格があることは間違いない）。これらのワインの場合、重要なのはヴィンテージによる変化ではなく、ワインごと、葡萄畑ごとの特徴である。だからこそ、ヴィンテージを強調することには意味がないのだ。

左：ロペス・デ・エレディアの人目を引く建築は、
素晴らしいワインと同じくらい独創的で印象的である。

上：注意深く摘み取られた葡萄を入れた小さい容器を確実にできるだけ優しく運ぶための巧みな方法。

　マリア・ホセは率直にこう説明する。「私たちはヴィンテージによる不揃いを自然な方法で調整します。同じ葡萄畑の違う色、酸味、またはアルコール度のワインをブレンドするのです。法律で許される範囲内で、別のヴィンテージも使います。つねに安定した品質のワインをリリースし、私たちのスタイルを守るためです」。姉妹の考えでは、特定のヴィンテージを他のものより上だとして選び出すのはフェアではない。なぜなら、ブランドがわかる単一畑のワインをつくることが指針となる哲学だからである。「重要なのはヴィンテージではなくラベルです。私たちがつくるのはクビージョやトンドニアやボスコニアであって、トンドニア2000やトンドニア2001ではありません」。

　彼女たちの話を基本的に額面どおり受け入れても、わずか15％の他のヴィンテージのワインでは極端なヴィンテージを「調整」することはできないので、必然的に年ごとに（激しくはないかもしれないが感じられるほどの）ばらつきが生まれるのではないかという疑いは拭いがたい。別の観点から考えると、時が経つにつれてばらつきが大きくなるのは避けられない。ワインは違う路線で進化し、それは1年ごとには認識できないかもしれないが、長期間のうちにはっきりしてくる。だから、最近リリースされたトンドニア・レセルバは、スタイルの違いが今よりはっきりしていた10年から15年前より、ボスコニア・レセルバに——少なくとも果実味と肉付きに関する限りは——近くなっているという印象が（もちろん主観的だが）ある。

　もう1つの系列として、本質的にすべてヴィンテージ・ワインのグラン・レセルバがある（ロサドは除く）。こちらはすべて生まれた年の特徴を保持している——姉妹が調整を拒否するせいで、極端に強くその特徴が現れる場合もある。このグラン・レセルバは、つねにそのまま同社の歴史的ワインのリストに組み込まれるので、当然、ワインの進化やボトルごとのばらつきを明らかにするために、テイスティング・ノートはそのまま残される。

　ロペス・デ・エレディアの歴史的なグラン・レセルバは、感動と畏怖の念をもって考察するべきもの、良い仲間とと

もに、できればきめ細かく取り合わせた食卓で、気長に楽しむべきワインである——したがって、自分たちのボトルの多くが「ただそれを飲んだことがあると言いたいだけ」の人に飲まれることに、ロペス・デ・エレディア姉妹が不満を抱くのも理解できる。メルセデスとマリア・ホセは、新たなテクノロジーでもたらされた新たな可能性が、このようにワイン——とくに、瓶に詰められた歴史ともいうべきワイン——の楽しみから「人間味を奪う」ことを助長しているのではないかと懸念している。そのせいで、2人は自分たちの歴史的ワインの素晴らしさをあまり宣伝したがらないのかもしれない。しかし、どうすればコミュニケーションの世界の勢いを止められるだろう？ それに、自尊心のあるワイン愛好家が逃してはならないワインを3つだけ挙げるとしたら、ボスコニア1954、トンドニア・ブランコ1957、トンドニア・ティント1964だが、どうすれば他でもない私たちは、このようなワインへの称賛を口に出さずにいられるだろう？ しかし、どうか十分な敬意を払ってほしい。

極上ワイン

Viña Tondonia Reserva y Viña Bosconia Reserva
ビーニャ・トンドニア・レセルバと
ビーニャ・ボスコニア・レセルバ

　歴史的ヴィンテージのグラン・レセルバが、真に非凡なワインであることは否定できないが（あまり大きな声で言いたくはないが）、このワイナリーの優れた2種類の市販ワインを見落とすのは重大な間違いだろう。具体的には、ボルドー型ボトルのトンドニアと、ブルゴーニュ型ボトルのボスコニアである。ボトルは創業者が始めた伝統に従ってのことだが、今ではフランスびいきの区別は昔ほど顕著ではない（ビーニャ・ボスコニアの前身はリオハ・セパ・ボルゴーニャと呼ばれ、少量のピノ・ノワールが含まれていた）。今日、リリース時に完璧に仕上がっていてすぐ飲める、リオハの「ビーノ・フィーノ」が持つ真の特徴を求めるビーニャ・トンドニアより、テンプラニージョの割合がわずかに高く、何よりも明確なスタイルを維持したいという意図があるビーニャ・ボスコニアのほうが、濃度と色が濃く、果実の熟度が高く、寿命が長い。

Viña Tondonia Blanco Gran Reserva
ビーニャ・トンドニア・ブランコ・グラン・レセルバ

　白ワインはロペス・デ・エレディアのラインアップの中でも至宝と言えるだろう。そして、トンドニアのグラン・レセルバはスペイン屈指の白に数えられることは間違いない。仮にフロールの下で熟成されるワインを除くと、この気高いトンドニアの覇権に挑む候補はほとんどない。アメリカン・オーク樽での長期熟成（卓越したグラン・レセルバ1964★の場合9年）が、初心者を動揺させるような洗練された酸の香りを生むので、決して親しみやすいワインでないことは認めざるをえない。しかしこの長期熟成の過程には、前にオーク槽での2年と、後に何年にもわたる瓶熟成が伴い、ワインに間違いようのない特性を与え、シャープでくっきりした背骨を肉付けする何層ものアロマとフレーバーは、1964のような伝説的ヴィンテージでは、驚嘆するようなレベルに達している。他のもっと最近のヴィンテージ——1973のようにシャープなものもあれば、1976のように芳醇なものもある——は、いつの日か、同じような完璧なストラクチャーに達するかもしれない。しかし今のところ、この1964がトンドニアで最高の白である。

Viña Tondonia Rosado Gran Reserva
ビーニャ・トンドニア・ロサド・グラン・レセルバ

　このロゼはユニークな個性を示す偉大な手本であるだけでなく、さまざまな料理によく合う楽しい食卓の友でもある。その複雑さを考えると、これだけのワインには無敵の価格である。半分以上はガルナッチャで、テンプラニージョ30％とビウラ10％、普通は10年以上熟成させて市場に出す。このワインの場合も、他のロゼの99％は明らかに取り除かれている酸化の特徴にたじろぐ人が多い。しかしグローバル化と標準化の傾向が目立つ昨今、風変わりで特別なものはすべて、もっと重要視されるべきである。私たちが知る限り、全世界を探してもこれと同じようなロゼはない。

Bodegas R López de Heredia Viña Tondonia
ボデガス・R・ロペス・デ・エレディア・ビーニャ・トンドニア

葡萄畑面積：170ha　平均生産量：50万本
Avenida de Vizcaya 3, 26200 Haro, La Rioja
Tel: +34 941 310 244　Fax: +34 941 310 788
www.lopezdeheredia.com

HARO

Bodegas Muga ボデガス・ムガ

ボデガス・ムガ物語が語られるとき、キャストはほとんどいつも男性ばかりだ。いや、ひょっとすると、1991年に亡くなった創業者のアウロラ・カーニョおばあさんや、もっとまれに、その娘で70歳をゆうに超えているのに今でも毎朝最初にワイナリーに現れるイサベル・ムガのことが、ちょっとだけ話に出るかもしれない。しかし一般的に主役を張るのはムガの男たちである。そしてボデガの歴史に関するこのかなり性差別主義的解釈は、重大な不当行為である。

このワイナリーが1970年代に大きく前進し、その後80年代と90年代に再び飛躍を遂げたのは、アウロラの息子の（やはり今は亡き）マヌエルとイサシン（イサークの愛称）の指揮によるものだという認識の正当性は否定できない。そして今世紀、アウロラの孫たちが（マヌエルとホルへだけでなくもっと若いイサークとフアンも）マーケティングだけでなく、もっと重要なワインの品質に関しても、よくやっていることも事実である。

気がつけば驚異的なことだが、
マヌエルとイサシン・ムガは自分たちのブランドを
わずか10年で、リオハの信頼性と伝統の
真の象徴に変えることに成功した。

しかしこの男性たちが重要であるのと同じくらい、アウロラ・カーニョもムガ物語でもっと中心的な役を与えられるべきだ。なにしろ、アウロラこそが原動力であり屋台骨だったのだ。まず、結婚（彼女がワインづくりの確かな知識を提供した協力体制）してすぐの1932年に夫のイサーク・ムガと会社を始め、その後、バリオ・デ・ラ・エスタシオンのセラー設備への移転を後押しした。ホルへ・ムガの言葉を借りれば、「アウロラばあちゃんは素晴らしい人格の女性で、いつもセラーにとって母校のような人でした。しかも偉大なテイスターです。85歳で亡くなる直前まで味を見て、みんなをまとめて、力強い声で命令していました」。

しかし多くの国々と同じように、スペインでも家名は男性の家系で伝えられていくので、この場合も、ワイナリーの現在の名前はカーニョでなくムガであるというパラドックスが生まれた。しかし一家がそのことを腹立たしく思っている可能性は低い。なぜならムガは、響きも、独自性も、さまざまな言語との相性も、抜群のブランド名だからだ。さらに、ムガ家は少なくとも17世紀から、アーロの葡萄栽培に積極的な役割を果たしてきている。

ムガ家は栽培農家だったが、1960年代後半にアウロラ・カーニョの経験とマヌエルやイサシンの起業家精神が相まって、槽発酵と樽熟成によるワインづくりを始めた。実際、木製槽とオーク樽は一家のトレードマークになっているが、これはアウロラがラ・リオハ・アルタで樽に囲まれて過ごした若い頃の記憶にさかのぼるものだ。父親のホルヘ・カーニョはそこのセラー・マネージャーをしていて、1915年に母親が亡くなった後、彼女は父を手伝わなくてはならなかった。彼女の考えでは、上質のワインを生み、熟成させるのはオークであり、オークだけである。他のつくり手がコンクリート槽やステンレス槽に移行すると決めたのなら、それは彼らにとっておおいに問題なのだ。

1964年、財政難のせいで12年かかったプロセスの一環として、ボデガス・ムガはアーロのカリェ・マヨールの小さなセラーから、バリオ・デ・ラ・エスタシオンの堂々とした建物へと躍進した。さらに若いワインの生産者から、クリアンサとレセルバとグラン・レセルバのつくり手へと飛躍も遂げた。そしてそれは、他のつくり手のほとんどがオークをやめた時期だった。

実のところ、当時、木製樽の売買はとくに魅力的な商売ではなかった。1960年代から70年代にかけてのまる10年間、サン・ビセンテ・デ・ラ・ソンシエラ出身で当時クベロ（オーク樽や大きな木製槽を製作したり修理したりする職人の桶屋）だったヘスス・アスカラテと、残っていた数少ない同業の名工の1人は、ほぼムガ専属で働いていた。当時でさえ、会社が彼を引き留めておけた

右：受け継いだものをモダンな方向と伝統的な方向の両方に発展させ続けるホルへ・ムガ。

Nº 97
TONELERIA
14-11-09
Roma-09

上：社内の桶職人ヘスス・アスカラテが入念に手入れしている大きな木製槽は、ムガの特色のかなめである。

のは、偶然にも葡萄畑が1つ当時かなりの額で売れたおかげだった。アスカラテは最終的に社員になり、今では勤続40年になる。彼とその家族だけで、ムガ物語に欠かせない役をになっている。

あえて上質ワインの生産に踏み切り、その過程でセラーのために葡萄畑を手放すというムガの決断は、同社の初めての革新的戦略だった。次は約20年後のことで、今度もまたワインづくりに関係している——具体的には、近代リオハのトレ・ムガをつくるというマヌエルとイサシンの決断である。しかしワインづくりばかりに目を向けて、ムガの葡萄栽培に対する注力を忘れてはならない。一家が保有する葡萄畑は広くない——400ha——し、思い切ってアーロから離れたところに行かない限りそれ以

上栽培することはできなかった。それでも相変わらず葡萄畑はつねに指針と着想の源であり、ホルヘ・ムガの話によると、とくに恵まれている畑による小規模なプロジェクトに集中できるように、大規模な葡萄栽培は他人の手にゆだねようとしているのだという。つねに品種よりテロワール重視だが、ホルヘは「マイナーな」品種がテンプラニージョ・ブレンドの複雑さに貢献しうると確信している。

ムガのグラン・レセルバ、プラド・エネアは、リオハで最も高地にある葡萄畑、なかでもサハサラで育てられた葡萄からつくられる。カバ・コンデ・デ・アーロ——選ばれたヴィンテージにのみつくられる——の新鮮さと低いアルコール度を実現するのもその畑である。他にも特別な葡萄畑として、バルトラコネスとエル・エステパルが

あり、最高のムガ・ワインをつくるための最高のテンプラニージョ（大部分）、マスエロ、グラシアーノ、ガルナッチャを生み出している。しかしそのような畑の葡萄も、ムガと何十年来の付き合いがある小規模な栽培家が所有する無数の他の区画によって補われている。

　実際、一家が管理している葡萄畑の面積を――おおよそでも――知るのは難しいだろう。その理由は1つには、数字を出すには、膨大な数ある極端に小さいものばかりの区画を足し合わせるという厄介な計算が必要だからである。収穫のすべてがムガのワインになるわけではない（余りは売られる）ことも、計算をややこしくする。さらに、葡萄畑には死んでいる葡萄樹や、収量を最大にすることだけが目標だった時代の生き残りである標準以下の品種――生食用としてもあまり良くないモスカテルやカラグラーニョなど――も点在している。

　同様に、総収穫高の数字も予測が難しい。ヴィンテージごとの品質に大きく左右されるからである。クリアンサ、ロゼ、樽発酵の白の生産量はおよそ80万本になる。その先は、同社のラベルがすべて生産される最高の年で、総生産量が200万本に近づく場合もある。

極上ワイン

Torre Muga
トレ・ムガ

　この先駆的近代リオハは1980年代末に生まれ、マヌエルとイサシンのムガ兄弟による最も偉大な業績である。初めて市場に出たヴィンテージは1991で、1989はつくられたがリリースされなかった。リオハ・アルタの当たり年の2005は、力強くかつエキス分の高い（つまりモダンな）スタイルでつくられたワインの中で、私たちがつねに愛している特徴が見られる。当然のことながら、はっきりしたトーストの香りが嫌いな人もいるかもしれないが、絶妙なバランスがあり、その肉付きと果実味はオークを補うだけでなく、実際に主役の座を奪っている。新鮮な酸味が第一級のタンニンと調和する。実際、今のところはモダンなワインだ――が、将来的には古典になると私たちは確信している。時が経てばわかるだろう。

Prado Enea Gran Reserva
プラド・エネア・グラン・レセルバ

　古典的スタイルでつくられるプラド・エネアには、顕著な知性がある。とくにワインが若いころによくわかる特徴であり、もっとモダンなスタイルでつくられて同じ頃にリリースされたワインと、一緒に試飲してもはっきりする。プラド・エネア2001と、肉感がほとばしるトレ・ムガ2005を比べると、明らかにそれが言える。プラド・エネアには花の香りが感じられ、鼻ではほのかなゴマの香りが、口に含むとミントと甘草になり、わずかな刺激、フルーティーな酸味、そして確かだがエレガントなタンニンがある。リオハの古典主義に深く根ざしているものの魅力があり――とくにこのヴィンテージは――何十年先の輝かしい未来を約束するワインである。25年ほど経った完璧なボトルを開ける機会があったなら、気品あふれるワインに出会えると最高に期待するだろう。プラド・エネア1982は比較的なじみがある（つくづく驚異的なことだが、マヌエルとイサシンは自分たちのブランドをわずか10年でリオハの信頼性と伝統の真の象徴に変えることに成功したのだ）。これは感覚的にも知的にも非常に楽しんで飲めるワインである。プラド・エネア1978はもっと希少なごちそうだが、ムガ家の惜しみない手厚いもてなしのおかげで、私たちは最近、25年物のボトルを試飲することができた。素晴らしくエレガントなワインで、退廃する威厳とでも表現できそうなものを強く感じる――上手に熟成されたビーノ・フィーノ・デ・リオハの典型である。光に包まれると、おりはほとんど見られないにしても、期待どおりのオレンジがかったレンガ色に傾く。ノーズは上質なレザーの香り、乾いた枯葉、スパイス、そして生肉（かすかなタルタルステーキ）が際立つが、口に含んでもまだ生き生きしていて、しっかりしたタンニンがあり、調和のとれた余韻が残る。

Bodegas Muga
ボデガス・ムガ

葡萄畑面積：200ha　平均生産量：140万本
Barrio de la Estación s/n, 26200 Haro, La Rioja
Tel: +34 941 311 825　Fax: +34 941 312 867
www.bodegasmuga.com

HARO
La Rioja Alta　ラ・リオハ・アルタ

ラ・リオハ・アルタはスペインに残る最も古いワイナリーの1つである。1890年にリオハとバスク地方出身の5人の葡萄栽培家によって創設された。現在は他の株主もいるが、会社の経営はいまだに最初の5家族の手にある。ワイナリーはリオハの最も由緒ある場所、アーロのバリオ・デ・ラ・エスタシオンにあり、クネ、ロペス・デ・エレディア、ムガ、ロダなど、他の著名なブランドに隣接している。

ラ・リオハ・アルタは伝統的なリオハを守る大手ワイナリーの一角を占め、そのワインの古典的特徴に忠実である。これは、変化や革新を避けてきたという意味ではない（葡萄栽培、ワイン醸造、そして熟成まですべて、長年の間に刷新されてきた）が、基本は同じままであり、彼らのアイデンティティはきちょうめんに守られている——古い慣習への回帰を意味することもある哲学だ。たとえば、自分たちのワインにはアメリカン・オークが最善だと信じていて、1950年代まで独自の樽を製作していた。1995年、彼らはこの伝統に戻り、今では木材を調達し、買い入れ、乾燥させて、使用する樽の大部分を自らつくっている。オークはすべてアメリカのものだが、彼らは実験専用の熟成セラーを持っていて、そこではさまざまな原産地の木材をつねに試している。

最初の発酵室が今もあって、1996年まであらゆるヴィンテージの発酵に使われていた最初のオーク・「ティナ」が保管されている。1996年、アーロの本社から数キロしか離れていないラバスティダのワイナリーに、新しい発酵室がつくられた。そこではオークの大樽がステンレス槽に道を譲っている。

周知のとおりリオハ・アルタは、多くの人がリオハ内で最も高い可能性を秘めていると考えている地区名でもある。地区全体の名前を冠することは、消費者にとって紛らわしい場合もあるが、はるか昔に獲得して受け継がれてきた権利である。1916年に登録されてからずっとラベル上で使われているロゴは、4本の木に縁どられたオ

右：ギジェルモ・デ・アランサバルはラ・リオハ・アルタの会長で、その確固たる伝統的評判を守っている。

ラ・リオハ・アルタは伝統的なリオハを守る大手ワイナリーの一角を占め、
そのワインの古典的特徴に忠実である。
しかしこれは変化や革新を避けてきたという意味ではない。

ハ川と、独特のかなりバロック調のイタリック体で記されたラ・リオハ・アルタの名前を示している。

　昔の地元のワイン法ではラベルにヴィンテージを明記する必要はなかったので、このワイナリーは創業年である1890をラベルに記してワインを売り始めた。グラン・レセルバ904という名前も由来は似ている。もともと、会社の歴史上もう1つ大事な年である大規模拡張を実行した年にちなんで、1904と呼ばれていたのだ。他のワインはオーナー家族にちなんで名づけられた葡萄畑から名前を付けている。ビーニャ・アルベルディ、ビーニャ・アラナ、ビーニャ・アルダンサという具合だ。

　近年、ラ・リオハ・アルタはスペインの他の地域にも進出し、ワイナリーがリアス・バイシャス(ラガル・デ・セルベラ)、リベラ・デル・ドゥエロ(アステル)、そしてリオハ(バロン・デ・オーニャ)にもある。しかしやはりリオハが圧倒的に中心だ。現在同社は425haの葡萄畑を、アーロ、ブリオネス、ラバスティダ、ロデスノ、セニセロを中心とするこの地域に所有しているが、この面積は必要な畑のほぼ半分だ。最も重要な区画はセニセロにある90haのフィンカ・ラ・クエスタ(別名ビーニャ・アルダンサ)で、テンプラニージョが植えられている。ロデスノのフィンカ・ラス・クエバス(別名ビーニャ・アラナ)はもともと35ha

だったが今では76ha、ビーニャ・アルベルディは22haである。2006年、ラ・ペドリサ(リオハ・バハ)の70haにさらにガルナッチャが植えられ、ビーニャ・アルダンサのブレンドに貢献することになるだろう。さらに特筆すべきは、モンテシージョの25haと、シウリの32haである。収量は5000kg/ha以下に抑えられていて、葡萄樹の平均樹齢は23年である。

　珍しいものとして、リオハ・アルタの最上級ワインにかけられる針金のネットは、もともと、無節操な人たちがボトルの中身を別の質の悪いものに入れ替えて再販するのを防ぐための、保護用シールの役割を果たしていた。今では、過去とのつながりを維持するためだけでなく、美しいからという理由でも使われている。ラ・リオハ・アルタは、特別なクラブ(クルブ・デ・コセチェロス)をつくって顧客と直接交流する戦略のパイオニアでもある。そのおかげで顧客はワインをワイナリーから直接樽で買ったり、ワイナリーの施設を訪れて食事をすることができる。この数年、同社は本社内の超モダンなショップでワインを売るだけでなく、レストランや会合のサービスまで提供して、訪問者を引き寄せている。

　リオハ・アルタは長年にわたって浮き沈みを経験し、1990年代初めのワインの中には品質が歴史的な高い水準に届かないものもあった。しかしワイン醸造家フリオ・サエンスの指導のもとで、再び正しい方向にもどったようである。悲しいことに古いヴィンテージの在庫は少ないが、古いボトルはまだスペイン全土の店やレストランで見つかる。探してみる価値は確かにある。

極上ワイン

Viña Alberdi [V]
ビーニャ・アルベルディ[V]

　これは初心者向けのワインで、ブリオネス、ロデスノ、ラバスティダ産のテンプラニージョ100%である。スペインではクリアンサとして売られているが、他ではレセルバである。非常に良かった2001以降近代化され、セレクシオン・エスペシアルとして売られ、カラフルなラベルで飾られて、よりフレッシュな面を見せている。アメリカン・オークで2年間熟成される——最初の年は新樽、2

年目は3年物の樽が使われる。

Viña Arana
ビーニャ・アラナ

　ビーニャ・アラナは95%がテンプラニージョで、主にラス・クエバスと呼ばれるロデスノの76hの葡萄畑のものに、サラトンのラス・モンハスとラバスティダのララスリのものが加えられる。5%のマスエロもロデスノで収穫される。ワインは古いアメリカン・オークで3年間寝かされる。もともとリオハ・クラレットと呼ばれていたアーロでつくられるボルドースタイルの典型である。

Viña Ardanza
ビーニャ・アルダンサ

　アルダンサはワイナリー創業者の1人の名字であり、長年の間に何度も経営陣の中に見られた名前である。そしてスペイン有数のブランドでもある。1942年に生まれ、厳しい時代を生き抜けるだけの強さがあった。もともとは42カ月——つねに古いアメリカンの樽で——熟成されていたが、期間が36カ月まで短縮されている。昔はワインのラベルにヴィンテージが記されないこともあり、ビーニャ・アルダンサについてもそのとおりだった。したがって、古いボトルは確かに存在するが、その年齢を知ることは難しい。2001（リリースは2009年）は見事で、最高のヴィンテージに肩を並べる。レセルバ・エスペシアルとして売られているが、その称号を受けた3番目のヴィンテージである（他の2つは1964と1973）。このような大量生産のブランドの欠点は、ロットが違うと必然的に質も違ってしまうことである。ビーニャ・アルダンサの特徴は、ビリャルバのガルナッチャが20%入っていることだ。現在は別の栽培農家から買い入れているが、将来的には、最近ラ・ペドリサに植えられた自社畑から葡萄が供給されることになる。テンプラニージョはセニセロにある自社畑のラ・クエスタとフエンマヨールにあるロス・リャノスとモンテシージョで収穫される。ビーニャ・アルダンサ・ブランコは数年だけ生産され、1988年に（ヴィンテージ1986として）送り出されたが、1990年代初期に会社がリアス・バイシャスに、ラガル・デ・セルベラのブランドでアルバリーニョからつくる白を専門に扱うワイナリー——ラガル・デ・フォルネロス——を買ったとき、生産中止となった。同時に、ロゼのビクアナを含めた若いワインをすべて断念されている。

Gran Reserva 904
グラン・レセルバ904

　1904はアーロで最高の当たり年だっただけでなく、ラ・リオハ・アルタ創業者の1人であるアルフレド・アルダンサが自分のワイナリーだったボデガ・アルダンサとの合併を提案した年でもある。これはこの会社の発展における節目の1つであり、その出来事を記念して特別なワインにレセルバ1904という名前が付けられた。後に、名前とヴィンテージが混同されるのを避けるために、グラン・レセルバ904と改名された。904は伝統的なスタイルで、ほどよい濃度とスパイシーな果実味がある。90%はブリニャス、ラバスティダ、ビリャルバの栽培農家からのテンプラニージョで、10%はロデスノとフエンマヨールにある自社畑からのグラシアーノである。樽で4年間熟成され、おそらくラインアップの中で最も長寿のワインだろう。

Gran Reserva 890
グラン・レセルバ890 ★

　これは最上位のワインであり、特別なヴィンテージにだけ生産される。リリース前に樽で8年（現在は6年に近い）、瓶でさらに6年（長年の間にこれもだんだん短縮されている）、熟成させる場合がある。このやり方から予想されるとおり最も伝統的なスタイルのワインで、樽によるスパイス、バニラ、マラスキノチェリー、シーダー材、そしてスモークを感じる。名称はワイナリーが設立された1890年を暗示するが、ヴィンテージとの混乱を避けるために890に省略された。決して安いワインではない。2010年に市場に出ているヴィンテージは1995だった。生産量は変動するが、平均すると4万本程度である。古いほうのヴィンテージはおそらく構成が違うが、現在のワインは95%がブリニャス、ラバスティダ、およびビリャルバの長年付き合っている仕入れ先からのテンプラニージョ、3%はロデスノとフエンマヨールにある自社畑のグラシアーノ、2%はロデスノの自社畑のマスエロである。樽と瓶で長期間寝かされている間に有色物質が沈殿するので、色は赤というより半透明のオレンジである。ノーズは主に第3次で、レザー、林床、そしてマッシュルームにほのかなトリュフとスパイス（クローブ）が混じるが、口に含むと洗練されていて、上品なタンニンがあり、心地よさが持続する。素晴らしいグラン・レセルバ890のヴィンテージには、1959、1970、1975、1981、1982、1985、1994が挙げられる。伝統的リオハのお手本である。

La Rioja Alta
ラ・リオハ・アルタ

葡萄畑面積：425ha　　平均生産量：180万本
Avenida de Vizcaya 8, 26200 Haro, La Rioja
Tel: +34 941 310 346
www.riojalta.com

HARO
Bodegas Roda ボデガス・ロダ

　　情報通の愛好家が現在「モダン・リオハ」と呼ぶグループに、ロダよりぴったりくる生産者はほとんどいない。その意味で、ロダ・ワインの官能性は少なくとも瓶詰め後の最初の数年間は明確で、ロダのセラーの日常業務は、リオハのワインづくりに見られる新機軸の枠組みにぴったりはまっている。

　しかし同時に、ロダほど伝統に加担し、眼識をもって伝統を尊重している生産者もまれである。たとえば、ロダは最初から伝統として確立された用語に敬意を表し、それに従ってロダIとロダII を（後者は最近ただのロダに名前を変えたが）レセルバ・ワインとしてリリースしている。同様に、同社が本拠地に選んだのは、リオハの古典主義の象徴である地区、すなわちバリオ・デ・ラ・エスタシオンである。そして最後に、エブロ川を見下ろすバルコニーのようなへりで終わる地下のワインセラーは、これ以上ないほど歴史的リオハの慣習の典型である。

　以上の話は、多くの人々が直感的に思っていることを裏づけている。すなわち、ラベルは単純化という意味でどんなに役に立っても、良いワインとそうでないものを分ける個人の勘ほど価値ある区別はほとんどないのだ。この観点から考えると、ロダのワインはおおむね前者のグループに属する。それどころか、ロダの——素晴らしい1994ロダIのような——最上級ワインには、進化の過程で古典的リオハの側面を発現するはっきりした傾向が判明したものもあると言って過言ではないだろう。2004や2005のような最近のヴィンテージにも、同様の方向を示しているものがある。

　幸運にもワインのつくり手と一緒に試飲して話すときにはよくあることだが、アグスティン・サントラヤ——正真正銘の何でも屋で、顔が売れているロダの社長——との会話でよく出る話題は、さまざまなヴィンテージの採点である。難しい1997、とくに1997ロダIを彼が好んでいるのは驚きだ。率直に言って私たちには共有できない好みであり、ワインそのものが優れているからというより、一

右：アグスティン・サントラヤの信条では、ロダのワインはヴィンテージを忠実に表現しなくてはならない。

情報通の愛好家が現在「モダン・リオハ」と呼ぶグループに、
ロダよりぴったりくる生産者はほとんどいない。しかし同時に、
ロダほど伝統に加担し、眼識をもって伝統を尊重している生産者もまれである。

上：ワイナリーの傍らに誇らしげに掲げられている名前は、オーナーの名字の最初の2文字を組み合わせている。

番弱い子供に対して過保護になる父親の精神構造によるものだと思いたくなる。しかし、「親」は自分のワインを一番よく知っているというのは真実であり、したがって、時がサントラヤの勘を本当に裏づけるかもしれないので、このワインに目をつけておく価値はあるかもしれない。そういうことが起こったのは初めてではないだろう。

ロダのオーナーはバルセロナを拠点とするマリオ・ロットリャントとカルメン・ダウレリャで、2人の名字がワイナリーの呼称の由来である。今は離婚しているが、2人は1980年代末にワイナリーを立ち上げたときは結婚していた。サントラヤが率いるワイン醸造チームにはイシドロ・パラシオス、カルロス・ディエス、そしてエスペランサ・トマス（それぞれ葡萄栽培、ワイン醸造、研究の担当）がいて、オーナー2人はこの成長著しいチームをつねに信頼してきた。当初、彼らはシャトー・モデルにならうという考えに手を出した。つまり、隣接する施設でつくられるシングルエステート・ワインだ。しかしすぐにこの考えは捨てて、もっと柔軟なモジュール式のアプローチを採用した——ジグムント・バウマンによるポストモダンの定義を借

りるなら「液状化リキッド」とも呼べるかもしれない。

リオハ北部という特殊な位置と気候のせいで、その年の主たる影響が大西洋性か、大陸性か、あるいは地中海性かによって、ヴィンテージごとに結果がまったく変わってくると、彼らは確信した。比較的速やかに実現した彼らのミッションは、テンプラニージョ、グラシアーノ、そしてガルナッチャの古樹が植えられた、高度も（380mから650mまで）さまざまなら、土壌組成も（砂、白亜、石灰岩、砂利混じりの台地と）さまざまな、優れた葡萄畑を管理することである。これらの古い葡萄樹は3本の不規則な枝が出るように、昔ながらのやり方で整枝されていた。何らかの理由で、ロダはこれらの葡萄畑の独自性を、質問されたときでさえ公表することに関心がない。いずれにしろ、葡萄樹を管理しているおかげで毎年さまざまな果実から選ぶことができる。余りは葡萄のまま他の生産者に売られる。

選ばれた葡萄は、まず葡萄畑で、次にセラーで、二重の選果を受ける。17の区画それぞれから収穫した果実を除梗し、1万2000～2万ℓの大きな木製槽17個で

別々に発酵させる。槽は10年ごとに交換している。ワインづくりは3段階——冷温浸漬、発酵、そして後期浸漬（約20日まで）に分けられる。17の葡萄畑から生まれた17のワインは、その後、225ℓのフレンチ・オーク樽（50％が新しく、50％が1年物）に直接移され、まばゆいばかりの最先端のマロラクティック・セラーに分配される。そこでは床暖房を使って室温20℃、湿度75％という厳しい環境が守られている。12月を過ぎ、マロラクティック発酵が完了すると、暖房が消されて北側の窓が開かれるので、ワインは冬の寒さによって自然に6℃で安定する。

　このプロセスの鍵を握るのは、当然のことながら、さまざまな樽をすべてサンプリングしたあと、どのワインをキュヴェ・ロダ——2001年までロダⅡとして売られていたもので、トップランクにはロダⅡ1995（V）、ロダⅡ2000（V）、ロダ2005（V）が入る——にするか、そしてどれをさらに高価なロダⅠにするかを決める瞬間である。その基準は——私たちがワインを試飲するときにはっきりわかるとは限らないが——赤い果実と黒い果実の線引きであり、したがって、より若々しいフレッシュなチェリーを特徴とするものはロダになり、もっと深くてミネラル分があり、プラムやココアのノーズのものはロダⅠになる運命である。

　ボデガス・ロダは、他のヴィンテージのワインを15パーセント加えてワインを若返らせる（合法的な）やり方を拒否することに誇りを持っている。そのため、あらゆるボトルの中身は1滴残らず、ラベルに記されているヴィンテージのものであると見なすことになる。サントラヤはこのコンセプトを、彼らの妥協を許さないモデルへの徹底したこだわりとして守っている。それがボトルの中に実現するので、愛飲家はリオハ・アルタ北部の風景、テロワール、そして気候のごく正確なニュアンスと精神を、ヴィンテージごとにありのままに表現する液体を手にする。

極上ワイン

Cirsion
シルシオン

　シルシオンはコンセプト・ワインであり、植物に直接由来する葡萄のタンニンのなめらかさと早い重合を求めて、とりわけ厳しく精選された葡萄樹から生まれる。高価なワインだが、私たちは幸運にも、実に非凡な2001★の進歩を市場へのリリース前からかなり近くで追うことができた。2002年11月にはすでにふくよかだがエレガントなワインになっていて、口に含むと（まだ閉じたノーズの背後に）官能的な刺激を爆発させ、最初から甘いけれども個性のあるタンニンが感じられた——つくり手が求めていたコンセプトそのものである。それ以降のこのワインの進化は素晴らしく、2010年半ばには見事に展開していた。力強く、それでいて果実味にあふれ、本格的で、構成が良く、ほのかなシーダー、タバコ、スパイスが香り、美味しい余韻がいつまでも続く。

Roda I
ロダⅠ

　多くのロダ・ワインはほとんどのヴィンテージも、一種の冷ややかなエレガンスを特徴とする、知性とも言えるような特別な品性を備えている。もう少し果実味ともう少し情熱を——独特の完璧なタンニンのストラクチャーと同時に——感じることもある。実際、やや冷たい知的な完璧さと俗物的な情熱をつねに調和させることができたら、ロダのワインがどんなふうになるのか想像に難くない。最高のモダン・リオハがどれだけ素晴らしいかを示すには、2004——または本来なら本物の古典である1994★——に手を伸ばせばいいだけだ。表現豊かなノーズは、完璧に融和したオークがすっきりしたミネラルの香りと、ちょうどよく熟した黒い果実を支えていて、口に含むと明るい酸味、力強いタンニン、そして情熱的な果実味の見事なストラクチャーを感じる。

Bodegas Roda
ボデガス・ロダ

葡萄畑面積：150ha　平均生産量：30万本
Avenida Vizcaya 5, Barrio de la Estación,
26200 Haro, La Rioja
Tel: +34 941 303 001　Fax: +34 941 312 703
www.roda.es

HARO
Bodegas Bilbaínas ボデガス・ビルバイナス

1980年代に大人になった——そして好きなものを追求するチャンスに手が届くようになった——スペインワインの愛好家の中で、情報に通じていてとくに幸運な人は、10年から15年前にボデガス・ビルバイナスがつくった素晴らしいワインを楽しむことができた。

ビルバイナスは1980年代までに、（リオハの他の多くの生産者と同様）間違った道におびき寄せられ、結果として土壌を酷使し、過剰な高収量を上げ、ワインづくりを工業化して、最高にはほど遠い状態になっていた。しかし、バリオ・デ・ラ・エスタシオンで100周年を迎えたつくり手としての長く崇高な歴史は誰も否定できない。

実際、ボデガス・ビルバイナスで公式の創業年とされている1901年は、故国に次々と襲いかかるオイディウム、白カビ、そしてフィロキセラから逃れるため、1859年にアーロに居を定めたフランスの会社サヴィニョン・フレールを、ビルバオの実業家がつくっていた会社が買収した年である。

> バリオ・デ・ラ・エスタシオンで
> 100周年を迎えたつくり手としての
> 長く崇高な歴史は誰も否定できない。

転機が訪れたのは1990年代初め、近隣の有力企業がボデガス・ビルバイナスを買収しようとした時のことだ。それがきっかけで、オーナーは行動的な一流のワイン醸造家ホセ・イダルゴを雇い、その有意義な貢献のおかげで同社のワインの品質は飛躍的に向上し、それがモダンな特性を持つワイン、ラ・ビカランダの初期のリリースにはっきり表れている。最初のヴィンテージは——20年を経た——今が絶頂期である。

しかしワインづくりの設備だけでなく葡萄畑の改革にも必要とされる財政的投資は膨大だったので、会社の身売りは避けられなかった。1997年、同社はコドルニウ・グループに買収された。最初の10年、変化のしるしはすべて技術の向上というかたちで現れた。そして2007年、ホセ・イダルゴが生産部長になってから、ワインの果実特性が強く探求されるようになり、それとともにエキス分と熟度が高く、新オークがはっきりするようになった。その新しいワインが、昔のボデガス・ビルバイナスの古典的ヴィンテージのような卓越したレベルに届くかどうかは、時間が教えてくれるだろう。

ボデガス・ビルバイナスに葡萄を供給している畑はアーロの白亜と砂の土壌にある400ha、そのうち250haは自社の所有だ。植えられている品種は典型的なテンプラニージョ、ガルナッチャ、グラシアーノ、マスエロ、そして白のビウラとマルバシアである。

上：ビルバイナスの極上ワインは、エブロ川（上）とティロン川に挟まれたビーニャ・ポマル葡萄畑から生まれる。

極上ワイン

Viña Pomal Reserva
ビーニャ・ポマル・レセルバ

　このラベルは100年以上前からあり、ずっとエブロ川とティロン川の間にあるビーニャ・ポマル葡萄畑の葡萄からつくられてきたワインだ。特別に古いヴィンテージ——私たちが幸運にも2010年の夏に味わうことができた奇跡的なボデガス・ビルバイナス・ビエハ・レセルバ1928など——を除くと、ビーニャ・ポマル・レセルバが、伝統的なリオハのブレンドから最近テンプラニージョ単一に変わったにもかかわらず、最も古典的な特徴をのこしているワインかもしれない。対照的に、もう1つ昔からあるラベルのビーニャ・サコは、最近、問題のある国際的スタイルに装いを変えた。ビーニャ・ポマルのラベルはクリアンサと、2つの特別バージョン、セレクシオン・センテナリオ・クリアンサとレセルバでも出ている。

Bodegas Bilbaínas
ボデガス・ビルバイナス

葡萄畑面積：250ha　平均生産量：280万本
Calle Estación 3, 26200 Haro, La Rioja
Tel: +34 941 310 147　Fax: +34 941 310 706
www.bodegasbilbainas.com

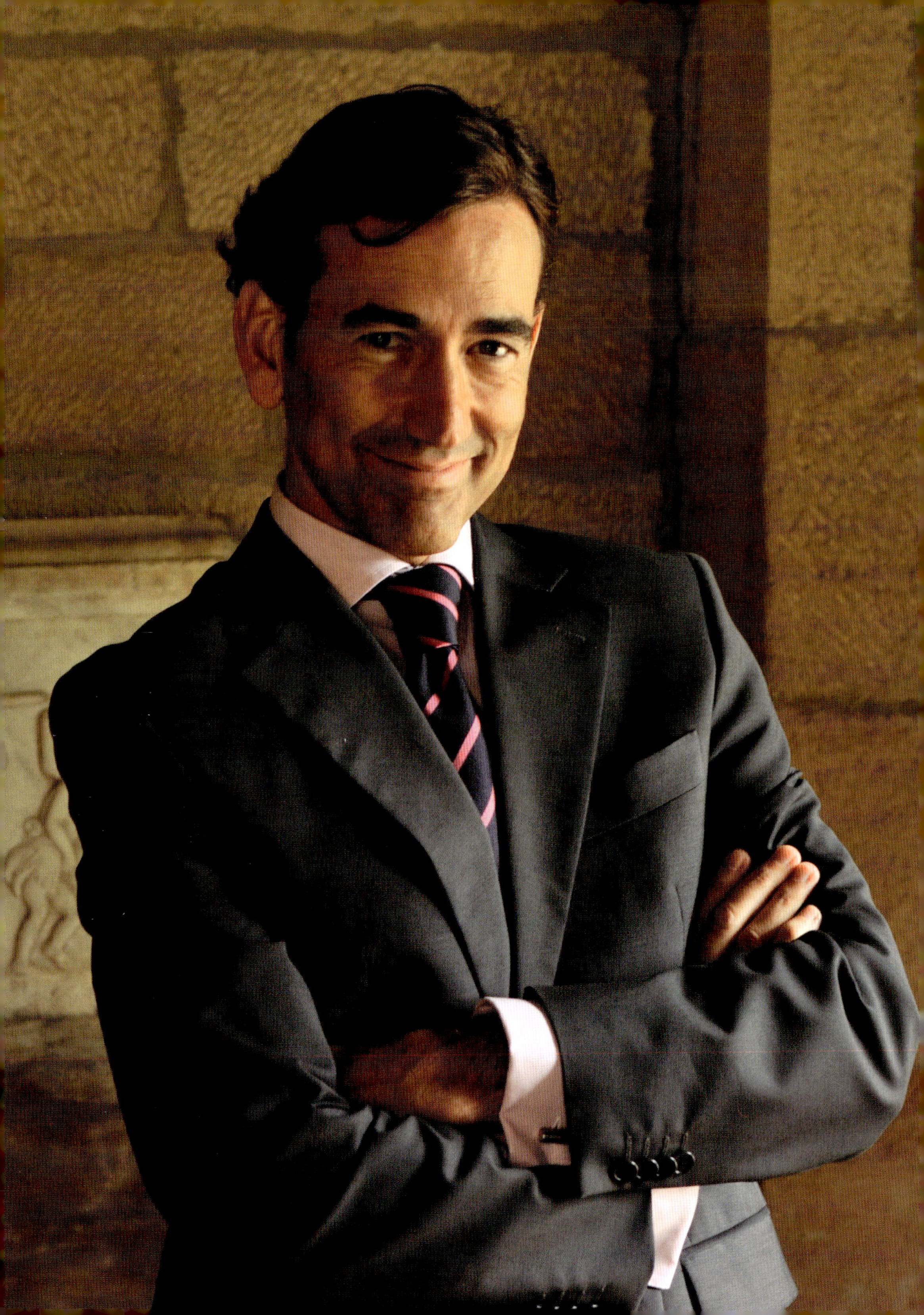

HARO
Bodegas Castillo de Cuzcurrita
ボデガス・カスティージョ・デ・クスクリタ

ワインづくりの観点から見ると、この生産者の特徴的なところは、1970年に植えられた7ha以上の広大な塀で囲われた葡萄畑（セラドまたはクロス）であり、格別なヴィンテージに赤のセラド・デル・カスティージョを生み出す。しかしこの風変わりなボデガの魅力はそれだけではない。ワイナリーがあるのはクスクリタ・デル・リオ・ティロン村にある中世の城の中で、中央の塔を四角い壁が囲んでいる――すべて、同社のラベルに現代風のスタイルで描写されている。

ひょっとすると、そのような昔ながらの伝統と最先端の技術のバランスが、ボデガス・カスティージョ・デ・クスクリタの特徴を一番よく表しているのかもしれない。600年以上前の設備をミニマリズムで描いたラベル、昔ながらのやり方で整枝された葡萄樹の1房あたりの葉の量の計算、中世の城で用いられる最先端のセラー技術……。

このボデガの最近の歴史は1999年に始まった。新しいオーナーが城と周囲の葡萄畑を買い、ワインづくりの責任者アナ・マーティンとともに、意欲的なリノベーション計画を始めた年である。彼女にとって最初のヴィンテージの2000年はまだ心もとない状況だったが、輝かしい2001年が到来するまでには改善された。

カスティージョ・デ・クスクリタはテンプラニーニョのワインだけをつくっている。管理している25ha（平均樹齢は35年）の半分はエル・セラドの7.5haを含めて自社の所有だが、残りの半分は長期契約を結んでいる畑である。クロスを除いて区画は小さく、それぞれが1ha未満で、不毛な土壌のクスクリタのあちこちに散らばっている。その中で注目すべきはエル・モンテの葡萄畑で、1世紀以上前に植えられた部分もある。

このつくり手のワインのはっきりしたモダンなスタイルとは対照的に、葡萄栽培は最高のリオハの伝統を目指している。乾地農法を用い、葡萄樹を高密度に植え、伝統的な方法で整枝しており、葡萄畑には定期的な剪定、青刈り、摘房などの職人技の労働力が大量に注がれている。

ワインづくりの哲学は、簡潔な言葉に表現されている。「私たちは伝統を尊重するが、真のリオハらしさはモダンなスタイルで伝えられることを示したい」。いずれにせよ、ワインはうそをつかないので、経験豊かなテイスターなら、これらのワインをモダンなスペインのテンプラニーニョをベースにした赤であり、ほぼ確実にリオハだと特定できるはずだが、必ずしもそうではない。どのみち、典型性（ティピシティ）の問題を重要な関心事にすべきではない。なぜなら、私たちがここで話題にしているのはリオハの西端地域であり、大陸性が強い気候なので他と比べるのが難しい地域だからである。

極上ワイン

生産されているのは2種類のラベルのみである。セニョリオ・デ・クスクリタは毎年大量にリリースされ、セラド・デル・カスティージョは特別なヴィンテージにのみリリースされる。背後にあるコンセプトに根本的な違いはない。主な違いは葡萄の産地であり、セラド・デル・カスティージョの場合は城に隣接する塀で囲われた葡萄畑のみで、それがワインの名前になっている。しかし量的にはかなりの差がある。後者の場合、フレンチ・オークの新樽によるエキス分の強さと極上のストラクチャーが、前者よりもはっきりしている。

セラド・デル・カスティージョは2001、2004、2005のヴィンテージにリリースされており、2004と2005はまだいくぶん硬くてタンニンが強い。セラド・デル・カスティージョ2001の素晴らしい進化にはまだオークの芳香を溶け込ませる必要はあるが、タンニンはかなり柔らかくなっていて、このワイン――もちろん、ワイナリーの歴史が短いので実績は何もない――の有望な将来を十分に想像できる。

Bodegas Castillo de Cuzcurrita
ボデガス・カスティージョ・デ・クスクリタ
葡萄畑面積：25ha　平均生産量：6万本
Calle San Sebastián 1,
Cuzcurrita de Rio Tirón, 26214 La Rioja
Tel: +34 941 328 022　Fax: +34 941 301 620
www.castillodecuzcurrita.com

左：カスティージョ・デ・クスクリタの最高経営責任者フアン・ディエス・デル・コラルは、かつての約束を実現するのに協力している。

HARO
Ramón Bilbao　ラモン・ビルバオ

1896年、ラモン・ビルバオ・ムルガはアーロのワイン商人になり、自分の名前のワインと、ビーニャ・トゥルサバジャという名前のワインを、カリェ・デ・ラス・クエバス(「クエバ」は地下蔵の意)の店舗で売っていた。1924年、彼はまったく同じ場所にボデガス・ラモン・ビルバオという会社を設立する。その通りには、ボデガス・ベルセオやカルロス・セレスのようなブランドがまだ現存するうえ、フロレンティノ・デ・レカンダのような比較的新しいワイナリーもある。会社は最後の一員だったラモン・ビルバオ・ポソが1966年に亡くなるまで、一家によって経営されていた。

1972年、新しいもっと大きいワイナリーがアーロのはずれ、カサラレイナへの道沿いに建てられ、会社は公開有限責任会社に変わった。さらに1999年、スペインではリコール43のブランドのほうがよく知られている飲料グループのディエゴ・サモラに買収されている。ワイナリーの日常的な運営の責任は現在ロドルフォ・バスティダの手に委ねられているが、彼は最高経営責任者でありワイン醸造家でもあって、すべて――ワインのスタイルから設備の近代化、会社のブランドやイメージの改革まで――の面倒を見ているようだ。

ラモン・ビルバオは伝統的なものからモダンなスタイルまであらゆるワインをそろえていて、長年にわたってルーツを失うことなく適応してきた会社であることを示している。合計75haの葡萄畑はすべて、リオハ・アルタ、アーロ、ブリオネス、アバロス、サン・ビセンテ・デ・ラ・ソンシエラ、シウリ、アングシアナ、そしてクスクリタ・デル・リオ・ティロンにある。葡萄栽培農家と長期契約も結んでいて、ワイナリーが管理しているその葡萄畑は合わせると475ha以上におよぶ。

伝統的な白リオハの愛好家にとって残念なことに、ラモン・ビルバオは白ワインの生産を中止してしまった(他の多くのワイナリーでも同じことが起きている)。なぜなら、同社が傘下に入ったグループには、青いボトルのアルバリーニョで知られるリアス・バイシャスのマルス・デ・フラデスや、リベラ・デル・ドゥエロのクルス・デ・アルバという名の新しいベンチャー企業があるからだ。

極上ワイン

Viña Turzaballa [V]
ビーニャ・トゥルサバジャ[V]

最も伝統的なグラン・レセルバのためのラベルであり、特別な――ワイナリーの文献では「並外れた」――ヴィンテージにのみつくられる。最近では1994、1996、1999、2001である。このブランドは1924年から存在するが、現在はほとんど知られていない。トゥルサバジャは葡萄畑の名ではなく、アーロにある2つの葡萄畑――75年以上前から続くラ・トゥルカとラ・サバジャ――のテンプラニージョの100%でつくられるので、両方を短縮してつなげたものである。アメリカン・オーク樽で40カ月、その後同じ時間を瓶で寝かされる。長期熟成を意図したワインである。

Ramón Bilbao
ラモン・ビルバオ

ラモン・ビルバオのラベルは、アメリカン・オークで熟成される伝統的な赤のクリアンサ、レセルバ、グラン・レセルバと、新しいフレンチ・オークとアメリカン・オークで熟成されるバレル・セレクションのテンプラニージョ・エディシオン・リミターダからなる。しばらくの間、樽発酵の白もあった。1994レセルバ75アニョスは、会社の創立75周年を祝うためにリリースされ、果実とオークのバランスが完璧なお手本である。ラモン・ビルバオ・テンプラニージョ・エディシオン・リミターダは、はっきりわかるチェリー、スパイス、スモークと焦げた木、タバコ、その他のバルサムのような香りがあり、伝統とモダンの中間あたりに位置する。

Mirto
ミルト

モダンなワインで、アーロ、オリャウリ、ヒミレオ、シウリ、ビリャルバ、クスクリタの古いテンプラニージョを原料とし、小さいオークのティナで発酵され、フレンチ・オークの新樽で24カ月熟成される。色が濃く、濃密で、力強く、熟した果実とミントとリコリスの香りを示し、溶け込むには瓶内での時間を必要とする焦げたオークの気配がある。2001と2004は非常によいバランスと、瓶内での素晴らしい進化の兆しが表れている。ミルトの生産専用に、新しい近代的なワイナリーを建設する計画がある。

Ramón Bilbao
ラモン・ビルバオ

葡萄畑面積:75ha　平均生産量:250万本
Avenida Santo Domingo 34, 26200 Haro, La Rioja
Tel: +34 941 310295　Fax: +34 941 310832
www.bodegasramonbilbao.es

HARO
Bodegas Martínez Lacuesta
ボデガス・マルティネス・ラクエスタ

1895年、わずか21歳にして弁護士で政治家で実業家だったフェリックス・マルティネス・ラクエスタは、リオハで最も伝統を誇ることになるワイナリーを設立した。

この地域で最初に（1909年）登録されたブランド名の1つであり、長きにわたって品質の高さが評価され、アーロとログローニョにある他の創業1世紀を迎えるワイナリーとともに、ワイン通の市場から支持されている。1960年代から80年代にかけて、マルティネス・ラクエスタのワインは一流レストランで特権的地位を築き、ハウスワインにさえなった。この地位があれば、誰もが切望する名声が得られた時代だった。

その後リオハだけでなくスペイン料理界でも傾向や時勢が変わり、マルティネス・ラクエスタは、葡萄畑やワインづくりよりも企業イメージと流通路を重視するモデルに固執して、後れを取った感があった。その意味で、それでも市場で注目される存在感を保っていたワイナリーにとって、21世紀初めが再生の転機だったようだ。

アーロの中心部で長年やってきたボデガス・マルティネス・ラクエスタが、2010年、市の工業地帯にある新しい施設に移転した。それは物流的に賢明な決断であり、その根本には、スペースを増やす必要性だけでなく、必然的に時代遅れになっていた設備と技術のリノベーションがあった。これは前進のための第2ステップだった。最初の1歩はすでに1999年から2000年に、60haの葡萄畑を買うことで踏み出されていた。これは急進的かつ重大な決定だった。1895年の創業以来、この会社はずっと買い入れた葡萄でやってきていた。現在、この葡萄畑が――借りている数カ所の畑と合わせて――マルティネス・ラクエスタで必要な葡萄の40％余りを供給しているが、残りはアーロ、サン・アセンシオ、およびビリャルバ周辺にあって、何世代にもわたって良好な取引関係を結んでいる地元の栽培農家から買い入れられている。

リノベーションの精神は、もっとモダンな側面を持つ「特別な」ワインのリリースにも見られる。具体的には、フェリックス・マルティネス・ラクエスタ、セレクシオン・アニャーダ、そしてベニティリャ71であり、グラン・レセルバとカンペアドールに代表される伝統的なラインアップと共存している。非常に好評を博しているベルモット・ラクエスタもある。これは長年、多くのリオハのボデガで一般的なワインだが、マルティネス・ラクエスタはとくに高い品質レベルを維持している。

極上ワイン

Martínez Lacuesta Gran Reserva
マルティネス・ラクエスタ・グラン・レセルバ

グラン・レセルバは長年レセルバ・エスペシアルのラベルが貼られていたが、その後もっと一般的な用語が採用された。私たちは個人のセラーにマルティネス・ラクエスタ・レセルバ・エスペシアル1973、1976★、1981★、1982を数本、熱心にキープしている。どれかを開けるたびに、五感にとって本当のご馳走であることが証明される――香り高いブーケにあらゆるエレガンスとフィネスが感じられるが、しっかりした果実味とさわやかな酸味が、このつくり手の黄金時代を経験していない人たちに必ず衝撃を与える。最近のヴィンテージ、とくに2001は、ことのほか有望である。15年ないし20年後にもう一度試し、振り返って前のものと比べるとおもしろいだろう。

Campeador Reserva
カンペアドール・レセルバ

これもまたマルティネス・ラクエスタの古参ラベルで、1917年に登録されており、国内的にも国際的にも同社の取引拡大にとって柱の1つである。長い歴史をとおして、カンペアドールは昔も今も、典型的な仲買人のリオハ・レセルバである――リオハ・アルタの良質なテンプラニージョ50％と、リオハ・バハのとくにアルファロ周辺の熟した奥行きのあるガルナッチャ50％のブレンドである。しかしこの構成のおかげで、マルティネス・ラクエスタのラインアップの中では例外的存在になっている。同社の赤はほとんどがテンプラニージョ主体で、ガルナッチャとマスエロが少し混ざることがある程度なのだ。

Bodegas Martínez Lacuesta
ボデガス・マルティネス・ラクエスタ
葡萄畑面積：60ha　平均生産量：100万本
Paraje de Ubieta s/n, 26200 Haro, La Rioja
Tel: +34 941 310 050　Fax: +34 941 303 748
www.martinezlacuesta.com

HARO
Carlos Serres カルロス・セレス

シャルル・セレルはもともとロワールのオルレアン出身で、フランスでワインのコンサルタントをしていた。1855年、彼は故国で起こったフィロキセラ禍による穴を埋めるワインを探して、リオハにやって来た。そしてアーロに身を落ち着け、アルフォンセ・ヴィジェやシプリアーノ・ロイとともにワイン取引の仕事を始める。彼はフランス流のワインのつくり方、売り方、宣伝方法、そして明らかに国際的な物の見方を持ち込んだ。1886年、ヴィジェはフランスに戻り、セレスとロイはボデガス・シプリアーノ・ロイを立ち上げる。そしてアーロの有名なカリェ・デ・ラス・クエバスでワインをつくり、売るようになった1904年、会社はボデガス・ロイ・イ・セレスと改名し、1932年に2代目が継いだとき、名称はもう一度ボデガス・カルロス・セレスに改められた。

ワイナリーは伝統的なスタイルのリオハをつくり続け、家族経営のままだったが、1975年にセレスの3代目によって有限会社になった。会社は1966年にすでにアーロの入り口にある大きなボデガに移転していて、今では中も外も超モダンに見えるが、相変わらずそこが本社である。

カルロス・セレスはアーロに30haの葡萄畑を所有しているが、すべてフィンカ・エル・エスタンク（「ザ・ポンド」）にある。葡萄樹——テンプラニージョ、グラシアーノ、マスエロ、ビウラ——は粘土質石灰石土壌に植えられ、平均樹齢は30年である。レセルバ、グラン・レセルバ、そして限定生産のオノマスティカに葡萄を供給している。残りの葡萄はアーロ近辺内にある地元の葡萄栽培農家から仕入れている。

ブランド、ラベル、そしてワインはすべて長年の間に大きく変わってきた。カルロマーニョと呼ばれるライン型ボトルで供されるグラン・レセルバ・ブランコは、何年も前に打ち切られたが、幸運にも1964か1968を見つけられれば、いまだに非常に楽しく飲むことができる。赤のカルロマーニョもしばらくつくられていた。1958のカルロス・セレス・レセルバ・エスペシアルは今でも生き生きとして活気があり、ラベルの「エスペシアル」という言葉が本当に当時の特別なものを意味していることが（そして1958が非凡なヴィンテージだったことも）わかる。

最近、セレスの名前は初心者向けのワイン——赤、ロゼ、白——に使われているが、カルロス・セレスという名前はオーク熟成のワイン——クリアンサ、レセルバ、グラン・レセルバ——に、そしてオノマスティカは「エスペシアル」のワインに使われている。

ワインの品質は1980年代、90年代に下落し、このブランドはスーパーに追放された。しかしカルロス・セレスはビバンコ家が所有するようになって、正しい軌道に戻っている。ビバンコ家は2002年にこのボデガを買収し、イメージとラベルを一新した。今のラベルは創業者の古い写真というかたちで会社の歴史を活用し、古風な味わいを出している。モダンな装いと古いヴィンテージの両方について、再び注目すべきブランドである。

極上ワイン

Carlos Serres
カルロス・セレス

樽熟成のワインで、クリアンサ、レセルバ、グラン・レセルバとしてつくられている。テンプラニージョ（と少量のグラシアーノ、場合によってわずかなマスエロ）を除梗し、ステンレス槽で発酵したあと、フレンチとアメリカンが混ざった樽で熟成させる。レセルバとグラン・レセルバの原料はアーロにある自社の葡萄畑から供給される。2004ヴィンテージがお薦めだが、幅が広がりつつあり、伝統的な要素を維持しながら最新の技術も組み込んでいるので、さらに最近のヴィンテージも注目に値する。

Onomástica Reserva
オノマスティカ・レセルバ

これは「エスペシアル」なワインで、赤と白があり、エル・エスタンク畑の最古の葡萄樹から生まれる。赤はテンプラニージョとグラシアーノとマスエロのブレンド、白は100％ビウラで、ステンレス槽で発酵され、フレンチとアメリカンの新オーク樽で24カ月熟成される。

Bodegas Carlos Serres
ボデガス・カルロス・セレス

葡萄畑面積：60ha　平均生産量：150万本
Avenida Santo Domingo 40, 26200 Haro, La Rioja
Tel: +34 941 310 294 Fax: +34 941 310 418
www.carlosserres.com

HARO
Tobía　トビア

ボデガス・トビアはオスカル・トビアとの結びつきがとても強いので、2つの名前はほぼ同義である。オスカル・トビアはサン・アセンシオの葡萄栽培一家に生まれた。1994年に農学と醸造学の勉強を終えた彼は、コセチェロをつくる家族ワイナリーに戻り、それを近代的なビノ・デ・アウトールのワイナリーに変えて、「ニュー・リオハ」ルネサンスを爆発させた。

しかし実のところ、作者と同じくらいテロワールにも重きが置かれる。というのも、彼はテロワールの特徴を表現するワインをつくることを目標にしているのだ。伝統と革新、古い葡萄樹と研究開発プロジェクトを結びつけることで、彼がつくるモダンなワインは、リオハの3地区のさまざまな地域から原料を調達している。会社は所有する17haの葡萄畑に加えて、15の異なる村に散らばる60haを管理しているのだ。

幅広いワインのラインアップがあり、モダンな
高濃度のスタイルでつくられている──
オークに関しては積極的だが、
全体的によくバランスが取れている。
ワインは力強いと同時にエレガントだ。

2010年5月、2010年の収穫にちょうど間に合うタイミングで、会社はサン・アセンシオからクスクリタ・デル・リオ・ティロンの新しいワイナリーに移転した──4000㎡の敷地で150万kgの葡萄を醸造する能力がある。

極上ワイン

幅広いワインのラインアップがあり、モダンな高濃度のスタイルでつくられている──オークに関しては積極的だが、全体的によくバランスが取れている。ワインは力強いと同時にエレガントだ。ビーニャ・トビア（ブランコ、ロサド、ティント）、トビア（セレクシオン、グラシアーノ、ブランコ・フェルメンタード・エン・バリカ）、オスカル・トビア（ティント、ブランコ・レセルバ）、アルマ・デ・トビア（ティント、ロサド・フェルメンタード・エン・バリカ、ブランコ・フェルメンタード・エン・バリカ）の4つのシリーズがある。

Oscar Tobía Tempranillo Reserva
オスカル・トビア・テンプラニージョ・レセルバ

オスカル・トビア・シリーズは「リニューアルされた伝統」を表現していると説明されている。赤はリオハ・アルタで栽培されている古樹のテンプラニージョからつくられる。葡萄を除梗するが破砕せず、冷温の発酵前浸漬を施す。樽でマロラクティック発酵したあと、21カ月間フレンチとハンガリアン・オーク樽で熟成しながら、4カ月ごとに澱引きする。非凡な2003ともっと古典的な2001がお薦め。焦げたオークを感じさせ、それが熟した黒い果実と溶け合うには瓶で数年寝かせる必要がある。

Tobía Graciano
トビア・グラシアーノ

グラシアーノは栽培される（または飲まれる）より語られることのほうが多いので、バラエタルで瓶詰めされることは多くない。トビアはそれをやっていて、模範例となってこの品種がもたらす濃厚さと酸味を示している。私たちが気に入ったのは2007である。不透明に近い深い色で、はっきりしたストラクチャーがあり、生き生きした酸味と新鮮さが感じられる。残念ながら、3000本しかつくられなかった。

Alma de Tobía Tinto de Autor
アルマ・デ・トビア・ティント・デ・アウトール

アルマ・デ・トビアは革新と長寿がきわめて重要なトップクラスのワインである。ティント・デ・アウトールはリオハ・アルタ（樹齢40年のテンプラニージョ）とリオハ・バハ（トゥデリーリャの50年のガルナッチャ）のブレンドだが、高い高度（440〜570m）、土壌のタイプ（石の多い粘土質石灰石）、低収量（3100kg/ha）で選ばれている。マロラクティック発酵は新しいフレンチ・オーク樽で行われ、その後20カ月同じ樽で寝かされ、それからワインは濾過せずに瓶詰めされる。その結果、石墨とバラが豊かなノーズの深みのあるワインが生まれる。ミディアム・ボディーで、口に含むと酸味と表現力が豊かで、花の香りが長く続く。2004がお薦め。数千本しか生産されない（2004年は7200本）。

Bodegas Tobía
ボデガス・トビア

葡萄畑面積：17ha　平均生産量：27万5000本
Paraje Senda Rutia s/2
26214 Cuzcurrita del Río Tirón, La Rioja
Tel: +34 941 301 789　Fax: +34 941 328 045
www.bodegastobia.com

OLLAURI, BRIONES, AND SAN VICENTE DE LA SONSIERRA
Finca Allende フィンカ・アジェンデ

ミゲル・アンヘル・デ・グレゴリオは葡萄樹と樽とワインに囲まれて育った。彼の家族は彼がわずか6ヶ月のとき、父親がマルケス・デ・ムリエタの葡萄畑管理の職に就くために、ラ・マンチャからラ・リオハに引っ越した。したがって、若いデ・グレゴリオがワインに取りつかれるのは時間の問題だった。案の定、マドリードの大学で農学の勉強を終え、同じ大学で短期間教える仕事をしたあと、25歳でリオハのボデガス・ブレトンの技術部長となった。

アジェンデ（「さらなる」を表す古い言葉に由来する名前）は1995年に会社として設立され、同じ年、デ・グレゴリオがまだブレトン在職中に、初ヴィンテージが生産された。ワインはカーボニック・マセレーションを用いてつくられ、そのあと樽で発酵される。これは先祖伝来の手法──カーボニック・マセレーション──とニューウェーブ──新フレンチ・オーク樽──の中間で、両方のいいとこ取りをしようとする方策だ。このようにバランスを取るやり方はアジェンデのトレードマークになっている。カーボニック・マセレーションと全房の両方を使ったり、除梗した葡萄をコンクリート槽で発酵させたり、果帽のポンプオーバーやパンチダウンをしたり、ステンレス槽または樽でマロラクティックを行ったり、アメリカン・オークとフレンチ・オークを使ったり、といった具合に、つねに伝統と現代性が注意深く混ぜ合わされている。

デ・グレゴリオはブリオネス村への入り口にあるパラシオ・デ・イバラを買って修復し、そこに2001年以降、オフィスと試飲室をしつらえ、すぐ後ろに近代的なワイナリーを建てた。ヴィラージュ・ワインをつくるという発想で、デ・グレゴリオの葡萄畑のさまざまな小さい区画──合計56haあり、すべてブリオネス周辺──の特徴を表現したいという意図がある。デ・グレゴリオは大西洋の影響をとらえて極端な大陸性気候を弱めようとしているので、北向き、北西向き、あるいは北東向きを好む。

1997年にはデ・グレゴリオはブレトンの職を辞して、

右：ミゲル・アンヘル・デ・グレゴリオは、テロワールと土着品種に忠実なワインの理想を本能的に追求している。

先祖伝来の手法とニューウェーブの中間で、アジェンデは両方のいいとこ取りをしようとした。
このようにバランスを取るやり方は、アジェンデのトレードマークになっていて、
つねに伝統と現代性が注意深く混ぜ合わされている。

自分のプロジェクトに完全に専念していた。そのプロジェクトを大きくしたのがアウルスの発売である。テンプラニージョと土着のグラシアーノの理想的なバランスを実現しようとするワインで、1996年に初めてつくられ、その後単一畑で瓶詰めされるカルバリオが加わっても、やはり最上級の地位を保っている。

1998年にデ・グレゴリオは、カタロニアの販売業者であり、著名なワイン商であり、バルセロナにあるビラ・ビニテカのオーナーであるキム・ビラとともに、パイサヘス・イ・ビニェードス（「風景と葡萄畑」）の名で共同事業を立ち上げた。特定の土地の特徴を反映させるというブルゴーニュ流の考え方でワインをつくるためである。彼らは葡萄を買うので、1回限りのワインもあれば、定期的につくられるワインもある。ワインにはローマ数字（IからIX）の番号が振られ、村の名前を表す文字が1つだけ加えられた。というのも、リオハの規定では場所や名前や葡萄畑に言及できなかったのだ。この法律は今では変更され、葡萄畑の名前がワインの名前に使われている——セシア（アギラルの樹齢85年のガルナッチャ）、ラ・パサダ（ブリオネスのテンプラニージョ）、バルサラドといった具合だ。2007ヴィンテージから番号は消えている。醸造と熟成は葡萄畑とヴィンテージに合わせて変える。目標はつねに、ワインがそれぞれの場所の特徴を失わないようにして、生まれた土地に忠実なワインにすることだ。

デ・グレゴリオはつねに自分の衝動で行動し、地元のワイン法をかたくなに軽視することもある——その性向のせいで場合によっては不利な状況に陥る。

デ・グレゴリオはつねに自分の衝動で行動し、地元のワイン法をかたくなに軽視することもある——その性向のせいで場合によっては不利な状況に陥る。クリアンサ、レセルバ、グラン・レセルバという公式の指定を無視し続けているので、ワインにはヴィンテージだけを示す汎用の背ラベルが貼られている。彼は土着の葡萄品種に注目し続けており、最近ではたとえばグラシアーノのキュベと古いビウラによる単一畑の白をつくっている。それにしても、彼のこの先駆者的な側面は血筋である。というのも、彼の父親が白い葡萄を実らせるテンプラニージョの樹（実は赤葡萄が白に突然変異するのは珍しい出来事ではない）を初めて見つけ、それがリオハ地方のテンプラニージョ・ブランコの大元だと言われている。

極上ワイン

Allende [V]
アジェンデ [V]

もともとブリオネスで栽培されている樹齢35年のテンプラニージョから生まれたこのワインは、従来カーボニック・マセレーション法でつくられていた。デ・グレゴリオが除梗機を持っていなかったからである。熟成のオーク樽は主にフレンチ・オークだが、10%はバージニア・オークでつくられている。色が濃くしなやかで、1990年代以降のリオハのニューウェーブの旗艦ワインに数えられる。コストパフォーマンスが高いので、レストランのワインリストで探すべきワインの1つだ。デ・グレゴリオは2009が過去最高のヴィンテージだと信じており、私たちのお薦めは、最近のヴィンテージでは2005と2004、もっと熟成したものでは1996である。1996は並外れたワインで、瓶内でほどよく寝かせた後は、非常に古典的なリオハの特徴を示す。

Allende Blanco [V]
アジェンデ・ブランコ [V]

この白ワインは一定割合のマルバシア（20%、昔のヴィンテージはもう少し高い）と残りはビウラで構成され、フレンチ・オークの新樽で12カ月熟成される。絶妙な1999は瓶詰めから10年経っても非常に新鮮で、2007は同様の未来を暗示している。2000と2003は暖かかったのでワインは比較的熟成しているが、ほどよい新鮮さと強さがあり、テクスチャーはクリーミーでしなやか、オークがうまく溶け込み、乾燥ハーブと白い果実とバルサムの香りに満ちた風味である。古典的な白で、真の特徴が出るには瓶熟成が必要だ。

Allende Graciano
アジェンデ・グラシアーノ

2004アジェンデ・グラシアーノは、グラシアーノをベースとするワインの標準であるコンティーノの1994グラシアーノから10年を経て現れた。アジェンデのワインは閉じていて、ミネラルが強く、渋みがあり、重々しい——決して万人向けの飲み物ではな

い。色は強く濃いが、黒くはなく、明るい。ノーズはすでにほのかなレザーとたっぷりのスパイスを感じさせる。口に含むと、ミディアムボディでほどよい酸味があるが、瓶内で長く安定した進化を遂げることを示すバランスとハーモニーを感じる。果実主導というより土壌主導のワインで、アルコールはちょうど13％。2005もリリースされており、デ・グレゴリオは概して2005のほうが優れていると思っている。「私にとっては2005のほうが良いヴィンテージですが、リオハ全体のことを言うと2004のほうが均質かもしれません。2005はリオハ・バハなどの地域では難しい年でしたから」。彼は「アルコールとポリフェノールが少ないが、酸度が高くて発酵しやすい」ヴィンテージだとも考えている。アジェンデは2007などの選ばれたヴィンテージにのみつくられる。

Aurus
アウルス★

ブリオネスにある北向きの9区画に植えられた非常に古いテンプラニーリョとグラシアーノのキュベ。完璧なバランスを求めて、まず葡萄畑で、そのあと選果台で選別される。熟成に使われるのはトロンセ・オークの新樽で、その大部分が有名なフランスの製樽所フランソワ・フレールのものである。このワインは安定しているが、2001はリオハで近年最高クラスのヴィンテージであり、この年のアウルスは、粘土の多い斜面で栽培されている古い葡萄樹の果実のおかげで、バランスとエレガンスが1歩先を行っている。色は濃く、非常に香り高く、若いときには熟したベリーに花（スミレ）と、ブラックオリーブと、オーク熟成の香りが混ざり合っている。フルボディで、生き生きした酸味と豊かな果実味とタンニンがあり、それでもバランスがよくエレガントで、長寿ワインにつくられている。

Calvario
カルバリオ

1945年、ブリオネスのカルバリオ（「カルバリの丘」）という名の南西向きの葡萄畑に90％のテンプラニーリョ、8％のガルナッチャ、2％のグラシアーノが植えられた。デ・グレゴリオ家の所有で、ミゲル・アンヘルが1999年に初めてその畑だけ別に醸造し、フレンチ・オークの新樽で14カ月熟成させた。その結果生まれたのが、リオハでは珍しい単一畑のワインである。2005はカルバリオにとって最高のヴィンテージであり、初ヴィンテージの1999はまだ驚くほど若いように思えるので、これから先長く楽しめるだろう。

Mártires
マルティレス★

これは新顔である。最上級の樽発酵白ワインで、1970年に100％ビウラを植えられたブリオネスの外にある葡萄畑から生まれる。2008が初ヴィンテージで、非常に力強いワインである。要注意だ。

Paisajes I
パイサヘスI

リオハでは非常に珍しい純粋な赤のガルナッチャで、トゥデリーリャ（リオハ・バハ）のラ・ペドリサと呼ばれる65年前に植えられた葡萄畑で収穫される。土壌は小石混じりの粘土で、シャトーヌフ＝デュ＝パフと同じように大きな石に覆われている。1998が初ヴィンテージだが、私たちのお気に入りは1999で、赤い果実、バランスのとれた酸味、洗練されたタンニンにあふれている。

Paisajes V, Valsalado
パイサヘスV、バルサラド

このワインの原料はミゲル・アンヘルの父親がログローニョに近いイガイの隣に、4種類の赤葡萄（テンプラニージョ40％、ガルナッチャ40％、マスエロ10％、グラシアーノ10％）を取り混ぜて植えた葡萄畑で収穫される。粘土と砂利の南東向き斜面にある1haの葡萄畑はバルサラドと呼ばれ、1970年頃に3100本の葡萄樹が植えられた。葡萄は一緒に収穫されて発酵され、バランスの取れたエレガントなワインを生む。初ヴィンテージは1999だが、リオハ全土で最近の極上ヴィンテージである2001がおそらくこのボトルの基準だろう。

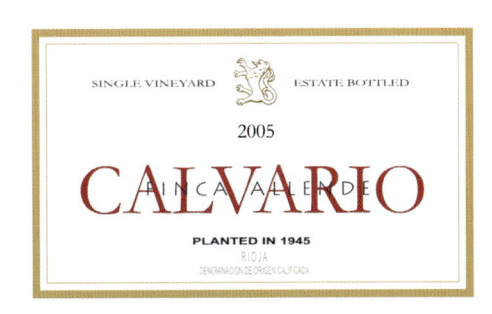

Finca Allende
フィンカ・アジェンデ

葡萄畑面積：56ha　平均生産量：アジェンデが30万本、パイサヘスが1万2000本
Plaza Ibarra 1, 26330 Briones, La Rioja
Tel: +34 941 322301　Fax: +34 941 322302
www.finca-allende.com

OLLAURI, BRIONES, AND SAN VICENTE DE LA SONSIERRA

Bodega Contador – Benjamín Romeo

ボデガ・コンタドール――ベンハミン・ロメオ

コンタドールは「カウンター（勘定台）」を意味するスペイン語で、ワインやワイナリーの名前としては変わっている。とはいっても、ベンハミン・ロメオに関係するものはほぼすべて変わっている。彼は1985年から2000年までアルタディ——ビーニャ・エル・ピソンとパゴス・ビエホスで知られる——のワイン醸造家だった。1995年、父親から受け継ぐつもりでいた一家の葡萄畑の葡萄でワインをつくり始める。父親はサン・ビセンテ・デ・ラ・ソンシエラの典型的な「コセチェロ（収穫人）」だった。

　ロメオはその後、サン・ビセンテを望む丘の上に古いセラーを買った。そのセラーを所有していた教会の鐘楼がコンタドールのラベルに描かれている。伝統的工法で建てられているセラーには、熟成中のワイン樽——そして昔は冷やしておく必要があった他の産物——を保管するための長い地下道が丘の中まで続いている。広いエントランスルームは「コンタドール」と呼ばれていて、昔ワインを入れるペジェホ（革袋）の出し入れを勘定していた場所である——ロメオがつくった最初のワイン、コンタドールとクエバ・デル・コンタドールの由来になっている。

　このような地下蔵は、サン・ビセンテでは12世紀から16世紀の間につくられたが、スペイン中でごく一般的であり、とくにリオハ（ラバスティダ）やリベラ・デル・ドゥエロのアタウタのような地域に多かった。ワインと食物の保管庫としての本来の役割だけでなく、友人と食べたり飲んだりする会合の場所としても使われた。

　ワインは葡萄畑でつくられるという考えを固く信じているロメオは、自分自身の事業に専念するために、2000年にとうとうアルタディを辞めた。その一方で、サン・ビセンテと近隣の村（ラバスティダとアバロス）に小さい区画を見つけて買い、家族の葡萄畑を再編成した。すべて10kmの範囲内にあり、植えられているのはほとんどが古い葡萄樹（樹齢45年から100年）で、海抜400m〜600mの高さにある。ラ・ラス、ラス・オルマサス、エル・サウコ、エル・ブリョン、アスクエタ、ミンディアルテ、サン・

左：風変わりなベンハミン・ロメオの完璧主義の葡萄栽培とワインづくりが高評価のワインを生み出す。

フアン、アスニリャスなどと名付けられた葡萄畑は、80の別々の区画に分けられている。それが出来上がるワインの複雑さを深めるとロメオは信じている。合計すると所有する畑は20ha、借りているのがさらに10haである。大部分にテンプラニージョが植えられ、先端を剪定されるか、ゴブレ式に整枝されていて、ほとんどが古い遺伝子型を精選したものであり、その1つが今や有名なテンプラニージョ・ペルード（毛深いテンプラニージョの意）である。

最初から彼のワインはずば抜けて際立っており、初リリースされたときにかなり話題を呼び、2000ヴィンテージで広く知られるようになった。新鮮で、すっきりした、輪郭のはっきりしたワインで、なめらかなタンニンがある——とても香り高く、そのテクスチャーと全体的特徴は、最初に試飲したときのシャンボール・ミュジニィを彷彿とさせる。どちらのワインも生産量はごく少ない。

ボデガ・コンタドールは1996ヴィンテージの1種類のワインでデビューした。ロメオは問題の多い1997ヴィンテージには何もつくらないことに決め、最上級ワインのコンタドールを1999年に披露した。当初は選ばれたヴィンテージにのみつくられていたコンタドールは、ロメオがアルタディで働いていた最初の2年間は、実は当時のロメオの妻、マリマールによってつくられていた。2001年、ロメオがコンタドールに専念するようになった最初の年、彼は3番目のワインを発表した。ロメオの父親によって植えられた単一畑の葡萄からつくられるワインで、父親の名前がつけられている——ラ・ビーニャ・デ・アンドレス・ロメオ（「アンドレス・ロメオの葡萄畑」）である。スタイルはコンタドールやラ・クエバより生き生きしている。

ロメオがラインアップに白を加えるのは時間の問題だった。そしてそうしたときは見事にやってのけた。ガジョカンタ（「雄鶏の鳴き声」というような意味）はビウラ、マルバシア、リオハナ、ガルナッチャ・ブランカが等量ブレンドされていて、樽発酵で濃い白になり、新鮮さを保つためにマロラクティック発酵はブロックされている。

これらのワインはすべて初ヴィンテージから異論なく称賛されているが、価格が高く量が少ない。2004コンタドールは『The Wine Advocate』誌で満点を獲得した。スペイン産ワインに100点が付いたのは初めてである。これで価格と需要が天井知らずに上がったが、2005がまた同じ点を取ると市場は荒れ狂った。総生産量は2万5000本以下に抑えるというのがロメオの考えだったが、2006年、市場がもっと手ごろな値段で手に入るワインを求めていることは明らかだった。

ロメオはその願いにプレディカドール（「宣教師」）で応えた。かなり大量に、ぐんと手ごろな値段でつくられる、初心者向けのワインだ。すっきりした白いラベルには、西部劇で宣教師がかぶっているような帽子が描かれているが、私たちはどちらかというと、怪しげな粉を薬と称して売り歩いていたペテン師を思い出す。実際には、これはクリント・イーストウッドと映画『ペイルライダー』に敬意を表したデザインだ。ロメオは2007ヴィンテージに白のプレディカドールを加えた。生産量は赤が12万本、白が10万本。ロメオはさらに、ア・ミ・マネラ（「マイ・ウェイ」の意で、おそらくシナトラよりもセックス・ピストルズへのオマージュだろう）と呼ばれる新しいオークを使わない赤の瓶詰めを始めている。「彼のやり方」でカーボニック・マセレーションされたワインで、2009ヴィンテージからリリースされる。

このボデガの目標はつねに偉大なワインをつくることである。そのためにロメオは青刈り、除葉、摘果、そして小さい箱での手摘みを行う。つねに円熟（過熟ではなく）を求めているのだ。ワイナリーでは、ロットによっては手作業で除梗し、ふたのないオーク槽（つねに25℃以下）で発酵させ、二酸化硫黄はできるだけ少なくし、優しくポンプオーバーする。ワインはさまざまな製樽所がつくる木目の細かい軽くあぶったフレンチ・オークの新樽に移され、そこでマロラクティック発酵も生じる。ワインは18カ月余り——ワインとヴィンテージによる——熟成され、必ず下弦の月のときに澱引きが行われ、清澄も濾過もせずに瓶詰めされる。

ロメオが初ヴィンテージを醸造したのはサン・ビセンテの小さなガレージだったが、その後、2007年に新しいワイナリーを建設した。赤は主にテンプラニージョで、彼の入念な葡萄栽培を十分に表現している。

極上ワイン

Gallocanta
ガジョカンタ

　新鮮で花が香る非常に力強い白ワイン。オークの風味がしっかりしていて、名前も、スタイルも、何もかもが独特である。少しずつ違う名前でリリースされているが、どの名前も雄鶏に関係している。ビウラ、ガルナッチャ・ブランカ、マルバシアそれぞれ1つずつ、合わせて3つの異なる葡萄畑をブレンドしている。ガルナッチャ・ブランカはこの地域では非常に珍しいが、一部のブレンドに貢献しており、最近ぐんと人気が高くなっているが、それは主にこのガジョカンタのおかげだ。この品種と結びつけられる悪い特性(さえない薄茶の色、酸度が低いせいで口の中で重くのっぺりしている) がまったく感じられない。

La Viña de Andrés Romeo
ラ・ビーニャ・デ・アンドレス・ロメオ

　単一畑ワインで、その名を文字通り訳すと「アンドレス・ロメオの葡萄畑」。1980年代初めにサン・ビセンテ・デ・ラ・ソンシエラの2.5haの葡萄畑に7500本のテンプラニージョを植えた、ベンハミン・ロメオの父親への賛辞である。この畑では1本の葡萄樹から1本のワインがつくられる。葡萄畑はエブロ川がカーブしているところ、サン・ビセンテ・デ・ラ・ソンシエラの対岸のラ・リエンデと呼ばれる場所にある。ここには沖積土壌と大陸性の気候が見られるので、コンタドールやラ・クエバ・デル・コンタドールより、ふくよかで熟したワインができる。ロメオは現在、酸味を追加するために枯れた葡萄樹をグラシアーノに植え替えており、総面積を3.65haに増やすために隣接する (父親の友人が植えた) 区画を追加した。

La Cueva del Contador
ラ・クエバ・デル・コンタドール

　1996年にこのワイナリーが初めてつくったワインである。ミニ・コンタドールとでもいうようなセカンドワインとして始まった。特徴的なのは料理に合う強い酸味であり、人によっては強すぎると感じるが、私たちにはぴったりである。生産量は7000本程度。

Contador★
コンタドール★

　1999年に初めて生産されたコンタドールは、平均樹齢80年の精選された最高のテンプラニージョ畑からつくられる。表現する言葉を一言だけ探すとしたら、エレガンスに違いない。新鮮で純粋で、熟成に使われた新しいオークを感じさせないコンタドールは、バランスが取れていて香り高く、飲んでいて実に楽しい。悲しいかな、見つけるのもかなり難しく、高価である。生産量はわずか4000本で、2004と2005のヴィンテージはパーカーの『The Wine Advocate』誌で100点を獲得した。価格が3桁になる特別なワインだ。よくあることだが、非常に問題が多かった2002ヴィンテージはとてもエレガントな——酸度が高くて節度がある——ワインができていて、非常にうまく熟成しており、お薦めだ。2000も私たちのお気に入りだが、見つけ出して味わえるものはどのヴィンテージもその努力に値する。確実にリオハで最高のワインに数えられる。

Bodega Contador
ボデガ・コンタドール

葡萄畑面積：30ha　平均生産量：15万本
Carretera Baños de Ebro km 1.8
41927 San Vicente de la Sonsierra, La Rioja
Tel: +34 941 334 228　Fax: +34 941 334 537
www.bodegacontador.com

OLLAURI, BRIONES, AND SAN VICENTE DE LA SONSIERRA

Abel Mendoza Monge
アベル・メンドーサ・モンヘ

アベルとマイテのメンドーサ夫妻は、たとえばニュイ・サンジョルジュではなく、ここサン・ビセンテ・デ・ラ・ソンシエラで何をしているのか？　これは無意味な質問ではない。それほどまでに、この気さくで堅実な夫婦の態度、味覚、そして——とくに——ワインづくりの哲学は、まさしくブルゴーニュ流であって、リオハで見かけられるあらゆるものとはまったく似ていないのだ。彼らの葡萄畑を一見しても、その印象が裏づけられるだけである。サン・ビセンテ、ラバスティダ、そしてアバロスに——17キロにわたって——点在する3ダースの小さい区画は合わせて16haに満たない。土壌はさまざまなタイプで、大部分の葡萄樹は先端を剪定され、平均樹齢は40年、平均収量は30〜35hℓ/ha、平均高度は530mだ。

マイテは大学で学んだ醸造家なのに対して、アベルは経験豊かな葡萄栽培家であり、実践によって有能なワインのつくり手にもなった。夫婦は自分たちのワイナリーの仕事の大部分を自分たちでやっている。そして彼らが尊敬するブルゴーニュの葡萄栽培家と同様、彼らのこだわりはアベルの簡潔な言葉を借りれば「葡萄樹を理解すること」である。

メンドーサ家はソンシエラで代々続く栽培農家だが、1988年に初めて率先して小さいワイナリーを建て、葡萄を売る代わりに独自のワインをつくり始めたのはアベルである。自分の試みに必要な資金を調達するために、彼は昔から多くのリオハの家族が家庭でやってきたように、全房のカーボニック・マセレーションで、オークを使わない若いワインをつくり始めた。ハラルテのブランドで売られているこのワインは、競合品にはない新鮮さがある。いまだに全生産量の半分を占め、とくに地元で根強い需要がある。

まる10年、メンドーサ夫妻は他に何もつくらなかったが、2人は葡萄畑（90％がテンプラニージョ）を改良し、アベルは祖父が植えた数本の葡萄樹からマサル・セレクションして、少数精鋭の見事な白品種の復活に取り組んだ。具体的には、4本のガルナッチャ・ブランカ、8本のマルバシア・リオハナ、そして7本のトゥルンテスだ。土着品種のトゥルンテスは2010年にDOCリオハのワインに正式に認められた。35年前に植えられたビウラの区画も0.3haある。白はいまだアベルの趣味であり、彼にとって果てしない研究の対象だ。

1998年、メンドーサ夫妻は初めて意欲的なオーク熟成のワインをつくり始めた。セレクシオン・ペルソナルはサン・ビセンテの古い葡萄畑から生まれ、マルバシアとビウラをブレンドしたブランコ・フェルメンタード・エン・バリカは、つねにリオハ産の白の最高級と目されている。

それ以降、メンドーサ夫妻は熟成に適したワインに専念している。基本的なハラルテのクリアンサから意欲的なグラノ・ア・グラノ、さらにグラシアーノのバラエタルが加わり、小ロットの白も品ぞろえが増えつつある。2種類のハラルテのキュベを除いて、ここでつくられるほとんどのものに「少し」という形容詞が当てはまる。セレクシオン・ペルソナルの平均生産量は8000本を超えない。

赤を発酵させる槽は小さく、グラノ・ア・グラノで使われるものは、葡萄が1トンこそこしか入っていない。アベルは赤に白葡萄を混ぜ合わせるコート・ロティのスタイルを好む。色とアロマが安定することがわかっているやり方だ。さまざまな製樽所がつくるフレンチ・オーク樽で熟成される——さまざまな高度のさまざまな土壌も含めて、ブレンド術のあらゆる側面が、ワインの個性に大きく寄与するとアベルは考えている。

その考え方の典型は、当初まったくなかったグラシアーノを探したことだ。そして、祖父母から受け継いだ古い混合の葡萄畑にぽつんぽつんと生えているグラシアーノの葡萄樹を見つけ出し、2003年、それを1樽分発酵させることができた——わずかな生産量だが、その古い葡萄樹から古いテンプラニージョの樹に接ぎ木をしたので、だんだんに増えている（翌年と翌々年に500本ずつ）。新しい葡萄畑を植えたり、既存の畑を変えたりするのに、彼が用いる方法はつねにマサル・セレクションだけである。

アベル・メンドーサのワインがスペインでも国際的にも、もっと評判にならない理由の1つが、やはり規模である。しかし、これらのワインがリリース時に見せる意図

右：アベルとマイテ・メンドーサは熱意あふれる夫婦で、自分たちの葡萄樹に対する思い入れが壁にかけられた芸術に表れている。

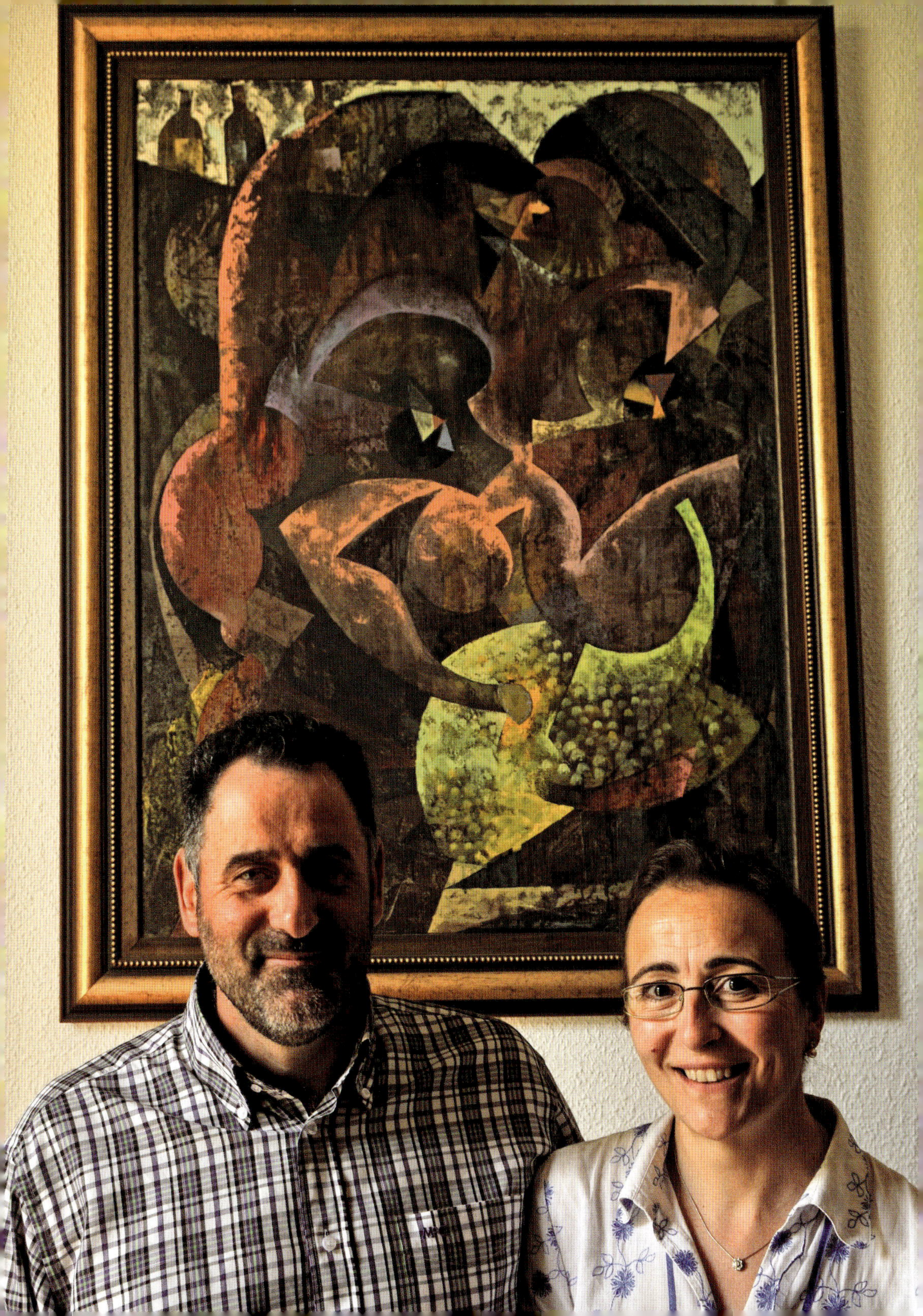

ABEL MENDOZA MONGE

OLLAURI, BRIONES, AND SAN VICENTE DE LA SONSIERRA

的に抑制されたテロワール・ベースの特徴も、正しい評価をさらに困難にしている。重要なことだが、ロバート・パーカーから最高ランクを与えられたメンドーサのワインは、非凡な2001ヴィンテージの基本的なハラルテ・クリアンサであり、セレクシオン・ペルソナルはいつも点数が低い。しかし、これもアベル・メンドーサのブルゴーニュ的な態度の1つにすぎない。

極上ワイン

Abel Mendoza Selección Personal
アベル・メンドーサ・セレクシオン・ペルソナル

　このテンプラニージョは、植えられて40年以上経つ2haのエル・サクラメントの葡萄畑から生まれる。コンクリート槽で発酵され、約3分の1が新しいフレンチ・オーク樽で熟成されたワインは、きびきびして、個性的で、テロワールが注入されている。フルーツ爆弾の対極に位置し、つねに極上の熟成潜在力を見せている。

Abel Mendoza Tempranillo Grano a Grano
アベル・メンドーサ・テンプラニージョ・グラノ・ア・グラノ

　深く力強いテンプラニージョは、サン・ビセンテ、ガジョカンタ、およびラ・ナハの小さい区画から生まれ、毎年8000本余りを産する。手作業で除梗された葡萄から、樽でのマロラクティック発酵と一年半のオーク熟成によってつくられるこのワインは、つくり方も熟成方法も意欲的で、偉大なリオハの古典のように、非常に長いあいだ瓶内で進化することを目指している。

Abel Mendoza Malvasia Fermentado en Barrica
アベル・メンドーサ・マルバシア・フェルメンタード・エン・バリカ★

　アベルは誤解されやすい名前のマルバシア・リオハナ(実際にはスペイン西部のエストレマドゥーラ州で生まれた地味なアラリへと同じ品種)を強く推進しており、この品種から思いがけない美味しさを引き出している。洋ナシ、野生の花、そしてハチミツのアロマが香る、軽くてとくに力強くはないが、エレガントなワインである。

Abel Mendoza Monge
アベル・メンドーサ・モンヘ

　葡萄畑面積：18ha　平均生産量：8万本
　Carretera Peñacerrada 7,
　26338 San Vicente de la Sonsierra, La Rioja
　Tel: +34 941 308 010　Fax: +34 941 308 010
　jarrarte@datalogic.es

OLLAURI, BRIONES, AND SAN VICENTE DE LA SONSIERRA

Señorio de San Vicente
セニョリオ・デ・サン・ビセンテ

　サン・ビセンテに葡萄を供給するサン・ビセンテ・デ・ラ・ソンシエラのラ・カノカは、1980年代に、他の区画から低収量の葡萄樹を選んで植え直された18haの特別な葡萄畑だ。ラ・カノカの葡萄畑は、ことのほか長い休眠時間を与えられて、その間、エグレン家が所有する広い畑からなるべく収量の低い葡萄樹が厳選された。ギジェルモ・エグレン——当時葡萄畑管理の責任者だった——に、厳選プロセスの第1歩として最も収量の低い葡萄樹を探して選んでくれと頼んだのは、息子のマルコス・エグレンだった。

　彼らの最終目標は、量より濃度を優先することによって、収量を劇的に減らすことだった。今でこそこのアプローチはかなり広まっているが、当時は決してそうではなかった。マルコスによると、「この辺りでは、1990年代まで誰も葡萄を無駄にはしませんでした」。実際、ギジェルモ・エグレンは息子に言われた葡萄樹を集めて選ぶ作業をしたとき、それが捨てられるものだと信じていた。兄のミゲル・アンヘルの支持を受けて、マルコスが18haのラ・カノカにその葡萄樹だけを植えるつもりだと話したとき、ギジェルモはびっくり仰天したに違いない。これらの葡萄樹は他とは違う葡萄学的な特性を共有していた。つまり、葉の色合いが奇妙で、実が小さくて房がいくぶん緩く、葉の表面にビロードのような白い粉がつく——そのため、この亜種にはテンプラニージョ・ペルード（「毛深いテンプラニージョ」）という名がついている。

　1985年から、（まる10年後に）この葡萄畑から生まれた初の市販ヴィンテージがリリースされて批評家からも市場からも絶賛されるまで、ギジェルモは近所の人たちの冷笑とあざけりに耐えるしかなかった。マルコスが言うように、隣人たちは「あそこに何を植えたんだい、ギジェルモ？ いちばん出来の悪い樹かい？」と訊いたものだった。意図的に収量を減らしていたのであり、相変わらず量を重視していた地元の栽培家たちが大量に収穫して楽に儲けていたのとは対照的だった。

右：陽気なマルコス・エグレンは、一家のワインが見事に成功しても相変わらず腰が低い。

汎用のリオハ・ラベルで高品質のワインをリリースするという慣習は今では一般的だが、その先鞭をつけたのは、エグレン家のサン・ビセンテ1994である。
実際、サン・ビセンテは全ワインの中でもお気に入りだ。

SEÑORIO DE SAN VICENTE

上：サン・ビセンテの丘の上に立つ古い要塞は、皮肉なことに、先駆的なモダン・リオハの名前になっている。

　マルコスによると、サン・ビセンテ1991の最初のボトルに値段をつける段になったとき、タベルナで地元の栽培家たちの冷やかしを聞かされた父親の我慢を思わずにはいられなかったという。その値段——当時、他のどんなリオハのレセルバよりもはるかに高かった——は、父親の辛抱だけでなく、もっと具体的な費用も完全に相殺し、すべての努力が無駄でなかったことを完全に証明したはずだ。1991年のあと、サン・ビセンテがつくられなかった出来の悪いヴィンテージが2年続いたが、1994年には正しかったことが証明され、それ以降サン・ビセンテはつくられ続け、通常ヴィンテージの3年後にリリースされている。

　汎用のリオハ・ラベルで高品質のワインをリリースするという慣習は今では一般的だが、その先鞭をつけたのは、エグレン家のサン・ビセンテ1994である。アメリカの輸入業者のホルヘ・オルドネスは、1991を飾った（そしてスペイン市場では使われた）レセルバのラベルがあってもなくても1994は売れると確信していたので、輸

114

出用のロットは汎用ラベルだけで送り出された。かなり大胆なやり方だったが、決して無謀ではなかった。彼らは1995ヴィンテージを汎用ラベルにしてスペイン市場でテストし、一般の人々がそれで満足しているようだったので、1996年以降ずっと続けている。この決定によって、レセルバのラベルが持つ市場での威信（当時は影響力が非常に大きく、現在も一部のグループ内では影響力がある）を失うことになるが、逆に、熟成プロセスの長さとリリース日を自由に決めることができるようになった。

サン・ビセンテは非常に濃厚なワインである――100％ラ・カノカのテンプラニージョで、新樽で20カ月熟成される。

結果として、サン・ビセンテは非常に濃厚なワインである――100％ラ・カノカのテンプラニージョで、新樽で20カ月熟成される。もともと、すべてアメリカン・オークだったが、1996年よりあとは少しずつフレンチ・オークが導入されて、最初は20％だったのが40％になり、その後60、80、90％に増えたので、最近のヴィンテージはアメリカン・オークがわずか10％になっている。

実際、サン・ビセンテはマルコスにとって自分の全ワインの中でもお気に入りだが、その理由は主に感情的なものである。なにしろこのワインこそ、1991年の初ヴィンテージから、一家が伝統的なワインからモダンなワインに飛躍したしるしなのだ。私たちが知る限り、マルコスはいつも陽気な人で、笑いとおしゃべりが大好きだ。だから最近、彼が満面の笑みを見せているのも驚くにあたらない。彼のワインが絶賛されているだけでなく、おそらく2008年にヌマンシア・テルメスをLVMHグループに売却したこともあって、性格がさらに陽気になったのも理解できる。たぶん相当の金額になったと思われるこの売却によって、一家は財政的に非常に楽な立場になった。しかしセニョリオ・デ・サン・ビセンテについては、たとえこの世のものとは思えないほどの金額を提示されても、マルコスが受け入れる用意をするところは想像できない。

つい先頃、私たちはマルコスにかなりぶしつけに、彼のテロワールとワインの中でのお気に入りを尋ねた。すると彼は両方の質問に2語で即答した――「サン・ビセンテ」。そして白状しなくてはならないのだが――たとえ読者に対して私たちは率直であるべきだという理由だけにせよ――私たちもまた、エグレン家がつくる見事卓越したワインの品ぞろえの中でも、サン・ビセンテには特別な共感を抱いている。私たちがこのワインにそんな気持ちを抱くのは、それがリオハで最初の厳密な意味での革新であり、私たちが最初から追いかけてきたものだったせいもあるが、その価格にも原因がある。これだけ称賛されているにもかかわらず、いまだにかなり手ごろな値段で買えるのだ。

極上ワイン

San Vicente
サン・ビセンテ

このワインのヴィンテージを1つだけ選ぶのは難しい。エグレンは1994★、1995、1996、2001★、2004★、2005のような輝かしい年に素晴らしいワインを巧みにつくっている。しかし他のヴィンテージのレベルも非常に高く、とくに、まろやかでエレガントなサン・ビセンテ2000は、アロマの複雑さ、酸味、そしてタンニンが非凡なまでに見事に調和している。初期のヴィンテージのサン・ビセンテはすべて、最初は新オークの存在感がかなりあるが、素晴らしい融合を約束する力強くバランスの取れた果物の香りがあり、さらに、和やかな瓶熟成に向く新鮮な酸味もある。

Señorio de San Vicente
セニョリオ・デ・サン・ビセンテ
葡萄畑面積：18ha　平均生産量：5万5000本
Los Remedios 27,
26338 San Vicente de la Sonsierra, La Rioja
Tel: +34 945 600 590　Fax: +34 945 600 885
www.eguren.com

OLLAURI, BRIONES, AND SAN VICENTE DE LA SONSIERRA
Dinastía Vivanco ディナスティア・ビバンコ

ビバンコはスペインのワイン界では非常に有名な姓である。ペドロ・ビバンコ・ゴンザレスがログローニョの南のアルベリテ村でワインをつくり始めたのが1915年のこと。後に息子のサンティアゴが事業をログローニョに移し、生産量を増やし、周辺地域に拡大した。1960年代末には3代目が同族会社の経営を引き継ぎ、ペドロ・ビバンコ・パラクエリョスは会社をさらに発展させ、葡萄畑の面積もワインの販売量も増やし、その間ずっと、彼が本当に熱中しているワイン文化に関するあらゆるものを収集した。1970年代、彼はワインの売買で財産を築き、リオハワインの3分の1が彼の手を通っていた時期もあると言われる。

ディナスティア・ビバンコは品ぞろえを完全に一新し、新しく最先端のワイナリーを建設した。同社はスペイン随一のワイン博物館も開いた。

1985年、ビバンコ・パラクエリョスは、アーロに近いリオハ・アルタでもとりわけ高名な町、ブリオネスに土地を買い、1990年、現在ボデガス・ディナスティア・ビバンコとして知られる会社を設立した。現在、4代目——サンティアゴとラファエル兄弟——が父親とともに会社を指揮している。彼らは広大な葡萄畑を所有しており、その400haの大部分はブリオネスとアーロにあり、ビバンコのワインのために最高の250haから果実を精選する。

かつて、その名前からは量産を連想されていたが、会社は品ぞろえを完全に一新し、新しく最先端のワイナリーを建設した。そこには素晴らしい樽熟成室に3500余りの樽が収まっている。同社はスペイン随一のワイン博物館も開き、ワインに関係する一家の個人コレクション——コルクスクリューから有名画家の絵画、機械類からローマやエジプトやギリシャの工芸品まで——を展示している。博物館は2004年にスペイン国王フアン・カルロス1世によって落成式が執り行われ、たちまち成功をおさめ、観光の目玉となっている。文学と考古学に夢中のサンティアゴが博物館だけでなく、ワイン文化の研究と促進に専念する非営利組織のフンダシオン・ディナスティア・ビバンコを担当している。そのモットーは「ワインがくれたものをワインに返す」。

現在ワインづくりを担当するラファエル・ビバンコは、フランスで修業を積み、世界中の良質ワインを熟知している。彼はワインの品ぞろえを全く新しいワインで活性化し、濃度とオークのバランスを向上させている。1975年生まれの彼には、この先自分のワインを手直しする時間があるので、将来的にはもっと良いものができるだろう。

極上ワイン

すべてのワインが特徴的なパッケージで提供される。現在ビバンコ家の博物館のコレクションに入っている18世紀のボトルの再現である。初心者向けのビバンコのラベルは白とロゼに使われている。樽熟成ワインは2種類ある。古いヴィンテージは過剰なほどはっきりしたオークが目立つものもあるが、ラファエルがボルドーで醸造学を修め、直接ワインづくりの責任者になった2000年代半ば以降、大幅に改善された。

Dinastía Vivanco
ディナスティア・ビバンコ

クリアンサとレセルバの2種類の赤が、このブランドで売られている。クリアンサは純粋なテンプラニージョで、同社の赤すべてと同様、冷温浸漬され(ワイナリーには葡萄の温度を3℃まで冷やすための設備がある)、フレンチ・オーク樽で発酵されてから、1年半物のオーク樽で16カ月熟成される。レセルバには10%のグラシアーノが含まれ、葡萄は35年前に植えられたブリオネスとアーロの葡萄畑のものである。マロラクティックは樽で生じ、樽熟成は50%新樽で24カ月。2004はクリアンサもレセルバも、これまでで最高クラスのヴィンテージである。

Colección Vivanco
コレクシオン・ビバンコ

特定の葡萄畑で原料を収穫する最上級のワイン。ごく限られた量だけ生産される最高級のワインは、3種類のバラエタル・ワイン——パルセラス・デ・ガルナッチャ、パルセラス・デ・グラシアーノ★、パルセラス・デ・マスエロ——と、4バリエタレスというふさわしい名前のブレンドである。ビバンコは宣伝用の資料で、これ

上：ラファエル・ビバンコは兄のサンティエゴとともに、一家の品質と評価を新たな高みに押し上げた。

らのワインに使われる異なる葡萄畑の場所、樹齢、特徴を説明している。2007はどれも一貫して強い。ガルナッチャとグラシアーノはどちらもビリャメディアーナとトゥデリリャのもので、生産量はそれぞれ2500本と5700本。2500本のマスエロはアゴンシリョとアルベリテの葡萄で、2007年に初めてつくられた。4バリエタレスは、ブリオネスのワイナリーを囲む12haのフィンカ・エル・カンティージョの単一畑ワインである。4種の赤葡萄(テンプラニージョ、グラシアーノ、ガルナッチャ、およびマスエロ)すべてを用い、別々に発酵と熟成を施してから、1万4000本がブレンドされている。

Dinastía Vivanco
ディナスティア・ビバンコ

葡萄畑面積：400ha　平均生産量：100万本
Carretera Nacional 232, 26330 Briones, La Rioja
www.dinastiavivanco.com

OLLAURI, BRIONES, AND SAN VICENTE DE LA SONSIERRA

Bodegas Hermanos Peciña
ボデガス・エルマノス・ペシーニャ

ペシーニャはごく小さい村——国家統計局によると2009年の人口は4人——で、リオハ・アルタ北西部のサン・ビセンテ・デ・ラ・ソンシエラ地区に属している。名前の由来はピスシナ（プール）だが、近隣にスポーツ施設があるからではなく、ラ・リオハ随一のロマネスク建築の実例であるサンタ・マリア・デ・ラ・ピスシナと呼ばれる12世紀の修道院が近くにあるからだ。

歴史的に、人々が自分の住む村や自分の家族の出身地から姓を取るのは珍しくなかった。エルマノス・ペシーニャ（ペシーニャ兄弟）・ワイナリーのオーナー、ペシーニャ一家の場合も——おそらく何世代も前に——そうしたに違いない。ペド・ペシーニャ・クレスポとその3人の息子たちによって1992年に設立されたワイナリーは、かなり最近になってリオハの風景に加わったわけだが、そのワインは、スペインよりもアメリカにいる伝統的リオハの愛好家によく知られている。

一家が所有する50haの葡萄畑はすべて、サン・ビセンテ・デ・ラ・ソンシエラの周囲、ワイナリーから10kmの範囲内にあり、すべて樹齢15年以上で、もっとはるかに古いものもある。葡萄畑の高度は475〜600mの幅があり、すべて粘土石灰石土壌である。区画にはフィンカ・イスコルタ、サリニジャス、エル・コド、ラ・リエンデ、ラ・ベギージャ、ラ・ペーニャ、ラ・テヘラ、ジャノ・パウレハス、バルセカの名が付けられている。一家はテンプラニージョの畑に一部グラシアーノを混ぜるのを好み、ワインはすべて約2％のグラシアーノが入っている。

1997年、同社は新しいワイナリーを建設し、オーク熟成のワインをつくり始めた。それ以降、一家はその施設を拡張・改良してきたが、ショップだけでなく見学や試飲や食事のオプションを用意し、つねに顧客のことを考えている。ゲストルームまである。100万kgの葡萄を醸造する能力があり、3500個の樽と50万本のボトルが保管されている。

醸造は伝統的手法だ。葡萄を除梗し、土着酵母を使ってステンレス槽で発酵させ、マロラクティックもそこで行う。木の風味がつきすぎないように、ワインは古い樽で熟成され、還元を避けるために6カ月ごとに重力で澱引きを行う。樽で寝かせる期間はさまざまだ。クリアンサは2年、レセルバは3年、グラン・レセルバは4年だが、もっとモダンなワインはわずか9カ月である。このプロセスの最後で、瓶詰めの前に濾過や清澄の必要がない。生まれるワインはペシーニャを新たな巨匠にしている。

極上ワイン

ワインのスタイルは一般的にごく伝統的である。冷温浸漬された新鮮でフルーティーなビウラの白から始まり、赤に移っていった。セニョリオ・デ・P・ペシーニャのラベルを貼られたホベン、クリアンサ、レセルバ、グラン・レセルバに加えて、もっとモダンな趣のある2種類の特別なキュベがある。

Señorio de P Peciña
セニョリオ・デ・P・ペシーニャ

同じラベルで4種類の赤がある。ホベンはフルーティーだが、クリアンサから先は、もっと3次的な香りがあり、ふんだんなレザーとパプリカ、それにアメリカン・オークからのココナッツの余韻が感じられる。グラン・レセルバは生産量に限りがあり、葡萄は最古の葡萄畑から収穫され——すべてのグラン・レセルバのあるべき姿だが、そうでないものも多い——アメリカン・オーク樽で4年間、瓶で3年間寝かされてからリリースされる。2005クリアンサ、2001レセルバ、1998グラン・レセルバがお薦め。ごく古典的なワインだ。

Peciña Vendimia Seleccionada Reserva
ペシーニャ・ベンディミア・セレクシオナーダ・レセルバ

これは選ばれたヴィンテージにのみつくられ、グラン・レセルバと同じくらい熟成される（樽で3年、瓶で2年）が、濃度と色にモダンな感じが残っている。1997は今飲むのが理想的で、赤い果実（マラスキノチェリー）とバルサムの香りがあり、スパイシーでスモーキー、背景に木が感じられる。ミディアムボディで、ほどよい酸味があり、果実味を保っているが、タバコのアロマというかたちで複雑さがほのかに感じられる。モダンなひねりのある古典的ワインを好む人のためのワインだ。

上：非常に刺激的な比較的新しいボデガス・エルマノス・ペシーニャの名前の由来となっているサンタ・マリア・デ・ラ・ピスシナ。

Chobeo de Peciña
チョベオ・デ・ペシーニャ

　他のワインとは一線を画す最上級キュベで、収量わずか4000kg/haの最古の葡萄樹──樹齢50年以上──からつくられる。葡萄は選果台を通り、アルコール発酵のあと、ワインはマロラクティック発酵のためにアメリカン・オークの新樽に移され、そこで1度澱引きされてから、9カ月間熟成される。他のワインと比べるとスタイルがモダンなワインである。

Bodegas Hermanos Peciña
ボデガス・エルマノス・ペシーニャ

葡萄畑面積：50ha　平均生産量：30万本
Carretera de Vitoria km 47,
26338 San Vicente de la Sonsierra, La Rioja
Tel: +34 941 334 366　Fax: +34 941 334 1 80
www.bodegashermanospecina.com

OLLAURI, BRIONES, AND SAN VICENTE DE LA SONSIERRA

Viñedos Sierra Cantabria
ビニェードス・シエラ・カンタブリア

ギジェルモ・エグレンは代々続くリオハの葡萄栽培家の血統を引いている。1950年代にはすでに、サン・ビセンテ・デ・ラ・ソンシエラで自分の葡萄樹を育て、ワインをつくっていた。それは若いカーボニック・マセレーションの赤で、地元とリオハの伝統的市場が求めるものだった。最近は、息子のマルコスとミゲル・アンヘル――ワインづくりの6代目――が娘婿のヘス・サエスとともに、シエラ・カンタブリアに新たな弾みをつけている。リオハで一世紀の間にちょこちょこ跳躍してきたボデガや、最近いきなり出現したボデガとは違って、エグレン家の会社は独自の路線をたどってきた。どんどん増える家族の葡萄畑という強固な基盤の上に始まり、1980年代から90年代にかけて、2人の息子、とくに現在ワインづくりの責任者となっているマルコスによる、革新の努力が積み上げられてきたのだ。

リオハで一世紀の間に
ちょこちょこ跳躍してきたボデガや、
最近いきなり出現したボデガとは違って、
エグレン家の会社は独自の路線をたどってきた。

エグレン家はさまざまな事業を始め、その多くをいまだに所有しているが、シエラ・カンタブリアはその母艦というべき存在だ。規模はもちろん、ラベルの数と種類でもそれがいえる。伝統的なリオハ（ムルムロン――カーボニック・マセレーションによる若い赤――のクリアンサ、レセルバ、グラン・レセルバ）と前衛的なリオハ（コレクシオン・プリバダ、アマンシオ、フィンカ・エル・ボスク、さらにはキュベ・エスペシアル、樽発酵の白のオルガンサ）がある。とはいえ、この共存体制が本格的に再編成されようとしていることは事実であり、最高の葡萄畑の葡萄からもっと野心的なモダン・スタイルのワイン――すべてビニェードス・シエラ・カンタブリアに分類される――をつくるための新しい施設が建設されている。シエラ・カンタブリアの名称は、今もサン・ビセンテ・デ・ラ・ソンシエラの中心部にある従来のセラーでつくられている、伝統的ワインのために残される。

なぜこのような決断をしたのか。シエラ・カンタブリアはエグレン家が、今や飛ぶ鳥を落とす勢いのエグレン・グループを築いた1980年代のワインに使っている、オリジナルのブランド名であることと関係している。1980年代以降、葡萄畑とセラーはいろいろ追加され変更されてきたが、具体的にはリオハのセニョリオ・デ・サン・ビセンテとビニェードス・デ・パハノス、トロのヌマンシア・テルメス（2008年にLVMHに売却）とテソ・ラ・モンジャ、そしてビーノ・デ・ラ・ティエラ・デ・カスティージャをつくるドミニオ・デ・エグレンという、似たような事業のかたちをとっている。グループはエグレンの名前をウェブサイトで使っているが、この名前――ほとんどの愛好家がこのワイナリーとそのワインを特定するのに使うトレードマークというべき名前――を正式に冠しているワインが、地味なドミニオ・デ・エグレン（グループの繁栄にとって思ったより重要そうなラベル）だけであるのは、いささか驚きである。理由は実はしごく簡単だ。エグレンのブランド名は、それを売りたくない分家のものだからである。

ワイン醸造家のマルコス・エグレンは、1980年代・90年代に大人になったリオハワイン界のスターだが、その性分は決してスターのものではない。穏やかで優しく、世間の注目を浴びたくはないが、同時に、自分の仕事の堅実さを確信している者が持つ、内気さと意志の強さを兼ね備えている。彼はリオハの土壌にしっかり根づいている人間だ。しかしまた、いわゆる現代性がリスクのある賭けだった時代に革新を実行する覚悟を決めた、勇気ある人物でもある。このやり方がエグレン家のワインづくりの鍵を握っていた。

テンプラニージョが彼らのワインの主役であり、グラシアーノが入る余地はごく小さく、ガルナッチャは伝統的なワインにほんの少し加わる程度である。マルコスはこう説明する。「私たちのシエラ・カンタブリア葡萄畑では、グラシアーノだけがたまに――おそらく10年に1回か2回――レセルバやグラン・レセルバにするだけの高い品質になる。そういう時でも、グラシアーノは非常に支配的な葡萄なので、割合はごく小さい」。彼の意見では、リ

オハ北部の低温の葡萄畑では、マスエロもガルナッチャもうまくいかない。したがって、彼のワインがテンプラニージョの独壇場なのは思いつきの選択ではなく、むしろ、土地の気候と地形の条件に合わせた自然な選択の結果である。一方、うまくいくかもしれない外来品種もあると、彼は考えている──「好奇心を満足させるためだけにせよ、ピノ・ノワールを植えられたらいいのにと思っています」。

極上ワイン

Sierra Cantabria Colección Privada
シエラ・カンタブリア・コレクシオン・プリバダ

　1970年代、ギジェルモ・エグレンはすでにカーボニック・マセレーションされたワインからグラン・レセルバをつくっていた。シエラ・カンタブリアGR1970と1973★のようなワインは、一家のセラー以外で見つけるのはほぼ不可能だが、それを味見できるごくわずかな果報者に、いまだにとてつもない大きな喜びをもたらす。コレクシオン・プリバダは原初と変わらないコンセプトでつくられており、2004ヴィンテージは私たちの意見では真に非凡である──陽気な果実味、ジューシーな酸味、そして本格的なストラクチャーという、思いもよらない組み合わせが特徴的だ。

Finca El Bosque
フィンカ・エル・ボスク

　アマンシオと並ぶ旗艦ワインである。1973年に植えられたサン・ビセンテ・デ・ラ・ソンシエラ近くのテンプラニージョ単一畑の葡萄からつくられる。もともと、ワインクラブ会員向け限定リリースのラベルと認識されていたが、成功するとすぐに継続されるようになった──何もつくられなかった酷暑の2003年は除いて。気候条件と葡萄畑の年齢がぴったり合った2001年は、マルコス・エグレンが経験した最高の年であり、彼にとって特別注目に値した。ヴィンテージから10年後のフィンカ・エル・ボスク2001は、抜栓時は控えめに思えるかもしれないが、鮮烈なアロマを見事な果実味とエレガントなスパイスの香りとともに引き出すために、時間をかけてデキャントする価値のある素晴らしいワインだ。

上：サン・ビセンテを中心とするシエラ・カンタブリアの葡萄畑の1つを示す風化していても誇らしげな石板。

Viñedos Sierra Cantabria
ビニェードス・シエラ・カンタブリア

　葡萄畑面積：100ha　平均生産量：80万本
　Amorebieta 3,
　26338 San Vicente de la Sonsierra, La Rioja
　Tel: +34 945 600 590　Fax: +34 945 600 885
　www.sierracantabria.com

OLLAURI, BRIONES, AND SAN VICENTE DE LA SONSIERRA

Compañia Bodeguera de Valenciso
コンパニーア・ボデゲラ・デ・バレンシソ

会社の名前を決めるとき、つくり手たちの名前の頭字語にするのはあまり名案ではない。なぜなら、たとえ便利に思えても、耳障りなものになることが多いからだ。しかし例外もある。バレンシソは、創業者パートナーのルイス・バレンティンとカルメン・エンシソの名字からとった、音調の良いはっきりした名前のワインメーカーである。2人は一緒に25年間働いたあと、1998年にとうとうラガルディアのボデガス・パラシオでの輝かしいキャリアを振り切って、自分たちの共同事業を立ち上げる決心をした。オーナーのジャン・ジェルヴェがパラシオをスペインの大手企業に売却した数カ月後のことである。カルメンとルイスはジェルヴェに感嘆している。「あらゆる分野で私たちが知っていることの大部分は彼から教わったことです」。

「私たちが求めるのは、重みではなく香りで輝く、アロマの厚みがあるワインです。
それを『フェミニンな』ワインと呼ぶ人が多いです。どう呼んでも構いません」──ルイス・バレンティン

最初は2人だけの独立だった。借りた倉庫にオーク樽が100個、初ヴィンテージの1998を2万4000本つくるだけの葡萄（すべて買い入れ）。私たちはそのバレンシソ・レセルバ1998と翌年の99のうち、レセルバのラベルに必要な法定熟成期間が経つ数カ月前に例外的にリリースされた、クリアンサ・ラベルの2、3本を試飲することができた。当然のことながら、1998年に始まったベンチャー企業には、レセルバをリリースするために最初の売り上げからの収益を2002年まで待つ財源がなかったのかもしれない。しかし2000ヴィンテージ以降は、ワインはつねにレセルバとして瓶詰めされている。

現在、ワイナリーがまあまあの成功を収めているおかげで、常勤の従業員6人と、特定の季節的な仕事（剪定、収穫など）のためにさらに数人が雇われている。本当に小さい会社だが、どんな国でも丈夫なビジネスの布を織りあげることに貢献する会社の1つであることは間違いない。

今のところ最も意欲的な歩みは、独自のセラー設備をオリャウリに建設したことだ。過剰債務を避けて1度に1歩ずつ進めてきた。2002年に土地を買い、工事は1年後に始まり、2008年にようやく完成したのだ──ただし、設備は2007ヴィンテージには準備が整っていた。建物は将来的な成長を見込んで、年間15万本を生産できるように設計されている。

バレンシソが管理する葡萄樹はほぼ100％テンプラニーニョで、平均樹齢は27年、先端を剪定されるものもあれば、ダブルコルドンで蔓棚に這わせているものもあるが、すべて手作業で収穫される。唯一の例外は、白葡萄が植えられている小さい畑である（3分の2がビウラ、3分の1がガルナッチャ・ブランカ）。バレンシソの葡萄はブリオネス、オリャウリ、ロデスノ、アーロ、そしてビリャルバ（すべてリオハ・アルタ）のもので、フランスのヴィティクルチュール・レゾネのガイドラインに従った厳しい作業手順による規定どおりに11の区画に分けられ、5000kg/haに収量が制限されている。

毎年生産される赤はバレンシソ・レセルバだけである。コンセプトはおおよそグラスの中のワインが裏づけている。ルイス・バレンティンの言葉によると、「私たちは古典主義者ではなく、オークよりも果実を重視し、アメリカンではなくフレンチのオーク樽を使います。極端にモダンではありませんが、深い色やエキスの高いワインを求めてもいません。私たちが求めるのは、重みではなく香りで輝く、アロマの厚みがあるワインです。それを『フェミニンな』ワインと呼ぶ人が多いです。どう呼んでも構いません」。

葡萄は区画ごとに除梗されたあと、圧搾されずに醸造される。抽出は伝統的なポンピングで行い、果帽をつぶしたり沈めたりしない。浸漬の期間は量とヴィンテージの特性によって決まり、20日未満から30日をはるかに超えるまで幅がある。自然なマロラクティック発酵のあと、ワインはだいたい5月か6月に樽に移される。

バレンシソのチームはフレンチ・オーク熟成に1986年までさかのぼる豊かな経験を持っており、それがワインの上質なストラクチャーに示されている。毎年3分の1ず

上：有能なルイス・バレンティンとカルメン・エンシソのチームは、古典でもモダンでもない理想的なワインをうまく実現している。

つが新しくされているので、樽はそれぞれ3ヴィンテージを平均14カ月熟成させる。さらにワインをその後セメント槽に移し、ブレンドして約1年間寝かせてから、清澄せずに瓶詰めするところにも、フランスの影響が見られる。

赤いベリーの特徴が際立つワインで、ほどよい典型性と余韻があり、新鮮さと濃度のバランスが心地よく、全体的な深みが感じられる。バレンシソ・ブランコは渋みのある、輪郭のはっきりしたワインで、生産量は少ない（およそ1000本）。カフカス地方のオーク樽で発酵され、短期間熟成され、若いうちは長く空気にさらすのがよい。

極上ワイン

Valenciso [V]
バレンシソ [V]

彼らは品質と不変性を肝に銘じていて、ヴィンテージによる変動があるにもかかわらず、1998年以降バレンシソのブランド名でリリースされなかったヴィンテージは2003だけである。私たちから見ると、目標は満足のいくレベルで達成されている。素晴らしいバレンシソ・レセルバ2004★は、心からお薦めできる。

Compañía Bodeguera de Valenciso
コンパニーア・ボデゲラ・デ・バレンシソ

葡萄畑面積：17ha　平均生産量：10万本
Carretera Ollauri a Nájera km 0,4,
26220 Ollauri, La Rioja
Tel: +34 941 304 724　Fax: +34 941 304 728
www.valenciso.com

123

NAVARRETE

Bodegas Aldonia　ボデガス・アルドニア

アルドニアは生まれたばかりの事業で、市販用の初リリースは2004ヴィンテージである。これは友人どうし3人——イグナシオ・ゴメス・レゴルブルと、イバンとマリオのサントス兄弟——の業績であり、3人に共通しているのはワインへの情熱と、リオハに家族の葡萄畑を受け継いだ幸運である。1994年には早くも葡萄畑で働き始めている。最初のワイン醸造は2000年だったが、そのワインはバルクで売られた。イグナシオは2010年の終わりに自分の株を売って去り、残った兄弟はボデガに専念した。

彼らは12の異なる区画に15haの葡萄畑を持っている。ほとんどがリオハ・バハのカラホラ北西部にあるエル・ビリャル・デ・アルネドにあるが、およそ1haはナバレテ（リオハ・アルタ）にある。彼らは葡萄畑に重点を置いてきた。葡萄こそが上質なワインへの秘訣だと信じているので、土壌のことを知り、葡萄栽培にもっと力を入れたいと考えている。葡萄樹にすでに見られるバランスを、ワインの中に表現したいのだ。彼らが育てているのは古典的なリオハ品種——テンプラニージョ、グラシアーノ、マスエロ、およびガルナッチャ——と、少量のカラグラニョと呼ばれる絶滅寸前の白葡萄だけである。

プロジェクトにはまだいくつか制限がある。ナバレテの新築のワイナリーは完成に近づきつつあるが、さしあたってレンタルの設備を利用している。現在、果実は除梗された後、32℃未満で10～12日間ステンレス・タンクで発酵され、そこでマロラクティック発酵も生じる。エレヴァージュは300ℓの中古の樽（DOでは認められていないので、汎用の背ラベルを使わざるをえない）で、6カ月ごとに澱引きされる。木材はほとんどフレンチだが、アメリカン・オークも一部使われている。

自分たちのワイナリーが完成したあかつきには、コンクリート槽や全房発酵などの技法を実験する計画だ。彼らはこの地域のバラエタル・ワインを信頼していないので、そのモデルは1つのベースになるワイン——ヴィラージュ・ワイン——に加えて、いくつか単一畑のボトルをつくること、つまりブルゴーニュのモデルにならったワイナリーである。彼らと多くの同業者との違いは、改善や実験への意欲、世界最高級のワインを知ることへの意欲である——リオハの生産者によく見られることではないのだ。

今のところ生産量の75%が輸出されており、スペインでの流通はごく一部なので、直接販売も模索している——彼らが気に入って輸入するブルゴーニュのワインも、自分たちの顧客に売るビジネスである。注目すべきブランドだ。

極上ワイン

Dominio de Conté
アルドニア[V]

このワインに使われる葡萄畑は30年以上経っていて、大半を占めるテンプラニージョに、さまざまな割合でマスエロとグラシアーノを混ぜている。飲みやすいワインで、料理と合わせられるものを探している人向けである——重くなく、エキス分がそれほど高くなく、オークがきつくないが、2口目を飲みたくなる酸味とバランスがある。色は濃くない赤。非常にコストパフォーマンスが高い。2004が好みの日もあれば、2005がいいと思う日もある。

Aldonia La Dama
アルドニア・ラ・ダマ

ラ・ダマ（「ご婦人」）と呼ばれる区画からの単一畑ワインである。リオハ・バハのエル・ビリャル・デ・アルネドの斜面に1968年に植えられたもので、グラシアーノ、マスエロ、テンプラニージョが畑でブレンドされている。土壌が深く、石灰質下地の上の粘土と砂が多いので、周囲の葡萄畑とは異なる個性を発揮している。黒い果実、バランス、エレガンス、新鮮さ、そして風味が、リオハ北部のワインを思わせる。熟成できるバランスを備えた1本である。最高の年にのみつくられ、およそ5000本に限定されている。2005が今のところ私たちのお気に入りヴィンテージである。

Bodegas Aldonia
ボデガス・アルドニア

葡萄畑面積：15ha　平均生産量：5万5000本
Gran Via Juan Carlos I 43, 2E,
26002 Logroño, La Rioja
Tel: +34 670 62 84 98　Fax: +34 941 58 85 65
www.aldonia.es

NAVARRETE
Bodegas Bretón　ボデガス・ブレトン

リオハではここ数年で状況がめまぐるしく変化しているので、ボデガス・ブレトンはまるで大昔からあったかのように、地域の老舗と見られている。しかしペドロ・ブレトンと地元の仲間たちが設立したのはつい1983年のことだ。初期の成功は2人の若者——ワイン醸造家のミゲル・アンヘル・デ・グレゴリオとワイナリーマネージャーのロドルフォ・バスティダ——の働きによるところが大きいが、2人は1990年によそでキャリアを成功させようと別れを告げ、デ・グレゴリオは自分でフィンカ・アジェンデを立ち上げた。さらに、スペインの保守的なワイン愛好家を引き寄せる古典的スタイルを尊重したことも、ブレトンの成功の理由だった。

1990年代後半は、このワイナリーにとって不安定で不確実な期間だったが、2000年以降、亡くなった創業者の跡を継いだブレトンの娘マリア・ビクトリアの指揮のもと、一流のレベルまで戻る道をたどっている。2007年に経験豊富なワイン醸造家のホセ・マリア・ライアンがビーニャ・レアルから来たことで、この傾向が強まっている。

州都ログローニョにあった最初のワイン醸造施設が完成したのは、ちょうど1985ヴィンテージに間に合うタイミングだった。2003年、会社は12km離れた小さいナバレテ村に近い聖ハメス街道の新しい見事なワイナリーに移転した。

すべての葡萄はリオハ・アルタの最優良地域にある地所と契約農家で収穫される。その地所には、ログローニョのはずれのエブロ川南岸沿いにある42haの葡萄畑、ビーニャ・ロリニョンと、22haのドミニオ・コンテが含まれる。ブレトンを扱うアメリカの輸入業者クラシカル・ワインズのスティーヴ・メツラーはドミニオ・コンテを、ブリオネスに近いエブロ川の屈曲に守られた「教科書どおりの葡萄畑」と呼んでいる。葡萄畑の平均年齢は35年を超えており、ボデガによると「リオハの大手生産者の中で最も古い」。葡萄品種は主にテンプラニージョで、マスエロ、グラシアーノ、ガルナッチャ、ビウラが加わる。

自社の葡萄畑が供給するのは必要量の3分の1で、残りはいくつかの地元の栽培家から運ばれる。

生産のかなめはロリニョンのラインアップ——クリアンサからグラン・レセルバまで——である。この数年、若いオークを使わないワインのイウベネは、フルーティーな赤に昔から根強いファンがいるこの地域で、かなりの市場占有率を獲得した。さらにブレトンは、この地域でビウラのみから樽発酵で辛口の白をつくる先駆者となり、熟成に適したロリニョン・ブランコ・フェルメンタード・エン・バリカをつくっている。

しかしもちろん、もっと国際的なスタイルを好んで伝統的ワインを見捨てる人が大勢いた時代に、その路線で重要な生産者としての地位をブレトンが獲得したのは、エレガントで時代を超越しているドミニオ・デ・コンテのおかげだ。

実際、ブレトンは流行から完全に外れていたわけではない。最近では、芳醇できわめてモダンな国際的ワインを少量ながらつくっている。ブリオネスの樹齢8年のテンプラニージョを、フレンチ・オークの新樽で熟成させる。このアルバ・デ・ブレトンというワインは一部の関心を引いてはいるが、ブレトンの戦略の中ではとくに成功しているわけではない。

極上ワイン

Dominio de Conté
ドミニオ・デ・コンテ

1990年代初めにデビューしたとき——ヴィンテージは1989——このワインはスペインの愛好家たちを驚かせた。なぜなら、当時広まっていた「アルタ・エスプレシオン」スタイルをまねようとしていなかったからだ。メツラーが言うように、「テンプラニージョ品種の成熟に理想的なテロワールの恩恵に浴しているドミニオ・デ・コンテは、そのエレガンスとミネラル分が、そして熟成に適しているところが、19世紀末から20世紀初期にかけてつくられた伝説的なリオハを思い出させる役割を果たしている」。

Bodegas Bretón
ボデガス・ブレトン
葡萄畑面積：105ha　平均生産量：140万本
Carretera de Fuenmayor km 1.5,
26370 Navarrete, La Rioja
Tel: +34 941 440 840　Fax: +34 941 440 812
www.bodegasbreton.com

LABASTIDA, SAMANIEGO, ELCIEGO, AND LAGUARDIA
Artadi アルタディ

　フアン・カルロス・ロペス・デ・ラカジェはアメリカの有力誌で98から100点を獲得する無敵のワイン生産者だが、まだ先に待ち構えている課題をはっきり自覚しており、スペインのワインは世界で絶賛されるようになったという地元の話に惑わされない。「リオハでは素晴らしいワインをつくっていると思いますが、リオハもスペインも一般には国際的なワインの世界でいまだに偉大なる無名産地です」と彼は言う。「決して、一部の楽天家が言うようにきちんと理解されてはいません。まだまだ先は長く、学ぶべきこともたくさんあります」。

　それは決して謙虚なロペス・デ・ラカジェのせいではない。なにしろ彼は、リオハ・アラベサの未熟な協同組合セラーを、わずか25年で世界トップレベルのワイナリーに引き上げたのだ。ラガルディアの葡萄栽培一家に生まれ、1970年代半ばにマドリードの葡萄栽培学校をワイン醸造学科の第1期生として卒業したあと、パンプロナで農業工学を学んだ。これはスペインのワイン業界においてはかなり標準的な経歴である――優れた出来の技術的ワインをつくり出す、多くの有能なワイン醸造家に共通する経歴だ。ロペス・デ・ラカジェが違ったのは、真実は葡萄畑にあると知っていたこと、そしてその信条が真に実践されている場所へ――ブルゴーニュへ、ラインへ、ニューワールドの優れた葡萄畑へ――遠く広く足を運んで、より多くを学んだことである。

　彼は今こう振り返る。「あの頃あったのは品質に対する製造主導の考え方で、土壌や気候やヴィンテージには何の注意も払われませんでした。ワインのきれいな色や腐敗を避けることは心配しましたが、口当たりや余韻は気にしませんでした。息子の世代との大きな違いは、彼らはそういうことを初めから知っていて、ワインの本来の品質を決めるものを大事にしていることです」

　1980年代にそのような高邁な考えを資金のない若い栽培家に押しつけるのは難しかったので、ロペス・デ・ラカジェは自分にできることをやった。数人の仲間を集め

右：フアン・カルロス・ロペス・デ・ラカジェの決断力、技術、そして洞察力がアルタディを最高ランクに引き上げた。

謙虚なロペス・デ・ラカジェは、
リオハ・アラベサの未熟な協同組合セラーを、
わずか25年で世界トップレベルのワイナリーに引き上げた。

て小さい協同組合のセラーをつくったのだ。そこに自分の葡萄を持ち込むと、単に個人経営のボデガや大手の協同組合に売るよりも、努力に対して多くの見返りを得ることができる。その協同組合の名前はコスチェロス・アラベセスから、間もなくブランド名のアルタディに取って代わられた。

その時代の他の駆け出し生産者——アベル・メンドーサが思い浮かぶ——と同様、アルタディ・グループは数年間、最低価格帯の基本的なワインしかつくっていなかった。全房をカーボニック・マセレーションする伝統的手法でつくられる、オークを使わない若いコセチェロの赤である。これはリオハのあらゆる家庭で1日に2回飲まれ、リオハとバスク地方あらゆるバーで飲まれるワインだ。

ロペス・デ・ラカジェは最初から、自分の強みは葡萄栽培と、リオハでテロワール主導のワインに回帰することを目指す事業にリーダーシップを発揮することだとわかっていた。

アルタディのワインが他より優れていた理由は、細心の注意を払って醸造されていたことと、それより何より、ロペス・デ・ラカジェの監督のもとで有機栽培されている古い葡萄樹から生まれていることにあった。彼の葡萄は通常、もっとはるかに高価な大樽熟成ワインになるのだ。アルタディのホベンは今日も相変わらず上質だ。ただし最上級の葡萄は、ロペス・デ・ラカジェが支配株主の私企業となったこのボデガがつくる、もっと高価なワインの原料になっているので、ホベンは前と変わったと不満を漏らす顧客もいる。しかしそれは当然の成り行きであり、樽熟成でいまだに手堅い価格のビーニャス・デ・ガインの展開に対応している。

ロペス・デ・ラカジェは最初から、自分の強みは葡萄栽培であり、それに加えて、当時の流行語だったテクノロジーとマーケティングに惑わされず、リオハでテロワール志向のワインへの回帰を目指す事業にリーダーシップ——イデオロギー的な推進力だという人もいる——を発揮することだとわかっていた。彼は最初から一流のワイン醸造家、すなわちどちらかというと不干渉主義で上質のワインをつくる腕のある人物を、味方につけることを選んだ。アルタディが初の樽熟成——現在セラーにある1300の大樽はすべてフレンチ・オーク製——のワインをデビューさせたとき、その人物はベンハミン・ロメオであり、その素晴らしい仕事ぶりはすぐに広く認められるところとなる。意外でもないだろうが、ロメオが1999年にアルタディを去り、近くのサン・ビセンテ・デ・ラ・ソンシエラで自分のボデガを始めることにしたとき、ロペス・デ・ラカジェとロメオの間はあまりうまくいっていなかった。

しかしその穴はすぐ、外国人の獲得で埋められた。ロペス・デ・ラカジェははるばるスペインを縦断して、当時正当に評価されていなかった南東部のフミーリャまで行き、フランス人醸造家のジャン・フランソワ・ガドーを引き抜いた。彼は数年前、古いモナストレル（フランス語名はムールヴェードル）の葡萄樹を熱心に探していたフランスの会社アルトスデル・ピオとともに、その地に来ていた。アルト・デル・ピオは時代の先を行き過ぎていて間もなく破産したが、ガドーはフミーリャにとどまり、地域再生の先駆者となっていたアガピト・リコのために働いていた。しかし彼はためらうことなく、すでに有名だったリオハのアルタディに移るチャンスをとらえた。そしてリコとガドーとともに、ロペス・デ・ラカジェはフミージャの近くにエル・セケを設立する。このワイナリーは現在完全にアルタディ・グループに組み込まれている。

ロメオと次にガドーをセラーに迎えて、アルタディの品ぞろえは1990年代初めから増えていき、それとともに葡萄畑も70haから88haに広がって、必要量の80％をカバーするようになる。

100％テンプラニージョのキュベ、ビーニャス・デ・ガイン（バスク語で「高さ」）は、それ以来アルタディの主要な収入源となっているワインだ。オークを使わないホベンは4万本あまりという現在の年間生産量レベルに減らされた——ビーニャス・デ・ガインのわずか10分の1である。1987年にビーニャス・デ・ガインが初めておずおず

と出現したときと逆だ。

このキュベに見られる深み、テロワール感、複雑さ、そして純粋な喜びは、スペインでこれほどの量を生産され、15〜20ユーロで売られているワインにしては驚異的だ。経験豊かなイギリス人テイスターのトム・カナヴァンは2004ビーニャス・デ・ガインを典型的な褒め言葉で表現している。「美しく、豊かな、深い、深紅色。深く、がっしりした、官能的なノーズには豪華な赤い果実感が伴い、ほのかなハーブと木のスモークがビロードのような印象を与え、タイトな個性からかすかなモカと複雑さがのぞく。口に含むと素晴らしい果実味で、例の特徴的な濃度とコクのバランス、そして新鮮な果実と酸の特徴が感じられる。素晴らしい芳醇なワインで、ストラクチャーと存在感があり、見事な果実味、そして熟成の潜在力がある」。

アルタディの基本ラインの3番目はもっと最近加わったもので、おもに国際市場向けにつくられている。アルタディ・オロビオはアルタディ・ホベンより低価格で売られており、若いテンプラニージョの葡萄樹からつくられる。半分は短期間フレンチ・オーク樽で熟成されるが、残りの半分はタンクに入ったままで、そこからブレンドされる。栓はスクリューキャップで——今はホベンも同様——複雑さのない新鮮な飲み物である。

それとは対極の位置に、優れたヴィンテージにのみつくられる特別なブレンドがある。グランデス・アニャーダスだが、現在徐々に減らされているようだ。しかしこれはいまだにロペス・デ・ラカジェのこだわりの領域だ——素晴らしい品質の古いテンプラニージョ畑である。小さい3つの葡萄畑のブレンドはパゴス・ビエホスと呼ばれ、ビーニャ・エル・ピソンは依然として最高級に君臨している。

しかしもうすぐ出るものもある。「ワインの真実を見つける方法の1つが、テロワールを区別することです。1つ1つの区画どれにも独自の個性がありますから」とロペス・デ・ラカジェは言いながら、アルタディがずばぬけた2009ヴィンテージに初めてつくった3種類の単一畑ワイン、エル・カレティル、ラ・ポサ、バルデパライソの樽のサンプルを見せてくれた。1990年代初め以降、パゴス・ビエホス・キュベの根幹をなすこの古い区画が、それぞれ10樽（3000本）ずつできることになる。

もちろん、以前からずっと別に収穫され瓶詰めされている第4の古い葡萄畑がある。名目上、エル・ピソン葡萄畑はもうアルタディのものではなく、ビニェードス・ラカジェ・ラオルデンのものになっている——フアン・カルロスと妻ピラルの姓を冠した会社である。そうすることで、ロペス・デ・ラカジェはその伝説的な葡萄畑の特性を際立たせているのだ。その畑は彼が、ブルゴーニュで言う「モノポール」として、スペインの真の「グラン・クリュ」の1つとして、祖父から受け継いだものだ。つまり実際問題としては、ビーニャ・エル・ピソンはまだアルタディの資産の一部であり、アルタディにとっての旗手なのだ。その2004ヴィンテージはロバート・パーカーの『The Wine Advocate』誌で100点を獲得した初めてのアルタディ・ワインである——その象徴的な数字をアルタディは10年間ねらっていた。

もう1つロペス・デ・ラカジェが昔から気に入っているのは白ワインで、1990年代にしばらくいろいろ手を加えていたが、2006年によみがえらせてかなり成功している。ブルゴーニュへの進出が、白を再びつくり始めるという決断に一役買ったことは間違いない——葡萄畑に公式には白品種がないワイナリーとしては注目すべきことである。それでも、よみがえったビウラの白に使う葡萄のうち、アルタディが買う必要があるのは30%にすぎない。リオハ・アラベサの古い混合の葡萄畑は少量の白葡萄を産するという利点があり、今では、カーボニック・マセレーションの若い赤に使うマストに加えるより、もっとおもしろい使い方が見つかったわけだ。

極上ワイン

Viña El Pison
ビーニャ・エル・ピソン★

8000本ほどの少量のキュベ。1945年にテンプラニージョに加えてグラシアーノとガルナッチャも少し植えられた、ラガルディア南東部の2.8haの区画から生まれる。テンプラニージョ葡萄

ARTADI

をとてもデリケートかつエレガントに表現していて、驚異的なレベルの複雑さに達することが多い。モダンな古典である。2004ヴィンテージがとくに上出来だ。

Pagos Viejos
パゴス・ビエホス

アルタディが所有する古い区画の中で最高の3区画をブレンドしたもの。ビーニャ・エル・ピソンよりも素朴だが、少なくとも同じくらい複雑で、この20年の間にずば抜けた熟成力を見せている。

Viñas de Gain Blanco Fermentado en Barrica
ビーニャス・デ・ガイン・ブランコ・フェルメンタード・エン・バリカ★

アルタディに白品種専用の葡萄畑はないが、その古い区画にはビウラの古樹が点在しているところが多い。1990年代半ばの2、3年、白葡萄を別に収穫し、そのマストをオーク樽で発酵して、非常に上質な白ワインをつくっていた。この慣習は中断されたが、2006年に復活した。ワインは発酵の後ステンレス槽に移され、細かい澱の上で2年間熟成される。上質のグラーヴの白に似ていて、花とミネラルのノーズと本物の深みがあり、間違いなく熟成に値する。

Artadi
アルタディ
葡萄畑面積：88ha　平均生産量：85万本
Carretera Logroño s/n, 01300 Laguardia, Álava
Tel: +34 945 600 119　Fax: +34 945 600 850
www.artadi.com

LABASTIDA, SAMANIEGO, ELCIEGO, AND LAGUARDIA

Herederos del Marqués de Riscal
エレデロス・デル・マルケス・デ・リスカル

世界中がマルケス・デ・リスカルを見直したのは、フランク・ゲーリーがこの歴史的ボデガの入り口にそびえる贅沢なホテルとレストランを擁するピンクとシルバーのミニ・グッゲンハイムを設計したからだというのは、厳然たる事実である。とはいえ、マルケス・デ・リスカルが見せられるのはまぶしく輝く建物だけではない――リオハの歴史を体現しているのだ。最近の記録はゲーリーの作品ほど輝かしくはないかもしれないが、品質への新たなこだわりの兆候が見られる。

同社は「さかのぼること1858年、リオハで初めてボルドー式の手法でワインをつくるワイナリーになった」と主張している――この主張はいまだ論争を呼んでいる。なぜならリスカル初のワインがつくられたのは実は1862年であり、マルケス・デ・ムリエタも最古の生産者だと豪語している。

マルケス・デ・リスカルのカミロ・ウルタード・デ・アメサガが、地域の葡萄栽培家たちにメドックで行われているような葡萄畑の栽培とワインづくりの技術を手ほどきできるメートル・ド・シェを手配してほしいと、アラバ県から依頼されたのは、まさしく1858年のことだった（後継者たちが「外交家でジャーナリストで自由な思想家」と表現するカミロ・ウルタードは、エルシエゴのトレアに葡萄畑とワイナリーを所有していたが、当時スペインの進歩主義者の間によくあった自主亡命によって1836年以降ボルドーに住んでいた）。白羽の矢が立ったのは、シャトー・ラネッサンのワイン醸造家ジャン・ピノーであり、彼は実験的葡萄畑を始めるというアイデアとともに、カベルネ・ソーヴィニョン、メルロー、マルベック、ピノ・ノワールの「完璧に品質を保証された若い葡萄樹9000本」を、リオハ・アラベサに持ち込んだ。

ピノーがリオハの葡萄栽培家数人とともに取り組んだ努力は実を結んだ。彼らが手にしたのは安定した質の高いワインであり、しかもかつてない熟成能力を備えていた。というのも、ワインはボルドーの樽で熟成されたのだ――結局これがピノーによってもたらされた最も決定的な革新である。しかし悲しいかな、樽熟成するには、地元の栽培家たちがそれまでやっていたようにワインをすぐに売ることはできないので、彼らはみなプロジェクトから手を引いた。ピノーの契約は更新されなかったが、マルケス・デ・リスカルが飛びついてピノーを雇い、1860年、メドックの一流の「シェ」を研究していた建築家のリカルド・ベルソラの設計による新しいセラーを建設した。

同じ年、ジャンの息子のシャルル・ピノーがマルケスの設置した樽保管庫内で初めてボルドースタイルの樽をつくり、トレアの39haの葡萄畑が新しいワイナリーに葡萄を供給し始めた。そこには10haのフランス品種も含まれていた。

リスカルとカベルネ・ソーヴィニョンとの長いつき合いが、何年も経ってから論争に火をつけることになり、リオハの原産地呼称はしぶしぶ、ラベルにその名前を表示しないという条件で、この品種に「試験的」という地位を与えた。リベラ・デル・ドゥエロでは話が別で、カベルネ・ソーヴィニョン、メルロー、マルベックが1860年代からベガ・シシリアに不可欠な要素だったため、これらの品種は認められた。

20世紀前半、マルケス・デ・リスカルの最上級ワインはいわゆるキュベ・メドックで、60％を上回るカベルネ・ソーヴィニョンが含まれていた。そのうちの1945をスペイン産赤ワインの最高峰と考える人が大勢いる。

1986年以降、リスカルはバロン・デ・チレル・キュベでこの伝統を一新した。15～20％含まれるカベルネ・ソーヴィニョンを、総支配人で主任ワイン醸造家であるフランシスコ・ウルタード・デ・アメサガは「カルベネ・リオハノ」と呼び、「ここに植えられてから非常に長い年月が経っているので、完全に適応しており、もはや最初の葡萄樹と同じではない」と言う。

実際、フランス人著者のアラン・ウエツ・ド・ランスが1967年の『*Vignobles et Vins du Nord-Ouest de l'Espagne*』に書いているところによると、全面的に承認されているガルナッチャ品種がリオハで見られるようになったのは、1900年頃のフィロキセラ禍のあとに葡萄畑が植え直されてからのことで、アラゴンから持ち込まれた

右：ジェネラルマネージャーで主任ワイン醸造家であるフランシスコ・ウルタード・デ・アメサガは、過去の栄光を取り戻すと心に誓っている。

132

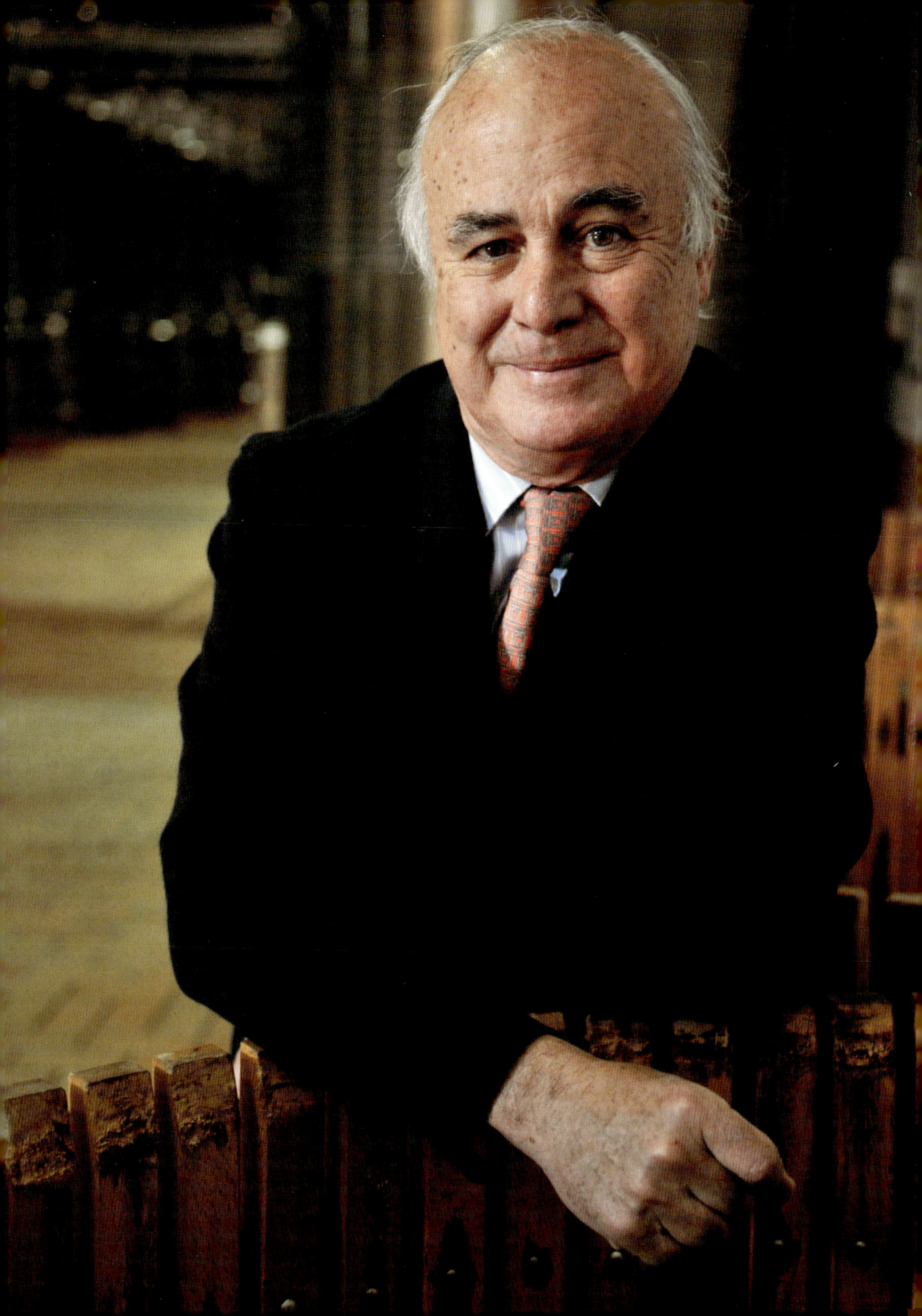

ものだという。しかしガルナッチャは「土着」と呼ばれ、カベルネは「外来」と呼ばれる――葡萄栽培用語の気まぐれな区別だ。

　カベルネ・ソーヴィニヨンは1950年以降、マルケス・デ・リスカルのブレンドから事実上消えたが、スペインのどこよりも完璧な古いワインのコレクションを蔵するワイナリーで行われる垂直試飲によって、それがあってもなくても、伝説的なグラン・レセルバは見事に熟成することが

証明されている。その品質は早くから認められ、大博覧会の世紀を通じて数々の金賞を獲得し、1895年にはボルドーで賞状を授与されている。

　バロン・デ・チレルとグラン・レセルバはそのレベルを保ってきたが、近年、基本のレセルバは毎年300万本以上つくられる量産ワインになった。つねにきちんとつくられているので十分良質なリオハワインだが、ワイナリーのイメージには不利である。興味深いテンプラニー

に最も近いのは、1回限りのワインかもしれない——ワイナリーの創業150周年を記念してつくられた150アニベルサリオ・レセルバ2001である。最高のリスカル・ワインがつねにそうあるように、ぴりっとした生気のあるこのワインは、全国紙『El Mundo』の定評あるワイン・サイトelmundovino.comによって、2009年のスペイン最優秀赤ワインに選ばれた。

今日、ワイナリーはエルシエゴ周辺に広大な葡萄畑網を所有している。主にテンプラニージョだが、グラシアーノ、マスエロ、そしてカベルネ・ソーヴィニヨンもある。しかし巨大ワイナリーとなったリスカルにとって220haでは十分にはほど遠く、さらに985haを地元の栽培家と契約している。

リスカルはリオハでまだロゼもつくっているが、白はつくっていない。40年前、当時忘れられていたルエダ地方に生産を移し、絶滅しかけていたベルデホ品種をベースにするという決断がかなりの利益を生み、ルエダの再生にとって実際きわめて重要な転機となった。それをベースに、リスカルはルエダで赤ワインにも手を広げ、ビーノ・デ・ラ・ティエラ・デ・カスティージャ・イ・レオンとして売っている。ルエダの原産地呼称を白だけに限定しようと精力的に運動したが、最終的には無駄に終わった。

極上ワイン

Marqués de Riscal Gran Reserva
マルケス・デ・リスカル・グラン・レセルバ

このワインは、何百万本というレセルバに比べればほんの少量の生産だが、古いアメリカン・オークで熟成されるデリケートな伝統的グラン・レセルバ・リオハの繊細な魅力をすべて備えている。

Barón de Chirel
バロン・デ・チレル

モダンで、濃厚で、贅沢にオークを使った(この場合は新しいフレンチ・オーク)このワインは、自動的に「国際スタイル」に分類されるわけではない。というのも、非常に奥行きのあるテンプラニージョに加えられた少量のカベルネ・ソーヴィニヨンによって、このワインに古典的なキュベ・メドックの活力と熱意が生まれている。

Herederos del Marqués de Riscal
エレデロス・デルマルケス・デ・リスカル

葡萄畑面積：220ha　平均生産量：450万本
Calle Torrea 1, 01320 Elciego, Álava
Tel: +34 945 606 000　Fax: +34 945 606 023
www.marquesderiscal.com

上：人目を引く画期的なフランク・ゲーリーの建築は、ワイン愛好家がリスカルのワインを見直すのに役立った。

ジョとグラシアーノのブレンドである新しいフィンカ・トレア・ワインには、そのイメージを立て直そうという狙いがある。意欲的な(そして高価な)ゲーリー・キュベも同様だ——ゲーリーがワイナリーの一部を初めて建てる気になった魅力の1つだと言われている。しかし、1936や1945や1964のような素晴らしい歴史的リスカル・ワイン

LABASTIDA, SAMANIEGO, ELCIEGO, AND LAGUARDIA
Bodegas y Viñedos Pujanza
ボデガス・イ・ビニェードス・プハンサ

　カルロス・サン・ペドロとその家族は、リオハ・アラベサ地区でもとくにワインと関係の深い名前をもっている。最近についても遠い過去についても、歴史がそう語っている。遠い過去に関しては、ラガルディア周辺でのサン・ペドロ家の活動を証明する15世紀の記録がある。最近について言えば、サン・ペドロ家は、ビーニャ・エル・ピソンを植えた曽祖父ヘナロ・サン・ペドロから始まり数世代にわたって、葡萄栽培とワインづくりが続いている。ちなみにビーニャ・エル・ピソンは現在、孫のフアン・カルロス・ロペス・デ・ラカジェがアルタディのために首尾よく管理している。

　現状もこの専心ぶりを裏づける。家族の数人がラガルディアで別々のワインメーカーを経営しているのだ。その理由の1つは、家長のハビエル・サン・ペドロが今はなきボデガス・サン・ペドロ（当然の名前だ）で栽培していた80haの葡萄畑が分割されたことにある。サン・ペドロ家の会社として、ボデガス・ディオス・アレス（カルロス・サン・ペドロとその妻が所有）、ボデガス・ラス・オルカス（カルロスの姉妹クリスティナが所有）、そしてボデガス・バリョベラ（カルロスの兄弟ハビエル・サン・ペドロが経営）が挙げられる。バリョベラは間違いなく本書で取り上げるべき候補の筆頭だが、最終的にスペースの関係で割愛することになった。

　そして最後に、ボデガス・イ・ビニェードス・プハンサがある。カルロスが弱冠25歳で選んだ野心的なチャレンジである。自分は正しい道を進んでいると確信する人間の謙虚な精神（自分は正しいと知っているがそれを自慢しない人から生まれる真の慎み深さ）を持つ彼は、しばしば、リオハに見られる軽さと重さの両極端のバランスを求めることは、自分の家族に戻る1歩かもしれない主張する。実は彼がプハンサはそういうものではないと確信している気がする。彼は他の人と同様、賛辞や高評価に感謝しているが、自然と接して働いている人の多くと同じように、そういうものをかなり懐疑的に見る傾向があ

右：カルロス・サン・ペドロは25歳でボデガス・イ・ビニェードス・プハンサを設立して以来ずっと立派に成功している。

136

自分は正しい道を進んでいると確信する人間の謙虚な精神（自分は正しいと知っているがそれを自慢しない人から生まれる真の慎み深さ）のあるカルロス・サン・ペドロは、リオハに見られる両極端の軽さと重さのバランスを求める。

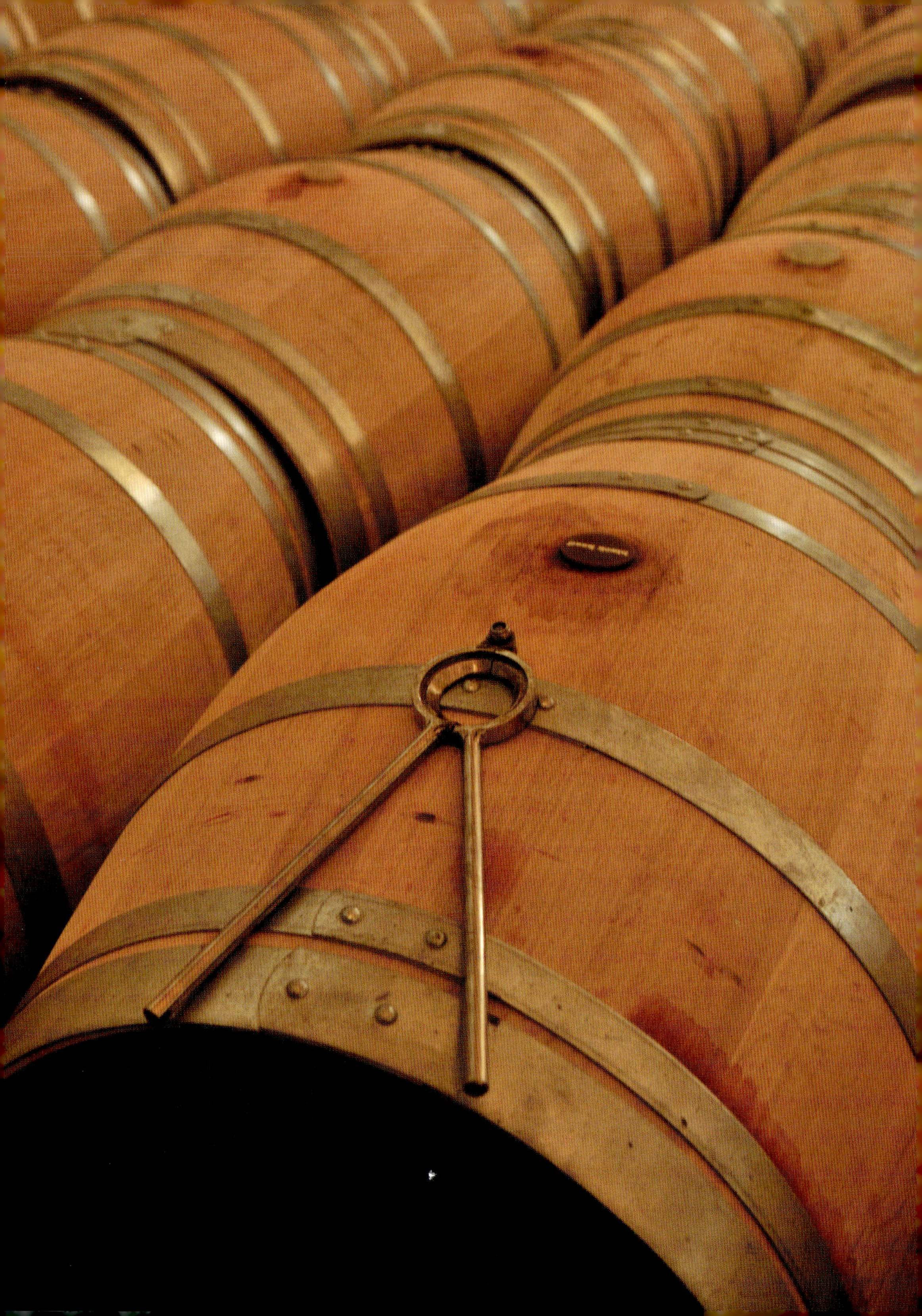

る。彼がとくに楽しんでいるのは自分のワインを売ることだ——「今のところうまくいっています」と笑顔で言い添えている。

カルロス・サン・ペドロと彼のチームが力量を示したヴィンテージは2002である。理由はそれまでに自社の新築施設に落ち着いたからではなく、そのような難しい年に首尾よく得られた非凡な成果である。2002プハンサは、表現豊かでフルーティーなだけでなく、エレガントで洗練されていた（そして今も変わらない）。すっきりしていて、オークとミネラルの香りがうまく溶け込み、口に含むとそのノーズがこだまし、ラズベリーとブラックベリーの香り、ほどよい酸味、そして驚くほどの余韻がある。前年も翌年ももっと熟したヴィンテージで、プハンサのワインも意欲的にチャレンジした（とくに特筆すべきは、2007の見事にバランスの取れた果実味だが、オーク香が溶け込むのには時間が必要だと思う）。しかしそのような品質レベルに達する同価格（当時11〜12ユーロ）の2002ワインは珍しい。

プハンサとプハンサ・ノルテはこのワイナリーのトップ2である。新入りが2種類ある。1つは超高級なシスマ——接ぎ木されていない低収量のテンプラニージョ（と少しのビウラ）が植えられている0.7haのラ・バルカバダ葡萄畑から生まれる赤。もう1つは、ミネラルが特徴的な白のビウラ・バラエタルで、原料は別の葡萄畑で収穫される——このプハンサ・アニャーダス・フリアスは、品種のニュアンスよりも白亜のテロワールの特徴を表現するために、（ワインの名前に示されているとおり）比較的低温のヴィンテージにのみつくられる。今のところ、このワインが生産される具体的な条件を満たしたのは2007ヴィンテージだけである（リリースは2010年9月）。

ボデガス・イ・ビニェードス・プハンサが所有する葡萄畑は上述の3つだけではない。ラガルディア周辺地域にこつこつと買い集め、合わせて40haほどになっている。カルロス・サン・ペドロはとくにサン・ロマンと呼ばれるテンプラニージョ畑に熱を入れている。2009年に取得したばかりで、2.7haが海抜720mとこの地域でもとくに高度の高い、ラガルディアとレサの間にある——実際、2つの地区の境界が葡萄畑をまっすぐ抜けている。

極上ワイン

Pujanza
プハンサ

プハンサは比較的生産量が多い——カルロス・サン・ペドロが2001年に1998ヴィンテージで名乗りを上げたワインである。原料は主にバルデポレオまたはラ・ビーニャ・グランデと呼ばれる葡萄畑で収穫される。海抜630mの粘土石灰石土壌に主にテンプラニージョを植えた15haの畑である。プハンサは通常テンプラニージョのバラエタルだが、1998年や2003年のような暖かい年には、同じバルデポレオ畑の1.5haの区画に植えられたグラシアーノを少し取り入れる。

Pujanza Norte
プハンサ・ノルテ★

初リリースからわずか1ヴィンテージ後の1999年、ここで他に生産されたワインは初めてつくられたプハンサ・ノルテだけだった（ただし、カルロスは初めて自社の設備でつくったヴィンテージの2001をノルテの初ヴィンテージとする主義だ）。エル・ガンチョまたはエル・ノルテと呼ばれる白亜質石灰岩土壌の葡萄畑から生まれる。主にテンプラニージョを植えられている2.7haは海抜680mにある——リオハ・アラベサで高品質の葡萄畑がある最高高度に近い。バラエタル・ワインではないが、つねにテンプラニージョが大部分を占める（その傾向が強まっていて、最初は60%だったが、2004年には85%になっている）。注目すべきは、ノルテ畑もプハンサ・クリスマを生み出している畑も、5%のビウラの樹が点在しており、収穫されてどちらのワインの生産にも投入されることである——リオハに限らない伝統的な慣習である。

Bodegas y Viñedos Pujanza
ボデガス・イ・ビニェードス・プハンサ
葡萄畑面積：40ha　平均生産量：14万本
Carretera de Elvillar s/n, 01300 Laguardia, Álava
Tel: +34 945 600 548　Fax: +34 945 600 522
www.bodegaspujanza.com

左：カルロス・サン・ペドロがリオハの両極端を避ける高価なワインをつくっているオーク樽。

LABASTIDA, SAMANIEGO, ELCIEGO, AND LAGUARDIA
Granja Nuestra Señora de Remelluri
グランハ・ヌエストラ・セニョーラ・デ・レメリュリ

グランハ・ヌエストラ・セニョーラ・デ・レメリュリは、アラバ県のシエラ・デ・カンタブリア（カンタブリア山脈）のふもと、ラバスティダのトローニョ修道院だった場所にある。14世紀にこの地で穀物と葡萄樹を栽培したヘロニモ修道会の古い地所だ。1967年にバスクの実業家ハイメ・ロドリゲス・サリスが買い取り、修道院をワイナリーに変えて、全リオハでもとりわけ美しい一画にした。ロドリゲスの息子のテルモ・ロドリゲスはスペインで最も有名かつ有力なワイン醸造家の1人であり、10年近く同社を経営した後、1994年に自分のコンパニーア・デ・ビノス・テルモ・ロドリゲスを立ち上げた。

ここは10世紀からの墓地や、中世からの古い石のラガール（ワインづくりのために葡萄を踏む槽）など、歴史にあふれている。その葡萄は、ブルゴス大聖堂の修道院長マヌエル・キンタノが、18世紀の終わりにボルドー式の手法で初のリオハワインをつくるのにも使われた。現在小さな博物館があり、はるか青銅器時代までさかのぼる品々——地所で発見された古い版木、物、さまざまな考古学資料——を見ることができる。

最近、バスクの画家ビセンテ・アメストイがこの地所に13世紀のサンタ・サビーナ修道院を復元したが、そこには『ビルゲン・デ・ヌエストラ・セニョーラ・デ・レメリュリ』が掛けられている。アメストイはスペイン屈指の重要な現代画家であり、2001年に亡くなる前、5人の聖人の連作を手掛けていた。そのうちの1枚は、レメリュリのラベルが付いた胸当ての一種を身に着けた葡萄づくりの守護聖人サン・ビセンテ（聖ウィンツェンチウス）と、天国のシーンである。

自分たちのワインに使う葡萄をすべて栽培する、ボルドーのシャトーのように営まれる数少ないワイナリーの1つだったということで、レメリュリは初ヴィンテージでリオハ近代化の基準になった。さらに、除草剤、無機質肥料、そして合成製品の使用を減らす先駆者でもあった。

右：ハイメ・ロドリゲスと息子のテルモ。テルモは由緒あるワイナリーに戻り、姉のアマイアとともに経営している。

自分たちのワインに使う葡萄をすべて栽培する、
ボルドーのシャトーのように営まれる数少ないワイナリーの1つだったということで、
レメリュリは初ヴィンテージでリオハ近代化の基準になった。

ホリスティックな農業システムで葡萄畑を補完するために、アーモンド、モモ、イチジク、そしてオリーブの木が植えられている。

105haの葡萄畑には、テンプラニージョ、グラシアーノ、ガルナッチャ、ガルナッチャ・ブランコ、モスカテル、マルバシア、シャルドネ、ヴィオニエ、ソーヴィニヨン・ブラン、ルーサンヌ、そしてマルサンヌが植えられている。主流はテンプラニージョで、平均樹齢は30年だが、フィロキセラ禍前の葡萄樹が植わっている段々畑もあり、最古のものは1876年からある。グラシアーノはトローニョでは伝統的品種だったようで、新しく植えられたものにも含まれている。白品種（ビウラはない）は700mほどの高地に植えられているので、熟すのがかなり遅く、収穫は10月、時には11月に行われる。土壌はやせた白亜質で石が非常に多いが、必要な湿度を保つ粘土の層がある。

最初はリオハの伝統にしたがっていた
スタイルは近代化された。
レメリュリはモダン・リオハの先駆けだったが、
今では古典的ワイナリーと目されている。

セラーで採用されている手法はボルドーよりブルゴーニュに近い。発酵は大きなオークのティナまたはコノで行い、ワインをポンプオーバーするのではなく、果帽を足でパンチダウンする。そのほうが洗練されたタンニンになると考えられているからだ。マロラクティックもその大きいオーク槽で行われ、ほんの一部だけが樽で行われる。樽は新旧の混合だが、より多くの酸素注入が必要な奥行きのあるワインのためには新しいものを使うといった具合に、ワインによって異なる。

最初はリオハの伝統にしたがっていたスタイルは、テルモが指揮を執っている間に近代化された。レメリュリはモダン・リオハの先駆けだったが、コンティーノ同様、今では古典的ワイナリーと目されている。

2010ヴィンテージがレメリュリにとって新しい時代の幕開けである。テルモは放蕩息子のように家族のワイナリーに戻り、今は姉のアマイアとともに切り盛りしている。彼女はすでに有機栽培を実施しているレメリュリの葡萄畑を、バイオダイナミックス農法に転換しようと考え、ブルゴーニュのドメーヌ・ルフレーヴで見習い研修をした。2人はワインについてもさらに1歩前進したいと考えていて、葡萄畑とワイナリーで伝統を強化している。レメリュリには胸躍る将来が待っていそうだ。

極上ワイン

Remelluri Blanco
レメリュリ・ブランコ★

テルモ・ロドリゲスは白リオハの近代化に重要な役割を果たしている。彼は広く旅して学び、世界中のワインと葡萄についての十分な知識を得た。そして、ラバスティダにあるレメリュリの家族ワイナリーのほうが、すぐれた白をつくることができると考えた。そういうわけで1990年代にひそかに、ヴィオニエ、ルーサンヌ、マルサンヌ、グルナシュ・ブラン、ソーヴィニヨン・ブラン、シャルドネ、ムスカ、プティ・クルビュと、さまざまな試験的白品種を植え始めた。最初のうちは2500本しかつくられなかったうえに、試験的葡萄を使っていて、生産量が非常に少ないせいで2つのヴィンテージをブレンドして94/95、96/97、98/99というロットをつくらざるをえなかったために、すべてアメリカに輸出された。しかしそのワインが一部のソムリエや個性派ワインのマニアの注目を集め、ロバート・パーカーからの賛辞さえ獲得した。テルモがつくった白は、引き続き家族ワイナリーの品ぞろえに並ぶことになる。主義を明確に宣言する重いブルゴーニュ型ボトルで売られるこのワインは、ブルゴーニュスタイルでつくられ、樽発酵され、12カ月ほど樽熟成される。ラインアップ中の最も優れたワインだと考える人もいる。最も独創的な品であることは間違いない。ワインはうまく熟成するので、出会うボトルはどれも試しごたえがあるが、最近のヴィンテージでは2004が私たちのお気に入りだ。

Remelluri Reserva
レメリュリ・レセルバ

レセルバはつねにワイナリーの旗艦ワインであり、リオハ全体でもトップクラスの模範例である。地所が低温の高地にあるので、葡萄はいつも平均より遅く収穫される。ブレンドを構成するテンプラニージョ、ガルナッチャ、グラシアーノは、別々に収穫され、醸造される。2005、2001、および1994が個人的に気に入っている。

Remelluri Gran Reserva
レメリュリ・グラン・レセルバ★

　レメリュリのグラン・レセルバは厳選されたヴィンテージにしかつくられない。スペイン市場ではシェアを着実に失いつつある部類である。レセルバの場合と同様、別々の品種は別々に古いオークのティナで発酵され、その後26カ月余り樽で熟成される。樽の85％がフレンチ・オーク、残りはアメリカン・オークだ。古典的なリオハで、新鮮な果実味とたっぷりのスパイシーなバルサムの香りに、パイプタバコ、アニシード、そしてリコリスがほのかに混じる。古いヴィンテージが見つからない場合、1999がこれを書いている時点(2010年)で最新のリリースであり、古典的なリオハ・アラベサの特徴を示している。

Remelluri Colección Jaime Rodríguez
レメリュリ・コレクシオン・ハイメ・ロドリゲス

　最近のラベルであり、テロワールを重視し、地所で最古の葡萄──大半がテンプラニージョにほんの少しガルナッチャ──を使い、フレンチ・オークの新樽で熟成させる。より濃厚な深いワインで、オークが際立ち、調和のために瓶内で寝かせる必要がある。2001か、もっと熟している2003を試してほしい。2003のほうが現在手に入りやすい。

右：昔から環境への優しさを信条に運営されてきたレメリュリの美しい広大な地所への門。

Granja Nuestra Señora de Remelluri
グランハ・ヌエストラ・セニョーラ・デ・レメリュリ

葡萄畑面積：105ha　平均生産量：55万本
Carretera Rivas s/n, 01330 Labastida, Álava
Tel: +34 943 631 710　Fax: +34 943 630 874
www.remelluri.com

LABASTIDA, SAMANIEGO, ELCIEGO, AND LAGUARDIA
Fernando Remírez de Ganuza
フェルナンド・レミレス・デ・ガヌサ

ナバラから移ってリオハ・アラベサに居を定めたフェルナンド・レミレス・デ・ガヌサは、長年不動産業を営んでおり、その仕事上、担当地域にあるほとんどの人が知らないような葡萄畑を知るようになった。彼はそれを売り買いし、交換取引していて……そして熱心なワイン愛好家だったので、やがて最高の葡萄畑を自分で保有し、本格的な農園をつくり、ワイナリーを建てるべきだと決心した。

彼が1978年に始めたのは、まとまった大きい農園を作り上げるための零細な葡萄畑——有名なスペインのミニフンディオ——の土地交換を専門に扱う事業だった。なかにはリオハの有名ワイナリーが買うものもあった。彼は今こう振り返る。「およそ2000件の買収、売却、交換に関与したと言えます」。

近代主義者と呼ばれることを決して恐れず、
フェルナンド・レミレス・デ・ガヌサは
他とは違うセラー設備を設計し、
ほとんど自分でつくり上げた。

したがって転職したとき、土地については何でも知っていた。それからワインづくりの部分があるが、彼が地域を本当に驚かせたのはまさにその部分だった。セラーの仕事に関する独特の構想を土台に、才気あふれる技術的創作力を発揮したのだ。近代主義者と呼ばれることを決して恐れず、彼は他とは違うセラー設備を設計し、ほとんど自分でつくり上げた。設立は1989年である。

サマニエゴの美しい中世の村とぴったり調和しているその複合ワイナリーは、実際よりはるかに古く見える。完璧な輝きを放つ200年前の石レンガで仕上げられているからだ。広い中庭を小川が横切り、あたりは牧歌的な平和が満ちている。中に入ってはじめて、他に類のない驚異的な最先端のワイン醸造設備が見つかる。

しかし伝統主義者がたじろぐ前に、強調するべき重要な事実がある。レミレスが所有する葡萄畑——サマニエゴとリオハ・アラベサの他の村々に57ha——は驚くほど良質で、素晴らしい葡萄を生み出す。平均樹齢——およそ60年で、100年の葡萄樹もある——はおそらくリオハのどの農園よりも古い。品種は90%がテンプラニージョ、8%がグラシアーノ、2%がガルナッチャ、すべて先端を剪定されている。

葡萄栽培と収穫（すべて小さいバスケットに手摘み）は隅から隅までレミレスが監督しており、ソーテルヌのトップシャトーで行われているのと似たトゥリ（選別収穫）の体制ができている。熟度をしっかり監視し、それぞれの葡萄樹に何度か行って、行くたびに完璧に熟した房だけを摘む。

それからレミレスの技術の魔法がかけられる。まず3台のベルトコンベヤーによる三重の選別だ。1回目はこぼれた葡萄の粒を取り除き、2回目は傷ついた房を捨て、3回目は房を横半分にカットする。この過程はすべて熟練した作業員の手によって行われる。最後の手法はレミレスのこだわりで、房の上半分（「肩」）のほうが下半分（「足」）よりもはるかに熟しているという信念に基づいている。したがって下のほうはカーボニック・マセレーションを施され、絶賛されているレミレスの若いオークなしのワインになるが、上半分は伝統的手法で発酵される。2つのワインは決してブレンドされない。「大きな違いがあるんです」とフェルナンドは主張する。「肩の部分のほうがアルコールは1.5度高く、アントシアニン——色素——は25%多いんです」。

次に小道具が本領を発揮する。半分にカットされた房が、策士レミレスが設計した革新的な技術を使って圧搾されるのだ。柔らかい袋をマストのタンクに沈め、そこにだんだん水を満たして、葡萄のパルプに優しく、だが確実に圧力を加える。作用の穏やかさが、渋みや過剰な葉っぱ臭さが抽出されるのを防ぐ。このアイデアは昔からの地元の慣習、トラスノチョ（「眠らない夜」）に端を発している。伝統的なワインのつくり手は、葡萄のマストを日没から日の出までポタポタと滴らせる。

右：フェルナンド・レミレス・デ・ガヌサと娘のクリスティナ。葡萄畑でもワイナリーでも発揮される彼の創造力を示唆するイラストとともに。

FENWIS
FINCAS
CORCHOS
ANALIZADOS
ACEPTADOS
DOS CEPAS
MESA
GRANOS
BOXES
CAJAS

次に発酵だが、これは変わった小さい円錐形のステンレス槽で行われる。そしてむしろ伝統どおりに、ワインはオークの新樽でマロラクティック発酵を施される。樽の在庫は3年ごとに新しくされるので、全体の3分の1に新オーク——フレンチとアメリカンの両方——が使われる。
　この樽から出てくるものには、力強く濃厚なワインに対するフェルナンドの愛情が反映されている。そういうワインの中では、彼が葡萄畑でもセラーでも手塩にかけた葡萄の卓越した品質が輝きを放てる。しかし、彼は純然たる力そのものを好んでいるわけではない——一部の評論家が言っていることとは逆だ。長年の間に彼は品ぞろえを大幅に広げたが、そのスタイルはすべてに浸透している。
　レミレス・デ・ガヌサでつくられた最初のワインは、理屈の上では、葡萄の下半分でつくられたR（スペイン語での呼称は「エレ・プント」）と、1994ヴィンテージで多くの称賛を受けたレミレス・デ・ガヌサ・レセルバ——アメリカには樽と瓶での熟成がレセルバの法定期間に達する前に輸出されたので、アメリカ市場では汎用ラベルで売られた事情がある。しかしまったく同じワインだ。
　古い混合畑にぽつぽつと生えている白葡萄樹の果実と、おそらく買い入れたビウラも使ってつくられた白のエ

セラーで最高の10樽を厳選した同社最高のワイン3000本余りが、2008年に初めてマリア・レメレス・デ・ガヌサの名でデビューした——14歳のときにボデガの前で車に轢かれて亡くなったフェルナンドの娘への悲痛な手向けである（彼のもう1人の娘クリスティナは現在醸造家で、セラーで彼の右腕になっている）。単一畑ワインのラコンケタが非公式に発表されたが、2010年末時点でまだリリースされていない。

極上ワイン

Remírez de Ganuza Gran Reserva
レミレス・デ・ガヌサ・グラン・レセルバ★

モダンな力と古典的リオハのエレガンスがあいまった2004は、『The Wine Advocate』誌のジェイ・ミラーを熱狂させた。「色は黒みがかった紫。生き生きしたスパイス、トリュフ、ミネラル、黒い果実が香る夢のようなブーケ。口に含むと非常に力強いが、それでいてエレガント。芳醇で、複雑で、驚くほど濃厚、15〜20年進化するだけのバランスがあり、寿命はゆうに50年を超えるはずだ」。推定されている長寿は割り引いて聞くべきかもしれないが、最高の新世代リオハワインであることは間違いない。

レ・プントは、最近になって加わったが、赤のエレ・プントとはあまり似ていない。こちらは野心的で、芳醇で、樽発酵されたワインである。

トランスノチョはレミレス・デ・ガヌサよりモダンで濃厚なワインとして売り出され、フィンカス・デ・ガヌサは比較的若い葡萄樹からつくるあまり高くないワインだが、それでもレセルバ・レベルの熟成を施す。

レミレス・デ・ガヌサは2001ヴィンテージで初めてグラン・レセルバを送り出した。このワインの2004で、フェルナンドは初めて『The Wine Advocate』の100点を獲得している。

Fernando Remírez de Ganuza
フェルナンド・レミレス・デ・ガヌサ

葡萄畑面積：57ha　平均生産量：25万本
Calle de la Constitución 1, 01307 Samaniego, Álava
Tel: +34 945 609 022　Fax: +34 945 623 335
www.remirezdeganuza.com

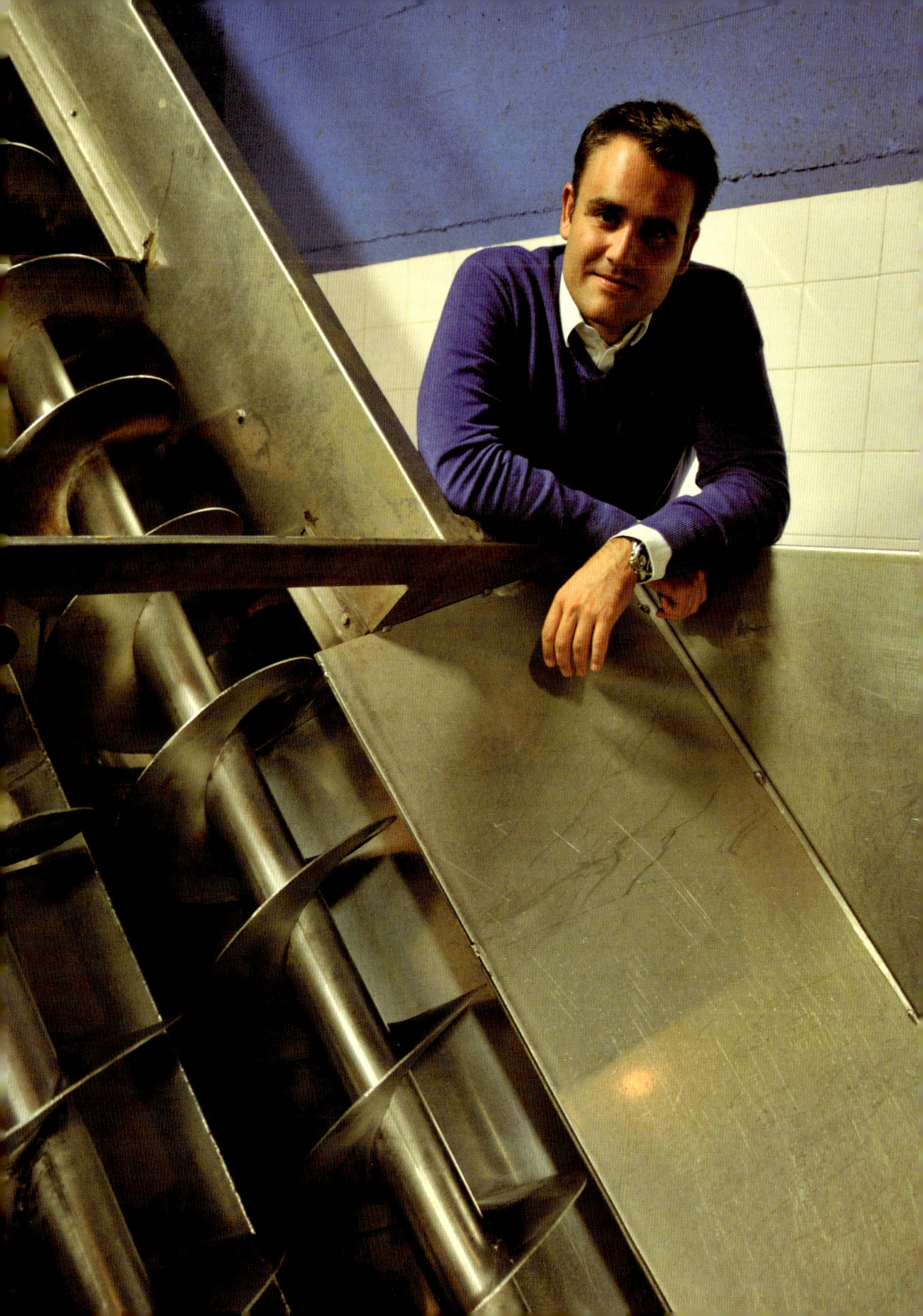

LABASTIDA, SAMANIEGO, ELCIEGO, AND LAGUARDIA

Viña Izadi　ビーニャ・イサディ

イサディはアルタ・エスプレシオン（「高い表現力」）スタイルの典型に数えられる——エスプレシオンという名前のワインまであるほどだ。言っておかなくてはならないのだが、私たちはこのラベルをとくに評価していない。何となく他のものはすべて「低い表現力」だと言っているように思える。しかしそのことは別にして、イサディはアルタ・エスプレシオンが意味するとされているものすべての先駆けだった。つまり、タンニンが強く、非常に濃厚で、惜しみなく木を使ったワインである。

1987年に事業を立ち上げたゴンサロ・アントンは実業家であり、ビトリアにあるミシュラン星付きのサルディアラン・レストランの主人であり、アラベス・サッカークラブの会長を数年間務めていた。自分のレストランのためにつねに最高のワインを探していた彼は、自分でつくって、自分のワインリストだけでなく、フアン・マリ・アルサックやマルティン・ベラサテギのようなバスクの美食界に身を置く近しい友人のワインリストにも、ワインを提供するのは名案だと考えた。

1998年、彼は主にトップ・キュベのイサディ・エスプレシオンのワインづくりについてアドバイスしてもらうために、マリアノ・ガルシア——1968年から98年までベガ・シシリアでワイン醸造の責任者を務めたスペイン屈指の著名なワイン醸造家——を故郷からリオハへと招いてワイン界を驚かせた。レストランはモダンな高級フランス料理に重点を置いているので、ワインもモダンで品質本位のものであるのは必然だった。同じくゴンサロだがラロと呼ばれるアントンの息子が、現在は責任者になっている。

ボデガがビジャブエナと近隣の村（サマニエゴ、アバロス）に所有する150haの葡萄畑は、100以上の区画に分けられ、その多くがリオハ・アラベサの中心部、シエラ・デ・カンタブリアの小高い丘の斜面にある。

会社名は実はビーニャ・ビジャブエナだが、ブランド名のビーニャ・イサディとして一般に知られている。商業的に大成功を収めたおかげで、ボデガはアルテビノと呼ばれるワイナリー・グループに拡大し、リベラ・デル・ドゥエロのフィンカ・ビジャクレセス、ラガルディアのオルベン、トロのベトウスもその傘下にある。ワイン観光も展開し、レストラン——もちろんサルディアラン・グループの一環——だけでなく見学や試飲、さらには小さいホテル（マドリードのオテル・コンデ・ドゥクとの共同事業で11室ある）も提供している。

極上ワイン

ワインはすべてモダンを特徴としている。濃厚で、熟した果実とふんだんな新オークが感じられる。イサディのラインアップには、樽発酵の白、赤のクリアンサ、そしてレセルバがある。2種類の特別なキュベもある。

Izadi Selección
イサディ・セレクシオン

ビジャブエナ・デ・アラバとサマニエゴにある9haで収穫される葡萄は80%がテンプラニージョで20%はグラシアーノ。葡萄は15kgのケースに手摘みされ、選果台を通ったあと、ステンレス槽で発酵される。ワインは20カ月間、新オーク樽で熟成されるが、75%はフレンチで残りはアメリカン。このワインの生産量は4万本程度。2001をお薦めしたら驚かれるだろうか？

Izadi Expresión
イサディ・エスプレシオン

これはビジャブエナ・デ・アラバの6haの単一畑で生まれる。樹齢70年を超えるテンプラニージョのみで、非常に濃厚なワインがつくられる。すべてのイサディ・ワインがそうだが、葡萄は小さい箱に手摘みされ、選果台で選別される。アルコール発酵はステンレス槽で行われるが、マロラクティックは新しいアメリカン・オークの樽で施される。生まれるワインはフレンチ・オークの新樽で18カ月寝かされる。毎年の生産量は3万本未満に限定されている。ボリュームのある濃厚なワインの愛好家向けである。2001年がこのワインの最高ヴィンテージかもしれないが、1998も非常に印象的だった。

Viña Izadi
ビーニャ・イサディ

葡萄畑面積：150ha　　平均生産量：90万本
Herrería Travesía II 5, 01307 Villabuena, Álava
Tel: +34 945 609 086　Fax: +34 945 609 261
www.izadi.com

左：創業者の息子ゴンサロ・「ラロ」・アントンは現在、絶賛されるイサディの「アルタ・エスプレシオン」ワインの責任者である。

LABASTIDA, SAMANIEGO, ELCIEGO, AND LAGUARDIA

Bodegas Ostatu　ボデガス・オスタトゥ

サエンス・デ・サマニエゴ一家はこれまで代々ワインの世界に生きてきた。アラバの著名なワイン一族はたいていそうだが、彼らのワインにまつわる活動の記録は中世までさかのぼることができる。この貢献のしるしとして、私たちは今でも見事な18世紀の荘園を見ることができる。その周囲には現在ワイン設備が配され、さらに一家のワインが長年にわたってつくられているマタレド・セラーの岩壁に地下トンネルが掘られている。

*サエンス・デ・サマニエゴ家は
自分たちの葡萄畑を誇りにしていて、
一番大事な家宝であり、遠い昔からの
生活の一部であるとしっかり認識している。*

オスタトゥを任されている現役世代は、ゴンサロ、エルネスト、マリア・アスン、そしてイニゴ・サエンス・デ・サマニエゴである──1960年代にボデガの変革と確実な強化を行った後、今では引退しているドロテオとアスンシオンの子ども6人のうちの4人である。恵まれた立地にあるリオハのベテラン栽培家の多くがたどった軌跡だが、1970年代末から80年代初めにかけて、ドロテオは若いワインを大手ワイナリーに売るのをやめて、まずは量り売りで、のちに独自のブランド名で、自ら売り始めた。この決断の引き金になったのは、1つには1970年代の危機である。数ヴィンテージが連続して売れ残り、一家は思い切って自分たちのワインを商品化せざるをえなかったのだ。

新たな節目にたどり着いたのは1996年、オスタトゥ・クリアンサが初リリースされたときである。その見事なまでにすっきりした味の濃縮された特徴のおかげで、このワインはすぐに成功を収めた。今日も手ごろな価格で非常に高い品質を提供している（もうクリアンサではなく、今ではオスタトゥ・セレクシオンとして汎用ラベルになっている）。すでに現世代の経営のもとにあった2000年、濃度とオーク使いという意味で極端なワイン、グロリア・デ・オスタトゥのリリースによって、モダンなアプローチが強化された。そして5年後、ラデラス・デル・ポルティージョの最初の瓶詰めが行われた。残りのラインアップ（白、レセルバ、マサレド、クリアンサ）もすべて良いが、どれも同社がつねに財政的に頼りにしていて、いまだに年間販売量の60％も占めている赤ワインの基準には届かない。オスタトゥのカーボニック・マセレーションこそ、一家がこの「コセチェロ」スタイルの赤を入念につくり上げてきた数十年におよぶ経験を如実に表している。

サエンス・デ・サマニエゴ家は自分たちの葡萄畑を誇りにしていて、一番大事な家宝であり、遠い昔からの生活の一部であるとしっかり認識している。その34haの葡萄畑は、主にサマニエゴ周辺にあるが、レサとラガルディアにもいくつか区画があり、すべてに共通の特徴がある。黄土色の土、カルシウムの豊富な粘土石灰石土壌、点在する丘と渓谷である。最高の葡萄畑はレビリャ、エル・ポルティーリョ、バルパルディーリョ、そしてロアンチョで、植えられている品種は伝統的なテンプラニージョ、グラシアーノ、マスエロ、ガルナッチャ、ビウラ、そしてマルバシアである。

極上ワイン

Gloria de Ostatu
グロリア・デ・オスタトゥ

ボデガス・オスタトゥは、ユベール・ド・ブアールとベルナール・プジョルの支援のもとにつくられたワイン、グロリア・デ・オスタトゥで、フレンチ・オークの新樽をふんだんに使った、がっしりしたストラクチャーの濃厚で肉づきの良い赤のモダンなスタイルに加わった。グロリア・デ・オスタトゥは、根本的にモダンな赤リオハの基本パターンにはまっている。すなわち、低収量の古樹から収穫されるテンプラニージョのバラエタルで、妥協を許さず葡萄を選別し、冷温マセレーションを施し、ポンピングと攪拌を繰り返し、フレンチ・オークの新樽でマロとそれに続く18カ月熟成を行い、冷温での安定化も清澄も濾過もしない。その若さが持つ荒っぽい力が、瓶熟によって洗練され調和するかどうかはまだわからないが、確かに、2001や2005のような最高のヴィンテージでは、そうなることを期待している。

Laderas del Portillo
ラデラス・デル・ポルティーリョ

　ラデラス・デル・ポルティーリョは、1970年代に植えられたポルティーリョと呼ばれる1.1haの畑で収穫される葡萄のみでつくられ、つくり方に他にはない特徴がある――ほどほどの濃度で収穫し、少量のビウラをブレンドに加え、熟成期間は短く、500ℓ樽を使う――ので、よりフルーティーでエレガントなワインになっている。最初からバランスが良い。年に3000本しかつくられない少量生産品で、アストゥリアス州のネゴシアン、ラモン・コアリャのチームと共同でつくられている。

上：サネス・デ・サマニエゴー家は、モダンなワインと伝統的ワインの両方をつくることで適応している。

Bodegas Ostatu
ボデガス・オスタトゥ

葡萄畑面積：34ha　平均生産量：25万本
Carretera de Vitoria 1,
01307 Samaniego, Álava
Tel: +34 945 609 133　Fax: +34 945 623 338
www.ostatu.com

LABASTIDA, SAMANIEGO, ELCIEGO, AND LAGUARDIA

Viñedos y Bodegas de la Marquesa
ビニェードス・イ・ボデガス・デ・ラ・マルケサ

ビジャブエナ・デ・アラバほどワイン産業に依存している町は、世界中どこを探しても見つからないだろう。40以上のワイナリーがこの町を本拠地と呼び、人口は300人そこそこなので、7人に1人のワイナリーがあることになる。他に類がないほど過密なこの町のワイン界で、デ・ラ・マルケサはイサディやルイス・カーニャスと並んで、とくに著名な名前である。

「キエン・トゥボ、レトゥボ」というスペインのことわざがある。過去に傑出していた人はみな今再び輝く可能性がある、という意味だ。意識的かどうかは別にして、私たちが本書のためにワイナリーを選ぶ際、今は必ずしも絶好調ではないが真に記憶すべきボトルを近年堅実に生み出してきたワイナリーを取り上げた決断に、この考えが影響したことは間違いない。しかしビニェードス・イ・ボデガス・デ・ラ・マルケサの場合、そのことわざは違う意味でふさわしい。というのもこの生産者は、ソラノ侯爵のフランシスコ・ハビエル・ソラノによる設立直後の数年以来、達したことのない極みに現在達しようとしているのだ。創業当時の19世紀末、多くの人がモダン・リオハの父と考えるムッシュー・ジャン・ピノーの影響で、当然のことながら主潮はメドカイン（およびポスト・フィロキセラ）だった。

過去に傑出していた人はみな今再び輝く可能性があると示唆するスペインのことわざがある。ビニェードス・イ・ボデガス・デ・ラ・マルケサに当てはまる。

マルケス・デ・ラ・ソラナという社名を後にボデガス・デ・クリアンサ・SMSと変えても、ボデガは依然として侯爵の末裔が経営していた。1990年代、末裔の1人で創業者のひ孫にあたるフアン・パブロ・デ・シモンが兄弟——そして後に息子のパブロとハイメ——の協力を得て下したさまざまな決断が、最近の品質向上につながっている。さらに同社は、先祖のマリア・テレサ・ソラノに敬意を表して、ビニェードス・イ・ボデガス・デ・ラ・マルケ

サと正式に改名した。実はほぼ100年間、町では非公式にそう呼ばれていたのだ。

バルセラノ（会社の別名）はリオハの標準では中規模だが、この15年間ゆっくり着実に成長してきている。一家が使う葡萄はすべて自社の葡萄畑——エル・リバソ、ビーニャ・モンテヌエホ、ビーニャ・モンテビエホ、ラス・カレタス——から収穫され、葡萄畑はビジャブエナ周辺の海抜400～500mに散らばっている。

極上ワイン

Classic and modern
古典とモダン

バルセラノがつくるワインの範囲は、古典とモダンという正反対とされる2つのリオハ・スタイルにまたがっている。古典陣営には、さまざまな葡萄畑のテンプラニージョを主体として10%のグラシアーノを加えてつくられる、確実なレセルバ[V]とグラン・レセルバのグループがある。これらのワインはすぐ楽しめる状態でリリースされるように考えられているが、さらに2、3年寝かせると、どちらのワインも深みが増すことが多い。リオハのモダン・ワインを代表するのは、単一畑ワインのバルセラノ・フィンカ・モンテビエホである。95%テンプラニージョで、明らかな新オーク樽の影響でしっかりしたストラクチャーになっている。2001、2004、そしてとくに2005★のような最高のヴィンテージでは、ビーニャ・モンテビエホの古い（1948年）葡萄樹からの濃縮した果実味が木のタンニンを吸収すると、見事に熟成する。

Valserrano Graciano
バルセラノ・グラシアーノ

ビニェードス・イ・ボデガス・デ・ラ・マルケサは、リオハの「その他の」伝統的赤葡萄、具体的にはマスエロ、ガルナッチャ[V]、そしてとくにグラシアーノから、バラエタル・ワインをつくる仕事を称賛されてしかるべきだ。2001のようなヴィンテージは、際立つ酸味、しっかりしたストラクチャー、そして深みのおかげで、新鮮さに信じられないほどの心地よいバランスがあり、タバコの上質な香りを感じさせる。このワインの初ヴィンテージは1995、先駆者のコンティーノとイバルバがリリースしたバラエタル・グラシアーノの初ヴィンテージ（1994）のわずか1年後である。したがってバルセラノは、分別があるはずの人さえ昔も今も見過ごしがちな葡萄の品質を、あらためて主張した生産者グループの一員である。

上：創業者のひ孫にあたるファン・デ・シモンのもとで、
会社は過去の最高点を越えようとしている。

Valserrano / Bodegas y Viñedos de la Marquesa
バルセラノ／ビニェードス・イ・ボデガス・デ・ラ・
マルケサ
　　葡萄畑面積：70ha　平均生産量：45万本
　　Herrería 76,
　　01307 Villabuena, Álava
　　Tel: +34 945 609 085　Fa

LABASTIDA, SAMANIEGO, ELCIEGO, AND LAGUARDIA

Bodegas Puelles　ボデガス・プエジェス

この地所は1844年に町議会から買い取ってからずっと、葡萄を栽培するプジェス家のものである。しかし17世紀からある古い水車場に近代的ワイナリーを設立し、自社ワインの醸造、瓶詰、販売を始めたのは、現世代——ヘスス（家族はチュチョと呼ぶ）とフェリクス——になってからのことだ。

さらに一家はワイナリーの隣にホテルを開業し、ワイン観光にも力を入れている。オスペデリア・デル・ビーノには客室6室のほか、スパ、プール、ヴィノセラピーのマッサージ、そしてもちろん試飲と葡萄畑やセラーの見学のサービスもある。

一家が葡萄畑で有機栽培農法を用いているのは、ワインは実は葡萄畑でつくられると信じているからだ。葡萄畑はすべてシエラ・デ・トローニョのふもと、リオハ・アルタのワイナリーだらけのアバロス村（387人の住民と15のワイナリー）にあり、土壌は主に黄色粘土石灰石で白亜に富み、エレガントでしなやかなワインを生み出す。葡萄畑の高度は海抜490〜610m、シエラ・デ・カンタブリアとそこから大西洋に流れこむ川に守られている。

一家はテロワールを信じており、優れたワインは自らの原点を反映すると考えている。したがってワイナリーで用いられている手法は葡萄をとても大事にしていて、質の高い生産を志向している。優しく除梗し、2万ℓのステンレス槽をそばの水車の流れで自然に冷やし、その中での発酵を穏やかに進める。ほぼ同じ割合のアメリカン・オークとフレンチ・オークを使っている。非常に堅実なワイナリーだ。

Puelles Gran Reserva
プエジェス・グラン・レセルバ

グラン・レセルバでは果実とオークの組み合わせがエレガンスを生むという発想だ。このジャンルには94％テンプラニージョが使われており、10月に手摘みしたものを18〜20日間発酵させる。マロラクティック発酵はステンレス槽で行い、その後ワインを27カ月間、フレンチとアメリカンが同じ割合の樽で熟成させ、その間、合わせて3回澱引きする。卵白で清澄化して濾過してから瓶詰める。縁がオレンジ色を帯び、ノーズは熟した赤い果実が豊かで、さらに花、ハチミツ、バルサム、そしてレザーの香りもある。エレガントなボディーとさわやかな酸味のおかげでとても飲みやすく、飲んでいて心地よい。

El Molino de Puelles
エル・モリノ・デ・プエジェス

これはエル・モリノ（「水車小屋」）の単一畑ワイン。エル・モリノはワイナリーの敷地内にある4.5haの区画。オーガニックの認証を受けている。この場合、ワインは70％フレンチ・オークの新樽で15カ月熟成され、濾過なしで瓶詰められる。香りも口に含んだ時も、赤い果実より黒い果実を感じさせる。いちばんのお薦めヴィンテージは2004と2002。

Zenus
セヌス

このボデガの最上級ワイン。バランスとエレガンスを目指し、アバロスの特徴を示している。原料は特定の区画（サン・プルデンシオとラ・カニャーダ）の樹齢40年の葡萄樹で収穫される最高の葡萄である。マロラクティックは樽で行われ、80％フレンチ・オークで18カ月熟成される。予想どおり2001のセヌスはやはり私たちのお気に入りで、オークがだんだん溶け込むにつれ、ワインはどんどん良くなっている。

右：ヘスス・プエジェスは弟のフェリクスとともに、一家のワインの元詰め事業にうまく転換した。

極上ワイン

ボデガス・プエジェスは少なくとも8種類のワインをつくっている。プエジェスのラベルでは、ブランコ、オークを使わないティント・ホベン、樽で5カ月熟成させるティント、そのほかにスタンダードなクリアンサとレセルバがある。

Bodegas Puelles
ボデガス・プエジェス

葡萄畑面積：17.5ha　　平均生産量：25万本
Camino de los Molinos s/n,
26339 Ábalos, La Rioja
Tel: +34 941 334 415　Fax: +34 941 334 132
www.bodegaspuelles.com

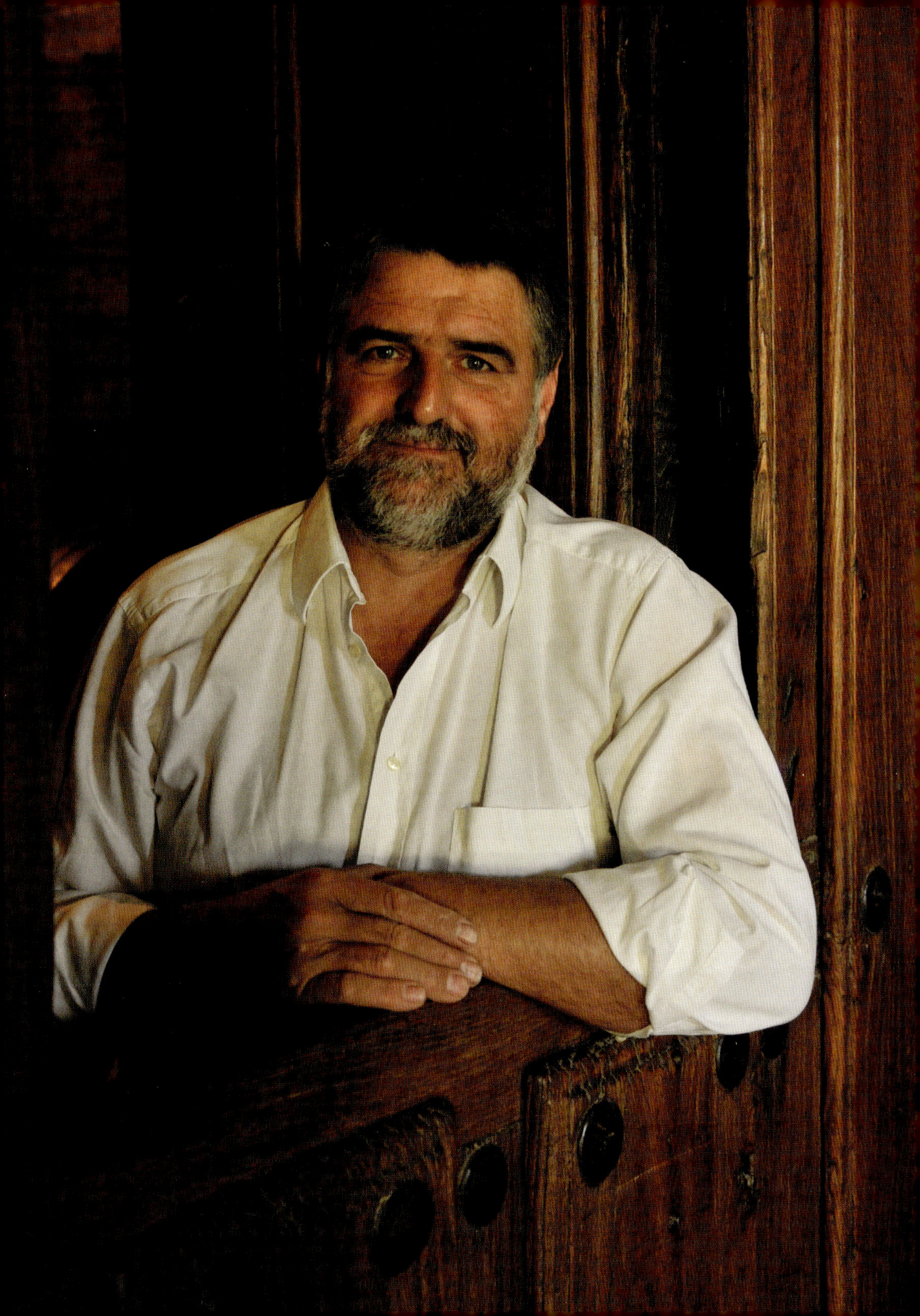

LABASTIDA, SAMANIEGO, ELCIEGO, AND LAGUARDIA
Bodegas Baigorri ボデガス・バイゴリ

ボデガス・バイゴリは、小さな中世の村サマニエゴのはずれの斜面に広がる葡萄樹の海に出現するガラス張りの立方体である。この人目を引くボデガは、ヘス・バイゴリと建築家のイニャーキ・アスピアスの考案だ。1997年にデザイン重視で建てられ、現在、近代的ワイナリー建築の基準とされている。落成式から10年後、ムルシアの実業家ペドロ・マルティネスに買収された。

建築が伝統と革新の混合であるのと同様、ワインづくりも過去を認めながら最先端の技術を取り入れている。たとえば、伝統的なオークのティナと超近代的な円錐型のステンレス槽を併用している。ワイナリーは、ポンプを使わず重力を利用しやすいように、地下6階以上の構造に設計されている。葡萄、マスト、あるいはワインを移動させる必要があるときも、OVIと呼ばれる小さいステンレスの容器に入れてクレーンで運ばれる。

すべての葡萄は、振動する選果台を通過して、葡萄畑から持ち込まれる可能性のある水などの不要な物質を振るい落とされた後、手作業で選別される――葡萄を無傷のまま保ち、最高の理想的な粒だけが最上級キュベをつくるための槽に入るように、1つずつ実を除梗する場合もある。すべてのプロセスが最高の品質を求めて管理されているので、葡萄の厳選などごく細かいところにまで注意が払われる。

そのようなワイナリーが増えつつあるが、バイゴリもワイン観光に重点を置いており、見学、試飲、ショップ、さらにはワインに合うモダンな料理を出すレストランも提供している。バイゴリのウェブサイトも期待どおり、デザインは最小主義でも非常によくできていて、はるばるワイナリーまで行けない人は見てみる価値がある。

で、幅広いワインをつくっている。赤は色が濃く濃厚で、オーク――ここのチームは新樽を好む――に富むモダンさが特徴で、赤よりもむしろ黒い果実のアロマと、リコリス、チョコレート、そしてスモークが共鳴する。

Baigorri Fermentado en Barrica
バイゴリ・フェルメンタード・エン・バリカ

フレンチ・オークの新樽で発酵し、澱の上でたびたびバトナージュしながら熟成させるビウラ。若いときはオークが前面に出てきて、背景にセサミシード、乾燥ハーブ、熟した核果(ネクタリン、アプリコット、モモ)が感じられる。中期に飲むようなスタイルにつくられている。

Baigorri Reserva
バイゴリ・レセルバ

このワインの葡萄は最古のテンプラニージョ樹から選ばれる。除梗し、振動する選果台を使って手作業で選別したあと、長く浸漬して低温のステンレス槽で果帽を沈めながら発酵させる。マロラクティック発酵と熟成は18カ月間、フレンチ・オークの新樽で行われる。2003ヴィンテージには深く感動した。このワインとクリアンサは500mlのボトルでも手に入る。

Baigorri de Garaje
バイゴリ・デ・ガラヘ★

ワイナリーがワインの名前に「ガレージ」という言葉を使うようになるのは時間の問題だった――1990年代半ばのボルドーのヴァン・ド・ガラージュにならってのことだ。リオハではそのワイナリーはバイゴリであり、これはワイナリー側の意図の明確な宣言である。このワインはガレージ・ワインの動向を表す模範例だ。非常によく熟した葡萄からの濃い色、濃厚さ、力強さがある。アロマと色の成分をすべて抽出するためにオーク槽で発酵させた後、新樽で熟成させた結果、感動的なワインが生まれる。

極上ワイン

このワイナリーは、ロゼに始まり、まさしく伝統的なアラベサ・スタイルのオークを使わないカーボニック・マセレーションのワインのほか、クリアンサ、レセルバ、そしてモダンなガレージ・ワインま

Bodegas Baigorri
ボデガス・バイゴリ

葡萄畑面積：110ha　平均生産量：60万本
Carretera Vitoria a Logroño km 53,
01307 Samaniego, Álava
Tel: +34 945 609 420　Fax: +34 945 609 407
www.bodegasbaigorri.com

LABASTIDA, SAMANIEGO, ELCIEGO, AND LAGUARDIA

Bodegas Campillo ボデガス・カンピージョ

フリオ・マルティネスは長年、フランスのシャトーをモデルに最高品質のワイナリーをつくることを夢見ていた。彼の構想では、モダンで贅沢で最先端の技術を備えたもの——超一流のワインをつくることができる場所——を建設するために、手に入る最高の材料に一流の建築術を応用する必要があった。ボデガス・ファウスティノで帝国を築き上げたあと、1990年にマルティネスはとうとう夢を実現することができた。

彼はこのプロジェクトにカンピージョという名をつけ、ファウスティノ帝国とはまったく別の事業として運営している。ラガルディアにあるこのボデガの名前は、ファウスティノが最初に所有していた葡萄畑の1つに由来し、1930年代から40年代にかけて同社のブランドに使われていた名前でもある。このプロジェクトはあらゆる種類のワインをつくっていて、つねに品質を重視している。伝統的な手法でつくられているが、現代的なものを認めている部分もある。ワインは（単一畑のボトルも含めて）ワイナリーの建物を囲む葡萄畑の葡萄を使ってつくられ、フレンチ・オークで熟成され、フランスの葡萄品種が含まれる場合もある。

シャトースタイルのワイナリーというと、大修道院か、はてはファルコン・クレストの低俗な装飾を思い浮かべるかもしれないが、ここでは万事がセンス良く考えられ、素晴らしい結果を生んでいる。外観と同じくらい内部も印象的だ。発酵には空気圧とステンレスが好まれている。瓶と樽の熟成室は見事で、レンガと木が組み合わされた丸天井のセラーは、きっちり並んだ樽（合計7000余り）と300万本もの瓶が詰まっている。生産量の数字は公開されていないが、最初のプロジェクトは年に120万本を想定していた。

カンピージョの葡萄畑があるラガルディアは、地中海よりも大西洋の影響が強く、土壌は白亜に富み、葡萄は熟して伝統主義者も現代主義者も同じように惹きつける奥行きのあるワインをつくる。

極上ワイン

リオハの典型どおり、品ぞろえには樽発酵の白、ロゼ、赤のクリアンサ（アメリカン・オークで寝かされる）、レセルバ（アメリカン・オークとフレンチ・オーク）、グラン・レセルバ（フレンチ・オーク）に、他の「特別な」キュベが加わる。

Campillo Finca Cuesta Clara Raro Reserva
カンピージョ・フィンカ・クエスタ・クララ・ラロ・レセルバ

テンプラニージョ・ペルード（「毛深いテンプラニージョ」）——葉の裏側に毛が生えているテンプラニージョの珍しい（ラロ）クローン——を植えられた葡萄畑（クエスタ・クララ）で生まれる単一畑ワイン。葡萄樹は低収量で、手摘みされ、ワイナリーで選別され、長期間発酵され、アリエ・オークの新樽で26カ月寝かされる。出来上がるワインは色が濃く（それでも縁はオレンジ）、赤と黒両方の果実、下生え、多少のチョコレートとスパイスを感じる。口に含むとミディアムボディで、爽快な酸味、しなやかなテクスチャー、際立つ果実味、そしてほどよい余韻がある。

Campillo Gran Reserva
カンピージョ・グラン・レセルバ

赤のカンピージョはクリアンサ、レセルバ、グラン・レセルバがある。グラン・レセルバでは、1978（初ヴィンテージ）、1989（樹齢100年の葡萄樹からつくられた）、1995がまだ手に入るので、ワイナリーのきちんとした条件で保管されてきた飲み頃の熟したワインを、手ごろな値段で買うことができる。

Campillo Reserva Especial
カンピージョ・レセルバ・エスペシアル

これもグラン・レセルバだった。グラン・レセルバ・エスペシアル1987はモダン・リオハの象徴であり、少量の（25％まで）カベルネ・ソーヴィニヨンを特徴としていた。ワインは実に良質で、今日味わうと非常に古典的なスタイルに思えるかもしれない。しかし、このスタイルのワインに対する興味がなぜか弱まったようで、カベルネはブレンドから消え、今ではテンプラニージョとグラシアーノだけになっている。

Bodegas Campillo
ボデガス・カンピージョ

葡萄畑面積：50h　平均生産量：非公表
Carretera de Logroño s/n,
01300 Laguardia, Álava
Tel: +34 945 600 826　Fax: +34 945 600 837
www.bodegascampillo.com

LABASTIDA, SAMANIEGO, ELCIEGO, AND LAGUARDIA

Luis Cañas ルイス・カーニャス

ルイス・カーニャスはリオハでは古くて新しい名前だ。葡萄栽培家としての一家のワイン史は、リオハ・アラベサ屈指のワイン村であるビジャブエナで200年前から続いているうえ、会社の設立は1928年である。しかし自社のワインを瓶詰めして売り始めたのは1970年のことである。

1989年に世代交代があり、フアン・ルイス・カーニャスが父親のルイスから引き継ぎ、ワインの特徴を一新した。1994年には新しいワイナリーが建設され、「新しいリオハ」が真のブームになった年、ルイス・カーニャスがそれを実現させたワイナリーの1つだったことは間違いない。

> 1994年、「新しいリオハ」が
> 真のブームになった年、
> ルイス・カーニャスがそれを実現させた
> ワイナリーの1つだったことは間違いない。

ルイス・カーニャスは葡萄畑を90ha所有し、さらに200ha借りている。815に分かれた区画それぞれが別々に扱われている。品種、品質、樹齢に応じて葡萄畑別に醸造するためだ。会社が所有する樽は4300余りで、その70%はフレンチ・オーク製、残りはアメリカン・オークである。

懸命の努力は大幅に向上しているワインの品質に表れており、同社は前衛的で表現力豊かなワインでいくつもの国際的な賞を獲得している。

Luis Cañas Gran Reserva
ルイス・カーニャス・グラン・レセルバ

ルイス・カーニャスのラベルで、古典スタイル寄りの(ただし赤い果実より黒い果実を好み、アメリカン・オーク樽だけでなくフレンチ・オーク樽も使うなど、モダンなところもある)ワインはすべてそろっており、若いオークなしの白からグラン・レセルバ・ティントまで、あらゆる種類を瓶詰めしている。グラン・レセルバはこのラベルの最上級ワインを代表しており、2001ヴィンテージがとくにお薦めだ。95%テンプラニーリョだが、グラシアーノ、マスエロ、ガルナッチャによってバランスが取れている。28℃という最高限度の温度で7日間発酵させている。フレンチ・オークの新樽で12カ月、2年目のアメリカン・オーク樽でさらに12カ月熟成し、さらに36カ月瓶で寝かせてからリリースする。

Amarem Graciano Reserva
アマレム・グラシアーノ・レセルバ

このワインに使われるグラシアーノを産する葡萄畑は樹齢100年近くで、レサ村にある。この非凡な原料から生まれるワインは、色が濃くてノーズがとても強く、ふんだんなトーストの香りに熟した黒い果実が混ざっている。口に含むと生き生きした酸味があり、余韻はかなり長い。2004を可能なら15周年に試してほしい。

Hiru 3 Racimos
イル3ラシモス

3ラシモスとは「3つの房」を意味する。実はイルもまたバスク語で「3」を意味するので、このワイン名は同意反復である。名前の由来は非常に古い葡萄樹の極端に低い収量であり、とても小さいが風味豊かな葡萄が文字どおり3房しかならないのだ。ワインはとてつもなく濃厚で、オークが十分に感じられ、明らかにモダンな特徴を持っている。真に非凡なワインであり、2001と2004の両ヴィンテージが絶対にお薦めだ。

極上ワイン

このワイナリーは伝統的なもの(ルイス・カーニャス・グラン・レセルバ)からモダンなもの(アマレム)、さらにはポストモダン(イル3ラシモス)まで、幅広いワインをつくっている。

Bodegas y Viñedos Luis Cañas
ボデガス・イ・ビニェードス・ルイス・カーニャス

葡萄畑面積：90ha　平均生産量：160万本
Carretera Samaniego 10,
01307 Villabuena, Álava
Tel: +34 945 623 373 / +34 945 623 386
Fax: +34 945 60 92 89　www.luiscanas.com

LABASTIDA, SAMANIEGO, ELCIEGO, AND LAGUARDIA

Exopto　エクソプト

深　みのある長寿の本格的なリオハワインをつくり始めるのに、長い伝統も、多額の開業資金も必要ない——必要なのは情熱と献身である。かつて一緒にラグビーをした仲間どうしがわずか数年の間に、地味だが意欲的なワイナリー、エクソプトでそれを証明している。その名前——「切実に願う」という意味のラテン語——は、2003年に一見無謀な模索として始めたものに、とくにふさわしかったように思える。

　7年後の現在、共同創業者だったワイン醸造家のダビッド・サンペドロと農業エンジニアのハビエル・ゴメス・ガリドが別のプロジェクトに移ったため、ボルドーで生まれボルドーで修業を積んだ醸造家のトム・プヨーベールが、1人で指揮を執っている。彼の本業はいまだにフランスの大手樽メーカーのスペイン担当セールスマネージャーである。

　そもそもの発想は、伝統的なワインづくりの手法ではなく、何よりもテロワールと葡萄を表現することだった。リオハの別々の2地域にある古い葡萄畑の特性を追求し、ボルドー流の樽熟成が重視され、採用されている。

　エクソプトは葡萄畑を所有していないが、リオハの注目すべき地域の3軒の栽培農家と契約している。小さいワイナリーはアラベサにあるが、テンプラニージョと少量のグラシアーノはリオハ・アルタのアバロスから運ばれる。そこの5haは粘土石灰石土壌に樹齢25〜90年の葡萄樹がゴブレ式に剪定された区画が16ある。ガルナッチャと大部分のグラシアーノはリオハ・バハのアルファロにあるモンテ・エルガから運ばれる。そこでは樹齢50年のガルナッチャと15年のグラシアーノがそれぞれ2.5haと1.5ha、岩だらけの土壌に植えられており、高度500mが果実に新鮮さを添えている。

　ブレンド擁護者のトムは、テンプラニージョ、ガルナッチャ、グラシアーノがリオハを代表する葡萄3種と考えている。葡萄は15kgの箱に手摘みされ、小さいセメント槽またはオーク槽で醸造される。2つの素材が好まれている理由は、酸素の微量交換（色が安定し、還元の問題を避けられる）だけでなく、熱慣性が高いことにもある——ステンレス槽に優るメリットだ。そのおかげで低温浸漬のために葡萄を冷たくしておくことができる。その後温度をゆっくり26℃まで上げる。一番若いワインのBBデ・エクソプトのブレンド用のガルナッチャとテンプラニージョはこの槽で熟成も行う。樽での熟成には細心の注意が払われる。他の2種類のワイン、オリソンテとエクソプトは、発酵のすぐ後に樽（90％がフレンチで残りはアメリカン）に移され、細かい澱の上で6カ月寝かされる。

極上ワイン

Viña Turzaballa
ビーニャ・トゥルサバジャ

　エクソプトは3種類の赤と1種類の白をつくっている。白は古い赤葡萄の畑に点在する（もともとは収量を増やし、葡萄樹の病気を早期に見つけるために植えられた）ビウラ、ガルナッチャ・ブランカ、そしてマルバシア・リオハナからつくられる。すべてブレンドで、割合はワインの特徴によってさまざまである。ガルナッチャは果実味と甘み、テンプラニージョはストラクチャー、グラシアーノは酸味とアロマの複雑さのために用いられる。

初心者向けの**BBデ・エクソプト**は50％ガルナッチャ、30％テンプラニージョ、20％グラシアーノのブレンドで、果実味を強めるために一部を槽で熟成させる。生産量は2万5000本余り。

オリソンテ・デ・エクソプトは80％テンプラニージョ、10％ガルナッチャ、10％グラシアーノのブレンド。生産量は1万本から1万5000本。

エクソプトは最上級ワインで、60％グラシアーノ、30％テンプラニージョ、10％ガルナッチャの典型的なブレンド。優良なヴィンテージのみに3000本余り生産される。

Bodegas Exopto
ボデガス・エクソプト

葡萄畑面積：9ha　平均生産量：4万〜4万5000本
Carretera de Elvillar, 26
01300 Laguardia, Álava
Tel: +34 650 213 993　Fax: +34 941 287 822
www.exoptowinecellar.blogspot.com

LABASTIDA, SAMANIEGO, ELCIEGO, AND LAGUARDIA

Bodegas Basilio Izquierdo
ボデガス・バシリオ・イスキエルド

しばらくの間、この会社はボデガス・アギラ・レアルと呼ばれていたが、その名称はこのプロジェクトがごく個人的なものであることと少し矛盾する。バシリオ・イスキエルドの数十年にわたる慎重さに反して、彼のオリジナルのワイン2種類——赤と白——はBデ・バシリオという名前がついているのだから、会社も最初から自分の名前にしてよかったのかもしれない。いずれにしても、ボデガもワインも、創業者であり、オーナーであり、ワイン醸造家であり、主要なセラー担当者である彼なしにはありえなかったし、今でもありえない。

> ワインは創業者であり、オーナーであり、醸造家である彼なしにはありえなかった。リオハの信頼性とフィネスが見事に組み合わさっている。

まだ若いプロジェクトであり、これを書いている時点で2、3ヴィンテージしか市場に出していない（1種類の赤と2種類の白）。事業規模が非常に小さく、本書の著者3人はどの生産者を紹介するか最初に考えていたとき、ここのワインを味わったことさえなかった。しかたなく割愛している生産者がたくさんある——なかには長く輝かしい業績を上げているところもある——のに、バシリオ・イスキエルドに賭けるのは何となく危険に思わなかったかって？

いや、それはない。そのワインを試したところ、リオハの信頼性とフィネスが見事に組み合わさっている。しかし試飲する前から私たちには自信があった。バシリオが30年以上にわたってクネの（ビーニャ・レアルや長年コンティーノでも）セラーマスターだったことを知っていたからだ。2006年に引退した後、彼はボウリングやゴルフではなくワインづくりをしたいと思った（「リオハ中を回って最高品質の葡萄を探すことが、私のような人間にとってははるかに体に良いのです」と彼は言う）。そこで彼はこの新しいプロジェクトを始め、今ではワインづくりへの情熱に完全にのめりこんでいる。心底リオハ人……生まれはラ・マンチャ……。

このベンチャーの一風変わった特徴の1つは、伝統的なリオハのワインづくりにより深く根を下ろす一因なのだが、バシリオが葡萄樹をまったく所有していないことである。彼は最高のガルナッチャはつねにリオハ・バハのものと確信しているので、そこのトゥデリリャで樹齢35年の葡萄畑を見つけ、ガルナッチャを収穫している——1房ずつ、1粒ずつ。彼は自分のワインの完璧な衛生状態を誇りにしていて、しなびたり、ボトリチスがついたり、カビが生えたりしている葡萄が入り込む余地はない。収穫人たちはよく教え込まれている。「葡萄畑に残されているものについて心配するな。オーナーはいつでも収穫して売っていいし、好きなように使ってかまわない」。

極上ワイン

Basilio Izquierdo
バシリオ・イスキエルド

旗艦の赤ワインであり、熟した香り高いガルナッチャの特徴がはっきりしていて、葡萄と葡萄畑をブレンドする伝統的リオハを思わせる。3分の1のガルナッチャを3分の2のテンプラニージョと少量のグラシアーノで補っているが、すべてラガルディアとアーロ（それぞれリオハ・アラベサとリオハ・アルタ）の非常に古い葡萄樹から収穫している。

B de Basilio
Bデ・バシリオ

もっと多くのガルナッチャ——この場合は白——がこの非常に希少な（わずか600本）白ワインになる。よく似たスタイルの3つのヴィンテージ（2007、2008、2009）が手に入るが、加えて試験的に200本だけリリースされた2005もある。本当に希少で、サン・ビセンテ・デ・ラ・ソンシエラのガリョカンタにある葡萄畑で収穫されるガルナッチャ・ブランコと少量のビウラからつくられる。ブルゴーニュの新樽で樽発酵され、さらに6カ月熟成される。素晴らしく調和のとれた融合とフィネスの秘訣は頻繁なバトナージュで、ワインはつねに澱に守られている。

Bodegas Basilio Izquierdo
ボデガス・バシリオ・イスキエルド
葡萄畑：なし　平均生産量：7000本
Carretera Vitoria, Bodegas El Collado 9,
01300 Laguardia, Álava　Tel: +34 666 461 853
www.bodegasbasilioizquierdo.com

LABASTIDA, SAMANIEGO, ELCIEGO, AND LAGUARDIA

Viñedos de Páganos
ビニェードス・デ・パガノス

リオハのラガルディアにある地区から名前をとっているビニェードス・デ・パガノスは、エグレン家の幅広いワイン事業に比較的最近加わった。

エグレン家が最も慣れ親しんでいるのはリオハであり、サン・ビセンテ・デ・ラ・ソンシエラにセラー（シエラ・カンタブリア、ビニェードス・デ・シエラ・カンタブリア、セニョリオ・デ・サン・ビセンテ）を設立し、さらに最近、リオハ・アラベサにビニェードス・デ・パガノスを開業したのだ。構想が具体化したのは1998年で、葡萄畑を買ってセラーを建設した。最初の市販リリースはエル・プンティド2001で、それ以来このワインは毎年つくられている。もっと注目を浴びているラ・ニエタが現れたのは2004年のことだ。それ以降、どちらも非常に良いヴィンテージから最高のヴィンテージまである。

エグレンの方針の1つに、ワインづくりと瓶詰めはベンチャーごとに別々に行われなくてはならないことが挙げられる。セニョリオ・デ・サン・ビセンテ、シエラ・カンタブリア、そしてビニェードス・シエラ・カンタブリアはすべて独自の専用設備でつくられており、ビニェードス・デ・パガノスについても同じである。パガノスは2005年以降、同族会社の本社も兼ねているが、その徹底した独立は決して揺るがない──ちなみに、そのせいで本書にはエグレンの項目がいくつかある。実際、マルコス・エグレンは、本社移転の決断がもっぱら後方支援上のものであることを強調している。というのも、リオハにあるエグレンの他のボデガはやはりサン・ビセンテ・デ・ラ・ソンシエラに深く根ざしているのだ。ワインづくりに関する限り、どんな中央集権も考えていないことは間違いない。「パガノスではエル・プンティドとラ・ニエタしかつくりません。それを変えるつもりもありません」。

さらに別のエグレンの方針に従って、パガノスの葡萄畑にはテンプラニーリョが（同類らしいテンプラニーリョ・ペルードとティンタ・デ・トロも含めて）植えられている。パガノスのような新しいベンチャーでは、核となる古樹を新しく植える葡萄樹で補うので、グラシアーノ、マスエロ、またはガルナッチャのような認められた品種を試す良い機会だったと考える人もいるかもしれない。しかしマルコスの意見は違って、気候とテロワールの条件がとにかくテンプラニーリョ以外の品種にとっては好ましくないと主張している。「リオハにある私たちの葡萄畑はどれもそうだが、パガノスの葡萄畑は非常に低温の境界地域にあるので、生理学的周期が長い品種が最高の結果を出すことはめったにありません」。

極上ワイン

El Puntido
エル・プンティド

この畑のブレンドは特徴的なワインだ。非常に安定しているが、1つヴィンテージを選ばなくてはならないとしたら2004だろう。深い鮮紅色で、もともと若いときは縁が深い紫だったが、今では少し和らいでいる。ノーズは新鮮な果実と確かなオークのストラクチャーに、複雑ですっきりしたスパイスと心地よいオレンジピールの香りがあり、サルサパリラがほのかに混じる。口に含むととても奥行きがあり、しっかりしたタンニン、ほどよい酸味、よく溶け込んだアルコール、全体的にとても重々しい果実の存在感があり、最後にリコリスとミントの強く長い余韻が残る。

La Nieta
ラ・ニエタ★

ラ・ニエタという名は、たった1.7haの小さい区画に由来する。そこでも、エグレン家の高級キュベすべての特徴である、徹底した低収量と葡萄1粒ごとの厳しい選別という方針が採用されている。極端な濃度が新しいフレンチ・オークによる18カ月の熟成によってさらにはっきりするので、バランスを実現するのが難しい場合もある──しかし2005は間違いなく実現している。力強いが調和のとれたワインで、圧倒されるほどの複雑さにもかかわらず繊細さが際立つ。

Viñedos de Páganos
ビニェードス・デ・パガノス
葡萄畑面積：30ha　平均生産量：6万本
Carretera de Navaridas s/n,
01309 Páganos, Laguardia, Álava
Tel: +34 945 600 590 Fax: +34 945 600 885
www.eguren.com

LABASTIDA, SAMANIEGO, ELCIEGO, AND LAGUARDIA

Bodegas Palacio ボデガス・パラシオ

このワイナリーには長く多彩な歴史がある。1894年にコスメ・パラシオによって設立され、フィロキセラがリオハに出現したときにバリャドリードに移転し、雇ったワイン醸造家がのちにベガ・シシリアをつくることになり、それがスペインで最も高名なワインの仲間入りを果たしたことで、リベラ・デル・ドゥエロ地方全域の成長を引き起こした。

パラシオ家は1972年にドメックとシーグラムの共同事業に売り渡した。ドメックはすぐに撤退して独自のボデガをつくり、シーグラムが独自に続けたが、1987年にワイナリーはその経営陣に売り出され、シーグラム・ヨーロッパの元副社長ジャン・ジェルヴェ率いるグループに買収された。ジャルヴェがワインの品ぞろえを活性化させるために呼んだミシェル・ローランは、革命的なワインをつくり出した。それが多くの人にとって初のモダン・リオハだったコスメ・パラシオ・イ・エルマノスだ。オーク熟成が短縮され、アメリカンではなくフレンチ・オークを使った濃厚なワインである。

ワインの品ぞろえを活性化させるために呼ばれたミシェル・ローランは、革命的なワインをつくり出した。それが多くの人にとって初のモダン・リオハ、コスメ・パラシオ・イ・エルマノスだ。

ワインの成功によって、またオーナーが変わることになった。1998年、ワイナリーはスペイン最大手の実業グループ、エントレカナレス・グループ（現アクシオナ）に売却される。同グループはすでに、リベラ・デル・ドゥエロのビーニャ・マヨールとペニャスカルのブランドで知られるボデガス・バルセロを所有していた。

彼らはワイン観光のパイオニアであり、19世紀のワイナリーの建物に開業したホテルには15室あり、それぞれ葡萄品種の名前がつけられている。ワインについて言うと、他の起業家のものと同じで、かつてモダンで革命的だったものが今では非常に古典的に思える。

極上ワイン

長年リオハでは、ミルフロレス（「1000の花」）と呼ばれるワインがカーボニック・マセレーションの赤の基準だった。カスティージョ・リオハのシリーズが初心者向けワインの代表だが、赤のグロリオソ――1928年というかなり古い時代にできたブランド――にはクリアンサ、レセルバ、グラン・レセルバがある。赤はすべてテンプラニージョだが、白はビウラである。

Cosme Palacio y Hermanos Reserva Especial [V]
コスメ・パラシオ・イ・エルマノス・レセルバ・エスペシアル [V]

できた当時は革新的なワインだった。なにしろ標準より濃厚につくり、さらにフレンチ・オークで熟成させるというのは、当時この地方では聞いたこともないやり方だったのだ。ラベルは白も赤もある。コスメ・パラシオのラベルがついているワインはたくさんある――2種類の白と3種類の赤――が、これがリオハ産の初のビーノ・デ・アウトルと考えられている。生みの親のミシェル・ローランは、リオハの葡萄にさまざまなボルドー地方の原則を適用し、大成功を収めた。1994はこの有名なヴィンテージでも屈指のワインである。

Bodegas Palacio Especial
ボデガス・パラシオ・エスペシアル

これはこのワイナリーがつくるアルタ・エスプレシオンと考えられているが、モダンに見えるボトルと質素なラベルは実は非常に古いデザインで（1935年のものを見たことがある）、「ニュー・リオハ」革命のときに復活したものである。原料は最古の葡萄樹から収穫され、フレンチ・オークの新樽で24カ月熟成された後、瓶でさらに12カ月寝かされる。その結果はオークがふんだんなワインで、色は赤というより黒、果実味を特徴とし、優雅に熟成するための濃度、酸味、バランスがある。見つかるのであれば、1995が今飲むのに理想的なはずだ。見つからなければ、2004が良質な近年のバージョンで、7周年くらいから飲むことができるし、2、3年は置いておく。

Bodegas Palacio
ボデガス・パラシオ

葡萄畑面積：155ha　平均生産量：150万本
San Lázaro 1,
01300 Laguardia, Álava
Tel: +34 945 600 151　Fax: +34 945 600 297
www.bodegaspalacio.es

LABASTIDA, SAMANIEGO, ELCIEGO, AND LAGUARDIA

Viña Salceda　ビーニャ・サルセダ

ビーニャ・サルセダは、1969年にマルケス・デ・リスカルのような地元エルシエゴの重鎮の陰でひっそり開業したときから、リオハの階層の中で「中流」という表現がぴったりくる位置を占めていた。妥当な価格の妥当な赤ワインをつくっていたのだ。しかし、ワイナリーを囲む自社の葡萄畑と契約農家の葡萄畑にはそれ以上の潜在力があった。同じリオハ・アラベサ地区にほとんどが古樹の小さい区画が156、さらにエブロ川を越えたリオハ・アルタにもいくつか区画がある。その潜在力に意を強くして、ナバラの有名なチビテ家は1998年にビーニャ・サルセダを事業ポートフォリオに加えた。それ以降、着実に進歩を遂げている。

エルシエゴの土壌──大部分が石灰石砂岩の上のシルトローム──は冬と春に十分な降雨のある温暖な気候とともに、良質の葡萄栽培にうってつけである。セニセロ、ラガルディア、アバロス、サン・ビセンテなどの村にある契約栽培農家の葡萄畑を加えると、非常に多種多様な葡萄がそろうが、葡萄畑の大部分が先端を剪定されていて乾地農法が行われていることと、葡萄樹の樹齢は共通である。

この地域の例にたがわず、葡萄畑の大部分はテンプラニージョと、少量のマスエロとグラシアーノ、さらに極端に古いガルナッチャ・ティンタが植えられている。

収穫はすべて手作業で行われ、入念な選別は葡萄畑から始まり、ワイナリーが管理する細かい厳密な収穫スケジュールにしたがっている。

ビーニャ・サルセダがつくるのは4種類の赤のキュベだけだが、最近多くのリオハのボデガが精通している全範囲を網羅している。すなわち、クリアンサ、レセルバ、グラン・レセルバ、そしてもっと高価でもっと国際的な、とくに良好なヴィンテージにのみつくられるコンデ・デ・ラ・サルセダである。

しかしワインづくりはそれほど平凡ではなく、チビテ家がこのリオハの子会社に対して抱いている意欲の真剣さを示す手がかりがいくつかある。発酵は十分に管理しながらゆっくり行い、マストと果皮を優しくポンプオーバーしたあと、細かい澱の上で果皮とワインを浸漬し、その後トップ・キュベのために樽でマロラクティック発酵を行う──リオハでは非常にまれなことだが、このボデガがエレガンスを重視していることを示す。

率直に言おう。不名誉にもアルタ・エスプレシオンと呼ばれていたワインばかりに目が向けられていた数年の間、チビテ・スタイルの一般的枠組みの中でビーニャ・サルセダを新しくしようとする試みは、あまりニュースにならなかった。しかし一部の国際主義者による誇張表現と間違いによって国際的ワインの人気が打撃を受け、新世代の見識ある消費者が良質の伝統的リオハ（悪質な伝統的リオハもたくさんある）の価値を見直すにつれ、ビーニャ・サルセダはだんだん主役になりつつある。長年にわたって物事をきちんと行い、力強さよりエレガンスを優先してきたという強みがある。

極上ワイン

Viña Salceda Reserva
ビーニャ・サルセダ・レセルバ

　このワインはグループ会長のフェルナンド・チビテが自社のワインすべてに好むバランスと軽さを併せ持ち、古典的なグラン・レセルバよりもはっきりした果実の存在感と活気が感じられる。アメリカン・オークで18カ月熟成され、完全に伝統的なスタイルである。

Conde de la Salceda
コンデ・デ・ラ・サルセダ

　樹齢80年以上の先端を剪定された葡萄樹のみからつくられるこのワインは、モダン・リオハの好例であり、一部の競合品に見られる行き過ぎたところはなく、スタイルを象徴するものになっている。100%フレンチ・オーク樽で熟成され、95%はテンプラニージョ、複雑さと新鮮さを添えるためにグラシアーノも入っていて、素晴らしく濃厚でブルーベリーの風味が感じられる。

Viña Salceda
ビーニャ・サルセダ

葡萄畑面積：45ha　　平均生産量：100万本
Carretera de Cenicero km 3, 01340 Elciego, Álava
Tel: +34 945 606 125　　www.vinasalceda.com

CENICERO, FUENMAYOR, LASERNA, AND OYÓN

Marqués de Cáceres マルケス・デ・カセレス

リオハの生産者の中では実に特殊なケースである。大量のワインを世界中に販売するという明確な使命を持った会社であり、40年以上前に設立されて以来、葡萄畑を所有しないことを意識して決断した会社であり、流行や宣伝に関係なくワインの世界で独自路線を意図的に歩んでいる会社であり、ちっとも伝統的ではないし（ある意味で正反対）小規模とも情熱的とも考えられない会社である。しかしそれでも、大勢の博識なワイン愛好家の共感を呼んでいる会社である。

1960年代末、エンリケ・フォルネルが家族のワインづくりの伝統を一新しようと固く決意して、フランスからセニセロに戻ってきた。その目標がほぼ達成されていることには、この家族経営の会社を率いる娘のクリスティナが重要な役割を果たしている。実際、クリスティナ・フォルネルは長年にわたってマルケス・デ・カセレスの華やかな顔であり、世界における同社の立場を強化してきた——世界で最も経営者に向いている社長であり、ワインの輸出管理に深く関与している。エンリケ・フォルネルの最大の宝は、ラングドックのネゴシアンとして得た経験と、2つのボルドーのシャトーを経営して得た経験だった。自分のプロジェクトに不可欠な支えとして、彼はボルドーでかなりの期間ともに働いてきたエミール・ペイノー教授のブレーンを一緒に連れ帰った。他の偉大な革新者——キハーノ、ムリエタ、ウルタード・デ・アメサガ——との類似性は明らかであり、マルケス・デ・カセレスのブランド名を使うことで強まっている。その名前は必然的に歴史の力を発動させる。それでも、投資家グループの先頭に立つフォルネルが示す全体像は、決して過去を振り返るものではなく、非常に革新的だ。

現在、リオハでこの40年に起きたことを振り返ると、ペイノー（そして1990年からはミシェル・ローラン）のような国際的に一流の醸造家との提携は、「空飛ぶ醸造家」現象の明らかな先駆けだったと言える。この現象は最近やたらと流行っていて、世界中のスタイル均質化の主

右：マルケス・デ・カセレスの社長クリスティナ・フォルネルは、
　　父親が始めた会社の構想を実現した。

リオハの生産者の中では特殊なケースで、
大量のワインを世界中に販売するという明確な使命を持った会社だ。
しかしそれでも大勢の博識なワイン愛好家の共感を呼んでいる会社である。

上：大洞窟のようなマルケス・デ・カセレスのセラーにきっちり積み上げられた樽は、その生産量の規模を示している。

な原因であることは間違いない。1970年代半ばの世界的な経済危機が始まったころ、リオハワインの勢いがかなり衰えている最中に、はっきりした果実のアロマと豊かなタンニンを特徴とするマルケス・デ・カセレスの初ワインがワインショップの棚に並んだことは、まさに一服の清涼剤だったことに疑いの余地はない。この観点から見ると、たいてい手入れされていない古いアメリカン・オーク樽で熟成されていた当時のワインに多かった過剰で陳腐なオーク使いを不可とする、1970年代のリオハワイン近代化の先駆的活動の先頭にマルケス・デ・カセレスは立っていたと考える人たちに、私たちもどちらかというと賛成である。

ペイノーの協力を得たエンリケ・フォルネルとパートナーたちは、もちろんノウハウを持っていたが、最初の段階ではちょっとした幸運な巡り合わせを楽しんだ。投資家たちはセニセロの協同組合の大洞窟のようなセラーに小さなスペースを借り、協同組合などがつくる何百樽というテンプラニージョ・ワインをペイノーに試飲させ、ブレンドさせたのだ。そしてペイノーは最高の1970ヴィンテージのワインでセンセーショナルなブレンドをつくり上げた。フルーティーで、新鮮で、明らかなオークはほとんどなく、誰もかつて味わったことのないようなテンプラニージョの――そしてリオハの――表現だった。1973年にクリアンサとしてリリースされると、一夜にして大評判になった。フランコ独裁政治が衰えつつあった当時、変化を切望していたスペインは完全にこれにはまった。マルケス・デ・カセレスは一躍有名になったのだ。

マルケス・デ・カセレスは典型的なリオハのモデルを採用して、直接葡萄畑を開拓しないことを最初から決めていた。ウニオン・ビティビニコラ（会社の正式名称）はその歴史の中で一度も、年間1.5万トンという途方もない量の葡萄を供給する葡萄畑のオーナーになったことがない。セニセロ周辺には細分化された土地の保有制度があり、会社にとっては他にも関心領域があったので、彼らがつねに用いてきたビジネスモデルは栽培農家との長期購買契約であり、ワイン醸造家のフェルナンド・コメス・

サエスの指示のもとにマルケス・デ・カセレスが技術サポートと品質管理を行っている。

1994ヴィンテージは素晴らしかったので、マルケス・デ・カセレスはすでに堂々とモダンになっていたスタイルをさらに強めるものとして、ガウディウム(ラテン語の「喜び」)をリリースする気になった。

この体制で管理されている膨大な葡萄畑の面積——ほぼ2500ha——にふさわしく生産高の数字も感動的で、国内市場と海外市場に均等に分かれている。同社によると、そのワインは100カ国以上に普及している。量と市場への影響力という意味では、ビウラ・ベースの(マルバシアが混ざっている)白ワイン、マルケス・デ・カセレス・ブランコ・ホベン、アンテア・バリカ、そしてサティネラ・セミドゥルセを見過ごすことはできない。マルケス・デ・カセレス・ロサド(80%テンプラニージョ、20%ガルナッチャ)もある。これらはすべて——上級のテイスターを感動させることを目指してはいないが——めったに期待を裏切らず、毎年均一なレベルを保っているワインだ。これは同社のマーケティング戦略と合致している。ワイン愛好家とは限らない幅広い消費者を、堅実なワインと手ごろな価格で惹きつけようという戦略だ——その成功を議論するのは難しいだろう。

赤ワインの主体はテンプラニージョで、15%はグラシアーノとガルナッチャが追加され、マルケス・デ・カセレスのシリーズは古典タイプの全領域、すなわちクリアンサ、レセルバ、グラン・レセルバをカバーする。テンプラニージョがさらに多く入る(熟度と抽出という意味で)「極端な」シリーズも2種類のラベルでつくられる——ガウディウムとその弟分のMCだ。どちらのシリーズにもモダンとウルトラモダンと呼ばれるスタイルがあり、同社が提供する最上級のものはそれぞれマルケス・デ・カセレス・グラン・レセルバとガウディウムである。

極上ワイン

Marqués de Cáceres Gran Reserva
マルケス・デ・カセレス・グラン・レセルバ

多くの評者にとって、外観はリオハの伝統を宣伝しているイメージ(貴族の名前、紋章、古典的なデザイン、グラン・レセルバの称号)があるが、このワインは40年余り前にマルケス・デ・カセレスが導入した革新的スタイルを、今日最も忠実に表現している。その結果、深い鮮紅色と際立つエキスを示している。最初の数年、新しいオークの香りと熟した赤い果実としっかりしたタンニンの間にある種の緊張があるが、時とともにやがて洗練され、アルコールと酸味のバランスがよくなり、1991や1994のような最高のヴィンテージでは、残っている上質のレザーの香りがリオハ生まれであることをはっきり訴える。

Gaudium
ガウディウム

1994ヴィンテージは素晴らしかったので、マルケス・デ・カセレスはすでに堂々とモダンになっていたスタイルをさらに強めるものとして、このガウディウム(ラテン語の「喜び」)をリリースする気になった。色が非常に深く、最高のヴィンテージのこのワインは非の打ちどころがない。繊細で、エレガントで、地中海のハーブ、赤と黒のベリー、スパイス、背景によく溶け込んだオークが香る。口当たりは十分な奥行きがあり、ほどよい酸味と新鮮さを感じさせ、表現が豊かで、力強いスタイルにしては適度に円熟した余韻である。

Marqués de Cáceres
マルケス・デ・カセレス
葡萄畑面積：2300haを地元栽培家との長期契約
平均生産量：1000万本
Carretera Logroño s/n,
26350 Cenicero, La Rioja
Tel: +34 941 454 000　Fax: +34 941 454 400
www.marquesdecaceres.com

CENICERO, FUENMAYOR, LASERNA, AND OYÓN

Viñedos del Contino
ビニェードス・デル・コンティーノ

リオハで春か夏の暖かい午後、友人とともにおしゃべりしながら試飲するのに最も心地よい場所の1つとして、コンティーノのセラーの裏で陰をつくる魅力的な木立が挙げられる。木の幹の間に、ビニェードス・デル・コンティーノで栽培されている葡萄樹の整然とした静かな列が見える。あちこちに樹齢2、3世紀の樹も点在する。前景には有名なオリーブ樹、少し遠くに数本の堂々としたトキワガシ。背景にはエブロ川を確認できる。川はさまざまな区画に分かれている63ha近い畑を蛇行して流れているが、畑の境界は行きずりの見物人にはよくわからない場合もある。

時々、コンティーノの優秀なワイン醸造家ヘス・デ・マドラソの個人印で（悲しいことに）ごく限られたワインがリリースされる。

小石に覆われた砂質石灰石土壌の葡萄畑には、格調高い名前がついている。オリボは当然のことながら、フアンロナ、サン・グレゴリオ・エンシナ、サン・グレゴリオ・グランデ、ドン・ビセンテ、リベラ・ビコンサ、エル・トリアングロ、といった具合だ。聞いても誰も驚かないだろうが、大部分を占める品種はテンプラニージョで、10％のグラシアーノと5％にわずかに満たないマスエロ、そしていくらかのビウラとガルナッチャ（赤と白両方）——または地元の呼び名ではガルナッチョ——が植えられている。コンティーノはどのヴィンテージにも生産高のごく一部しか使わず、残りは他の生産者に売っている。

オリボ葡萄畑の隅に、1970年代にホセ・デ・マドラソが植えたカベルネ・フランが少し見つかる。会社の共同創立者だった彼は大のフランスワイン好きで、この地でのガメイの可能性に真剣に賭けようという決断も下した。とくにカーボニック・マセレーションにおける潜在能力を考えたのだ。最終的にガメイは断念され、数年前にその葡萄樹はグラシアーノに接ぎ木し直されたが、カベルネ・フランは毎年のように素晴らしい品質のマストを生み出しており、実験的なキュベに入っている。

時々、コンティーノの優秀なワイン醸造家ヘス・デ・マドラソの個人印で（悲しいことに）ごく限られたワインがリリースされる。そのキュベのおかげで、今日の最も熱心なワイン愛好家からコンティーノに対してたえず大きな関心が寄せられている。その理想的な例はコンティーノ・ブランコだろう。2006年からつくられている、ビウラ、マームジー（醸造家の個人的直感）、ガルナッチャ・ブランカの多様なブレンドである。このごく限定的な生産の展開は、将来、企画の潜在力が最大限に達したと会社が十分に納得したあかつきにはリリースすることを視野に入れて、注意深く追跡されている。厳密には市販向けにリリースされていないが、手ごろな値段でセラーから直接手に入れることができる。最高のものは2009ヴィンテージとしてこれから出るものだが、今のところ、2006、2007、2008はスタイルがかなり違うので、比較を楽しむことができる。2006は豊満で肉づきがよく、2008は極端にはっきりしていて、2007はその中間にある。まだスタイルを見つけようとしているところだが、しばらくの間、そのプロセスに立ち会うのが本当に楽しみだ。

生産が始まったのは1970年代初め、手本はボルドー地方のシャトーだった——コンティーノとレメリュリが同時にリオハで開拓したコンセプトである。伝統的にさまざまな葡萄畑からの果実がブレンドされるので、ワインづくりの設備は葡萄畑から離れていることも多い、交通の便の良い町に位置する。初期のキーマンはホセ・デ・マドラソとリカルド・ペレス・カルペットだった。それほど知られていないのは、20世紀最後の30年のリオハに欠かせなかった人物の1人マヌエル・ジャノ・ゴロスティサが、純粋に情熱と個人的友情のために果たした決定的役割である。サン・グレゴリオのロゴをデザインし、コンティーノ・ドン・ペドロ・デ・サマニエゴの歴史的起源を記録し、もともとソシエダード・ビニコラ・ラセルナと呼ばれていた社名を変えるようにオーナーを説得したのは、ゴロスティサだったのだ。最初の20年、醸造家はクネのセラー

右：コンティーノの優秀だが控えめなワイン醸造家のヘス・デ・マドラソは最高クラスの評判のワインをつくり上げる。

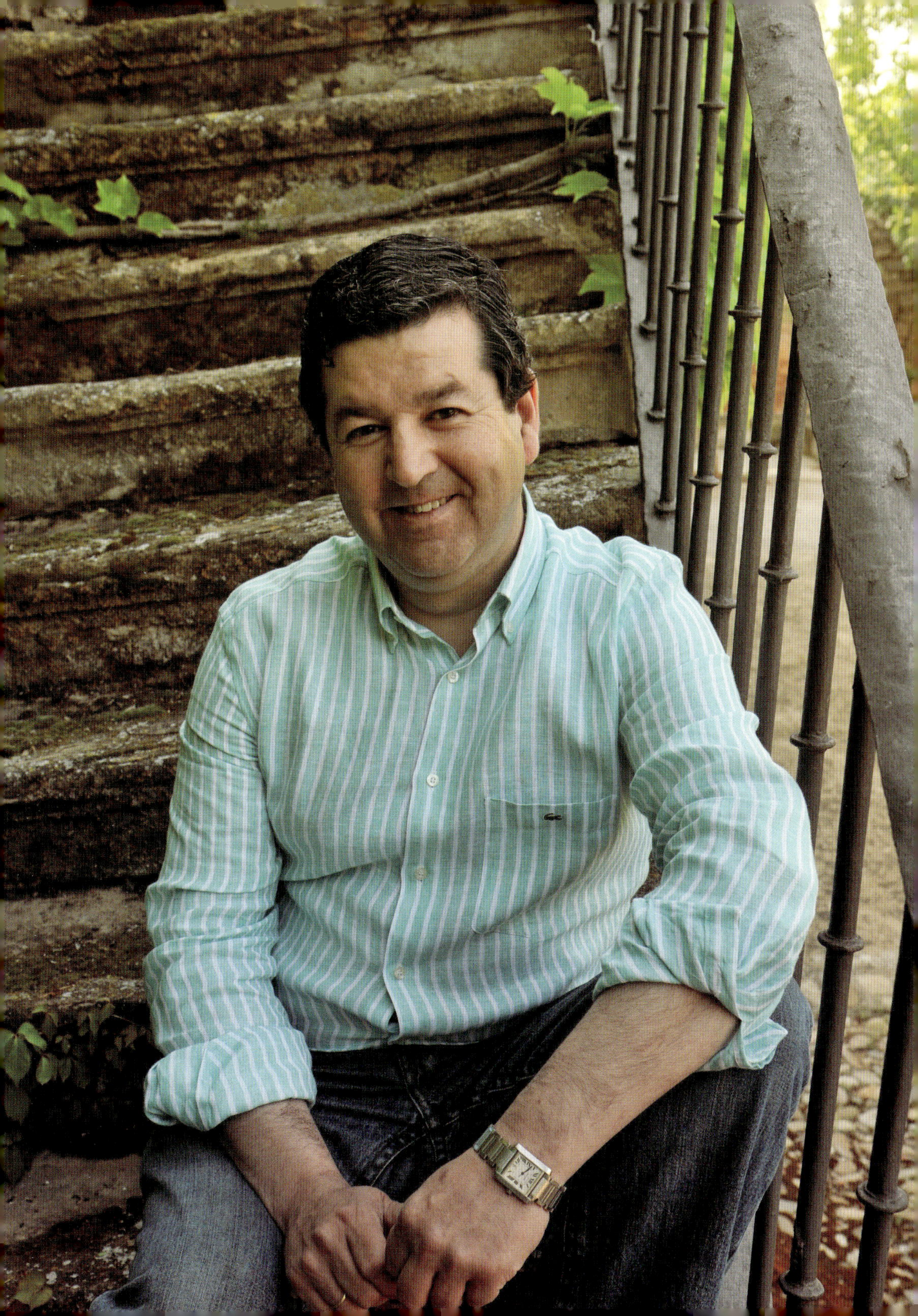

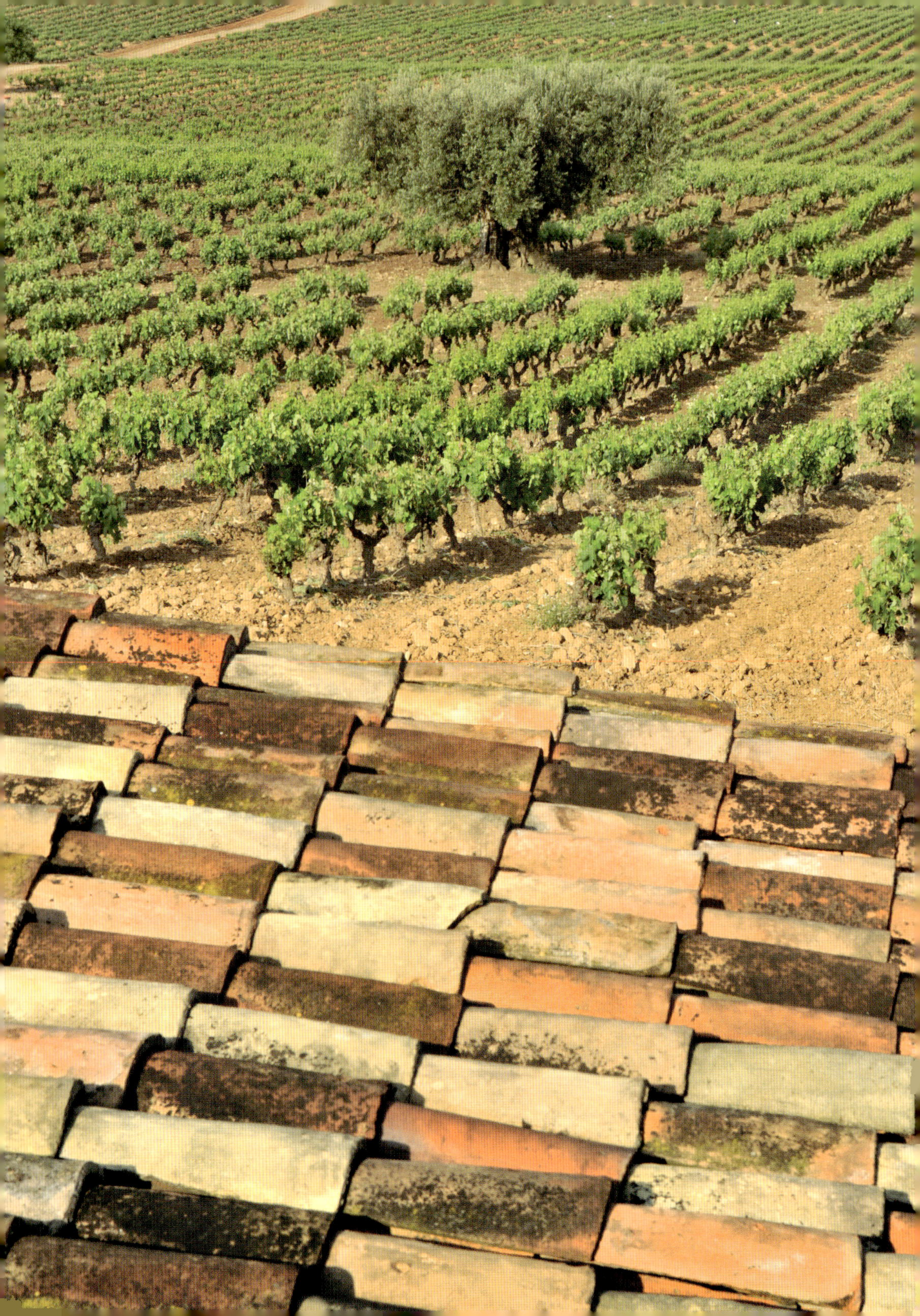

マスターのバシリオ・イスキエルドだった。

現在、生産は共同創立者の子どもたちが管理している。リカルド・ペレス・ビジョータは現在コンティーノの経営者であり、3人の兄弟とともに会社を50%所有している（残りの50%はクネの所有）。一方、醸造家のヘスス・デ・マドラソはしばらくイスキエルドに師事して助手を務めた後、1990年代に引き継いだ。デ・マドラソはセビージャ生まれのビルバオ人であり、祖先は二重にリオハのワインづくりに関係している。というのも、父親の家系はクネの創業者と同じレアル・デ・アスアの名を冠している。それでも足りないといわんばかりに、ヘススはカンタブリアの画家一家マドラソの血筋であり、そのマドラソ家はフォルトゥニー家と関係がある。

今から10年前のちょっとした逸話に、この醸造家の性分がよく表れている。セラーに招待された10人余りのワイン愛好家が集まって気さくに会話を楽しんでいると、ヘスス・デ・マドラソが到着し、誰にも気づかれずに静かにパーティーに加わった。しばらくしてから、彼は生まれた時からずっとそこにいたかのように（ちなみに、それはほぼ真実だが）自然にジョークを飛ばすと、ようやくみんなが彼の存在に気づき、紹介や挨拶が交わされた。その後すぐに広範囲の垂直試飲が始まったが、それは本当に記憶に残るものとなった。それはまさにあの場所、コンティーノのセラーの裏にあって、ワインの源である貴重な葡萄畑に面した、すてきな木立の中で行われた。

極上ワイン

Contino Reserva
コンティーノ・レセルバ

1974年以降、毎ヴィンテージにつくられるコンティーノのラベル。2001 [V]、2004 [V]、2005 [V]のような最近のヴィンテージは確実にお薦めだが、20～25年経ってはじめて潜在力を完全に発揮するワインである。1982と1981のメリットに関する月並みな論争は、少なくとも私たちにとっては、1980を選ぶことで解決できる。さらに、1985と1986は成熟したリオハの完璧な表現という意味では、2つの著名なヴィンテージとそれほど離れていない。

Contino Graciano
コンティーノ・グラシアーノ

コンティーノのモダン・スタイルのワインの中で、高価で高級なほうのビーニャ・デル・オリボと比べて、独特のグラシアーノ——1994年に開発されたバラエタルのボトル——のほうが、私たちとしては概して好みである。これは個人的な好みの問題であり、私たちの場合、濃度の高さや生々しい力強さよりも、新鮮で奥行きのある酸味を好む傾向がある。2000はお気に入りのヴィンテージの1つだが、樽のサンプルは2009★が今のところ最高であることを示唆している。

Contino Viña del Olivo
コンティーノ・ビーニャ・デル・オリボ

ビーニャ・デル・オリボはリリース時に最高のワインではない。果実とタンニンのストラクチャーが両方とも非常に強いので、融合する時間が必要である。リリースの段階では、そのような融合が実現するかどうかは議論の余地がある——いずれにしろ、このワインとそのつくり手に関する事前の知識を必要とする問題だ。コンティーノが信頼できるメーカーであることを示す証拠を探すとしたら、コンティーノ・ビーニャ・デル・オリボ1996★に手を伸ばせばいい。円熟して調和のとれた最高のワインであり、極上のモダン・リオハはやがて古典的な側面を見せることを示す生きた証拠である。ノーズにはほのかにオリーブが混ざり、力強くスパイシーで、クリーミーなコーヒーとローストの香りを感じる。口に含むと奥行きがあり、風味がよく、新鮮な酸味と、ノーズと響きあう後味がある。余韻はとにかく素晴らしい。非常に長く、充実していて、複雑だ。最高のワインである。

左：葡萄樹の中の古いオリーブの樹は、コンティーノの最も優れた最も古くからあるワイン、ビーニャ・デル・オリボの名前の由来である。

Viñedos del Contino
ビニェードス・デル・コンティーノ
葡萄畑面積：63ha　平均生産量：30万本
Finca San Rafael, 01321 Laserna, Álava
Tel: +34 945 600 201　Fax: +34 945 621 114
www.contino.es

CENICERO, FUENMAYOR, LASERNA, AND OYÓN

Compañía de Vinos Telmo Rodríguez
コンパニーア・デ・ビノス・テルモ・ロドリゲス

「**空**飛ぶ醸造家」という言葉はおなじみだ。しかし超有名な渡りの葡萄栽培家テルモ・ロドリゲスは「運転する醸造家」という言葉のほうを好む。そのほうがスペイン中を旅する彼のライフスタイルの雰囲気をよく伝えることは確かだ。リオハのレメリュリを所有する一家に生まれたロドリゲスは、赤ん坊のときからワインとともに生きてきた。ボルドーで学び、3年間コス・デストゥネルで働いた後、長い旅に出て、コルナスのクラープ、エルミタージュのシャーヴ、ボーカステルのペラン家、プロヴァンスのトレヴァロンのエロワ・デュルバックに出会い、そこで働いた。その後、10年間家族のワイナリーで働いてから、自分自身のワインを自分のやりたいようにつくる必要があると決心した。彼は他のスペイン人醸造家と一緒に仕事をしているが、中でもとくに重要なのは、ペトリュスのジャン・クロード・ベルーエの弟子でボルドーでも学んでいるパブロ・エグルキサだ。2人はともにさまざまなスペインの原産地呼称を再発見しており、さらには古典的な地域で活動し、東西南北のワインをつくり、すべてにかなりの成功を収めている。

リオハのレメリュリを所有する一家に生まれた
ロドリゲスは、
赤ん坊のときからワインとともに生きてきて、
すべてに成功している。

これは1つ2つのワインの話ではない。ロドリゲスは10、15、20、またはそれ以上のワインを、トロで、リベラ・デル・ドゥエロで、ルエダで、もちろんリオハで、さらにはセブレロス、マドリード、シガレス、ナバラ、バルデオラス、そしてアリカンテでつくっている。各地で若い醸造家を雇い、ワイナリーのスペースを借り、葡萄栽培家やワイン生産者と契約しているが、つねに「魂のあるワイン」を求めている。ロドリゲスのやり方は、まず地元の栽培家と一緒に働いて地域に入り込み、シンプルな——そして高くない——ワインをつくる。そうするうちに、地域を——葡萄や土壌や気候の特性を——理解するようになる。そして最上級のボトルをつくるための非凡な葡萄畑を探す。このやり方で、トロの場合はデエサ・ガーゴとガーゴとその後パゴ・ラ・ハラをつくり、リオハではランサガのあとにトップラベルのアルトス・デ・ランサガをつくった。

コンセプトはいかにもブルゴーニュ流だ。シンプルなネゴシアン・ワインは調達された葡萄からつくられて安く売られるのに対し、彼自身のドメーヌ・ワイン（上述のもののほかにマタリャーナ、モリノ・レアル、ペガソなど）は量が限定されていて、価格と品質が高く、大部分が極端に低収量の非常に古い葡萄樹からつくる単一畑ワインである。

葡萄畑に対する関心と、最高の葡萄でつくりたいという願望から、ロドリゲスは有機栽培の原則に従っており、最近ではバイオダイナミック農法を試し始めた。そのためには葡萄畑での大変な努力が必要だが、彼はこのやり方に少しずつ転換し、現在バイオダイナミック農法の認証機関として最も有名なデメターの認証を葡萄畑に受ける手続きを進めている。

忘れられた地域やワインをたえず探している彼は、量産ワインのプレッシャーで由緒ある地域やワインのスタイルが消えることを防ぎ、伝統を守りたいと思っている。地域の年配者と話をするのが好きで、過去にはどんなふうに物事が行われていたのか、ワインはどうやってつくられていたのか、どんな味だったのかを尋ねている。

ロドリゲスはかつて、ヒュー・ジョンソンOBEがマラガ産の魅惑的な甘口ワインについて話すのを聞いて（ジョンソンの自伝『Wine: A Life Uncorked』で読むことができる）、それが頭から離れなかった。彼はマラガに行き、誰彼かまわず話をした。残っている葡萄畑を歩き、最高の場所を選ぶ。シャトー・デュケムに樽で甘口ワインをつくる方法について問い合わせ、実験を重ねる。そしてついに1998ヴィンテージが彼の思いどおりにでき上がり、最初のモリノ・レアル・マウンテン・ワインが生まれた。「マウンテン・ワイン」とは、18世紀にイギリス人が

右：自称「運転する醸造家」のテルモ・ロドリゲスは、スペインで最も著名なつくり手の1人である。

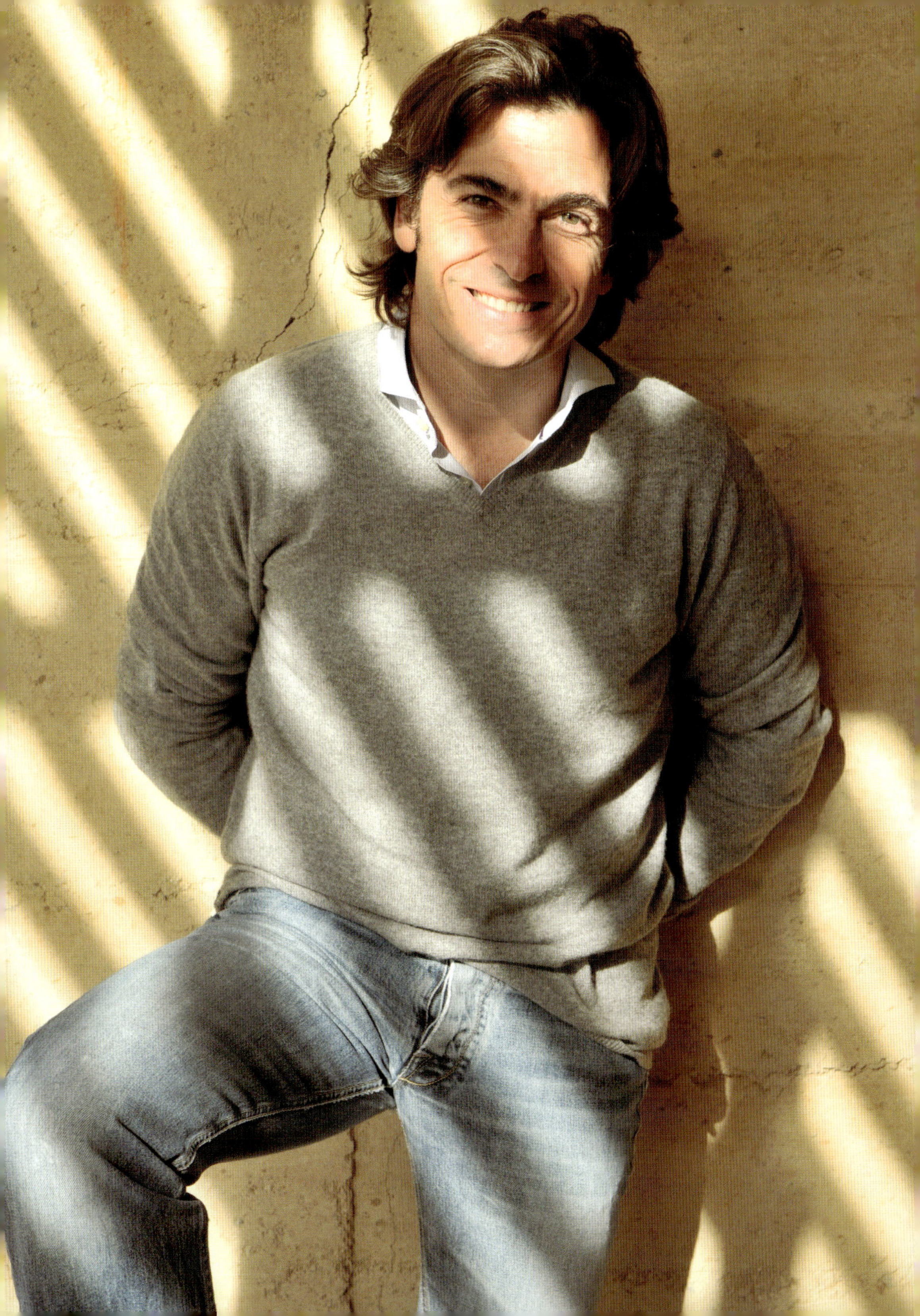

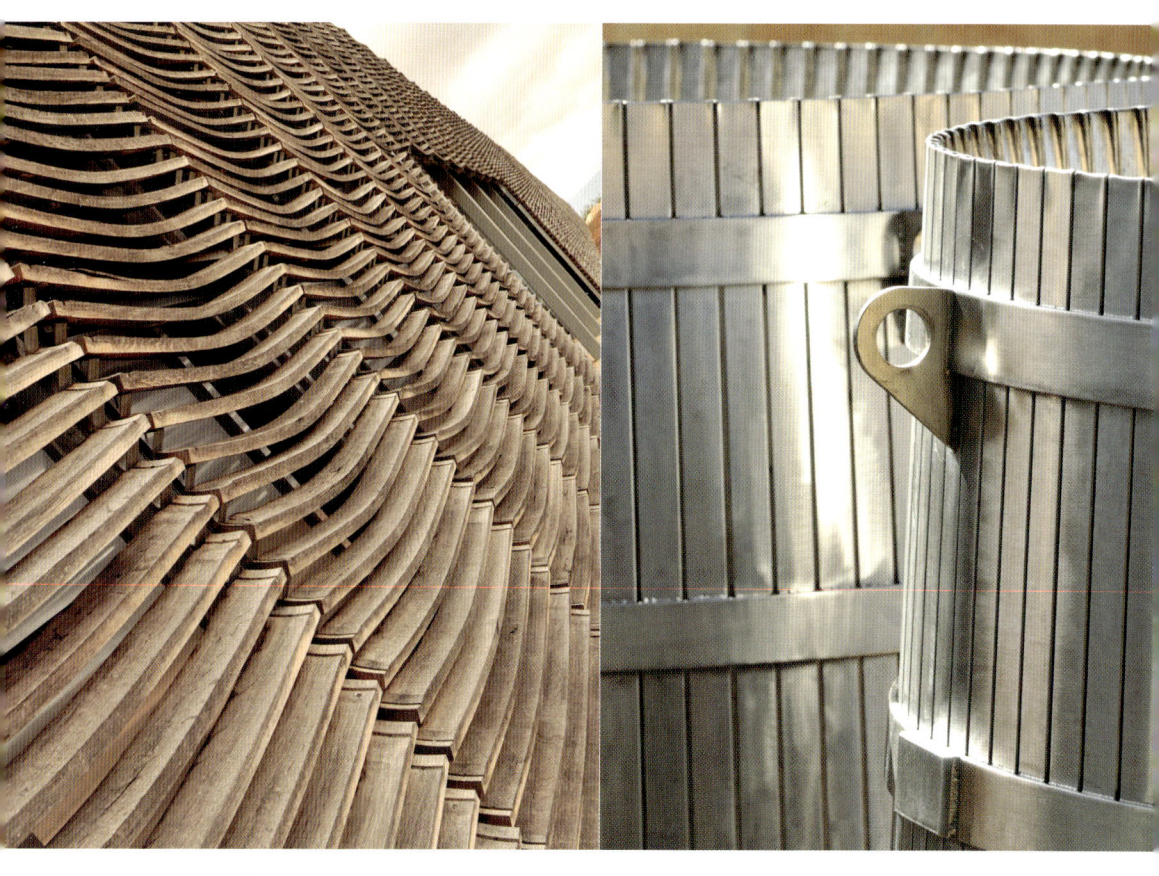

COMPAÑÍA DE VINOS TELMO RODRÍGUEZ

上：テルモ・ロドリゲスの新しいワイナリーに据えられた木とステンレスは、彼が伝統とモダンを受け入れていることを示している。

このスタイルのワインにつけた呼び名であり、ジョンソンをそれほど魅了した1本はモリノ・デル・レイがラベルに書かれている。

　しかしロドリゲスは心底リオハ人であり、会社の本社はリオハにある。何年もの間、風来坊のように田舎道や世界中の空港を旅してきた後、彼はとうとう身を落ち着けた。2009年1月、ランシエゴの新築ワイナリーに移ったのだ。彼にとっていつものように、葡萄樹に囲まれている。アラバのランシエゴはシエラ・デ・カンタブリアの山々のふもとにあり、地中海と大西洋の影響が融合し

てバランスの良さに表れると、ロドリゲスは感じている。ラス・ベアタス、オリーブの樹に囲まれているグアルダヴィーニャス、ビーニャ・ベリケテ、ビーニャ・ベニシオといった名前の葡萄畑を所有し、たいてい赤と黄色の混合土壌に古い低木の葡萄樹を植えている。多くの人たちが期待したとおり、ロドリゲスは2010年、レメリュリの家族のワイナリーにも戻って、現在姉のアマイアとともに経営に携わっている。

　白ワインの最大の供給源はつねにカスティージャ・イ・レオンのルエダだが、ロドリゲスがガリシアで何かするの

CENICERO, FUENMAYOR, LASERNA, AND OYÓN

は時間の問題だった。この場合、彼の好奇心を刺激した原産地呼称は際立つリアス・バイシャスではなく、目立たないバルデオラスである。そこの白のゴデージョと赤のメンシアには、素晴らしい個性のワインをつくる潜在能力がある。

当然、葡萄畑はロドリゲスのワインの核なのだが、ここではイメージも非常に重要で、ロドリゲスは有名な芸術家、画家、写真家、デザイナーと協力している。ラベルは世界中のどれにも引けを取らず、ウェブサイトもまた然りだ。彼が才能を発揮しているさまざまな地域の美しい写真を見ることができる。

極上ワイン

リオハはテルモ・ロドリゲスがつくるワインのほんの一部にすぎず、他の地域(トロ、リベラ・デル・ドゥエロ、ルエダ、アリカンテ、マラガ、あまり知られていないアビラやシガレス)も試す価値はおおいにあるが、本書のテーマではない。スペイン北西部をカバーするために、私たちはガリシア産の彼のワインも見ておく。大まかに言って、ワインのスタイルはできるだけ伝統に近づけられ、できるだけ干渉を少なく、しかし筋が通るところには近代的技術を使っている。樽熟成のワインは、若いときにはトーストのようなオークの香りがふんだんにするので、モダンな特徴が感じられるため、熱心なワイン愛好家の間でいちばん議論を呼んでいるかもしれない。このスモーキーさは数年瓶で寝かされると吸収され、実際ワインは見事に熟成し、ごく伝統的なスタイルになる。

Gaba do Xil [V]
ガバ・ド・シル[V]

赤はメンシア、白はゴデージョで、どちらもガリシアのDOバルデオラス、具体的にはオレンセ県南東部のカルバジェーダに属する小さなサンタ・クルス地区の葡萄畑から生まれる。葡萄樹は花崗岩が豊富な岩だらけの酸性土壌の険しい斜面に植えられている。赤も白もステンレス槽で発酵させ、新鮮さを保つために木で熟成させることなく早いうちに瓶詰めする。ここは同社のリストにいちばん最近加えられた地域なので、まだ最上級ワインをつくる試みの前に、地域について勉強して理解する段階にある。しかし地域と地元品種の潜在力をもってすれば、最上級ワインが生まれるのは確実だ。

Lanzaga
ランサガ

同社は若くジューシーなオークを使わないテンプラニージョのLZと呼ばれるワインもつくっている。その名前は小ランサガを意味する。ランサガはオーク熟成のリオハで、主体は自社のバイオダイナミック農法で栽培されている先端を剪定した12haの葡萄畑で収穫されるテンプラニージョで、その他にリュット・レゾネ(減農薬法)を用いている栽培家から購入する8haが加えられる。ランシエゴ・デ・アラバ周辺にあり、アタラヤ、マハダレス、アロヨ・ラ・ロサ、パソカスティージョ、ソトなどの名前がついている葡萄畑の平均樹齢は40年で、海抜500mに位置している。果実はセメント槽で野生酵母を使って発酵され、1500ℓと2000ℓのフードル(大樽)だけでなく225ℓの樽でも14カ月熟成される。このワインは毎年2万5000本余りつくられる。異例のヴィンテージの2006が私たちの好みだが、2001と1998もお薦めだ。

Altos de Lanzaga
アルトス・デ・ランガサ★

これはテルモ・ロドリゲスのリオハ産ワインとしては最上級であり、バイオダイナミック農法で栽培される(デメーターによる認証手続き中)合計4haになる7つの別々の区画から生まれる。主体はテンプラニージョで、少量のガルナッチャとグラシアーノが含まれる。葡萄は野生酵母を使って小さいオーク槽——容量は3000kgまで——で発酵され、1500ℓのフードルとオーク樽で18カ月熟成される。このワインが初めてつくられたのは1999年で、生産量は4500本に限定されていた。2001はきれいな暗いザクロ色で、熟した黒い果実と花の強いアロマが香る。ほどよい酸味のミディアムボディで、しなやかで奥行きもあり、生き生きしたタンニンは瓶で長くもつことを示唆する。

Compañía de Vinos Telmo Rodríguez
コンパニーア・デ・ビノス・テルモ・ロドリゲス

平均生産量:バルデオラスで10万本、リオハで11万本、会社の全生産量ははるかに大きい。
El Monte s/n, 01308 Lanciego, Álava
Tel: +34 945 628 315   Fax: +34 945 628 314
www.telmorodriguez.com

CENICERO, FUENMAYOR, LASERNA, AND OYÓN

Finca Valpiedra / Viña Bujanda
フィンカ・バルピエドラ／ビーニャ・ブハンダ

2007年6月、大規模なマルティネス・ブハンダ・グループが思いがけず分裂したとき、カルロス・マルティネス・ブハンダと妹のピラルは、リオハ以外の資産をすべて預かった——基本的に、ラ・マンチャにある巨大なフィンカ・アンティグア、テーブルワインを生産するコセチェロス・イ・クリアドレス、そして生まれたばかりのルエダのワイナリー、カントス・デ・ルエダである。リオハで彼らが所有していた比類ないバルピエドラの葡萄畑とワイナリーは、一家が1970年代初めに愛情をこめて築き上げたものだ。一家はこの地域で初めてグランデス・パゴス・デ・エスパーニャ（「スペイン優良生産者」）協会の会員になっている。しかし彼らは、別の新しい会社を起こした兄弟のヘススの手に渡った、収益性の高いコンデ・デ・バルデマルとバルデマルのラインアップの代わりに、あまり高くない領域のワインもつくる必要があり、そのために比較的若い葡萄畑をかなり使っている。

1889年にワインをつくり始めたものの本格的に軌道に乗ったのは1980年代以降だが、独自の核となる葡萄畑をつくるという一家のこだわりは変わらぬ特徴であり、分裂後の兄弟にとって大きな財産になった。

バルピエドラは新しいグループにとって礎石である。その80haから2種類の単一畑ワイン——フィンカ・バルピエドラと新しいもっと質素なカントス・デ・バルピエドラ——だけでなく、新たなビーニャ・ブハンダのラインアップになる大量の葡萄も生み出される。ビーニャ・ブハンダも頼りにしているのは優れた葡萄畑という財産であり、そのすべてがログローニョ近辺、リオハ・アルタ（あるいは、いわゆる「中部」リオハ——ログローニョ地域の立場はつねに論議の的だ）とリオハ・アラベサの両方にある。

40年ほど前のもっと円満だった時代、マルティネス・ブハンダ家全体が一家の夢であるフィンカ・バルピエドラで1つにまとまっていた。当時のリオハの考え方は、

右：カルロスとピラルのマルティネス・ブハンダ兄妹は、恵まれたフィンカ・バルピエドラ葡萄畑の潜在能力をフルに引き出そうと努力している。

フィンカ・バルピエドラは400mよりやや高い高度にあり、
シエラ・デ・カンタブリアによって大西洋の嵐から守られ、平均的な降水量にも恵まれていて、
抜群のワインをつくるのに必要なものがすべてそろっている。

小規模栽培農家から買い入れる大量の葡萄を含め、さまざまな場所の葡萄からつくられるブランド名ワインであり、単一畑ワインのコンセプトとは違っていた。しかしバルピエドラと、川を15km下ったところにあるコンティーノが、すべてを一変させた。とはいえ、コンティーノのワイン醸造施設はずっと前に建てられていて、そのワインは1980年代にはよく知られるようになっていた。ワイナリーが1999年にできたばかりのバルピエドラでは事情が違った。

土地そのものは見事で、エブロ川と川岸の並木に美しく縁どられた絵のような葡萄畑は、3つの段丘に広がり、最初に植えられたのは1972年、新しい区画は1992年、94年、2000年、そして04年に植えられている。ほとんどがテンプラニージョで、少量のグラシアーノとカベルネ・ソーヴィニヨンが加わり、白葡萄のごく小さい区画もある。そして3番目の段丘が注目すべき黒い希望の星だ。非常に有望なマトゥラーナ・ティンタの10haは、2010ヴィンテージに初めて収穫された。

土壌は基本的に砂質ロームと石灰石で、グラーヴすなわち沖積の砂利で覆われている。これがこの地所の名前――バルピエドラ(「石の谷」)――の由来である。石の多い表面は熱を保ち、さらに夏の暑い日に水分の急速な蒸発を遅らせることによって、葡萄樹の脱水を防ぐ。もう1つの重要な特徴は、高いカルシウム含有量と、他の養分(窒素、リン、カリウム)や銅と鉄のような微量栄養素がうまく組み合わさっていることだ。

フィンカ・バルピエドラは400mよりやや高い高度にあり、シエラ・デ・カンタブリアによって大西洋の嵐から守られ、約500mmという平均的な降水量にも恵まれていて、抜群のワインをつくるのに必要なものがすべてそろっている。しかしその潜在能力を本当に発揮するようになったのは、最近のことである。

ワイナリーには、個別に温度管理されている250hℓの(すべてが大きいように思われるリオハでは)小さいステンレス槽が31個備えられていて、各区画を別々に醸造することができる。葡萄は手で摘まれ、小さい容器で運ばれ、選果台を通過する。すべてが近代的で高品質なワインづくりの環境だ。フィンカ・アンティグアから太鼓判を押されてやって来た新しいワイン醸造家のローレン・ロシーリョは、最初の3回の収穫で、その設備を有効に活用し始めた。

さらに東にあって、現在新たなビーニャ・ブハンダのラインアップに充てられている見事な葡萄畑は、粘土石灰石と赤色粘土両方の良質なテロワールにある。しかしこちらの区画ははるかに若く(いちばん古いもので植樹は1984年)、品質が均一ではない。

現在の経済状況において、この中程度の価格のワインを量産するポートフォリオは、生まれ変わったマルティネス・ブハンダ・グループの将来の経済的成功を左右する鍵を握るだろう。今のところ、ラインアップは非常にシンプルだ。3種類のワインだけで、すべて赤、すべて100%テンプラニージョである。1つは新鮮なオークを使わないホベン。2番目はよく似ているがアメリカン・オークで3カ月寝かされるマドゥラード。3番目は古典的なクリアンサで、小さいオーク樽(70%アメリカン、30%フレンチ)で1年間寝かされる。

ワインは評判がよい。すっきりしていて、品種がうまく表現されており、フルーティーで、魅力的な価格だ。しかしもちろん、分裂した同じ一族のバルデマルも含めて、定評のあるブランド名と競合しなくてはならない。したがって、事業の重要な部分については、まだ答えの見つからない問題がたくさんある。

そのため、他の商品を支えなくてはならない一流ワインとしてのフィンカ・バルピエドラの重要性は、かなり増している。これから数年間、カルロスとピラル・マルティネス・ブハンダにとっての課題は、バルピエドラをビーニャ・エル・ピソン、コンティーノ、あるいはベンハミン・ロメオのキュベと並ぶリオハの階層のトップに位置づけ、その地位を維持することである。潜在能力は示されている。それをつねに発揮させる必要がある。

極上ワイン

エブロ川に囲まれた上質の葡萄畑で生まれるフィンカ・バルピ

上：洗練された比較的新しいバルピエドラのワイナリー。旗艦ワインの近年のヴィンテージはかつてないほどバランスがよい。

エドラは、テンプラニーリョ主体のブレンドで、若くてやる気のある非常に有能なワイン醸造家のローレン・ロシーリョが来てから、よく知られている口当たりのよさに、さらにバランスと重みが加わっている。

Finca Valpiedra's vineyards
(with date of planting)
フィンカ・バルピエドラの葡萄畑（植樹の日付）

第1段丘
ラ・カサ：15ha、テンプラニーリョ、1972年
ラ・ビア：16ha、テンプラニーリョ、1972年
エル・モンテ：14ha、テンプラニーリョ、1972年
ロス・マンサノス：16ha、テンプラニーリョ、1972年
エル・カベルネ：2ha、カベルネ・ソーヴィニヨン、1980年

第2段丘
ラ・カレラ：12ha、テンプラニーリョ／グラシアーノ、1975年
ラ・ペーヤ・デル・ガト：0.8ha、ビウラ、1980年、マルバシア、2008年

第3段丘
リベラ・デル・エブロ：4ha、マトゥラーナ、2008年

Finca Valpiedra / Viña Bujanda
フィンカ・バルピエドラ／ビーニャ・ブハンダ
葡萄畑面積：200ha　平均生産量：100万本
Término Montecillo s/n, 26360 Fuenmayor, La Rioja
Tel: +34 941 450 876
www.familiamartinezbujanda.com

CENICERO, FUENMAYOR, LASERNA, AND OYÓN
Amézola de la Mora　アメソラ・デ・ラ・モラ

ワインは伝統的なスタイルだが、このワイナリーはかなり若く、1987年に設立された家族経営の事業である。テンプラニージョ、マスエロ、グラシアーノが植えられた70haの葡萄畑が、リオハ・アルタのゴースト・ビレッジ、トレモンタルボ村（人口17人）のはずれにあるシャトースタイルのワイナリーを囲んでいる。古い石造りの建物は、本物のシャトーのような感じもする。

19世紀前半に設立された地所は、フィロキセラに襲われてワインづくりが断念される3世代前から、アメソラ・デ・ラ・モラ家のものだった。ワイン生産が再開されたのは、イニゴとハビエルの兄弟が古いセラーを復活させ、現在のワイナリーを建てると決めたときのことだ——その課題は1999年にようやく完了し、原初の建物と新しい設備がまったく同じスタイルで統合され、古いものと新しいもの、伝統とモダンが融合しているが、それはここのワインの狙いでもある。現在、イニゴの娘のクリスティナとマリアが事業を仕切っている。

原初の建物と新しい設備がまったく同じスタイルで統合され、古いものと新しいもの、伝統とモダンが融合しているが、それはここのワインの狙いでもある。

このワイナリーにある1816年に岩を掘ってつくられた地下蔵は、リオハ屈指の美しい地下蔵なので観光の目玉になっている。当然のことながら、見学や試飲、食事、乗馬などのワイン観光活動のほか、美術展示、劇場公演、クラシックコンサートも行っている。要望に応じてスペイン語、英語、フランス語で見学の案内をしている。

ワインに関しては、自社の葡萄だけを使う。葡萄は15kgのケースに手摘みしてから、選果台で選別する。房を除梗し、葡萄をステンレス槽で発酵させる。ワインはアメリカン・オークとフレンチ・オークの樽で熟成させるが、クリアンサ、レセルバ、グラン・レセルバというカテゴリーごとに規定されている最低期間よりもかなり長く寝かせる。清澄化して濾過してから瓶詰めし、さらにセラーで落ち着かせ、安定させた後にリリースする。最近、アルボモントのブランドでオリーブ油もつくり始めた。

極上ワイン

ロゼ（フロール・デ・アメソラ）、赤のクリアンサ（ビーニャ・アメソラ）、赤のレセルバ（セニョリオ・デ・アメソラ）など、幅広いワインがある。

Solar de Amézola
ソラール・デ・アメソラ

グラン・レセルバの赤ワインで、85%テンプラニージョ、10%マスエロ、5%グラシアーノからつくられ、25%新樽のうちアメリカン・オークが60%、残りがフレンチ・オークで、30カ月熟成される。1999は伝統的なリオハのグラン・レセルバの完璧な見本であり、赤い果実、タバコ、そしてレザーのアロマに満ちあふれていながら、口に含むと洗練された新鮮さが保たれている。

Íñigo Amézola
イニゴ・アメソラ★

創業者の1人の名前を冠し、最高の葡萄畑（サン・キレス）から生まれるこの最上級ワインは、モダン寄りのスタイルだ。テンプラニージョ100%で、マロラクティック発酵を樽で行い、アメリカンとフレンチ半々の新樽で10カ月熟成させる。2001と2005は非常によかった。100%ビウラのイニゴ・アメソラ・ブランコ・フェルメンタード・エン・バリカもある。

右：クリスティナとマリアが現在経営する家族ワイナリーは、父親のイニゴと叔父のハビエルがワインづくりを再開した。

Amézola de la Mora
アメソラ・デ・ラ・モラ

葡萄畑面積：70ha　平均生産量：30万本
Paraje Viña Vieja s/n,
26359 Torremontalbo, La Rioja
Tel: +34 941 454 532　Fax: +34 941 454 537
www.bodegasamezola.es

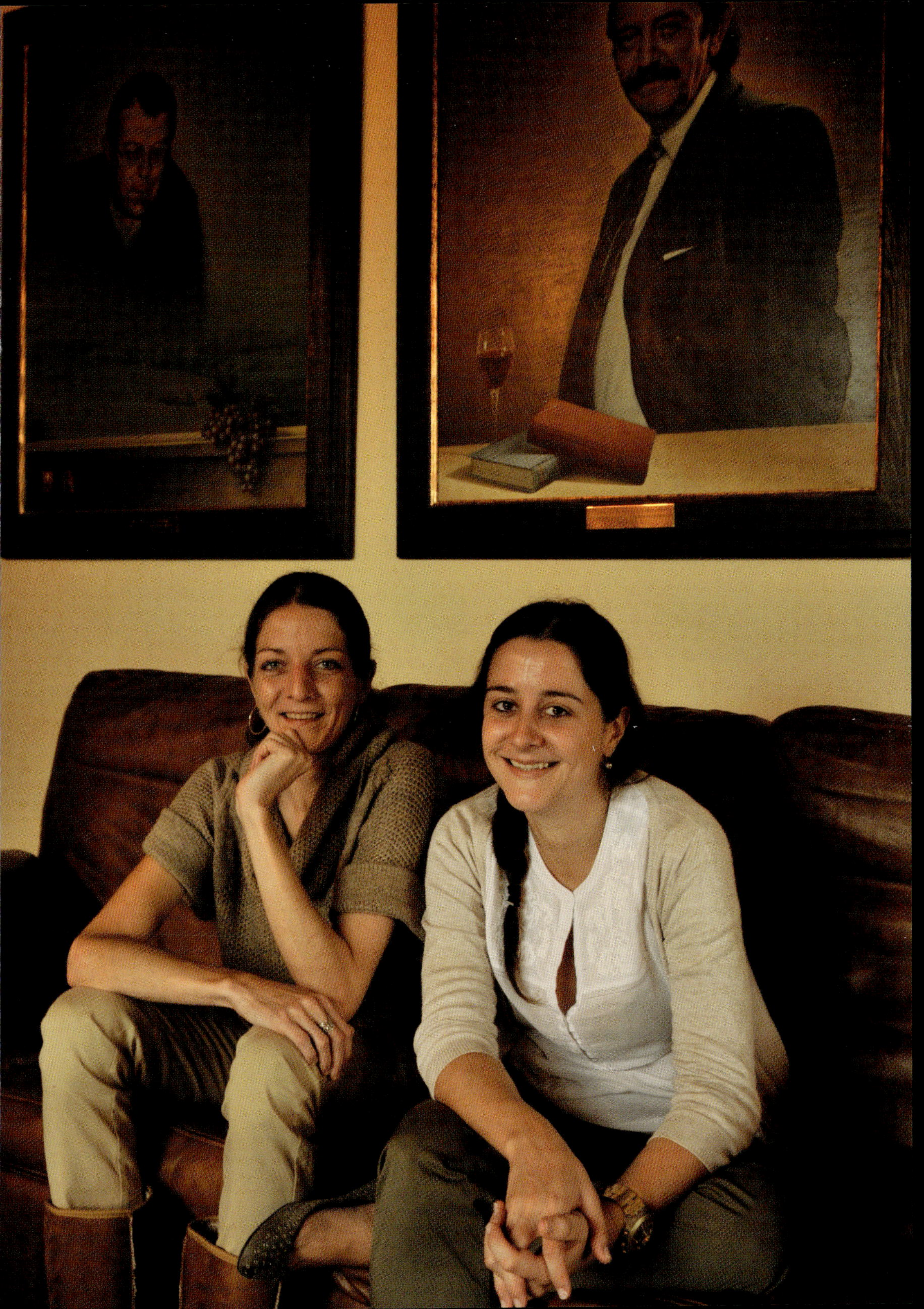

CENICERO, FUENMAYOR, LASERNA, AND OYÓN

Bodegas Faustino ボデガス・ファウスティノ

ファウスティノはとりわけ有名なリオハの生産者である。実際、レンブラント風の肖像画が描かれたラベル（一般通念に反して、ラベル上の人物はファスティノ家の人たちではない）の艶消しブルゴーニュ型ボトルは、世界中でほぼリオハと同義であり、ファウスティノ・I・グラン・レセルバは世界で最も売れているグラン・レセルバだ。

このサクセスストーリーの基礎が築かれたのは、エルーテリオ・マルティネス・アルソクが1861年、バスク自治州アラバ県だがログローニョから5kmしか離れていないオヨンにあるマルケス・デル・プエルトの邸宅と葡萄園を買ったときのことだ。主な活動はワインをつくってバルクで売ることだった――そして繁盛し、規模も品質も次第に上がっていった。1930年、エルーテリオの息子のファウスティノ・マルティネス・ペレス・デ・アルベニスが引き継いで元詰めを始めたが、リオハではこの事業の先駆者だった。

当時使われていたブランド名は葡萄畑の名前にちなんでいた――カンピーリョ、パリタ、ファマル、サンタナなど――が、その後土地との一体感は何年も忘れられ、60年後にようやく同社が単一畑ワインをいくつか売り出して復活した。

1957年、3代目のフリオ・ファウスティノ・マルティネスが実権を握り、ファウスティノを国際ブランドとして売り出した。現在、このブランドは47もの国々で売られている。

同社の葡萄畑はリオハ屈指の地域にある――主にログローニョ、ラガルディア、メンダビア、オヨンである。テンプラニーリョ、マスエロ、グラシアーノ、ビウラが合わせて650ha余りあり、ファウスティノは全リオハで最大面積の葡萄畑を私有するオーナーである。ワイナリーには5万を超えるオーク樽が並び、900万本余りが常時在庫されている――私たちが見た中で間違いなく最大の瓶の山である。

ボデガス・ファウスティノは依然として完全に家族経営の会社だが、徐々に拡大してグルポ・ファウスティノになっている。ファウスティノ本体のほかに、リオハのカンピーリョとマルケス・デ・ビトリア、ナバラのバルカルロス、ラ・マンチャのコンデサ・デ・レガンサ、リベラ・デル・ドゥエロのボデガス・ポルティア、そしてスペイン全土のバラエタル・テーブル・ワインを提供するボデガス・ビクトリアナスが含まれる。

極上ワイン

かつては間違いなく伝統的スタイルがファウスティノの旗艦ワインだった。しかし20世紀末にリオハがアイデンティティ危機に陥っていた間――主に市場ニーズの圧力によって伝統的スタイルが拒絶されていた期間――に、モダン・ワインの領域としてファウスティノ・クリアンサ・セレクシオン・デ・ファミリアとファウスティノ・デ・アウトル、さらにファウスティノ9ミル（9000ℓしかつくらなかったのでこの名がついた）や、フリオ・ファウスティノ・マルティネスが初めて醸造した50年後につくられたファウスティノ・エディシオン・エスペシアルのような、限定版もいくつか出している。伝統的ワインは3色（赤、白、ロゼ）つくられていて、すべて名称はファウスティノで始まり、ローマ数字――トップワインはI、中級はV、初心者向けはVII――が続き、その後にカテゴリー（クリアンサ、レセルバ、またはグラン・レセルバ）がつく。ファウスティノはスパークリング・ワインのカバもつくっている。カバはカタロニアとの関係が最も深いが、リオハなど他の場所でも生産されている。スパークリング・ワインのラインアップには、カバ・ブリュット・レセルバ、カバ・エクストラ・セコ、カバ・セミ・セコ、カバ・ロサドがある。

Faustino V Blanco
ファウスティノ・V・ブランコ

ファウスティノは（マルケス・デ・カセレスとともに）新鮮で軽いすっきりしたワインの新しいスタイルを開拓したが、今ではあらゆるスタイルの白をつくっている。上位3種類はファウスティノ・Vで売られている。具体的にはクリアンサ（このシリーズの新商品で、伝統的な白のリオハが間違いなく復活していることを示している）、ブランコ・フェルメンタード・エン・バリカ、そしてオークを使わないビウラである。最初の2つはブルゴーニュ型ボトル、最後はライン型ボトルに入っている。4番目の白

上：ボデガス・ファウスティノは全リオハで最大面積の葡萄畑を私有するオーナーであり、地所の多くが葡萄樹の海だ。

は新鮮でオークを使わないビウラで、ファウスティノ・VIIのラベルがついている。

Faustino de Autor
ファウスティノ・デ・アウトル

このワイナリーのモダン・ワインで、名前の由来は流行のいわゆるビノス・デ・アウトル、テロワールに対抗する考え方で、ワイン醸造家の特徴を最も重視する。私たちはこのコンセプトがあまり好きではないが、ありがたいことに、ファウスティノ・デ・アウトルはその考えを文字どおりには取っていない——明確なリオハ・スタイルである。このラベルでは1995が気に入っている。

Faustino I Gran Reserva
ファウスティノ・I・グラン・レセルバ

古典的なグラン・リオハの典型で、長時間熟成され、収穫から10年以上経ってからリリースされる。赤い果実とバルサムの香りがベースになっている。うれしいことに、ファウスティノはいまだに同社がこのワインの「伝説の年」と呼ぶヴィンテージ——1964、1970、1981、1994——を提供している。2010年末現在のリリースはまだ1998で、その前にリリースされた1996は最近のヴィンテージでは最高の部類に入る。これは真にファウスティノの最上級ワインであり、非常によいヴィンテージにしかつくられない。

Bodegas Faustino
ボデガス・ファウスティノ
葡萄畑面積：650ha　平均生産量：データなし
Carretera Logroño s/n,
01320 Oyón, Álava
Tel: +34 941 622 500　Fax: +34 941 122 106
www.bodegasfaustino.com

CENICERO, FUENMAYOR, LASERNA, AND OYÓN

Bodegas LAN　ボデガスラン

LAN（ラン）は単純にDOCリオハ内の3つの県、すなわちログローニョ（現在のラ・リオハ）、アラバ、ナバラの頭字語である。ワイナリーは1972年頃に設立された。さまざまな日付が使われているので、もっと厳密に特定するのは難しい――会社、ワイナリーなどは別々の段階で設立されていて、初めて醸造されたのは1974年である。もともとバスクの投資家グループの所有だったが、のちに買収したルマサという大手投資グループが問題を起こし、1983年に国有化された。ワイナリーは半年間の政府所有を経て再び民営化され、実業家のマルコス・エギサバルに売却されたが、2年後に再びフアン・セラヤ率いる最初の投資家たちに売却される。2002年にようやく現在のオーナーに買収された。

旗艦の葡萄畑はエブロ川沿いにあるビーニャ・ランシアーノである。樹齢60年までの樹が植えられ、エディシオン・リミターダのような高級なほうのワインの源である。

山あり谷ありだったことは確かだ。浮き沈みがあり、オーナーも品ぞろえもスタイルも方針も変化したので、会社のワインと哲学を知るのは少し難しい。長年ここのワインについてたいていの人が思っていたのは、かなりシンプルで飲みやすく、量産されているということだった。1990年代前半に品質が急落したあと、1994年後のリオハ・ブームのときは常軌を逸した価格がついた。最近、会社がしっかりした足がかりを得ているために、ワインは改善され、以前より安定してつくられているようだ。

ワイナリーはリオハ・アルタのフエンマヨールにある。旗艦の葡萄畑は、フエンマヨールの北東、エブロ川沿いにある72haのビーニャ・ランシアーノである。樹齢60年までのテンプラニージョ、マスエロ、そしてグラシアーノが植えられており、高級なほうのビーニャ・ランシアーノ、クルメン、ランエディシオン・リミターダの源である。この畑には24もの別々の区画があり、それぞれに独特の特徴があり、すべて個別に管理され、手で収穫される。自社の葡萄ではニーズをまかないきれないため、地元の栽培家と契約している葡萄畑もあり、葡萄も買い入れている。

ワイナリーの際立った特徴の1つが巨大な熟成セラーで、しばしば大聖堂と比較される（私たちにはどちらかというと古い鉄道駅に見えるが）。柱なしに建てられていて、6400㎡のフロアスペースに保管されている2万5000の樽すべてを、積み上げたり、動かしたり、澱引きしたりするのに、精巧なクレーンシステムが使われる。最先端の温度管理技術も装備されている。

たいていのリオハのワイナリーと同様、ランも赤ワインに重点を置いてきた（しかもオーク熟成のもののみ）。しかし（2002年から）新しいオーナーである投資家グループのメルカピタルのもと、アルバリーニョからつくられる白ワインの供給源として、リアス・バイシャスのワイナリーも買収した――由緒あるサンティアゴ・ルイス・ワイナリーで、オ・ロサル地区のアルバリーニョの先駆者である。

極上ワイン

ランクリアンサ、レセルバ、グラン・レセルバは最も量が多いが、次の3種類のワインはランシアーノ葡萄畑の葡萄からつくられ、極上の元詰ワインである。

Viña Lanciano
ビーニャ・ランシアーノ

ランの元詰ワインの中では古典スタイルで、80%テンプラニージョ、20%マスエロで、アメリカン・オークとフレンチ・オークが混合している樽で24カ月熟成される。ビーニャ・ランシアーノの1996のようなヴィンテージは、現在のヴィンテージとほぼ同じ価格でまだ見つかるので、探す価値はおおいにある。

LAN Edición Limitada
ランエディシオン・リミターダ

ラインアップ中で最もモダンなワイン。葡萄はエル・リンコン葡萄畑のもので、85%テンプラニージョ、10%マスエロ、5%グラシアーノ。フレンチ・オークの新樽で5カ月、ロシアン・オークの新樽でさらに4カ月熟成された後、清澄化も濾過もなしで瓶詰めされる。

上：頭字語のLANのもとになっている3県のうちの2県。ランのワインは著しく向上している。

Culmen
クルメン

　1994ヴィンテージにクルメンがつくられるとき、高い濃度とモダン寄りへの移行があった。このワインはかなり物議を醸した。なぜなら、大々的なマーケティングキャンペーンを張り、ワインの品質と量には見合わないような高い価格でリリースされたからだ。その後のヴィンテージでは、価格がもっと現実的な数字に下げられた。85％テンプラニーニョ、15％グラシアーノで、同社のビーニャ・ランシアーノ内のエル・リンコンと呼ばれる区画から最古の葡萄樹をえりすぐったもの。果皮接触と色抽出を最大にするために、小さな円錐形の槽で発酵し、マロラクティックはフレンチ・オークの新樽で行い、その後新樽で18カ月、さらに瓶で18カ月熟成させる。選ばれたヴィンテージにのみつくられる。

　2004のクルメン・レセルバは、私たちが試飲したことのあるこのワイナリーのワインで最高である。ほぼ不透明なほど色が濃く、強い芳香を放ち、見事なノーズには良質のトーストのようなオーク香があり、口に含むとしっかりしたストラクチャーで、ほどよい酸味と濃度があり、素晴らしい余韻が残る。

Bodegas LAN
ボデガスラン

葡萄畑面積：80ha　平均生産量：400万本
Paraje Buicio s/n,
26360 Fuenmayor, La Rioja
Tel: +34 941 450 950　Fax: +34 941 450 567
www.bodegaslan.com

CENICERO, FUENMAYOR, LASERNA, AND OYÓN

Valdemar バルデマル

この10年で、コンデ・デ・バルデマルというブランドで有名なマルティネス・ブハンダ・グループほど、スペインで注目された同族会社の分裂はないと言ってよい。バルデマルは、グループが所有する会社がほぼ均等に分裂し、DOCリオハ内にできた2社のうちの1社である。そして、かつてグループ全体の顔として世界的に知られていたヘス・マルティネス・ブハンダは、ここで独自にやっている。

多くの大手ボデガが伝統的に、自社で広い葡萄畑を所有する必要性を感じずに、買い入れる葡萄に頼ってきた地域にあって、マルティネス・ブハンダ家は、とくにこの30年間ヘスの指揮のもと、自分たちのポートフォリオを築き上げることで知られていた。現在彼は200ha近くを管理しており、そのほとんどが、リオハ・アラベサにあるワイナリーから36km離れたリオハ・バハにある。

革新はつねにヘスの強みである――現在バルデマル所有の卓越したアルト・デ・カンタブリア葡萄畑からリオハ初の樽熟成の白をつくった。

革新はつねにヘスの強みである――現在バルデマル所有の卓越したアルト・デ・カンタブリア葡萄畑からリオハ初の樽熟成の白をつくり、さらに初のガルナッチャ・レセルバや初のカベルネ・ソーヴィニヨン・レセルバもつくった。一家はリオハで「セニエ」方式によるロゼ・ワインの生産も開拓した。したがって当然、2007年の分裂後も同じような革新が彼から生まれると期待された。

実際に新会社は、他のボデガが通常使うよりも少し多くマスエロを赤のブレンドに加えるからだとも言われている、やや格調高い爽快なスタイルのバルデマルとコンデ・デ・バルデマルのラインアップを継続するだけでなく、インスピラシオン・バルデマルのシリーズ――グラシアーノのバラエタル、数種類のカベルネ・ソーヴィニヨン主体のブレンドなど、型破りの赤――も展開している。

2005ヴィンテージに、バルデマルは初のインスピラシオン・マトゥラナ・ティンタ・バラエタルを生産し、最近復活した（そして正式に認められた）リオハ土着の赤葡萄を見事に紹介している。黒コショウとピーマンの香りがあるマトゥラーナ・ティンタと、カベルネおよびメルローを含むボルドーのビトゥリカ種とは、驚くほどスタイルが似ていて、DNA指紋法によって遺伝子のつながりが証明されるかもしれない。そして2009年、初めて樽発酵のテンプラニージョ・ブランコ250ケースがオヨンのワイナリーでつくられた。この突然変異種はこの地域で新しく認められた白品種の中で最も有望である。

極上ワイン

Conde de Valdemar Fermentado en Barrica
コンデ・デ・バルデマル・フェルメンタード・エン・バリカ

100％ビウラで、著しく肉づきがよく快活。地域全体の樽発酵の白の先駆けである。

Inspiración Valdemar Maturana Tinta
インスピラシオン・バルデマル・マトゥラーナ・ティンタ

非凡な2005ヴィンテージに初めてつくられたこのワインは、リオハの伝統主義者にショックを与えるかもしれないが、上質で、鋭く、深い赤である。現在、唯一のバラエタル・ワイン。

Conde de Valdemar Gran Reserva
コンデ・デ・バルデマル・グラン・レセルバ

これは伝統的だが独特のリオハで、際立つ酸味と新鮮さが感じられる。2001のような熟したヴィンテージがとくに上質。

右：ヘス・マルティネス・ブハンダは、いくつかの驚異的な新しいワインで革新的という評判を維持している。

Valdemar
バルデマル

葡萄畑面積：193ha　平均生産量：10万本
Camino Viejo s/n, 01320 Oyón, Álava
Tel: +34 945 622 188
Fax: +34 945 622 111
www.valdemar.es

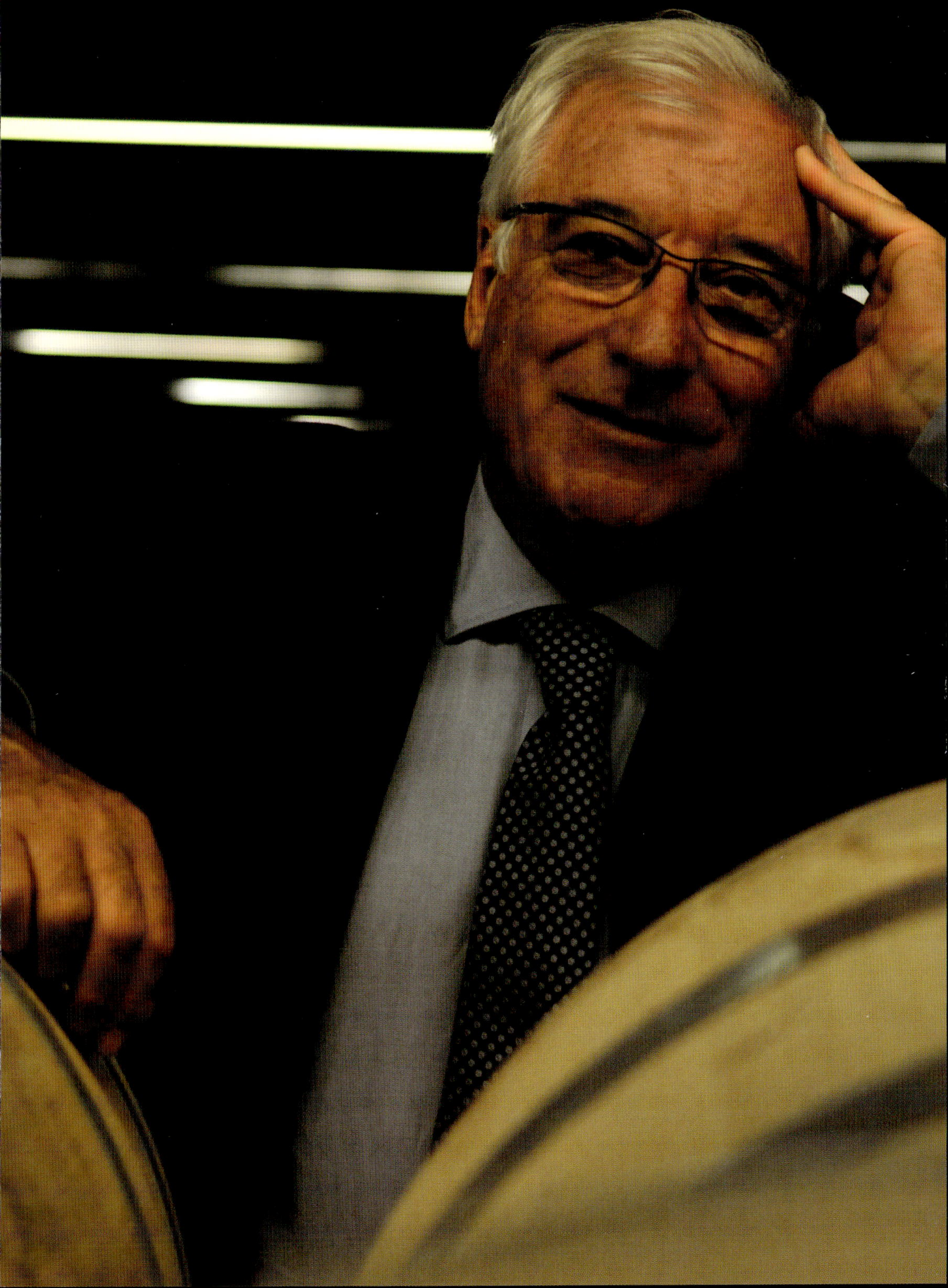

CENICERO, FUENMAYOR, LASERNA, AND OYÓN

Bodegas Montecillo
ボデガス・モンテシージョ

モンテシージョもリオハで由緒ある名前である。19世紀にリオハが発展を遂げていた時代の1874年に設立されているので、地域全体でも最古の部類に入る。モンテシージョは「小さい丘」または「小さい山」と訳すことができるが、リオハ・アルタのフエンマヨールのはずれにある小さい葡萄畑の丘の名前である。ここを開拓したのは、1874年にワイナリーを始めたセレスティノ・ナバハス・マトゥテの孫、ホセ・ルイス・ナバハスである。彼の仕事は息子のアレハンドロとグレゴリオによってボデガ・デ・イホス・デ・セレスティノ・ナバハスの名のもとに続けられた。1947年、葡萄畑とブランドの名前——当時すでに非常に人気があった——が会社の名前としても採用され、ボデガス・モンテシージョとなった。

経営者にきょうだいがいなかったため、一族で跡を継ぐ人がいなかったので、1973年、会社はヘレス出身のオズボルネ家に売却され、ワインにとどまらない膨大な飲料のポートフォリオに組み込まれた。彼らはすべての葡萄畑とともに地所を売り——そこはマルティネス・ブハンダ家のフィンカ・バルピエドラになった——最新の技術を利用して品質と伝統を守ってワインをつくるために、見事なワイナリーを建設することに集中した。現在、モンテシージョは葡萄畑を所有せず、葡萄の供給源としてリオハ・アルタの栽培農家に頼っている。すべてではないにしてもほとんどがテンプラニージョだ。そのワインは、低価格で手に入りやすい伝統的リオハの典型である——世界中のスーパーマーケットで見つけられる。そのため輸出市場で人気が高く、販売量の半分を占める。古いボトルは探して味わう価値が十分にある。

1975ヴィンテージに初めて使われた新しいワイナリーはフエンマヨールにある。ここは1500ha以上の葡萄畑と28ものワイナリーを擁する、ワインに関してリオハ・アルタで人気の村である。ここでモンテシージョは在庫している3万樽のワインを熟成させている。実際、オズボルネ・グループが必要とするオーク樽——リオハ、マルピカ・デ・タホ、リベラ・デル・ドゥエロにあるワイナリーで使う——はすべて、ボデガス・モンテシージョで手づくりされている。アメリカンよりむしろフレンチ・オークへ徐々に移行しているが、全体としては、モンテシージョは依然として伝統的スタイルに忠実だ——それが異端と考えられていた期間には容易なことではなかった。

極上ワイン

モンテシージョはモンテシージョ、ビーニャ・モンティ、ビーニャ・クンブレロのブランド名で、適用できるさまざまな名称（クリアンサ、レセルバ、グラン・レセルバ）に加えて130アニベルサリオやセレクシオン・エスペシアルのような特別な名称を使って、幅広い商品をそろえている。いくぶん紛らわしいかもしれないが、2009年に、リオハとはまったく関係のない、ガリシアのリアス・バイシャスからモンテシージョ・ベルデマル・アルバニーリョのデビューを発表した。

Viña Monty
ビーニャ・モンティ

ビーニャ・モンティには現在クリアンサとレセルバがあり（ビーニャ・モンティ・グラン・レセルバは生産中止になったようだ）、今でもアメリカン・オーク樽で熟成されている。白リオハのファンにとっての朗報として、2009年末以降、ビーニャ・モンティ・ブランコ・フェルメンタード・エン・バリカが発売されている——これもひそかにじわじわと白リオハが復活していることのしるしだ。

Montecillo
モンテシージョ

モンテシージョのラインナップはすべてフレンチ・オーク樽で熟成され、最新の伝統的スタイルを守っている。グラン・レセルバはオーク樽で30カ月寝かされるが、レセルバは18カ月、クリアンサは14カ月である。モンテシージョ・グラン・レセルバ・セレクシオン・エスペシアル1991とグラン・レセルバ1994は最上級ワインに位置づけられ、伝統的リオハの模範例である。

Bodegas Montecillo
ボデガス・モンテシージョ

葡萄畑面積：なし　平均生産量：450万本
Carretera Fuenmayor a Navarrete km 3,
26360 Fuenmayor, La Rioja
Tel: +34 941 440 125　Fax: +34 941 440 663
www.osborne.es

CENICERO, FUENMAYOR, LASERNA, AND OYÓN
Bodegas Riojanas　ボデガス・リオハナス

1960年代、バンコ・デ・サンタンデル──当時、海外ではほとんど無名の完全にスペインの中規模銀行──はワイン界に投資すると決めたとき、ビクトル・デ・ラ・セルナに助言を求めた。マドリードを拠点とするジャーナリストでワイン・ライターのデ・ラ・セルナは、やはりバンコ・デ・サンタンデルのベンチャー事業である日刊紙『Informaciones』の発行者で、当時、国際ワインアカデミーの立ち上げに忙しかった。その堂々たる組織の副会長になるところだったのだ。彼は評判のよいリオハのボデガから有力候補を徹底的に探し、最終的に2つの候補を選んだ。「私は銀行に2つのうちボデガ・リオハナスに投資することを強く勧めました」と後に語っている。「その理由は、リオハナスが素晴らしい葡萄畑を所有していたのに対し、もう片方のボデガは葡萄畑を所有していなかったからです」。そしてサンタンデルは彼の助言に従った。

今となっては当然の決定に思えるが、40年前のスペインでは決して歴然としていたわけではなく、デ・ラ・セルナがずっとブルゴーニュに傾倒していたことが影響した可能性がある。当時のリオハでは、葡萄の大部分ないし全部を契約栽培家から買うネゴシアンタイプの会社が主流で、自社の葡萄畑を開拓するのに必要な労力と費用は、無用の負担だと考える人が多かった。自社が使う葡萄を自社畑から供給することに情熱を注いでいたのは、リオハナスやロペス・デ・エレディアのようなわずかなボデガだけだったのだ。

40年ほど経ってサンタンデルは世界に進出し、新聞やワイナリーの持ち株会社からは身を引いた。しかし創業者の子孫で、しばらく銀行の共同経営者とともにこの会社を経営していたアルタチョ家とフリアス家は、そのままとどまった。1997年、ボデガス・リオハナはマドリード証券取引所に上場し、現在トロとリアス・バイシャスに拡大している。

リオハナスの葡萄畑は主に、「リオハ中部」──アーロとログローニョの中間──とも呼ばれるセニセロの周辺にある。

リオハナスは1890年に設立されているので、マルケス・デ・リスカルとマルケス・デ・ムリエタを筆頭とする由緒ある19世紀のボデガに数えられる。この20年にわたって、主任醸造家のフィリペ・ナルダ・フリアスと、勤続39年で2009年に引退した総支配人のフィリペ・フリアスによって、伝統的スタイルが維持されてきた。息子のサンティアゴが後を継いだことは、この会社を象徴する継続性を表している。現在のワイン醸造家はエミリオ・ソホ・ナルダとマルタ・ナルダで、こちらもまた強い家族のつながりだ。

表面的な継続性の裏でボデガの近況には浮き沈みがあり、1990年代後半以降、よりモダンで、フルーティーで、オークの強いワインをアルタ・エスプレシオン流につくるという納得のいかない試みがあり、記憶に残る成果は出ていない。さらに、生産量が300万本を超えるようになって、契約農家から買う葡萄の割合が高くなっている。

極上ワイン

Monte Real Gran Reserva
モンテ・レアル・グラン・レセルバ

古典的なリオハであり、アメリカン・オークで長く寝かされた後の瓶熟がプラスになる。特徴は力強さと十分な奥行きだが、荒々しさはない。現在はセニセロの葡萄畑から生まれるテンプラニージョのバラエタルである。

Viña Albina Gran Reserva
ビーニャ・アルビナ・グラン・レセルバ

石灰岩の葡萄畑から原料を供給され、果皮の浸漬が少ないなど、リオハ・フィノに用いられる伝統的ワインづくりの手法を受け入れているこのワインは、モンテ・レアルより繊細だが、1942のようなヴィンテージでは素晴らしく熟成に値する。現在、葡萄はウルヌエタとウエルカノスから供給され、マスエルとグラシアーノが含まれる。

Bodegas Riojanas
ボデガス・リオハナス
葡萄畑面積：300ha　平均生産量：350万本
Carretera de la Estación,
26350 Cenicero, La Rioja
Tel: +34 941 454 050　Fax: +34 941 454 529
www.bodegasriojanas.com

LOGROÑO

Marqués de Murrieta
マルケス・デ・ムリエタ

ボデガス・マルケス・デ・ムリエタの歴史の重みは尋常でない。正式な設立（初めて海外に出荷した1852年）から1世紀半が過ぎ、リオハの運命につねに影響を与えてきたからだけでなく、19世紀のスペインにとっての決定的瞬間に——政界の頂点と——かかわっていたからでもある。

重要人物は創立者のルシアノ・ムリエタであり、リオハワインの歴史において選り抜きの主役の1人であることは間違いない。彼の90年の人生（1822〜1911年）ほど、19世紀のスペインで起きた複雑な出来事を正確に解説できる人生はめったにない。彼の経歴は、庇護者だった進歩党の指導者でありスペインの軍史および政治史上で輝く人物、バルドメロ・エスパルテロ将軍と深く関係している。

リオハの運命につねに影響を与えてきた、
ボデガス・マルケス・デ・ムリエタの
歴史の重みは尋常でない。

裕福なスペイン系ボリビア人の家庭に生まれたムリエタは、独立の影響で苦い体験をした。ボリビアの勝利後、両親は彼を生国のペルーに残して国を離れたのだ。彼は2歳のときに家族の経済的影響力があったロンドンに送られたが、1843年に亡命したエスパルテロとともにそこに戻ることになる。スペイン継承戦争と家族の分家の影響で、彼は実業界には入らず、軍人として生きることを受け入れ、そのキャリアを1860年まで追求したが、つねにエスパルテロと一緒に行動していた。エスパルテロは彼を個人秘書として雇い、自分にいなかった息子のように家庭に迎え入れてくれた。1848年、ムリエタはロンドンへの亡命（および長期間のボルドー滞在）から戻り、将軍への忠誠をワイン事業と両立させることを決意した。ムリエタは、ボルドー流のやり方を葡萄畑とセラーに応用すれば、リオハにはワインづくりの可能性があると確信していた——60年前にマヌエル・キンタノが説き勧めたことである。このときも将軍が決定的な役割を果たした。

裕福な女相続人と結婚した後ログローニョに居を定めていた将軍は、ムリエタが自分の考えを実践できるように、葡萄畑とセラーを彼に貸したのだ。10年間、若いルシアノは軍人を続けながら、時間を見つけてワインづくりの勉強をした。年老いた母親の面倒も見ながら、彼はワインづくりの実験を続行し、自分の事業発展の土台を築いていく。

鍵を握ったのは1870年から72年の期間だ。スペイン王アマデオ1世からムリエタ侯爵の称号を（そしてエスパルテロはベルガラ公子の称号を）授与され、ログローニョ周辺にフィンカ・イガイを購入し、そこにすぐセラー設備を建設し始めた。回想録で述べているとおり、この称号が彼のために多くの扉を開き、イガイの農園とセラーのおかげで彼の生涯の夢が実現した。その後、フランスの生産者の危機——ウドンコ病、オイディウム、フィロキセラによる打撃——にも助けられて、成功と合併が何年も続いた。それには北部鉄道の機能が高まったことも貢献している。鉄道は好都合なことにリオハを東から西に横断し、アルファロ、カラオラ、ログローニョ、セニセロ、そしてアーロに停まった。

ムリエタには子どもがいなかったので、彼が亡くなると会社は傍系親族が引き継ぎ、20世紀の間は数世代にわたってその一家が保有していた。数年間で相対的に衰えたあと、1983年に別の貴族に買収され、1996年以降、その社長として目立っているのがビセンテ・ダルマウ・セブリアン・サガリガだ。彼は若いころからワイナリーの品質と信望の向上に深くのめり込んでいる。ボデガス・マルケス・デ・ムリエタは大幅に改革され、近代化されており、そのプロセスできわめて重要な役割を果たしたのが、ワイン醸造家のマリア・バルガスである。2000年、彼女も非常に若くして、生産部長に任命されている。

このワイナリーはフィンカ・イガイの自社栽培葡萄だけを使っている。フィンカ・イガイは、ルシアノがシャトー・

右：オーナー家族のビセンテ・ダイマウ・セブリアン・サガリガと
ワイン醸造家のマリア・バルガスは
2人とも若いころからイガイにいた。

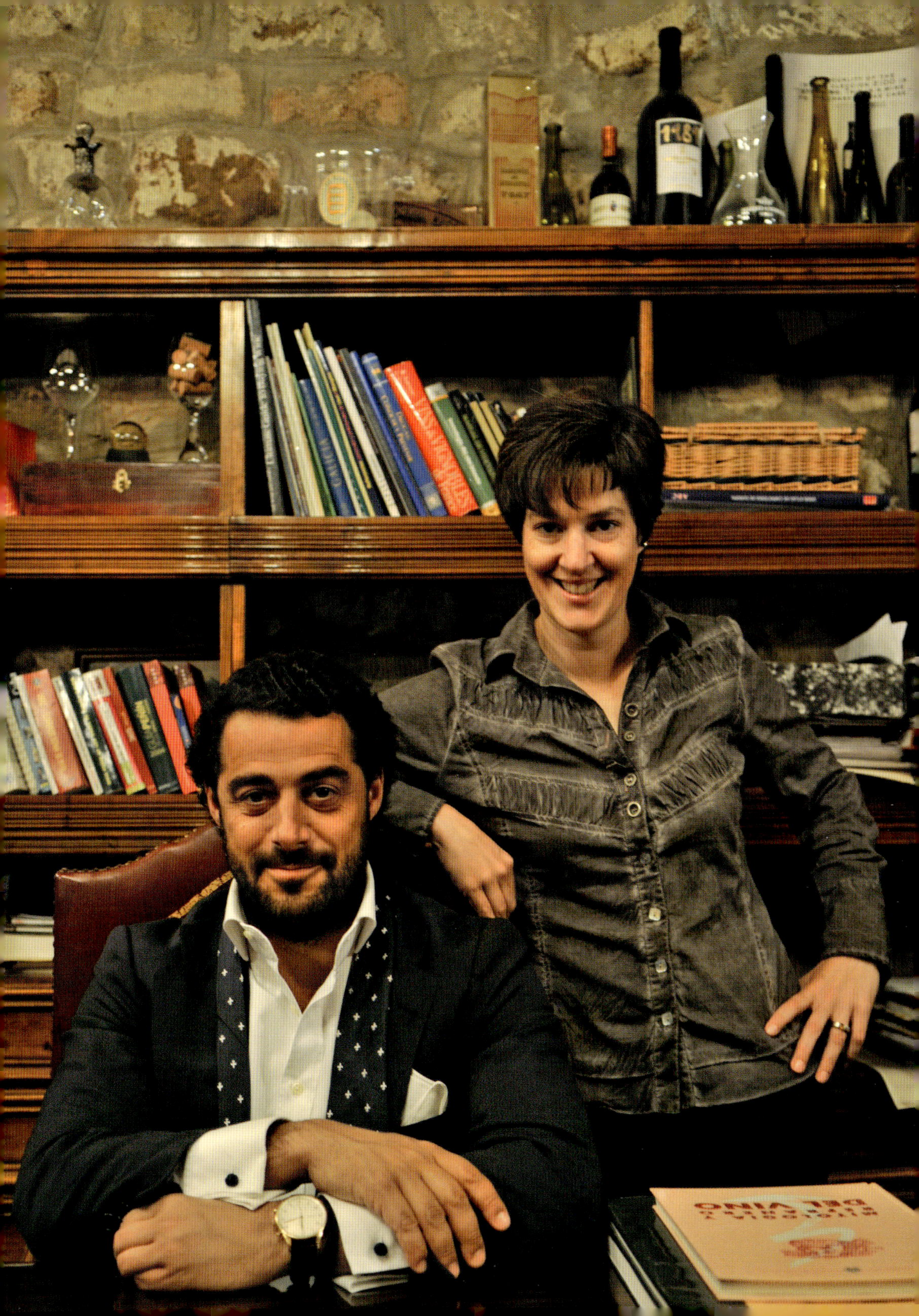

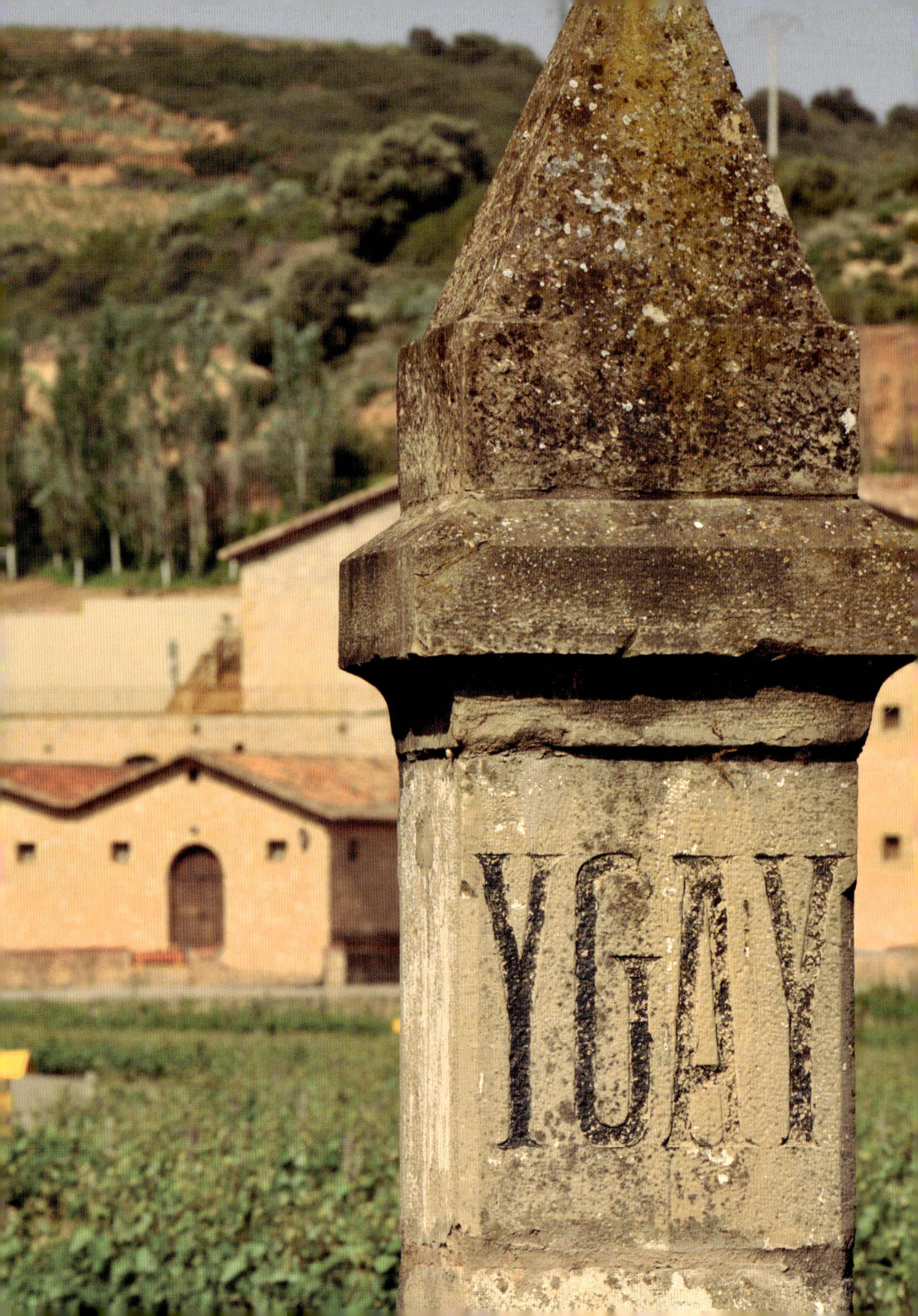
YGAY

イガイと名づけた館とセラーを含め、広大な面積を占めている。そのうち300haの葡萄畑が産するのは主にテンプラニーリョだが、マスエロ、ガルナッチャ、ビウラ、グラシアーノ、さらには少量のカベルネ・ソーヴィニヨン、シャルドネ、ガルナッチャ・ブランカもある。生育環境はさまざまだが、全般的に暖かく、沖積の堆積性土壌で、非常に水はけがよい。その結果、葡萄はどちらかというと色素と糖分が豊富になり、伝統的なムリエタの特徴を生んでいる。すなわち肉づきがよく、色素が濃く、アルコール度が高めである。

　ムリエタが時代に順応するやり方は、ときに物議を醸す。赤ワインに関する限り、革新的なダルマウのリリースがあった——典型的なモダン・リオハで、濃度、エキス分、熟度、そして新オークが傑出している。その一方、カスティージョ・イガイ・グラン・レセルバ・エスペシアルとマルケス・デ・ムリエタ・レセルバのような伝統的ラベルも維持している。両方ともだがとくに後者は、かなりの変化を経験している。現在は果実の香りがはっきりと感じられ、再利用のアメリカン・オーク樽よりフレンチ・オークの新樽が多いことでタンニンの強いストラクチャーになっている。出来上がるワインは国際的なワインづくりのモデルに近く、あまり典型的なリオハではない。同時に留意すべきは、最近のヴィンテージのマルケス・デ・ムリエタ・レセルバは、このようなワインに期待されるよりもタンニンが強い状態で市場に出ることが多いが、かなりすっきりしていて厳格なワインになっていることだ。

極上ワイン

Capellanía
カペラニア（そして白ワインの歴史的ヴィンテージ）

　今はなきエル・ドラド・デ・ムリエタのファンが、その消滅を嘆くのには理由がある。顕著な酸化スタイルの非凡な白ワインで、強い酸味に加えて、独特の上質な木工品の香りがほのかに感じられる。たとえ私たちはエル・ドラドがぜひ市場に残っていてほしかったにしても、それに代わったカペラニア（100%ビウラ、オークで18カ月）はオークに圧倒される場合もあるが、フィネスと果実の新鮮さが優れている。いずれにしてもカペラニアは、とくにその手ごろな価格を考えると、白のヴァン・ド・ギャルド（熟成して美味しくなるワイン）の頼もしい候補である。古いワインについて言えば、スペインではまだ、1966年頃までのさまざまなバージョンとヴィンテージの素晴らしいカスティージョ・イガイ・ブランコ★のボトルを見つけることができる。原則として、これらのボトルは、保管状態に問題があっても、見事な熟成力と優雅に進化する能力を示している。自尊心のあるワイン愛好家はこれらの貴重なワインを試す機会を逃してはならない。

Castillo Ygay Gran Reserva Especial
カスティージョ・イガイ・グラン・レセルバ・エスペシアル

　たとえムリエタ特有の豊満で情熱的なスタイルにしても、このワインはつねにリオハの古典主義を目指している。縁がレンガ色を帯びた深紅色、チェリー・リキュールと上質なレザーの香り、ミディアムボディで素晴らしい酸味、ときに変わった揮発性の香りがして、全体的にはエレガントな印象だ。しかし2000ヴィンテージの後、いくぶん改革された。少し果実味を増そうという狙いがあり、長い熟成期間の途中で少し新オークを使っているが、これはリスクのある決断であり、瓶での進化に注意が必要だ。ブレンドにガルナッチャもグラシアーノも——従来のようにわずかな量さえ——入っていないのは、フィンカ・イガイでも最高の葡萄畑にある古い葡萄樹から収穫されるテンプラニーリョとマスエロを、十分に表現するためだ。マリア・バルガスは、とくにそのような長期熟成を行うワインでは、素晴らしいアロマとほどよい酸味を添えるマスエロを、テンプラニーリョにとって理想的なパートナーとして尊重している。

Marqués de Murrieta
マルケス・デ・ムリエタ
葡萄畑面積：300ha　平均生産量：150万本
Carretera Zaragoza km 5, 26006 Logroño, La Rioja
Tel: +34 941 271 370　Fax: +34 941 251 606
www.marquesdemurrieta.com

左：1870年代にルシアノ・ムリエタが買った
伝説的農園の門柱に刻まれた心を揺さぶるイガイの名前。

LOGROÑO

Marqués de Vargas　マルケス・デ・バルガス

マルケス・デ・バルガスという貴族の称号を有するリオハの家族は、1840年以降ワイン産業と深く関係している。当時、8代目マルケス・デ・バルガスのフィリペ・デ・マタが、ログローニョはずれのプラドラガル農園に初めて葡萄樹を植えた。その後、イラリオ・デ・ラ・マタが長年にわたり、由緒あるボデガス・フランコ・エスパニョラスの会長と筆頭株主を務めていた。彼の息子で現マルケス・デ・バルガスのペラヨ・デ・ラ・マタは、大農園にワイナリーを建設して、父親の夢を実現した。

それ以降、ワイナリーはハビエル・ペレス・ルイス・デ・ベルガラを醸造家に擁し、ボルドーのシャトーのように自立してきた。現在のマルケスは有力な飲料販売グループであり、新しいワインを市場に定着させたバルマの会長である。

葡萄樹は灌漑されず、
有機栽培が行われている。
「私たちは葡萄畑をとても手の込んだ庭園の
ように扱います」とデ・ラ・マタは強調する。

伝統的赤品種のテンプラニージョ、マスエロ、グラシアーノ、ガルナッチャを植えた65haが生み出す3種類のキュベは、すべてレセルバに分類される。「私たちは葡萄畑をとても手の込んだ庭園のように扱います」とデ・ラ・マタは強調している。

土壌は伝統的な粘土石灰石のリオハらしいテロワールで、栄養分は非常に乏しいが、素晴らしい品質の果実を生み出す。葡萄樹は灌漑されず、有機栽培が行われているため、殺虫剤も除草剤も使われない。収穫量のバランス──1ha当り28～35hℓ──を保つために、必要な場合は青刈りが行われる。

ワイナリーでは確かな技術が用いられ、ワインはすべてオーク熟成されるので、大きな樽部屋が備えられている。木目の細かいアメリカン、フレンチ、およびロシアンの樽が使われている。ワイン醸造家が指摘するように、「年輪が最高品質の春材であることを示している樽だけを使いたいんです。長寿に向くワインを熟成させるのに最適ですから」。複雑さを出すために、数段階のあぶりを組み合わせている。

ワインは清澄化も濾過もされず、比較的よいヴィンテージには本当に素晴らしく熟成向きのものもある。

最上級ワインはロシアン・オークの新樽だけで熟成させるとワイナリーが発表したとき、驚いた人もいた。どうやら独創的な香りにして競合品と差別化しようという戦略である。しかしロシアン・オーク固有の品質そのものを考えると、これは決して評論家たちを十分納得させる戦略ではなかった。それでも、ロシアン・オーク樽は現在も相変わらず使われている。

極上ワイン

Marqués de Vargas Reserva Privada
マルケス・デ・バルガス・レセルバ・プリバダ
このワインはエル・コンスル、ラ・ミヤラ、テッラサスのような地所内の最も恵まれている区画で収穫された、選りすぐりの葡萄のブレンドである。年間生産量は4万5000本とマグナムボトルが1500本ほどなので、決して少量のキュベではない。ロシアン・オークの新樽で24カ月熟成される。深い色──ミドル・リオハのテロワールが生むテンプラニージョ葡萄の特徴──は、オークによるバルサムの香り（レザーとタバコ）とともに不変の特性である。若いときはふくよかで、いくぶん頑丈なワインだが、瓶熟に報いるワインである。

右：マルケス・デ・バルガスのペラヨ・デ・ラ・マタは、家族の農園にワイナリーを建てるという父親の夢を実現した。

Marqués de Vargas
マルケス・デ・バルガス
葡萄畑面積：65ha　平均生産量：30万本
Carretera de Zaragoza km 6,
26006 Logroño, La Rioja
Tel: +34 941 261 401　Fax: +34 941 238 696
www.marquesdevargas.com

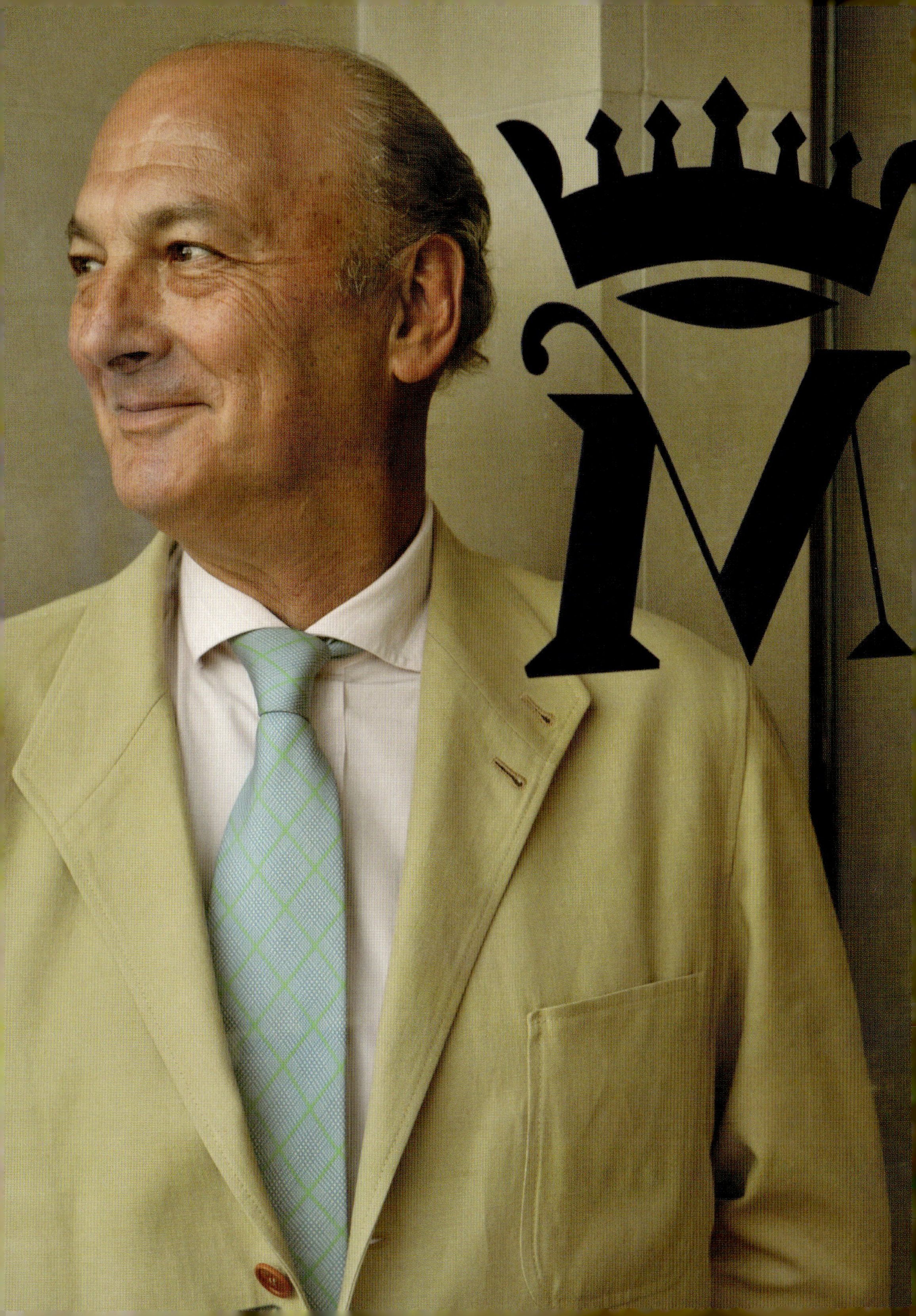

ALBELDA, MENDAVIA, GRÁVALOS, AND ALFARO

Palacios Remondo　パラシオス・レモンド

1948年に（当時にしては）近代的なワイナリーを建てる先見の明があったアルファロの栽培家、ホセ・パラシオスは、1980年代初めにさらに１歩前進した。高品質の瓶詰めワインだけに専念することを決断したのだ。リオハ・バハでは聞いたことがない話だった。暖かく、乾燥していて、地中海の影響を受けるリオハの東端は、お高くとまったアルタやアラベサからいつもばかにされ、質素なバルクワインだけをつくる運命にあると思われていたのだ。30年の間に事情は変わったが、10年以上パラシオスとその子どもたちは孤独に苦労を重ねていた。

9人いる子どもの１人が数年後にスターになったのだが、素晴らしいレルミタのワインでスターの座につくためには、もっと人里離れたプリオラートに移らなくてはならなかった。アルバロ・パラシオスは後にいとこのリカルド・ペレス・パラシオスと、さらに忘れ去られていた地域のビエルソで提携した。その一方、別の２人の兄弟は家族の農園を切り盛りしたあと、アントニオはリオハ・アルタで、ラファエルはバルデオラスで、それぞれ独自に活動を始めた。

最終的に2000年の父の死後、パラシオス・レモンドを経営するために家に戻ったのはアルバロだった。国際的な彼のファンでこのことを知る者は少ないが、しばしばプリオラートに通ってはいるものの、彼は現在アルファロに住んでいて、家族のワイナリーを自分がプリオラートとビエルソで到達したのと同じ高みに引き上げるという難題に、正面から取り組んでいる。

イェルガ山の斜面の高度（約550m）とやせた健全な土壌が、パラシオスの葡萄畑が持つ大きな財産だ。土壌の主体は第４紀の堆積物で、粘土石灰石の底土が砂利で覆われ、素晴らしく水はけがよい。家族の葡萄樹のほとんど（110ha）はそのラ・モンテサとバルミラの葡萄畑にある。

「私たちのワインにとって最も重要なのはこの葡萄畑です」と、パラシオスはモンテサ葡萄畑を見せながら言っている。そこはすでに古いが、驚いたことに蔓棚が使われている。1960年代に父親が植えたとき、そうしたいと考えたからだ。その葡萄畑にはいくらかビウラ（8ha）があるが、残りは古典的な地元の赤葡萄、すなわちテンプラニージョ、マスエロ、ガルナッチャである。アルバロはこの土壌でうまく育つという理由から、2007年にグラシアーノをガルナッチャに接ぎ木し直した。

1980年代末からプリオラートでガルナッチャを栽培していたアルバロは、リオハ・バハに戻ったとき、この過小評価されがちな品種に深く傾倒していた。彼は断固自信を持って言うだろう。「その性質から、ガルナッチャが──おそらくテンプラニージョよりも──ごくスペイン的な品種であることがわかります。太陽、熱、干ばつによるストレスを好むのです」。

葡萄樹と葡萄畑の話を始めると、その起源についての持論を擁護するアルバロの目は輝き出す。「優れたワインはすべて修道院に端を発しています。フランスやプリオラートや、ここのような聖ヤコブの道沿いのように、ミクロ気候とよい葡萄畑と修道院が重なると、素晴らしいワインが生まれます」と語るアルバロには、宗教的熱情に近いものを感じる。「素晴らしいワインは小さい空間がある場所に現れます。数千本しかできないかもしれませんが、素晴らしいワインです」。ボルドーのワインは修道院とあまり関係がなかったことや、ニューワールドにも素晴らしいワインがあることを、彼に話すことはできる──しかし、このことに関して彼の心を変えることはできないだろう。

アルバロは2000年に家に戻ってから、あまり考えが合わなかった兄のアントニオを引き継いで、弟のラファと醸造家のハビエル・ヒルの協力を得て、生産量を従来の半分以下に減らすことにした。品質に集中し、ラ・モンテサのキュベを土台となる基礎商品として年間５万ケース以上つくっている。品質の割にとても手ごろな値段で、広く一般向けである。

ガルナッチャを主体としたラ・モンテサは、さわやかで口当たりのよい、伝統的なリオハ・クリアンサの特徴をす

右：アルバロ・パラシオスはプリオラートで輝かしい評価を得たが、2000年にリオハの家族のワイナリーを経営するために戻った。

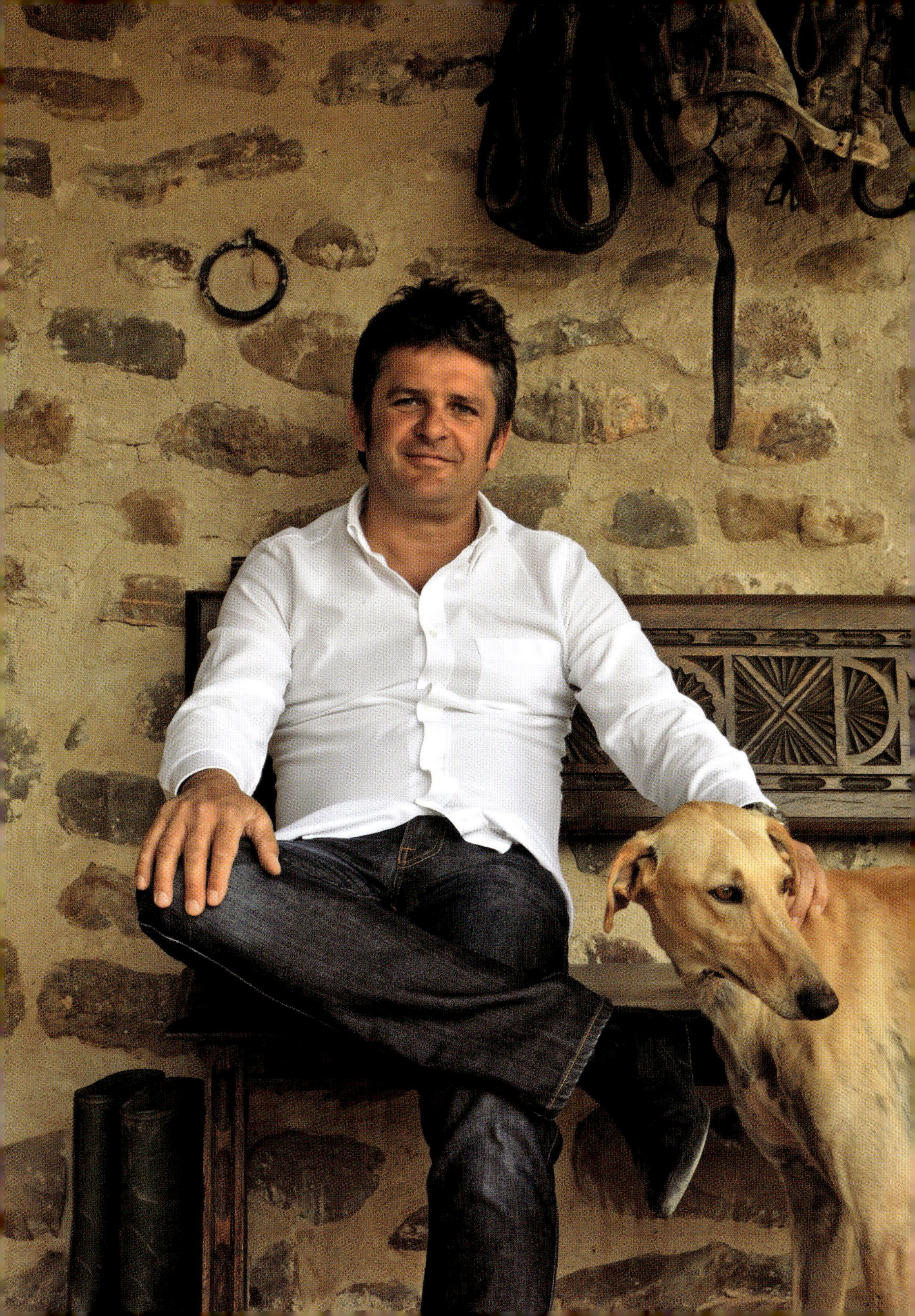

PALACIOS REMONDO

上：注意深く葡萄樹が植えられたレモンド農園の水はけのよい土壌は、ガルナッチャに最適である。

べて有しているが、アルバロがテロワールの表現を強めているので、徐々にミネラルが感じられるようになってきている。

ラファはバルデオラスに移る前に、言われているビウラ品種のアロマ不足を克服し、リオハで数少ない称賛に値する白としてのプラセットの地位を確立していた。これはいまだにここで唯一つくられている白ワインだ。

少量生産のキュベ、プロピエダッドは、パラシオがプリオラートとビエルソでつくる最上級ワインのフィンカ・ドフィとコルリョンの路線で、グラン・バンをつくろうというアルファロのワイナリーで最も意欲的な試みである。前途有望な上品さを見せている。

最近、高価ではないが非常に魅力的で飲みやすいキュベ、ラ・ベンディミアが発売された。中古のオーク樽で5カ月だけ熟成され、ガルナッチャとテンプラニージョ半々のブレンドで、とても気楽に楽しめる。

極上ワイン

Plácet Valtomelloso
プラセット・バルトメジョーソ★

　この辺りで最もミネラルの強いビウラの白で、樽発酵され、オークの大きいフードルで9〜12カ月熟成される。うまく熟成し、素晴らしく複雑になる。

Propiedad
プロピエダッド

　最高かつ最古の葡萄樹から生まれるこのガルナッチャ主体のブレンド(40%ガルナッチャ、35%テンプラニージョ、15%マスエロ、10%グラシアーノ)は、パラシオス・レモンドのワインの中で最もアロマティックで個性的。花、スパイス、ハーブのニュアンスがあり、口に含むと本格的な果実を感じる。

Palacios Remondo
パラシオス・レモンド

葡萄畑面積：150ha　　平均生産量：80万本
Avenida de Zaragoza 8, 26540 Alfaro, La Rioja
Tel: +34 941 180 207　www.vinosherenciaremondo.com

ALBELDA, MENDAVIA, GRÁVALOS, AND ALFARO

Bodegas Lacus / Olivier Rivière
ボデガス・ラクス／オリヴィエ・リヴィエール

あらゆる社会組織にとって、時おり新鮮な空気を取り入れることがプラスになる。しっかり名声を確立した組織も例外ではない。それどころか、最も革新を必要としているのは、とくに長い歴史を誇る組織であることが多い。リオハが歴史を通じて何度もこのプロセスを経てきたことに疑問の余地はない。とくに20世紀最後の10年は、一陣の風というより改革の嵐がこの地域で吹き荒れた——この現状に対する挑戦はいまだに真剣な論議を呼ぶ。

21世紀の最初の10年は比較的穏やかで、とくに「モダンさ」の同化、そして伝統と革新のバランス回復に関しては落ち着いていた。しかしすでにここ数年、新たなアイデアを持った先駆者たちが見られるようになっている。当然そういうアイデアは実績がほとんどないので、人は自分の会社をそれに賭けたいとは思わない。しかし少なくとも一部のアイデアは非常に面白いので、注目する価値はある。ルイス・アルネド（ボデガス・ラクス）と、オリヴィエ・リヴィエールが自分の名前でつくるワインがその事例である。

オリヴィエはラクスの技術アドバイザーとして、初ヴィンテージの前から必須の役割を果たしてきた。「オリヴィエはボデガス・ラクスに欠かせない人物です。彼の葡萄畑管理とワインづくりに関する考え方は、私がこのプロジェクトを立ち上げたときにもともと抱いていた考えを理想的に補完するものですから」。

鍵を握るのが葡萄畑であることは確かだ。新しいものも古いものもあり（樹齢は8年から40年）、高度は350〜480m、テンプラニージョ（45％）とグラシアーノ（32％）とガルナッチャ（23％）に加えて、ガルナッチャ・ブランコの古樹が少しある。アルネドとリヴィエールは、暑い夏に日照時間が長くて降水量が少ないこの地域では、グラシアーノに素晴らしい可能性があると考えている。ガルナッチャについても同じことが言える。

下：似た者同士のルイス・アルネド（左）とオリヴィエ・リヴィエールは、リオハの新世代でもとくに前途有望だ。

上：ボデガス・ラクスの黄土色の壁に当たる日光は、この地区の明らかに地中海的な雰囲気を表している。

　目標は収量を低くして、プロセス全体を管理し、熟しすぎを避けることだ。十分な酸味を確保するため、彼らは毎年少しずつブレンドを変え、土壌、向き、高度、その他の重要と思われる変数にもとづいて葡萄畑を選んでいる。生産量のすべてが自社ワインになるわけではなく、実際、多くが他の生産者にバルクで売られる。計画では最適な年間生産量が8万本とされていたが、とくに初期のヴィンテージは平均生産量が1万5000から2万本だった。

　葡萄畑でもセラーと同じように、基本的な考え方はできるだけ干渉しないこと。土着酵母だけを使い、新樽は1%にすぎない。オークはワインを隠すのではなく、エスコートするべきだというのが、アルネドとリヴィエールの哲学である。「私たちが望むワインは、新鮮で、エレガントで、自然で、ほどよい果実味がありながら、この先長く生きるものです」。2008と2009を試した結果、私たちにはこう言える。彼らは間違いなくこの目標を達成していて、とくに赤、ボデガス・ラクスのもの（イネディトシリーズのS、3/3、H12）とオリヴィエ・リヴィエール自身の名前のもの（ガンコとラヨス・ウバ）両方にそれが言える。

　オリヴィエはボルドーとブルゴーニュで醸造家としての経験を6年積んだ後、2004年にテルモ・ロドリゲスで働くためにリオハに来た。2年後、彼は独立することにして、葡萄をさまざまな地区から買い入れ、レンタルの設備で（2009年以降はラクスで）醸造している。この方法で彼は事業を築き、年に5万本をリリースしている——そのうちの9割が輸出市場に出ていく。

　オリヴィエはボデガス・ラクスへの関与のほかに、ナバラのボデガス・エミリオ・バレリオでコンサルタントを務め、2009年からアルランサで自分の葡萄樹も育てている。すべてはリヴィエールが遠くない将来、スペインのワインづくりの主要人物になることを暗示している。彼から目を離してはならない。

Bodegas Lacus
ボデガス・ラクス
葡萄畑面積：19ha　平均生産量：2万本
Calle Cervantes 18,
26559 Aldeanueva de Ebro, La Rioja
Tel: +34 649 331 799　www.bodegaslacus.com

ALBELDA, MENDAVIA, GRÁVALOS, AND ALFARO

Escudero／Valsacro　エスクデロ／バルサクロ

エスクデロとバルサクロは、リオハのエスクデロ家が所有する姉妹ワイナリーである（一家はナバラのボデガス・ロゴスも所有している）。1990年代にすでに、DOカバのスパークリング・ワインから伝統的なリオハのフルラインアップまで、幅広いワインをつくっていた。

しかし彼らは新しい道を開いて、自分たちのかなり伝統的なやり方に対抗する「モダンな」リオハを含む革新的プロジェクトを始める必要性を感じた。この目標を追求し、自分たちのワインが2つのDO（カバとリオハ）に入る法的な煩雑さを避けるために、生産を商売と分けることができるように、新しいワイナリーをつくって新会社を設立するよう助言された。

そうして生まれたのがボデガス・バルサクロであり、このプロジェクトが強化されると、スパークリング・ワインの生産はグラバロスにあるボデガス・エスクデロに集中し、リオハ――赤と白、伝統的なものとモダンなもの――の生産はプラデホンにできた新しくて大きい設備（グラバロスの2000㎡に比べて、驚異的な8000㎡）に落ち着いた。

しかし、私たちの生活を管理する規則とその解釈を仕切る官僚ほど、一貫性のないものはめったにない。分割を行ってから10年後、一家はまったく正反対のことを言われた。つまり、また1つの会社に合併しろというのだ。近い将来、事業体は1つになる（おそらく名前は歴史や家族の事情でボデガス・エスクデロになる）が、実際的な理由でワインづくりは別々のままになるだろう。

今ではベニート・エスクデロが会社の鍵を握る人物だ。先祖は代々、葡萄栽培に専心してきたが、1852年に彼の祖父のフアン・エスクデロが思い切って自分の名前でワインをつくり始めた。次の決定的な飛躍は1世紀後にベニート自身によってなし遂げられた。アーロとペネデスで醸造学を勉強した後、彼は上質のスパークリング・ワイン生産のノウハウを持ち帰り、すぐに家族のボデガでそれを実行した。これは彼の家族にとってだけでなく、地域全体にとって真の革新だった。もともと、利用できる手段は非常に初歩的なもので、一家は、ボトル回転、ドサージュ、デゴルジュマンなどの日常業務に独創的な解決法を応用しなくてはならなかった。ベニートは数年前に引退し、現在はボデガの活動の主要4分野を4人の息子、アマドル（ワインづくり）、ヘスス（葡萄栽培）、アンヘレス（財務管理）、ホセ・マリア（マーケティング）が担当している。

エスクデロとバルサクロは、葡萄供給に関してはほぼ（80％）自給自足している。一家の葡萄畑はグラバロスとアルファロにあり、そのうち最も卓越しているのが、イェルガ山の海抜700mにあるクエスタ・ラ・レイナである。バルサクロのワイナリー周辺にあるプラデホン葡萄畑にもさらに35haがある（60％がテンプラニージョ、40％はガルナッチャ、マスエロ、グラシアーノが等分）。長年取引のあるグラバロスの栽培家からも葡萄を買っている。この買い入れ――大部分が古樹のガルナッチャとテンプラニージョ――が両方のワイナリーで毎年必要な葡萄のおよそ20％を占める。

ワインについて言うと、実はカバには相当ばらつきがある。というのも、カバ生産用の葡萄の収穫は霜に非常に敏感なのだ。エスクデロ家の葡萄畑は非常に高い場所にあるので、とくにその危険にさらされており、その結果、生産量は10万本から20万本の間で変動し、平均で16万本ほどである。リオハの生産は当然はるかに安定していて60万本を超えるが、当然、市場力学による変動はある。

上：家族経営の会社のワイン醸造家であるアマドル・エスクデロは、3人の兄弟とともに会社を経営している。

極上ワイン

　品ぞろえは非常に幅広く、つねに興味深いレベルに達している。まず、ドン・ベニート・エスクデロの歴史的貢献がある。これはスパークリング・ワインのジャンルとしてここで言及する価値がある。とくに最上級ラベルのディオロ・バコ・カバ・エクストラ・ブリュット・ベンディミア・セレクシオナーダは、シャルドネとビウラのブレンドで、本来より少しオークの存在感が強いかもしれない。次に当然、さまざまなリオハの選択肢がある。彼ら自身はどれを選ぶかと訊いたら、モダンな熟成向きのリオハのうち一番最近のもの、つまりバルサクロとバルサクロ・ディオロを選ぶかもしれない。しかし2005ヴィンテージには、2種類の重要な新商品、アルブムとビダウもリリースされている。ソラール・デ・ベッケルとして売られている伝統的な赤も忘れてはならない。レセルバとグラン・レセルバ両方とも上質な伝統的リオハの例である。

Bodegas Escudero / Valsacro
ボデガス・エスクデロ／バルサクロ
葡萄畑面積：180ha　　平均生産量：80万本
Carretera de Arnedo s/n, 26587 Grávalos, La Rioja
Tel: +34 941 39 80 08　Fax: +34 941 39 80 70
www.bodegasescudero.com / www.valsacro.com

ALBELDA, MENDAVIA, GRÁVALOS, AND ALFARO

Barón de Ley　バロン・デ・レイ

　メンダビアはエブロ川の左岸のナバラ地方にありながら、最初からDOナバラではなくリオハに入っている数少ない町の1つである。そこには素晴らしい壮大な16世紀の修道院（もとは要塞だった）を転用した、大手ワインメーカーのバロン・デ・レイの本社がある。修道院もバロン（男爵）という貴族の称号も同じくらいロマンチックだ。バロン・デ・レイはマドリード証券取引所に上場している大会社であり、リベラ・デル・ドゥエロなど他のDOにも子会社がある。

　バロン・デ・レイを際立たせているのは、その計画の健全性、堅実さ、そしてワインの全般的な品質の高さである。主任醸造家のゴンサロ・ロドリゲスの才能が、そのこととおおいに関係している。彼はバロン・デ・レイだけでなく、トレド県の故郷マス・ク・ビノスにある自分の小さいワイナリーでも、高く評価されている。

　このワイナリーを1985年に始めたのはリオハを拠点とする少人数の投資家グループで、メドック流の「シャトー」をつくりたいと考えていた。最終的に、それをはるかに大きくしたのだ。

　彼らはまず、メンダビアで90haに葡萄樹が植えられたイマス農園を手に入れた。土壌は有望で、それを裏づける歴史もあった。16世紀にすでに、イラーチェ修道院のベネディクト会の修道士がイマスで葡萄樹を育て、素晴らしいワインをつくると評判だったのだ。

　90haのうち10haにはカベルネ・ソーヴィニヨンが植えられ、「試験的品種」に対するDOCリオハの容認を有効に活用している。

　以降、農園は有能な葡萄栽培家フェルナンド・ゴンサレスの管理下で現在の規模——葡萄畑が320ha——に拡大した。それでもワイナリーの生産すべてをまかなうには不十分で、例によって、長期契約を結んでいるメンダビア周辺の栽培家からの葡萄で補っている。

　ボデガの技術文献は「表面が石だらけで深い層は粘土になっている土壌の堆積性が、日照が多く降雨が少ない地中海の影響が顕著な気候と相まって、エキス分とアロマにあふれるワインをつくるのに理想的」と強調している。

ロドリゲスの考えでは、リオハ・バハに含まれるこの地域の乾燥した大陸的特徴もある気候のおかげで、収穫ごとにばらつきのない品質を達成するのが「かなり楽」だという。9月半ば頃というかなり早い時期に収穫しても、13％という最低限のアルコール度数に達することができるのだ。

　ワイナリーは、リオハ・アルタから買い入れたビウラ葡萄100％の白ワイン、ロゼ、レセルバ、グラン・レセルバ、そしていくぶん気取った大きな銀の型押しラベルがついたトップ・キュベ、フィンカ・モナステリオをつくっている。

　その純然たる事業規模は、1万2000個のアメリカン・オーク樽と2000個のフレンチ・オーク樽を擁する、大洞窟のような温度管理された樽部屋を見てもよくわかる。

極上ワイン

Finca Monasterio
フィンカ・モナステリオ

　80％テンプラニージョと20％カベルネ・ソーヴィニヨンの力強く美味しいブレンド。なめらかでよくできているこのワインは、伝統を守っているのでメダルを取ることはないが、本格的で、すっきりした、奥行きのあるワインで、熟したバランスのよい葡萄でつくられれば、この種のブレンドがいかにうまくいくかを例示している。フレンチ・オークがさらに国際的な特徴を強めている。

Barón de Ley
バロン・デ・レイ
葡萄畑面積：320ha　平均生産量：200万本
Carretera Mendavia a Lodosa km 5.5,
31897 Mendavia, Navarra
Tel: +34 948 69 43 03　Fax: +34 948 69 43 04
www.barondeley.com

7 | 最上のつくり手とそのワイン
Navarra ナバラ

ナバラのワインづくりの歴史はローマ人によるスペイン征服にまでさかのぼる。その葡萄栽培の風景には、ピレネー山脈にほど近い冷涼なバルディサルベから、南方の地中海性のエブロ渓谷まで、さまざまな素晴らしいテロワールが満ちている。しかし出だしを誤ったりチャンスを逃したりしたことも多い。現在のナバラは流動的で、いまだに成功への道を探している。

リオハの隣にあることもつねに問題だった。チビテやカミロ・カスティージャのような若干の例外を除いて、ナバラの葡萄栽培家は19世紀末以来ずっと、リオハでボデガが増え、高品質の瓶詰めワインで成功するのを、羨望のまなざしで見ていた。ナバラでは、1920年代から協同組合が急増した——栽培家にとっては葡萄にそこそこの値段しかつかないことを意味する動向である。しかしたいていの場合、安いバルクワイン以外をつくる意欲もノウハウも市場もなかった。

1970年代までに、単なる自給作物以上のものを栽培する戦略が、2つの路線に沿って考案された。まず、近代的な生産設備が建設され、リオハにならってどんどんテンプラニージョが植えられた。しかしこの地域には適した石灰石がない地区が多かったため、すぐにテンプラニージョの品質が低下したのと同時に、外来葡萄品種の正式認可を求める圧力が生じた。そして1973年、フランコがまだ権力の座にあったとき、カベルネ・ソーヴィニョンとメルローとシャルドネが承認され、それまで徹底して国内自給だった規制状態に初めて重要な自由化の動きが起こった。

国際戦略

新しい戦略はゆっくり展開された。すなわち、ワインづくりとマーケティングにおけるリオハの戦術にならいながらも、それをより国際的なワインで進めていく戦略だ。当初は広く称賛された。イギリスのワイン雑誌は1980年

右:ピレネー山脈に近いバルディサルベのドラマチックな風景は、ナバラのさまざまなテロワールの一端を示している。

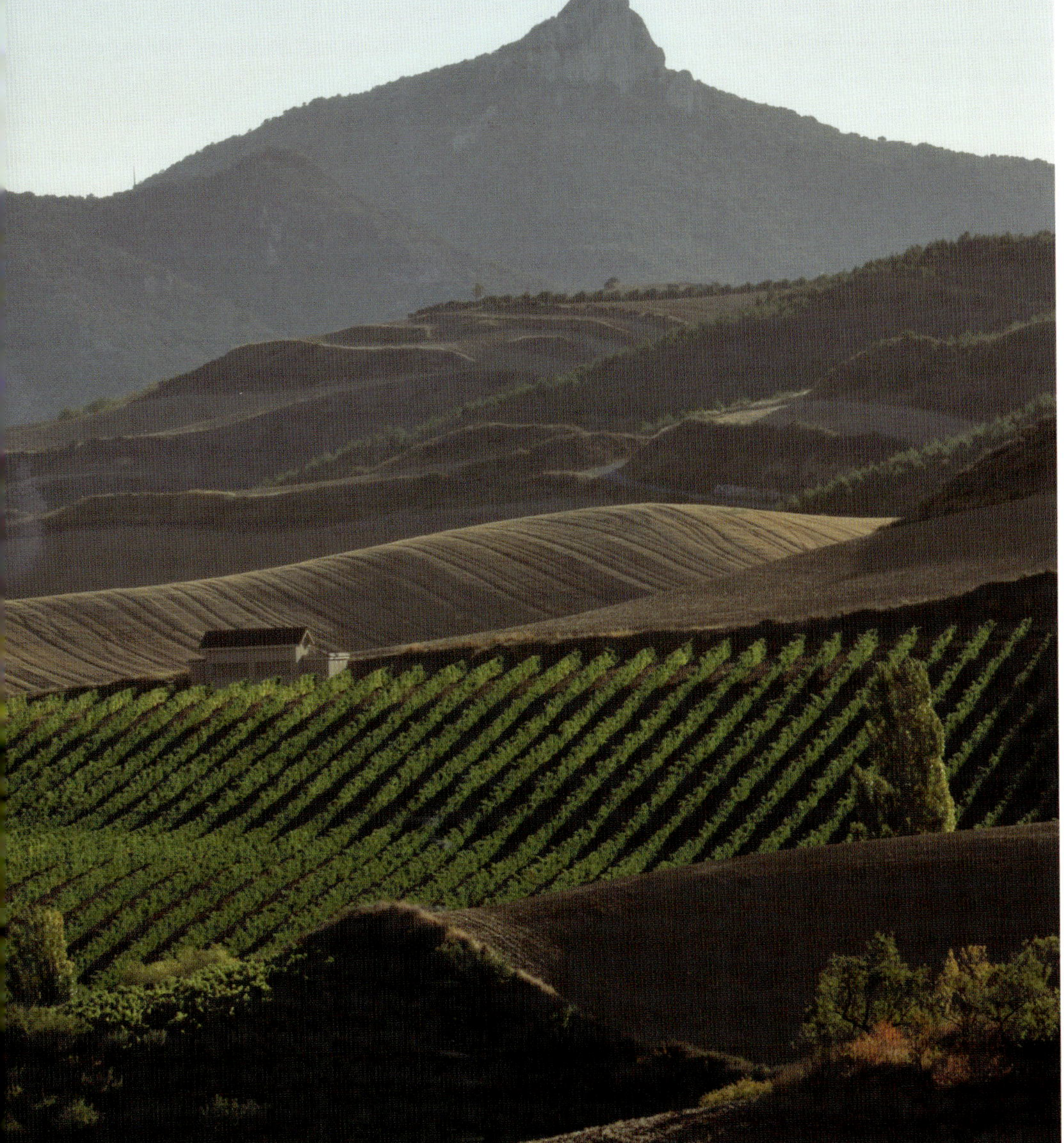

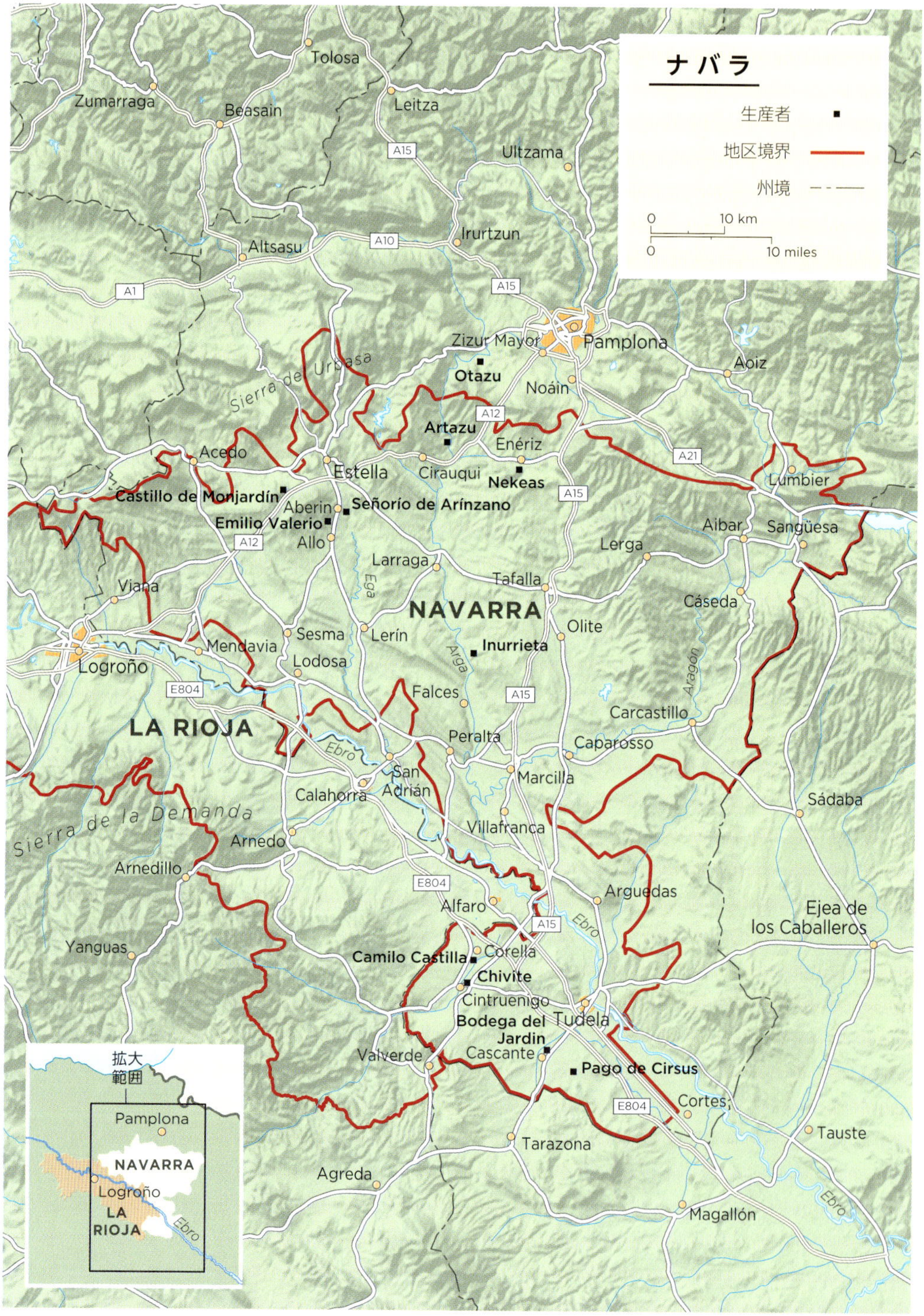
ナバラ
生産者
地区境界
州境
0 10 km
0 10 miles
Tolosa
Zumarraga
Beasain
Leitza
A15
Ultzama
Altsasu
A10
Irurtzun
A1
A15
Zizur Mayor
Pamplona
Otazu
Noáin
Aoiz
Sierra del Urbasa
A12
Artazu
Enériz
A21
Acedo
Estella
Cirauqui
Nekeas
Lumbier
Castillo de Monjardín
A15
Aberin
Señorío de Arínzano
Emilio Valerio
Aibar
Sangüesa
A12
Allo
Lerga
Larraga
Ega
Viana
Tafalla
Cáseda
NAVARRA
Sesma
Lerín
Olite
Mendavia
Inurrieta
Logroño
Lodosa
Arga
Aragón
E804
Falces
A15
Carcastillo
LA RIOJA
Peralta
Ebro
Caparosso
San Adrián
Marcilla
Calahorra
Sádaba
Sierra de la Demanda
Villafranca
Arnedo
Arnedillo
E804
Arguedas
Alfaro
Ejea de los Caballeros
A15
Ebro
Yanguas
Corella
Camilo Castilla
Chivite
Cintruenigo
Bodega del Jardin
Tudela
Cascante
Valverde
Pago de Cirsus
拡大範囲
Pamplona
E804
Cortes
Tauste
NAVARRA
Tarazona
Logroño
Agreda
LA RIOJA
Ebro
Magallón
Ebro

代から90年代にかけて、一斉に新しいナバラを絶賛している。このいわゆる近代化は一般的には好意的に受け取られた。世界のワイン市場はカベルネとシャルドネを飽くことなく求めていると、専門家たちがとらえていたからだ。

しかしナバラの場合はよい結果につながらなかった。高収量で高度な技術を用いた国際的な新世代ワインは、オーストラリアのシャルドネやチリのカベルネよりも優れていると、国際的バイヤーを納得させることができなかったのだ。一方スペインでは、この地域につきまとう「リオハの廉価版」というネガティブなイメージをぬぐうのは非常に難しかった。

さらに悪いことに、この地域で生まれた宝——ガルナッチャ——は、輸入品種のために何千haも引き抜かれてしまった。スペイン北部全土で、ガルナッチャは二流品種だと非難され、その真の潜在力が無視されていた——グルナッシュ主体のシャトーヌフ=デュ=パプが国境北のすぐ近くで世界クラスのワイン産地として好調に滑り出していたのに。

それでも、スペインで最高だが非常に安い（そしてあまりもうからない）ロゼを生産できるだけのガルナッチャは残っていた。最終的には、その地元唯一のサクセスストーリーと、よりローカル色の強い個性的なワインへの世界的な転換が、2000年以降、ナバラの地位再考につながった。しかしそれまで、この地域のワイン産業は深い穴に潜り込んでいた。

復興

復興の第一歩が踏み出されたのは世界的な景気後退の最中であり、とくにスペインは苦しんでいる。同じくらい不運なのは、この国のワイン消費の落ち込みだ。かなりの数の新しい生産者が生き残れないだろう。

早くに国際的なスタイルに転換した者の大半は、「シャルドネ」や「メルロー」とラベルに記すことで実現することはすべてニューワールドのバラエタル・ワインと真っ向から競うことになり、しかも相手のほうがたいてい良質で安いという事実を、そろそろ受け入れざるをえない。

しかし原点への回帰とナバラらしいスタイルの探求を促しているのは、商業的なニーズだけではない。ヨーロッパのワインは品種よりむしろテロワールで競うべきだと確信する若い世代の栽培家とワイン醸造家が現れたことも一因である。彼らは赤ワイン用のガルナッチャに祖先よりもはるかに関心を抱き、最終的にモスカテル・デ・グラノ・メヌドを土着の白葡萄として受け入れている。

しかしナバラが取り組まなくてはならないことは他にもある。現在の市場は「スーパーマーケットのワイン」（安いロゼと国際スタイルのバラエタルを含む）と「上質ワイン」に二極化しつつある。前者の市場が重要なのは、毎年何百万本も生産するワイナリーだけのはずだ。中小のボデガにはもっと付加価値が必要である。

「上質ワイン」の市場で未来を握るのは、自分たちの環境をじっくり見つめ、テロワールを表現する個性的なワインづくりの観点から何がベストかを判断する栽培家と醸造家である——これまでより増えているが、それでもまだ少数派だ。純然たる品質よりも個性のほうがさらに重要であることは間違いない。

したがって、ナバラでも土着品種を復活させ紹介しているワインのプロが増えつつある。言い換えれば、彼らはついに正しい教訓を学びつつあるのだ——ただし、他の場所で成功しているように見えるものは何でも真似したがる、根深い国民性とつねに戦わなくてはならない。テンプラニージョがリオハにとってよかったのなら、誰にとってもよいはずだ。ボルドーで成功しているカベルネ・ソーヴィニョンとメルローも同様だ。そして生産者たちはテンプラニージョとカベルネとメルローをたいてい不適切な場所に植えて、結局、それがやるべきことではなかったと知る。問題は、葡萄栽培とワインづくりにおいて、物事は一夜にして変えられないことだ。ナバラは30年にわたる間違いを正さなくてはならない。

NAVARRA
Chivite / Señorío de Arínzano
チビテ／セニョリオ・デ・アリンサノ

　ナバラ南部に位置するシントゥルエニゴのチビテ家より早く事業を始めたと主張できるスペインのワイン生産者一族はいない。公証人が1647年に署名している文書に、フアン・チビテ・フリアスによる100ダカットの借金申し込みが記録され、担保として「カンタロ（水瓶）150個分［約1700ℓ］が入る大樽を収納するセラー」と「カスカンテに続く道沿いの葡萄畑30ペオナダ［約12ha］」が列挙されている。これはこの地域の家族が家庭で消費するための通常の葡萄畑とセラーの容量を明らかに超えていたので、チビテ家は1647年を商用ワイナリーの設立年と定めている。

　3世紀にわたってワイナリーを継続的に一家が所有するのは、トスカーナやラインでは一般的だが、スペインでは珍しいケースである。同じようなケースがあるのはヘレスだけだが、オズボルネ家やドメック家などが始めたのは1世紀後のことである。

　チビテ家の地元での積極的な事業はとくに18世紀から19世紀にかけて成長し続けたが、国際的に軌道に乗ったのは1860年、抜け目ないクラウディオ・チビテがフランスのフィロキセラ禍によるチャンスをとらえてからのことだ。彼はほぼ単独で、シントゥルエニゴからバイヨンヌ、さらにボルドーへのルートを使って、ナバラ南部からのワインの輸出事業を創出した。

　チビテの大規模ワイナリーは1872年に建設され、現在も相変わらずカバジェロス通りにある――好景気時代の証である。1948年に改修され、1988年に全面的に技術的改良を受けた。

　クラウディオの息子のフェリックス・チビテは1877年から1928年に死去するまで家業を経営し、13人いた子どもの末っ子であるフリアンが後を継いだ。フランスの市場を失ってスペイン自身がフィロキセラに襲われたときと同様、この会社は世界大恐慌によるヨーロッパの低迷、スペイン内戦、そして第二次世界大戦など、厳しい

右：家族経営の会社を2009年から率いているフェルナンド・チビテは、自分のワインではエクストラクトよりエレガンスを優先する。

シントゥルエニゴのチビテ家より早く事業を始めたと主張できる
スペインのワイン生産者一族はいない。3世紀にわたってワイナリーを継続的に
一家が所有するのは、スペインでは珍しいケースである。

CHIVITE / SEÑORÍO DE ARÍNZANO

時代を生き抜いた。チビテにとってつねに生命線である輸出は、混乱した経済だけでなく各国政府が設定する高い関税率と貿易障壁によっても大打撃を受けた。しかしワイナリーは可能な限りいつでもどこでも輸出し続け、内戦後のスペインで輸出を許されたエリート会社に入っていた。

父親の場合と同様、フリアン・チビテの統治期間は非常に長く、1996年に死去するまで半世紀以上続いた。その間、進歩の遅い農業社会からヨーロッパ屈指の近代国家に変貌したスペインと同様、スペインのワイン産業も大きく変わった。その変化に適応できずに生き延びられなかった家族所有のボデガもあり、とくにシェリー界全体が一見終わりのなさそうな景気後退の打撃を受けたヘレスではそうだった。しかしフリアン・チビテの先見の明は――カタロニアのミゲル・トレス・シニアのそれと同様――会社の生き残りだけでなく繁栄をも可能にした。

この会社は伝統的なリオハに端を発する赤をつくっていた。1975年にフリアン・チビテが発売したときにはナバラ以外のスペイン市場ではほとんど無名だったが、そのラインアップが全国的、そして世界的な成功へと飛躍することになる。グラン・フェウドと呼ばれ、利用できる最高の技術を使ってつくられる、非常にすっきりした値段の高くないワインだった。フルーティーで品種の特性がはっきりしたラインアップは、たちまちヒットして、それ以来、このボデガで最もよく売れる主力ワインとなった。

10年後、輸出会社としてのチビテの125周年を記念した最上級のシリーズ、コレクシオン125（赤のブレンド、シャルドネ、土着のモスカテル・デ・グラノ・メヌドからつくられる甘口ワイン）の発売で、品ぞろえは完璧なものとなった。数年後、このシリーズに使われる葡萄の一部は、1988年に買い取られたシントゥルエニゴの85km北にあるアリンサノ農園から運ばれるようになった。その後すぐに、チビテ家は植え直しを始めている（この農園の歴史的葡萄畑は19世紀初めにすでに消えていた）。現在、128haが収穫されている。

フリアン・チビテが亡くなってからの短い期間に、さまざまな出来事が劇的に加速し、空前の規模で多様化と拡大が進んだが、個人的な悲劇や家族の対立も生まれた。

1996年から数年間、会社はフリアンの4人の兄弟が経営した――フリアン、カルロス、メルセデス、そして主任醸造家にもなったフェルナンドである。1998年に有名なビーニャ・サルセダを買収してリオハに手を広げてから3年後、リベラ・デル・ドゥエロに進出し、恵まれたラ・オラのテロワールにある62haにテンプラニージョといくらかのカベルネ・ソーヴィニヨンとメルローを植えた。最終的に、2009年にはルエダへの進出が発表された。（リベラとルエダ両方で使われているブランドはバルアルテである）。

一方、一家を悲劇が襲った。カルロスとメルセデスが2人とも2005年から2006年にかけてのほんの数カ月の間にガンで亡くなった。その後、この10年でスペインの家族経営ワイナリーによく起こった筋書だが、フェルナンドとフリアン・チビテが決別した。フェルナンドは2009年に会長になり、グループを完全に支配下に治めることになったが、2010年半ばにフリアンが新しいワイン生産事業を始めると発表した。名前はウンス・プロピエダード、スペインのいくつかの地域でワインをつくることが狙いだ。彼はすぐに最初の2商品、ナバラのロゼとルエダの白を市場に導入している。

（他の地域への関心はさておき）シントゥルエニゴと周辺のアベリン、コレジャ、マルシジャ、さらにアリンサノ農園に450haの葡萄畑を持つフェルナンド・チビテは、ナバラのワイン界に誰もが認める絶対的な力を有している。しかし彼は2つのまったく異なる戦略を実践している――1つはメインのワイナリー向け、もう1つは北部の農園向けだ。

アリンサノは2008年、ナバラの地所で初めて独自の単一農園呼称（ビノ・デ・パゴ・デ・アリンサノ）を与えられた。そして最初の3ヴィンテージとして2000、2001、2002をリリースしている（最初は赤ワインのみ）。ピレネー山脈の丘陵地帯の寒冷な気候から生まれ、エガ川によってやわらげられる軽く新鮮なスタイルは、フェルナンドが追い求める理想そのものである。彼は、過度のエ

上：セニョリオ・デ・アリンサノはナバラで初めて独自の呼称を認められた農園で、チビテの高級赤ワインを生み出している。

クストラクトやフルーツとオークの爆弾を控えるスペインの新世代醸造家の先駆けだった。手入れの行き届いた傾斜の有機葡萄畑（農園は世界自然保護基金［WWF］と協働で経営されている）だけでなく、プリッツカー賞を受賞しているラファエル・モネオ設計の見事なワイナリーも、状況は優れたナバラ・ワインについてのフェルナンドの考えにぴったり合っている。

一方、シントゥルエニゴのワイナリーのチビテ・ブランドはさらに多様化していて、新しいバラエタルのシリーズ（テンプラニージョと有機栽培のメルローを含む）や、グラン・フェウドのラインアップに加わった最上級のグラン・フェウド・エディシオン（シャルドネ、「澱の上」のロゼ、甘口のミュスカ、テンプラニージョ、古いテンプラニージョとガルナッチャからの赤のブレンドでビーニャス・ビエハス・レセルバ）もある。

ヴィニヨンが含まれる、繊細で微妙なブレンド。典型的なモダンなナバラのブレンドと呼ぶ人もいるが、非常にエレガントなスタイルにつくられている。2001がとくに上質である。

Colección 125 Blanco
コレクシオン125ブランコ★

芳醇で、クリーミーで、アロマの豊かな樽発酵のシャルドネで、バランスがとれるだけの酸味があり、スペインの最上級の白につねにランクインする。

Colección 125 Vendimia Tardía
コレクシオン125ベンディンミア・タルディア

シントゥルエニゴにあるカンデレロ葡萄畑の貴腐菌のついたモスカテル・デ・グラノ・メヌド（ミュスカ・ブラン・ア・プティ・グレン）からソーテルヌの技術で醸造される、この複雑で繊細なミュスカは、スペイン随一の甘口ワインである。

極上ワイン

Arínzano
アリンサノ★

北部のアリンサノ葡萄畑で生まれる最高級の赤。テンプラニージョ主体で、約3分の1のメルローと若干のカベルネ・ソー

Chivite / Señorío de Arínzano
チビテ／セニョリオ・デ・アリンサノ

葡萄畑面積：580ha　平均生産量：250万本
Calle Ribera 34, 31592 Cintruénigo, Navarra
Tel:+34 948 811 000
www.bodegaschivite.com

211

NAVARRA

Pago de Cirsus de Iñaki Núñez
パゴ・デ・シルスス・デ・イニャキ・ヌーニェス

スペインのイニャキ・ヌーニェスは、アメリカにおけるフランシス・フォード・コッポラか、フランスにおけるジェラール・ドパルデューである。いや、彼はそれほど有名ではない。このバスク国自治州生まれの名前は大勢の人には受けない。しかし彼は映画の業界人でありながら、ワイン界に記録を残している。スペインでもワインでもっとよく知られている人物はいる（たとえばリベラ・デル・ドゥエロに投資したアントニオ・バンデラス）が、この57歳の映画プロデューサー兼配給者と同じレベルの成功を、これほど短期間に達成した人はいない。ナバラでの初ヴィンテージはつい2002年のことで、わずか7年後に、国際的なワインコンテスト、コンクール・モンディアル・ブリュッセル2009で、わずか61個のグランド金メダルのうちの2個を獲得して、ちょっとした騒ぎを起こした。

パゴ・デ・シルススのワインの
洗練されたところと肉づきのよい飲みやすさは
多くの注目を集めてきた。
スペイン北西部で最も地中海的なワインである。

ヌーニェスについてはすべてがかなり華々しい。彼のパゴ・デ・シルススはいかにもハリウッド流だ——200haの地所に中心的な目玉として中世風の塔がそびえる。これはオテル・シャトー・パゴ・デ・シルススと地味な名前がつけられた、この地方でもとくに贅沢なホテルの本館である。

葡萄畑はヌーニェスから見れば、夢のホテルのロマンチックな背景にすぎないかもしれないが、それ自体が花形になっている。低い高度（230m）とエブロ渓谷中央部の厳しい大陸性気候にもかかわらず、石灰石に富むやせた砂質ロームの土壌のおかげで、上質ワインを生む素晴らしい潜在力がある。

ワイン愛好家だがワインづくりの専門家ではないヌーニェスが次に起こした行動が、彼の成功にとってきわめて重要だった。元シャトー・オー・ブリオンの醸造家ジャン・マルク・サブーアに助言を求めたのだ。このフランス人は現在国際的なコンサルタントであり、以来ずっとパゴ・デ・シルススにかかわっている。彼の役割は、従来の空飛ぶ醸造家よりもっと積極的で、ワインの全シリーズを企画し、葡萄畑の開発を監督する責任者である。

パゴ・デ・シルススのワインの洗練されたところと肉づきのよい飲みやすさは、この若いワイナリーがリリースを始めて以来ずっと多くの注目を浴びてきた理由だが、サブーアに負うところが大きい。その「国際スタイル」に反対する評論家もいるが、シルススのワインは実は、ナバラ南部に位置するリベラ・デル・エブロの確かな力と暖かさと寛容さのあるテロワールを忠実に表現している。スペイン北西部で最も地中海的なワインであり、地中海の影響を広く受ける渓谷にあるという地理的位置を考えれば当然のことである。しかしスペインの地中海的ワインに時おり見られる明らかな欠点の過剰な辛さや大量のエクストラクトは、まったく感じられない。

極上ワイン

**Pago de Cirsus Tempranillo Selección Especial
パゴ・デ・シルスス・テンプラニージョ・セレクシオン・エスペシアル★**

驚くことではないが、テンプラニージョ（とシラー）がこの温暖で乾燥したテロワールでは最も出来がよい。このテンプラニージョはトースト、プラム、ブルーベリーの力強い香りがあり、フルーティーで、なめらかで、余韻が長い。

右：イニャキ・ヌーニェスはまず映画で名をなしたが、今ではワインによって同じくらい成功している。

**Pago de Cirsus de Iñaki Núñez
パゴ・デ・シルスス・デ・イニャキ・ヌーニェス**

葡萄畑面積：135ha　平均生産量：40万本
Carretera de Ribaforada km 5.3,
31523 Ablitas, Navarra
Tel: +34 948 386 210　www.pagodecirsus.com

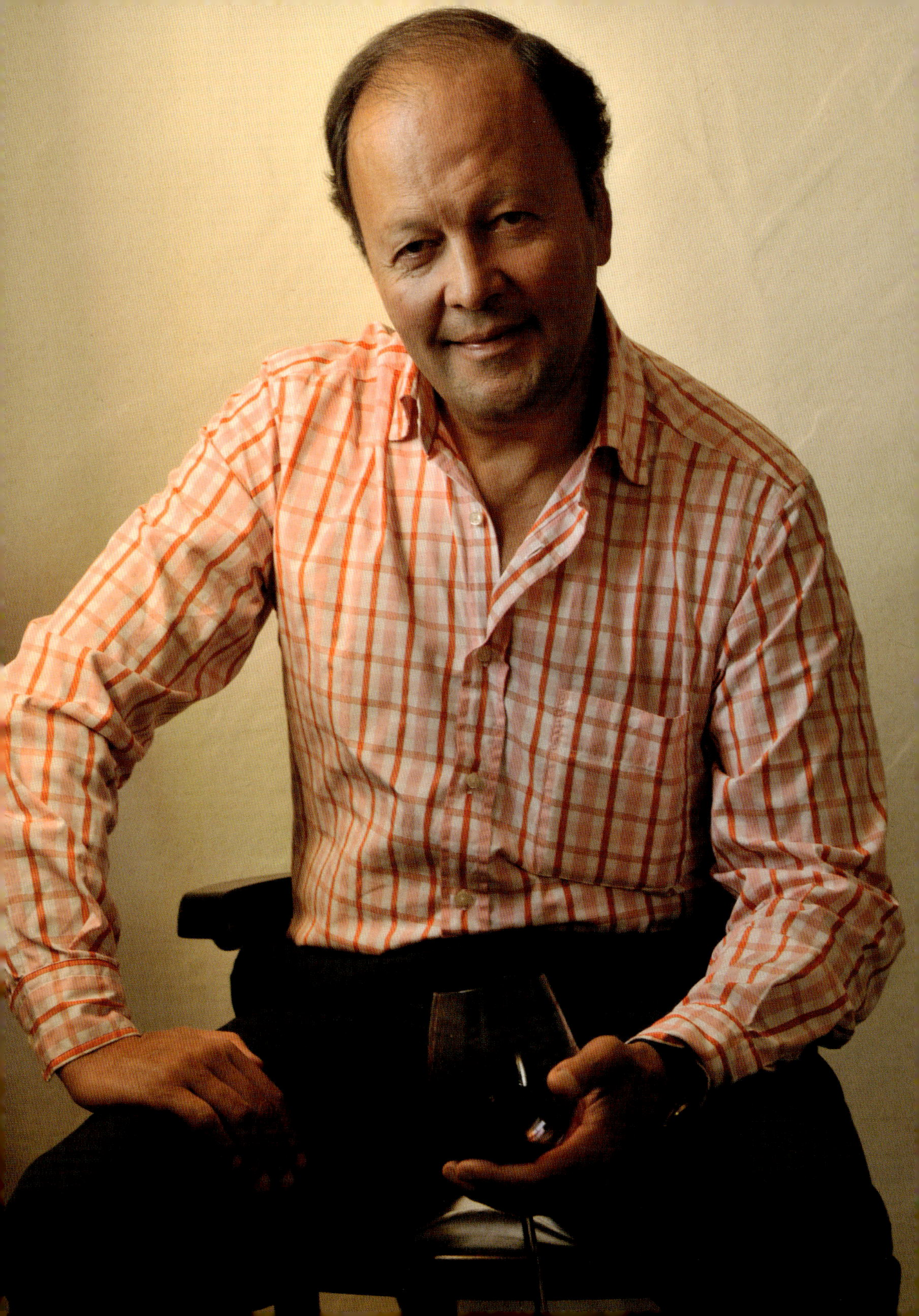

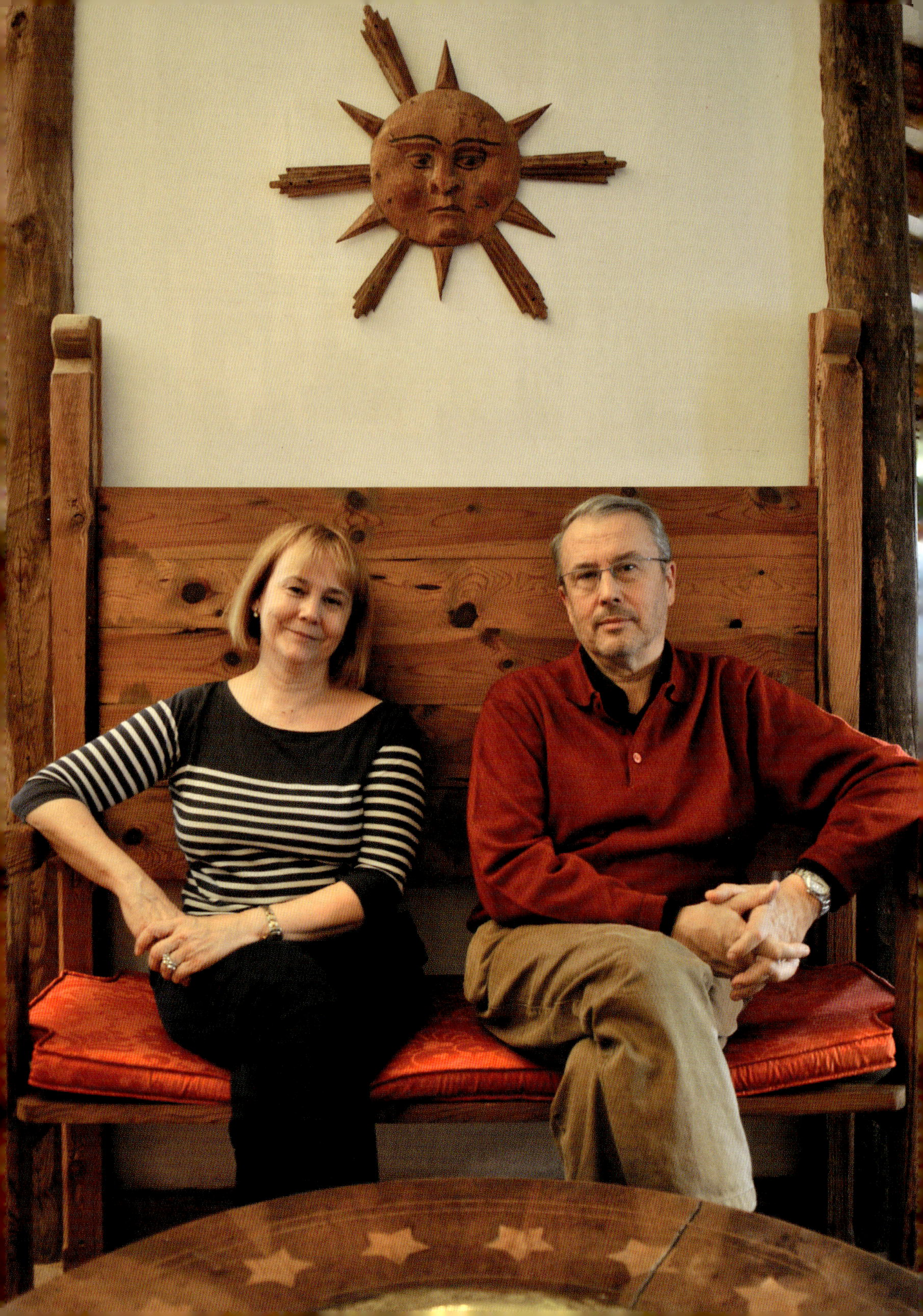

NAVARRA
Bodega del Jardín ボデガ・デル・ハルディン

　ボデガ・デル・ハルディンは、あなたが聞いたことのないスペイン北西部で最も有名なワイナリーである。ゲルベンスという名を出せば、聞き覚えのあるナバラ・ワインのファンは大勢いるだろう。しかしその名前はなくなった。最近は厳しい時代である。ゲルベンスの8人の兄弟姉妹は再びゼロから始めている。いや、厳密にはゼロからではない。19世紀に建てられた素敵な屋敷の小さなボデガ——庭の中のボデガ——は、一家の初代の財産として現存し、エブロ川の南のこの村周辺には20haの葡萄畑もある。さらに、ワイナリーを直接経営していたリカルドとイネスのきょうだいの実績あるノウハウは、カスカンテに伝統が残っていることを保証するに十分である。ボデガ・デル・ハルディンの初ヴィンテージの2007を味わえば、この不死鳥のような生産者が、ナバラでもとくに興味深いワイナリーに挙げる価値があることは間違いない。

　肩から重荷をおろしたゲルベンス家は、自分たちのルーツに戻った。2009年末に生まれ変わったボデガ・デル・ハルディンの起源は、先祖のマルティン・M・ゲルベンスにまでさかのぼる。それまでワインといえば自家製の粗悪なガルナッチャしかつくられていなかった地域で、初めて上質のワインを瓶詰めし、1851年のロンドン世界博覧会に送った人物である。

　その成功はかなり短命に終わった。しかしワイナリーはゲルベンス家の現世代によって再開され、あっという間に赤ワインで国際的な高い評価を得た。現在、新しい名前で興味深い赤ワインのシリーズを——手始めに3種類——提供している。

　17の小区画に分かれた葡萄畑は、カスカンテと北はムルチャンテ、南はアラゴンのタラソニアとの境界間に延びる6kmの帯状の土地を占めている。高度は330〜430m。

　ボデガ・デル・ハルディンの使う呼称——ビノス・デ・ラ・ティエラ・リベラ・デル・ケイレス——は、ナバラとアラゴンというスペインの2つの自治州にまたがっている。両者の境界はカスカンテからわずか3kmほどのところで、テロワールが自然に一体化しているため、リカルド・ゲルベンス——まだDOナバラに入っていたときこの地区とあまり仲がよくなかった——は農務省に働きかけ、2003年にようやく認可された。

　地下のワイナリーには200hlのステンレス発酵槽が8個と、500個余りの樽が収まっている。土地に帰れというリカルドの哲学に端を発しているワインづくりは、非常に伝統的で自然だ。選別された酵母は使われない。バラエタルよりブレンドが好まれているのは、そのほうがより複雑で個性的になるという信念からである。

　新しいワインの名前はそれほど伝統的ではなく、ワイナリーの若返りを象徴している。1プルソはテンプラニージョとガルナッチャからつくられる若いワイン。2プルソはもっと奥行きのあるテンプラニージョとメルローとカベルネ・ソーヴィニヨンのブレンドで12カ月オーク熟成。3プルソはグラン・ヴァンである。

極上ワイン

3Pulso
3プルソ★
　見事な表現力のある肉づきのよい赤ワインで、本格的な熟成潜在力がある。自社畑の最古の葡萄樹からつくられる80%テンプラニージョと20%ガルナッチャのブレンドで、24カ月熟成させるのはフレンチ・オークで、その半分は新樽。しかしオークばかりが際立つのではなく、それを楽に支えるだけの濃厚さと活気がある。

Bodega del Jardín
ボデガ・デル・ハルディン
葡萄畑面積：カスカンテに23.5ha　平均生産量：12万本
San Juan 14, 31520 Cascante, Navarra
Tel:+34 948 850 055　Fax: +34 948 850 097

左：イネスとリカルド・ゲルベンスのきょうだいは、家族の原点であるワイナリーをナバラの一流ボデガに仲間入りさせた。

NAVARRA

Bodegas y Viñedos Nekeas
ボデガス・イ・ビニェードス・ネケアス

ボデガス・イ・ビニェードス・ネケアスは、1992年に設立された若いワイナリーだ。協同組合だが、20世紀初めにカトリック教会が貧しい葡萄栽培農家の生活向上を助けるために始めた、大規模な協同組合とはまったく違う。このワイナリーの場合、寒冷なナバラ北部にあるネケアス渓谷の栽培農家わずか8軒が、新しい最先端のワイナリーに土着品種と国際品種を供給するために、自分たちの財産を結集したのだ。

創立メンバーの1人で現在会社の社長を務めるフランシスコ・サン・マルティンの積極的なリーダーシップの下、ネケアスは非常に手ごろな価格の良質のワインに特化し、スペインよりもアメリカなどの輸出市場で高い評価を獲得している。決定的に重要だった展開は、1993年に若い醸造家のコンチャ・ベシノがやって来て、魅力的で誠実なワインの開発に成功したことである。彼女はネケアスが土着の葡萄全般、とくにガルナッチャに重点を置くように、新しい方向に舵を切るのも助けた。転機となったのは、同社初のガルナッチャのバラエタル、エル・チャパラルの成功である。

> ベシノのワインづくりは緻密で、潔癖で、よく手入れされた葡萄畑から収穫される果実の高い品質を尊重している。

DOナバラのバルディサルベ地区にあるネケアス渓谷は、大西洋からわずか70kmで気温が低い（年平均が12℃）。葡萄栽培が可能なのは、ペルドン、ウルバサ、およびアンディアの山脈が、近くのピレネー山脈からの冷たい風やビスケー湾からの湿った空気の流れから守ってくれるおかげだ。斜面はたいてい険しく、高度は350〜750m。土壌はやせていて、小石が散らばった赤色と茶色のロームが主流だ。

ベシノのワインづくりは緻密で、潔癖で、よく手入れされた葡萄畑から収穫される果実の高い品質を尊重している。アメリカで有名になったビウラとシャルドネのブレンドのように、彼女がつくり出したものに触発されて、同じような道をたどろうとする地域の醸造家もいる。

葡萄品種はテンプラニーニョ、（70ha）、ガルナッチャ（45ha、その3分の1が古樹）、カベルネ・ソーヴィニヨン（40ha）、メルロー（35ha）、シャルドネ（32ha）、ビウラ（15ha）、シラー（5ha）。

極上ワイン

El Chaparral de Vega Sindoa
エル・チャパラル・デ・ベガ・シンドア

オーク熟成のワインで、寒冷気候のガルナッチャの新鮮さと花の香りをよく表している。国際的に最もよく知られている製品。2007が素晴らしい。

Marain de Vega Sindoa
マライン・デ・ベガ・シンドア

選ばれたヴィンテージにのみつくられる100%メルローで、ほとんどのテロワールが暖かすぎるスペインではめったに到達しないレベルのエレガンスを感じさせる。2001は抜群だった。

Nekeas Chardonnay Cuvée Allier
ネケアス・シャルドネ・キュベ・アリエル

収量が最も低い葡萄畑で収穫されるシャルドネを、上質のフレンチ・オークで発酵・熟成せたワインは、ナバラ北部がスペインの中でも数少ない寒冷な地域であって、ここでは2種類の非常に人気の高いフランス品種——メルローとシャルドネ——が名を成せることを雄弁に語っている。2007と2009は素晴らしい見本だ。

右：コンチャ・ベシノは、おもに土着品種のバラエタル・ワインでネケアスの成功を確実なものにしたワイン醸造家である。

Bodegas y Viñedos Nekeas
ボデガス・イ・ビニェードス・ネケアス

葡萄畑面積：225ha　平均生産量：80万本
Calle Las Huertas s/n,
31154 Añorbe, Navarra
Tel: +34 948 350 296　Fax: +34 948 350 300
www.nekeas.com

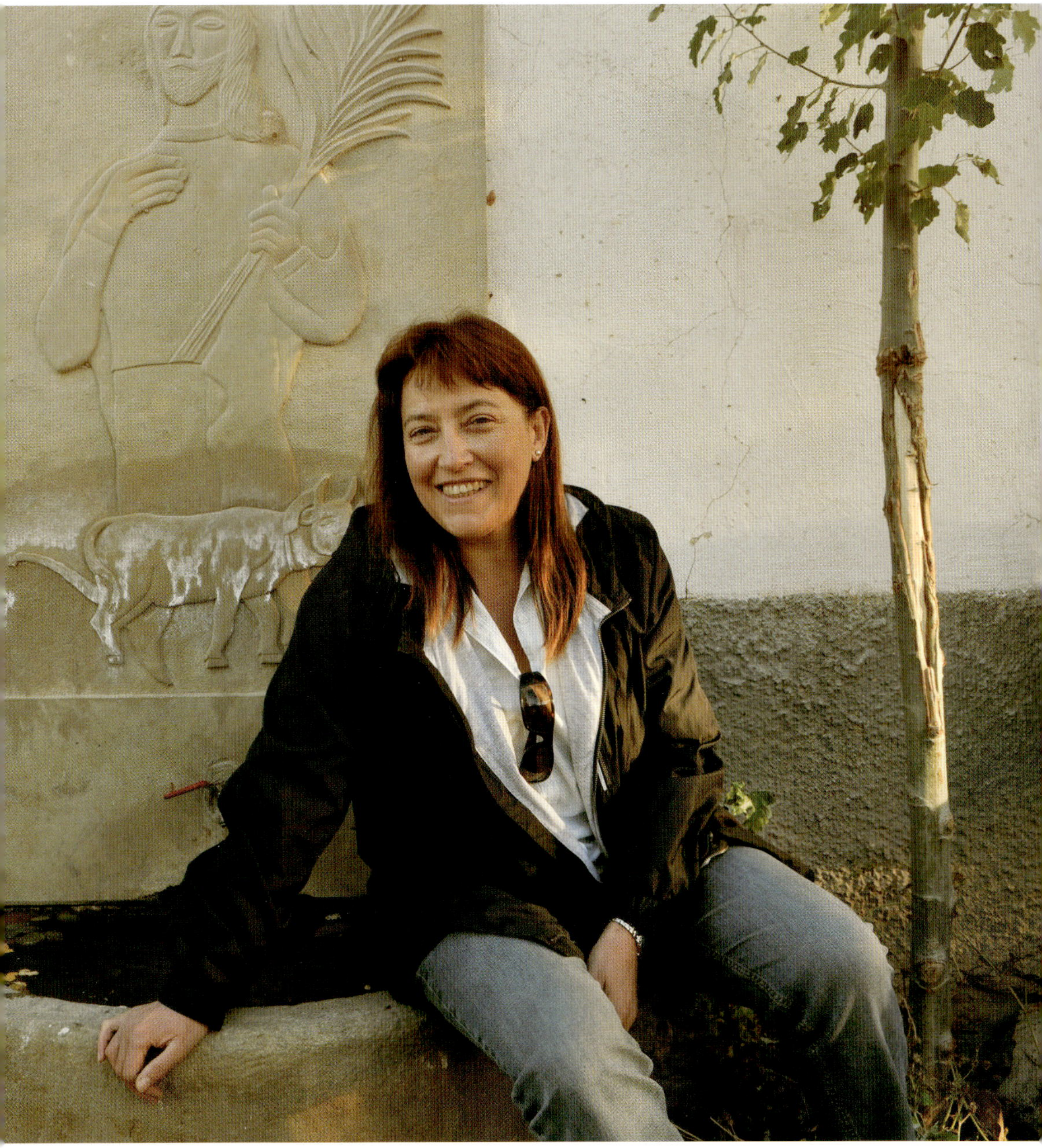

NAVARRA

Artazu アルタス

アルタスという名前は、この小さいワイナリーがある村にちなんでつけられた。これは至難の業である。というのも、スペインの商標法はワイナリーが地元の町の名前を冠することに難色を示す——しかし、やはり独立心旺盛のナバラのことなので、独自の規定がある。フアン・カルロス・ロペス・デ・ラカジェが語っているように、これは「ナバラのような歴史的なワイン産地への初めての進出」であり、大きな目玉は古いガルナッチャの葡萄畑だった。

ロペス・デ・ラカジェは、リオハ・アラベサのボデガ、アルタディの意欲的かつ有能なオーナーであり救世主であって、無名の存在からスペイン屈指の注目の的に引き上げた。リオハについて独特の考えを持っていて、好むのはテンプラニージョだけ。しかし他の土地では、テロワールにうまく適応すると判断する他の品種におおいに関心を抱いている。数年前、彼は有能な相棒としてフランス生まれの醸造家、ジャン・フランソワ・ガドーを見つけて、フミーリャから引き抜いた。彼らはともにモナストレルを発見し、現在、スペイン南東部でエル・セケを経営している。ナバラで最も寒冷で最も北にあるバルディサルベ小地区でガルナッチャのワインもつくっている。

その地理的選択は興味深い。なぜなら、DOナバラでは大部分のガルナッチャの樹はもっと南、エブロ川の近くにある。しかしロペス・デ・ラカジェは、糖度が高く、そのせいでワインのアルコール度が高いことで知られるこの品種を、できるだけ新鮮なものにしたいと考えた。

アルタスでは、ロペス・デ・ラカジェとガドーは、希少な古樹の小さい区画からなる15haに、険しい傾斜地の13haを含む借地の30haを合わせている。そこから収穫される葡萄で、ロゼ（用いられるのはセニエと呼ばれるナバラの古典的手法）、若い赤、そしてもっと重々しい樽熟成のワインをつくっている。樽熟成のワインは最高のヴィンテージには世界クラスの地位を達成できる。

やせた粘土石灰石土壌で、高度400〜600mにある葡萄畑は、年間雨量が比較的多い（600〜700mm）にもかかわらず、収量が少ない。夏には昼夜の温度差が大きいことも、ガルナッチャのナバラ株が暗く濃い色にいな

る原因の1つだ。最古の区画であるサンタ・クルスは品質が本当にずば抜けているので、ロペス・デ・ラカジェはそれを熟成向きの「本格的」ワインの生産に充てている。

小さい効率的なワイナリーには、30hℓから250hℓまでのさまざまなサイズのステンレスの発酵槽が17ある。大きい500ℓのフレンチ・オーク樽だけが使われる——そこで寝かされる（約1年）のはサンタ・クルス・デ・アルタスだけなので、数は非常に少ない。

初ヴィンテージ（2000）のあと、よい年と悪い年のばらつきが比較的顕著だったため、アメリカで論争を引き起こした。しかし2005年以降、アルタスのワインは安定性がぐんと増している。

極上ワイン

Santa Cruz de Artazu
サンタ・クルス・デ・アルタス

濃厚で凝縮された、意外なほど色の濃いガルナッチャ。樹齢100年近く、1ha当り2トンほどという低収量で、葡萄畑がテロワールに完璧に順応したときに実現するバランスと調和を示す葡萄樹からつくられる。花と胡椒が同時に感じられ、しかもなめらかで、タンニンが非常に柔らかいこのワインを一口含めば、30年前にこの地域のガルナッチャを、格安のロゼ以外に将来がない二流の葡萄だと切り捨てた「専門家」全員の信用が失墜する。

Bodegas y Viñedos Artazu
ボデガス・イ・ビニェードス・アルタス

葡萄畑面積：45ha　平均生産量：20万本
Mayor s/n, 31109 Artazu, Navarra
Tel: +34 945 600 119　Fax: +34 945 600 850
www.artadi.com

NAVARRA
Camilo Castilla カミロ・カスティージャ

コレジャのカミロ・カスティージャは、近くのシントゥルエニゴのチビテと同様、ナバラのワインづくりの歴史にとって真の代表的ワイナリーである――この地域に数ある新参者ではないのだ。ドン・カミロ・カスティージャ・アルスガライが1856年にワイナリーを設立してから1世紀半が経ち、依然として順調だ――かつてないほど順調かもしれない。これは興味深いケースである。彼らは使いやすい白とロゼと赤をつくるが、カミロ・カスティージャがスペインワイン界のエリートの中で無類の地位を獲得したのは、ミュスカの古樹を植えられた小さい区画と、古いスタイルの甘口ワインをつくるきわめて伝統的な方法のおかげだ。

カミロ・カスティージャがスペインワイン界のエリートの中で無類の地位を獲得したのは、ミュスカの古樹を植えられた小さい区画と、古いスタイルの甘口ワインをつくるきわめて伝統的な方法のおかげだ。

この長い歴史の大半にわたり、カミロ・カスティージャはもっぱら伝統的なランシオ・スタイルのミュスカ・ワインの生産に専念し、そのおかげでそのようなワインの愛飲家という比較的小さいニッチな市場で、なかなかの高評価を獲得した。その強みは、コレジャ周辺にずらりとそろった葡萄畑であり、その大部分にモスカテル・デ・グラノ・メヌドが植えられている――果粒の小さいマスカット系のスペイン品種で、他の地域ではそれぞれさまざまな名前を名乗っている(ミュスカ・ブラン・プティ・グラン、ミュスカ・カネリ、モスカート・ビアンコ、ミュスカ・ドゥ・フォロンティニャン、ミュスカ・ドゥ・リュネル…)。スペインの他地域で一般的な果粒の大きいマスカット・オブ・アレクサンドリアよりも繊細なワインをつくる。

モスカテル・デ・グラノ・メヌドはナバラの葡萄栽培ポートフォリオにとって大きな財産だったが、誰もがそれを忘れていた――カミロ・カスティージャを除いて。その葡萄畑は結局、1990年代にナバラでこの品種が再生するための素材を提供することになり、いまだにナバラのモスカテルが植えられている総面積の3分の1を占めている。

歴史が変わったのは1987年、サラゴサの実業家アルトゥロ・ベルトランがこのワイナリーを、村の中心にあった大規模なだだっ広い設備とともに買収し、その生産を多角化することによって近代化すると決断したときだった。彼は大学で経営学の学位を取ったばかりの21歳の娘のアナを、商売を学ばせるために送り込んだが、2年後に彼女は総支配人となった。20年経った現在、彼女はモンテクリストのブランドで辛口ワインの新しいシリーズ(地元の栽培家から買い入れるテンプラニージョ、カベルネ・ソーヴィニヨン、マスエロでつくられる2種類の赤など)を開発し、ミュスカ製品を辛口の白や若くてモダンな甘口ワインにまで広げている。

しかしこのワイナリーが他と違うところは、ワイナリーの屋根の上に並んでいる何十という細首の大瓶である。そのおかげでこのワイナリーは、長年にわたって何があっても貴重な伝統を守ってきた基準点であり、生きた博物館なのだ。

極上ワイン

Capricho de Goya
カプリチョ・デ・ゴヤ★

フランス南部――とくにモーリーとバニュルス――の伝統的生産者と同じ手法で熟成されるこのワインは、びっくりするほど糖蜜のように甘いが、新鮮で、鼻につんとくる、驚異的に濃厚な、複雑なミュスカ・ワインだ。100年前に植えられたタンバリア葡萄畑で収穫され、7年間熟成される――最初の3年はガラスの細首大瓶に入れられ、屋外で雪や灼熱にさらされ、後半4年は150年前につくられたセラーの大きな古いオークのフードレで寝かされる。

Bodegas Camilo Castilla
ボデガス・カミロ・カスティージャ

葡萄畑面積:55ha　平均生産量:60万本
Santa Bárbara 40,
31591 Corella, Navarra
Tel: +34 948 780 006　Fax: +34 948 780 515
www.bodegascamilocastilla.com

NAVARRA
Bodega Inurrieta ボデガ・イヌリエタ

イヌリエタは大規模で、新入りで、近代的だ。その意味で、多くの──おそらくあまりにも多くの──ナバラのワイナリーと同類だ。しかし10年間の営みにおいて、イヌリエタはずば抜けた価値を生み出す才覚だけでなく、葡萄とテロワールに対する敬意を示してきた。だからこそ、新入り集団の先頭に立つことになり、さらにナバラが必要とする大規模でテロワール重視のワイナリーに発展する可能性がある。

1999年、フアン・マリ・アントニャナ──先祖はかつて、サブDOリベラ・アルタにあるオリテの町に近い小さい谷で葡萄栽培を営んでいた──が、長年軽視されてきたこの地域のワインづくりを再開しようという会社の意欲を引っ張った。アントニャナはワイン醸造家のケパ・セガスティサバルとともに、イヌリエタの当初の成功を支える原動力だった。

10年間の営みにおいて、イヌリエタはずば抜けた価値を生み出す才覚だけでなく、葡萄とテロワールに対する敬意を示してきた。

この谷は美しい場所だ。雨の浸食による小さい峡谷や岩の露頭に囲まれて、葡萄畑、オリーブの木立、牧草地が点在する。もちろんローマ時代の遺跡、中世の教会や城などの宝の山も美しく、しかも紀元前1世紀までさかのぼるファルセスの町周辺における葡萄栽培の起源の証でもある。

しかしそれらはすべて背景にすぎない。ワイナリーそのものは純然たる規模と近代化の象徴である。広大（6500㎡）で、非常に機能的で、400万ℓのワインを一部は2200個のフレンチ・オークとアメリカン・オークの樽で貯蔵することができる。

葡萄畑は200ha以上という面積も、その多様性も感動的だ。DOナバラの1973年の規定で認められている最上級の品種が植えられている。ほぼ必須のテンプラニージョ、カベルネ・ソーヴィニヨン、メルローに加えて、（幸いなことに）ガルナッチャとグラシアーノ、さらにビウラとシャルドネもある。ほかにも私たちが発見したことがある。シラー、ピノ・ノワール、ソーヴィニヨン・ブランがすべて2007年の規定変更で合法化されたとき、いくつかの「実験」区画が公式のものになったのだ。このワイナリーの品ぞろえの根幹を（メルローとカベルネ・ソーヴィニヨンのブレンドであるイヌリエタ・ノルテとともに）なす地中海スタイルのワイン、イヌリエタ・スールは、ずっとガルナッチャとテンプラニージョとグラシアーノのブレンドだと発表されてきた。ところが2008年に突然、テンプラニージョの表記がすべて消え、シラーが取って代わった。実際のワインの中身が変わっていないことは明らかだ──変わったのは用語だけである。イヌリエタの一番売れている白にも同じことが起こった。

会社は商売にも同じくらい野心的である。たとえば、限定の精選ワインを樽で手に入れたい顧客のために、キャスク・クラブを設立している。

極上ワイン

Laderas
ラデラス
高地の葡萄畑から生まれるオリジナルのグラシアーノで、100%アメリカン・オークで1年以上熟成される。葉っぱの香りがする、いくぶん厳粛なワインで、そこにはテロワールがある。

Orchídea
オルチデア
心地よく、新鮮で、柑橘系の、オークを使わないワイン。トロピカルフルーツのアロマとフレーバーが豊かだ。初ヴィンテージはシャルドネとビウラのブレンドと発表されたが、2008年、DOの規則が修正されてすぐ、急に──なんと！──純粋なソーヴィニヨン・ブランになった。

Bodega Inurrieta
ボデガ・イヌリエタ
葡萄畑面積：230ha　平均生産量：140万本
Carretera Falces a Miranda de Arga km 30,
31370 Falces, Navarra
Tel: +34 948 737 309　Fax: +34 948 737 310
www.bodegainurrieta.com

NAVARRA
Castillo de Monjardín
カスティージョ・デ・モンハルディン

1986年、ソニア・オラノはビクトル・デル・ビリャルの若妻で、夫がナバラにある家族の地所に葡萄樹を植え直すという難題に取り組み始めたとき、サン・セバスチャンに住むまさしく都会人だった。彼女は牧歌的なビリャマヨール・デ・モンハルディンで彼と一緒に、葡萄栽培とワインづくりについてすべてを学んだ。四半世紀後、彼女はカスティージョ・デ・モンハルディンの腕利き総支配人となり、夫のほうは、自分のワインをスペインの最高級ワインとして確立することによって、シャルドネへの情熱を満足させた。そのワインには、フランスのマコンでジャン・テヴネのような生産者によってつくられる最高のリコルーをまねた希少なエセンシアもある。しかしモンハルディンは、優れたメルローで評価の高い赤ワインのシリーズも開発している。

ワイナリーは、ナバラの葡萄畑の北端に近いティエラ・デ・エステリャ小地区にある、サン・エステバン渓谷に1988年に設立された。蔓棚を使ってコルドン式に剪定された葡萄畑は、中央の建物を囲む斜面にあり、高度2つに分かれる。550〜600mにはシャルドネが植えられており、550mより低いところにはテンプラニーニョ、メルロー、カベルネ・ソーヴィニヨンが植えられている。試験的なピノ・ノワールの葡萄畑もある。

ピノ・ノワールはDOで認可されている品種には入っていない。「なぜなら、ナバラの気候はこの品種に適していないと思われているからです」とソニアはかなり軽蔑するような声で言う。「北部の高地の葡萄畑ではピノ・ノワールが素晴らしい結果を出せると、わざわざ考える役人はいないみたいです」。

デル・ビリャル家のブルゴーニュへの夢はまだどうなるかわからない。しかし望みをつなぐ先例がある。シラーは当初禁止されていたが最近認可され、パゴ・デ・シルススで優れたワインをつくっている。

モンハルディンの革新的な考え方は、重力を利用するワイナリーにも表れている。広大な4000㎡の設備では、葡萄やマストや仕上がったワインをポンプでくみ上げなくてすむように、斜面を利用しているのだ。低温を生かすためのシャルドネの夜間収穫は、デル・ビラル家では最初から行われていた——スペインにおけるこの手法のパイオニアだったのだ。

このワイナリーが採用している近代的アプローチの中には、機械による収穫から、最上級のシャルドネ・キュベにおける新オークの多用まで、もっと物議を醸すものもある。ナバラでは一般的で、かつては評価されていたが現在でははるかに批判的に論じられる、この地域の国際スタイルへのアプローチである。

シャルドネの葡萄を直接循環式の空気圧搾機に投入し、そこで8時間回転させる。葡萄を自らの重みで自然に圧搾し、未熟なものは無傷で残すという発想だ。この独特のプロセスでは、フリーラン果汁が50%しか出ない。白のマストはステンレス槽か樽で発酵させる。赤ワインは伝統的な手法でマロラクティックをステンレス槽で行ってつくる。すべて樽で寝かされる。たとえば香り高いティンティコは、テンプラニーニョを300ℓのアメリカン・オークの大樽で2カ月熟成させる。

極上ワイン

Esencia エセンシア★
シャルドネの貴腐ワイン。爆発するようなトリュフの香りの濃厚な甘口ワイン。

Chardonnay Reserva シャルドネ・レセルバ
アリエル・オークの新樽で発酵させるこのワインは、野心的な金色の白ワインで、ほどよい酸味とストラクチャー、蜜蝋のアロマ、そしてフルーティーだが非常に辛口の風味である。

Deyo デヨ
フレンチ・オークの新樽で8カ月熟成されるメルロー。すっきりした力強い果実の風味（ブラックベリー、干したアプリコット）と素晴らしいなめらかさがある。

Castillo de Monjardín
カスティージョ・デ・モンハルディン

葡萄畑面積：135ha　平均生産量：40万本
Viña Rellanada,
31242 Villamayor de Monjardín, Navarra
Tel: +34 948 537 412　Fax: +34 948 537 436
cristina@monjardin.es

NAVARRA
Laderas de Montejurra ラデラス・デ・モンテフラ

エミリオ・バレリオは高名な法律家であり、環境保護分野のベテラン検察官である。彼の家族ははるか昔の1342年から、モンテフラの南斜面に葡萄畑（とオリーブ園）を所有している。1990年代の農業危機は深刻で、樹のまま整枝されている低収量のこの古い葡萄畑が経済的負担になるに至った。当時の関係当局といわゆる専門家たちに推薦された代案は、古い葡萄樹を引き抜いて、国際的な（「改善の」）品種を蔓棚仕立てで植え直すことだった。この2、30年で何度も繰り返されたまさしく大惨事である。

バレリオはそれが正しい道でないことを知っていた──土地、そこに住む人々、そして700年前から続く家族のワインづくりの伝統のバランスという観点で正しくないことは確かであり、経済的利益という意味でもおそらく正しくないことを。1995年の初めての試験的収穫で彼は確信した。生産高は低く、収量は少なく、そしてそう、生産コストは比較的高かったのだ。

そういうわけで、彼は思い切って法律で環境を保護する検察官の域を出た。家族の14haの古い葡萄畑を改良し、さらに6haを葡萄の契約を結んでいない栽培農家から買い取り、葡萄畑とセラーで綿密な環境に優しい管理手法を応用することによって、実践的な擁護を行ったのだ。さらに彼はバイオダイナミックス農法を信頼している（私たちの意見を求められるならば疑問の余地はかなりあると思うが、もちろんこの点に関して好きなように実施する自由は誰にでもある）。

20haの葡萄畑は平均0.5haの小さい区画40個に分けられている。14haほどは樹齢50年を超えていて、ゴブレ式に整枝され、大部分がガルナッチャ（総面積の50%）とテンプラニージョ（20%）である。残りはカベルネ・ソーヴィニヨン、グラシアーノ、マルバシア、メルロー（自分たちの葡萄畑には理想的でないと考えているので、現在取り替えられつつある）。すべての葡萄畑のうち新しいのは1つだけで、最近小さい区画にガルナッチャ・ブランカがマサル・セレクションされてゴブレ式整枝で植えられている。ワイナリーの名前が暗示するとおり、土壌はかなりやせた砂質と白亜質の傾斜で、モンテフラ周辺の葡萄畑がたいてい沖積の堆積岩であるのとは違う。

極上ワイン

21世紀に入って10年のラデラス・デ・モンテフラのイメージは、主に赤ワイン──ビーニャス・デ・アンブルサ（カベルネ・ソーヴィニヨン、グラシアーノ、ガルナッチャのブレンド）とビーニャス・デル・パロマル・エン・アルゴンガ（ガルナッチャ、メルロー、グラシアーノのブレンド）──によるものだ。どちらのワインもオーク槽で発酵されてから、さらに11カ月フレンチ・オークの新樽と中古樽で寝かされた。2009年以降、若くてオークを使わない赤のエミリオ・バレリオもある。フルーティーでガルナッチャ主体だが、実は少量の他の赤品種が補われている。2010年から、ここの葡萄畑のアランベルツァ（樹齢80年の0.5ha）、サン・マルティン・デ・レオリン（樹齢60年、0.4ha）、アバティア（樹齢75年、0.55ha）、モンテ・デ・シクルサ（樹齢35年、2ha）から、ガルナッチャの古樹の赤を期待できる。さらに、白ワインのラ・メルセド（マルバシア・デル・パロマル）とアバティア（ビウラ）も出る。極上ワインは2009ヴィンテージから市場に出るはずだ。その年、2つの大きな変化が起こった。すなわち、フランス人醸造家のオリヴィエ・リヴィエールがチームに加わったことと、パロマールにあるディカスティージョのセラーが完全に稼働するようになったことだ。私たちの意見では、エミーリョとオリヴィエが極端に低い二酸化硫黄レベルよりもワインの安定性を重んじることにするのなら、明るい未来ははるかに確実になる。

Laderas de Montejurra
ラデラス・デ・モンテフラ
葡萄畑面積：20ha　平均生産量：4万本
Paraje de Argonga, Calle Ongintza 6,
31263 Dicastillo, Navarra
Tel: +34 678 908 389
www.laderasdemontejurra.com

NAVARRA
Bodega Otazu　ボデガ・オタス

　ボデガ・オタス（元セニョリオ・デ・オタス）は、独自の呼称をナバラのワイン当局から認められるという希少な栄誉に浴した、パンプローナにほど近い見事なワイナリーだ。15世紀までさかのぼるワインづくりの古い伝統が、1989年にワイナリーを再現したガバルビデ社が開発した明らかに近代的なビジネスモデルと組み合わされている。ワイナリーは支配人のハビエル・バニャレスと醸造家のハビエル・コリオが経営している。

　エチャウリ渓谷の見事な環境にあり、地所の縁をアルガ川が流れ、背景には壮大なシエラ・デル・ペルドンがそびえる。メリンダード・デ・パンプローナの葡萄畑がフィロキセラのせいでほぼ消滅した後、セニョリオ・デ・オタスは合計350haのうち92haに上質なスペイン品種と国際品種を植え直した。葡萄畑は16世紀の大邸宅と、12世紀の石づくりの塔と、13世紀の教会と、17世紀の修道院を取り囲んでいる。

　ワイナリーの古い部分はフランス風に建てられており、起源は1860年にさかのぼる。しかし主要な最先端の施設は著名な建築家ハイメ・ガステルの設計で、1997年に完成したばかりだ。

　ここは興味深い地域である。というのも、北部にあって寒冷で、ピレネー山脈がシエラ・デル・ペルドンの背後にそびえている。セニョリオ・デ・オタスの宣伝材料には、スペインで赤ワインをつくっているワイナリーでは最北端にあると謳われている――実はそうではない（バスク国、カンタブリア、アストゥリアスのようにさらに北にもいくつかある）――が、気候が温暖であることは間違いない。土壌も上質なワインの生産に向いている。砂と砂利が主体で、表面は岩が多くて透水性がよいが、粘土の底土が暖かく乾燥した夏の数カ月、十分な湿気を保つ。

　ここでは葡萄栽培からワインづくりまでテクノロジーが重要視されているが、それは見方によってプラスでもありマイナスでもある。赤品種（テンプラニーリョ、メルロー、カベルネ・ソーヴィニヨン）やシャルドネを植えるのにマサル・セレクションは行われず、赤は15種類の市販クローン、白は3種類が使われている。クローンの違いはワインづくりに大きな役割を果たす。というのも、クローンによって大樽での熟成期間が違い、したがってできるワインが異なるのだ。ガステルが設計した丸天井のセラーには2000個のフレンチ・オーク樽がある。

　結果はまさに国際スタイルで、四半世紀前にDOナバラが名を成すために選んだ路線にぴったり合っている。力強く、オークをふんだんに使った赤だ。濃厚な樽発酵のシャルドネ（およびオークを使わないさわやかな白）は、当時、ニューワールドのワインと海外市場で張り合えると考えられていた。その後、市場にはカベルネやシャルドネが多すぎると誰もが気づき、ヨーロッパの生産は土着品種やもっと地域的個性のあるブレンドに回帰して、この考えは衰退した。この数年、オタスのワインは他のナバラ・ワインと同様、テロワールを直接表現するものに近づき、「国際」的な特徴は減っている。しかしそれでも未完成品だ。

極上ワイン

Señorío de Otazu Altar
セニョリオ・デ・オタス・アルタール★
　限定生産の洗練されたボルドースタイルの赤（基本的にカベルネ・ソーヴィニヨンで5％のメルローと5％のテンプラニーリョ）。地所の最高の葡萄が精選され、新オーク樽で18カ月熟成される（似ているがもっと希少なスーパーキュベのビトラルもあるが、各ヴィンテージ2ないし3樽しかつくられない）。

Bodega Otazu
ボデガ・オタス
葡萄畑面積：92ha　平均生産量：55万本
Señorío de Otazu s/n
31174 Etxauri, Navarra
Tel: +34 948 329 200　Fax: +34 948 329 353
www.otazu.com

8 | 最上のつくり手とそのワイン

Bierzo　ビエルソ

　ビエルソが過渡的な地域と言われるのは、その中心を通る聖ハメス街道を大勢の巡礼者が行くからだけではない。気候、文化、伝統、農業、そしてとくに本書に関連する葡萄とワインという意味でも、過渡的である。レオン県西部の採炭地区で、山々に囲まれ、ルゴ県とオレンセ県にほぼ接しており、中央のカスティージャから北のガリシアへの玄関口である。

　この地方に葡萄畑があったことは、古代ローマの著述家で哲学者でもあった大プリニウスや、古代ギリシャのストラボンの著作物にも記録されている。ローマ人が葡萄樹と葡萄栽培を伝える前からこの地域はあったが、その発展にとって最も重要だった時代は中世であり、その立役者はシトー修道会と宗教におけるワインの重要性だった。

　ビエルソは長年にわたり、白ワインばかりをつくっていた近隣のガリシアやアストゥリアスに、赤ワインを供給していた。しかしフィロキセラ禍と輸送手段の発展によって、ビエルソ・ワインにとってスペイン北西部の市場は消滅し、ビエルソは苦境に立たされた。1960年代には協同組合運動が席巻し、ビエルソはロゼとオークなしの単純な赤を供給するようになり、それがずっと続いたため、この地域とその旗艦葡萄である赤のメンシアには、それ以上のことはできないと考える人もいた。はるか昔から認められていた上質ワインをつくるビエルソの潜在力に投資できる人、あるいは投資する意欲のある人は誰もいなかったようだ。

　そういうわけで、豊かな歴史と伝統をもつこの葡萄栽培地が独自の原産地呼称をようやく認められたのは、1989年のことだった。ついにDOビエルソが生まれたのは、起業家ホセ・ルイス・プラダの努力に負うところが大きい。同じ年、彼のワイナリーであるプラダ・ア・トペが設立されている。プラダはその前にパラシオ・デ・カネドを買収して、さまざまなワインをはじめ美食家が喜ぶものをつくり出し、さらにビエルソの特産品を供するレス

右：アルト・ビエルソの山に広がる葡萄畑。最高のワインは急斜面に植えられ、先端を剪定された古い葡萄樹から生まれることが多い。

224

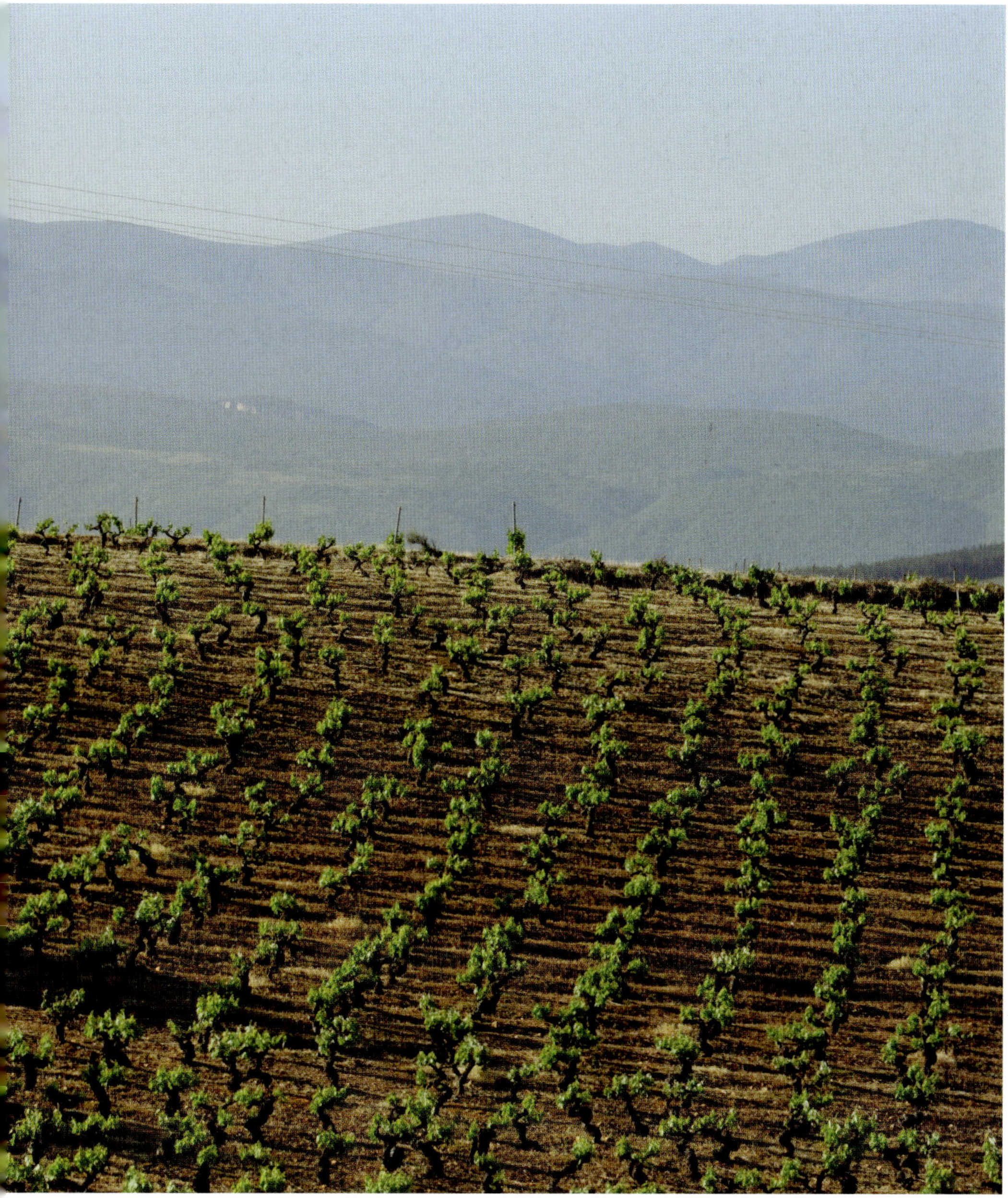

BIERZO

トラン・チェーンも構築していた。

とはいえ、人々が本当にビエルソとメンシアの潜在力を探るようになったのは、20世紀の終わりに、リオハのパラシオス・レモンド・ワイナリーのアルバロ・パラシオスと甥のリカルド・ペレス・パラシオスが、ビエルソ産の優れたワインをつくることに尽力してからのことである。それ以後、この地は一気に活気づいた。

ビエルソは昔から美しい観光地である。しかしおそらくスペインで最もよく知られているのは、主要都市ポンフェラダに近いラス・メドゥラスの金山だろう。ローマ帝国にとって最も重要だった金山であり、現在はユネスコの世界遺産に指定されている。

ここにはさまざまな美味しい食べ物もある。セシナ（塩漬けしてスモークした牛肉）とボティージョ（豚の腸に豚のさまざまな部位の肉を詰めたもの）が代表的だが、コショウ、リンゴ、ナシ、クリ、サクランボも同じくらい美味しい。

土壌、気候、葡萄、ワイン

23の町にまたがる3000平方キロのDO内には、葡萄畑が4000haほどある。ほとんどの葡萄畑は小規模な栽培家の管理下にあり、所有者は4000人以上いて、平均面積は1haに満たない。しかしワインづくりはそれほど細分化されていない。最新の数字では、ワインをつくって瓶詰めしているワイナリーはわずか55である。

この地域は2つのまったく異なる小地区に分かれている。山間部に葡萄畑が広がるアルト・ビエルソ（上ビエルソ）と、バホ・ビエルソ（下ビエルソ）と呼ばれる平坦で広い地区である。2つの小地区は、気候、土壌、葡萄畑の構成も、そこで生まれるワインも、まったく違っている。最高のワインは急斜面に植えられた古樹から生まれることが多い。

ビエルソの中気候はガリシアのそれと共通するところが多い（湿気と降雨）が、カスティージャの高温で乾燥した気候との共通点もある。平均気温は12℃だが、冬や夏に極端な温度になることはなく、降水量は700mm、日照時間は2200時間である。葡萄栽培が発展するには恵まれた条件だ。

山間部の狭い区画は急斜面にあり、土壌は石英と粘板岩に富んでいる。平野では葡萄がもっと広い区画に植えられていて、土壌は粘土と沖積土が多く肥沃である。葡萄畑があるのは主に湿った黒い土壌で、酸性度が多少高く、炭酸塩と石灰が少ない。

葡萄に関しては、主な品種はメンシアで、葡萄畑の総面積の65%を占めており、ガルナッチャ・ティントレラ（アリカンテ・ブーシェ）は人気がなくなっている。テンプラニージョ、メルロー、カベルネ・ソーヴィニョンは試験的に認められているが、フランス品種を栽培するのに適した条件を活用するために、DOラベルなしでワインを瓶詰めするワイナリーもある。同様に、主流の白は地元のドーニャ・ブランカとゴデージョで、パロミノはフィロキセラ禍の後にたくさん植えられ、なお総面積の15%を占めているが、今は減りつつある。マルバシア、シャルドネ、ゲヴェルツトラミネールは試験的な品種なので、ワインの15%を超えてはならない。

白とロゼもつくられているが、ビエルソ産ワインの圧倒的多数は赤である（総量の75%）。クリアンサやレセルバという分類はここにも存在するが、実際にはほとんど無視されている。その年の気候条件によって生産量は大きく変わり、1000万ℓに満たないこともあれば、2000万ℓ以上になることもある。輸出されるワインは12%にすぎない。

近代的なビエルソは若い地域で、そこに入るワイナリーの大半は10年前には存在さえしていなかった。ワインのスタイルに関して言うと、私たちが見つけた最高の表現はアルバロ・パラシオスの言葉だ——ビエルソは「ローヌ北部とブルゴーニュの中間」にある。そそられますよね？

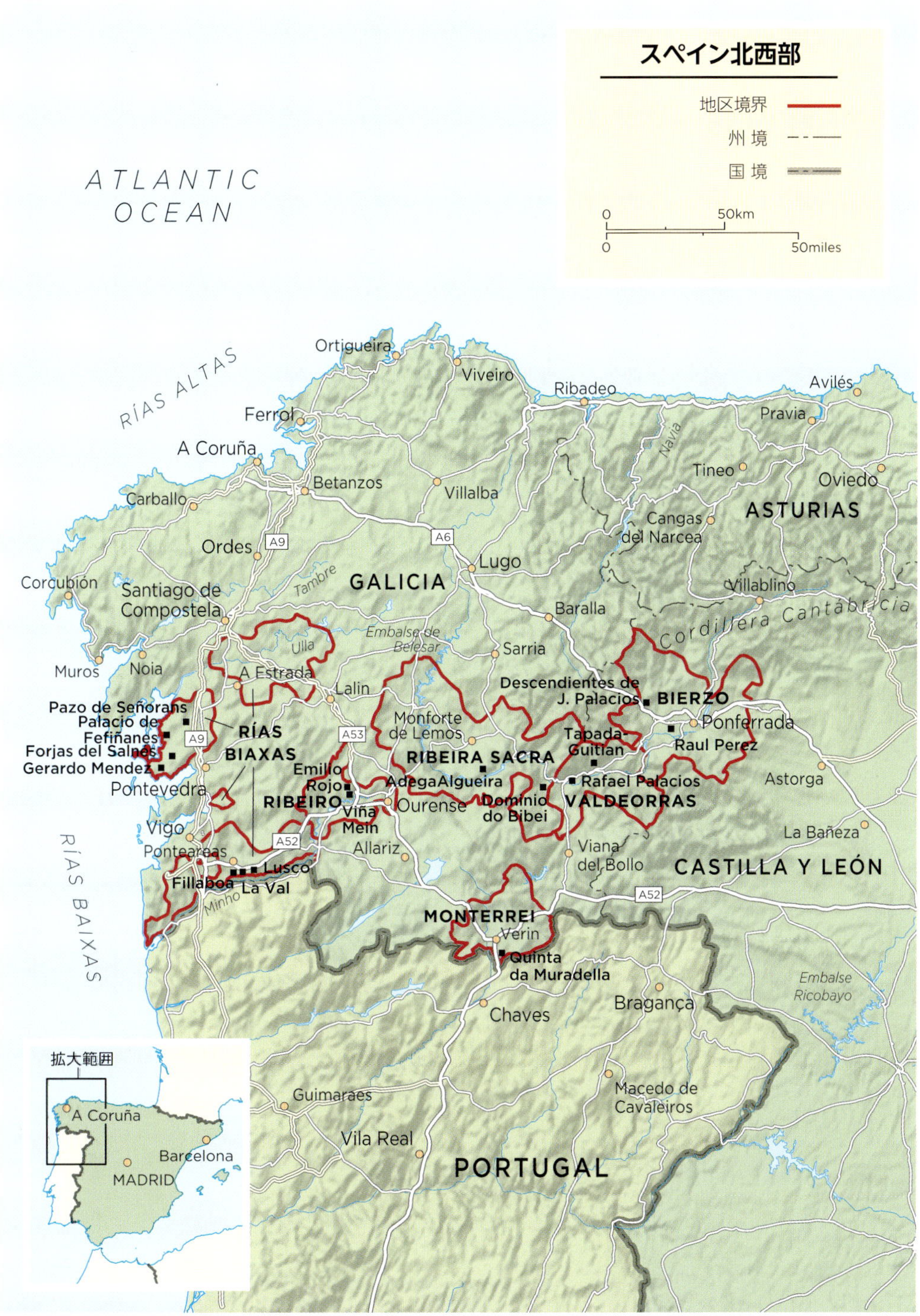

スペイン北西部
地区境界
州境
国境
0
50km
0
50miles
ATLANTIC OCEAN
RÍAS ALTAS
RÍAS BAIXAS
Ortigueira
Viveiro
Ribadeo
Avilés
Pravia
Ferrol
A Coruña
Tineo
Oviedo
Betanzos
Villalba
Carballo
ASTURIAS
Cangas del Narcea
A9
A6
Ordes
Lugo
Corcubión
Santiago de Compostela
GALICIA
Tambre
Villablino
Baralla
Cordillera Cantábrica
Embalse de Belesar
Ulla
Sarria
Muros
Noia
A Estrada
Descendientes de J. Palacios
BIERZO
Lalín
Pazo de Señorans
Palacio de Fefiñanes
Forjas del Salnés
Gerardo Mendez
RÍAS BIAXAS
A53
Monforte de Lemos
Tapada-Guitián
Ponferrada
Raul Perez
RIBEIRA SACRA
Emilio Rojo
Pontevedra
AdegaAlgueira
Rafael Palacios
Astorga
RIBEIRO
Ourense
Dominio do Bibei
VALDEORRAS
Viña Meín
Vigo
A52
Allariz
La Bañeza
Ponteareas
Viana del Bollo
Lusco
Fillaboa
La Val
CASTILLA Y LEÓN
Minho
A52
MONTERREI
Verín
Quinta da Muradella
Embalse Ricobayo
Bragança
Chaves
拡大範囲
Macedo de Cavaleiros
Guimaraes
A Coruña
Vila Real
Barcelona
MADRID
PORTUGAL

BIERZO

Descendientes de J Palacios
デセンディエンテス・デ・ホセ・パラシオス

ビエルソのことは、アルバロ・パラシオスが1980年代にスペインを北から南、東から西へと旅してオーク樽を売っていたときから、彼の頭の中にあった。彼は上質なワインをつくる高い潜在力を持っていながら忘れられている地域を探していたのだ。彼の中では熟慮の末、プリオラートがビエルソに勝利した。しかし1989年にプリオラートがよみがえってから10年後、ビエルソの復興にもパラシオスの名前は一役買った。今回はアルバロとその甥のリカルド・ペレス・パラシオスである。リカルドはボルドーで学び、スペイン全土を旅していたのだが、ビエルソを訪れて血が騒いだ。そして甥から話を聞いたアルバロの心の中で、冬眠していたアイデアが息を吹き返す。

1989年にプリオラートがよみがえってから
10年後、ビエルソの復興にも
パラシオスの名前は一役買った。
彼らの最初のワインは大勢の人々を驚かせた。

2人は谷ではなく山にある古い葡萄畑を探した。そういう畑の葡萄は果実が小さく、果汁が凝縮していて色が濃い。それまで、メンシアはオークを使わない（しばしばカーボニック・マセレーションされる）赤とロゼをつくる葡萄くらいにしか考えられていなかった。彼らはコルジョンでその葡萄と出会ったのだ。そして時間をかけて気に入る葡萄畑を探し、労を惜しまず大勢の所有者を説得して数本の葡萄樹を譲り受けてから、自分たちの計画を明らかにした。彼らはビジャフランカ・デル・ビエルソの小さな石造りのワイナリーも買い取って修復した。現在、所有する葡萄畑は35ha以上、さらに15〜20haに他の作物――クリ、サクランボ、リンゴ、ナシ、イチジク、野菜など――を植えている。ビエルソの伝統的な農業システムに近づけようと、農場も経営している。

デセンディエンテス・デ・ホセ・パラシオスという社名は、2人の父親であり祖父であるホセ・パラシオスにちなんでいる。リオハのワイナリー、パラシオス・レモンドを擁するこの名門ワイン一族を創始した人物だ。初ヴィンテージの1999は、彼らがこの地域に足場を築くのを助けたラウル・ペレスの家族ワイナリー、カストロ・ベントサで醸造された。それがモダン・ビエルソの始まりだった。

コルジョンは小さな山村である――彼らが品質の高さでいちばん気に入った土地であり、彼らのワインはすべてここの葡萄からつくられる。葡萄畑はメンシアの古樹が植えられた非常に小さい区画で、400mから900mのさまざまな高度にある粘板岩の急斜面なので、作業には馬を使わなくてはならない。雲の上になることも多いおかげで光がたっぷり当り、きちんと熟すために十分な気温になる。

実を言うと、ビエルソとプリオラートは共通点が多い。古い葡萄樹、高く評価されていない地元の葡萄品種、急斜面、粘板岩、そしてイメージは悪いか、そもそも何のイメージもない。どちらも個性の強いワインをつくっている。独特で、エレガントで、力強く、粘板岩のミネラルが際立つ。実際、彼らの最初のワインは大勢の人々を驚かせ、アメリカで非常に高い点を獲得し、不可能と思われていた高品質のオーク熟成のメンシアをつくる道筋を示した。

彼らの哲学はブルゴーニュ流と表現できるかもしれない。特徴的で純粋で刺激的な、飲む人を喜ばせるワインをつくるために、場所の重要性、テロワールの概念、自然に対する敬意、そして不干渉主義のワインづくりを信奉している。頭ではなく心で運営されているプロジェクトなのだ。そして熱意をもって物事を行い、自分がやっていることを信じ、楽しんでいれば、結果はおのずと表れる。

彼らは1999を2万5000本、2種類のラベルでつくってから、葡萄畑のことがわかり始めた。リカルドはバイオダイナミック農法にのめり込み、強い信念を持っている。ニコラ・ジョリーの『ワイン 天から地まで』をスペイン語に訳し、遺伝子組み換え生物に反対する運動に積極的に参加している。2人はこの原則にしたがって葡萄畑に取

右：リカルド・ペレス・パラシオスのビエルソに対する意気込みは、
　　叔父の関心や地域全体の熱意に再び火をつけた。

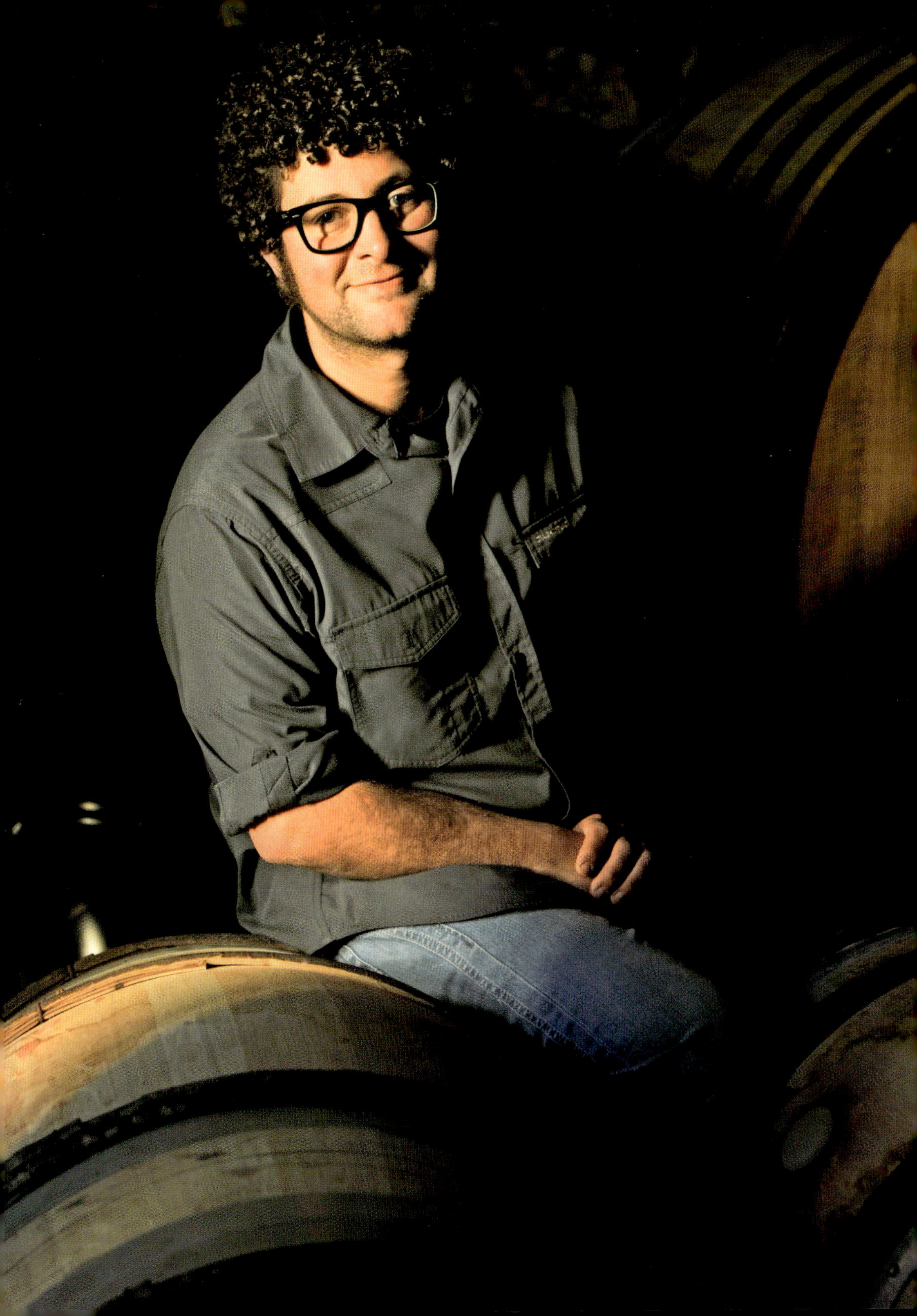

り組み始めた。さまざまな区画の特徴を知ると、単一畑ワインを区別する必要があることがわかったので、2001年からは品ぞろえを見直した。

葡萄の発酵には小さい木製の槽を使い、樽は自分たちの仕様に合わせて世界トップクラスの製樽業者につくらせている。しかし彼らが最も重要と考えているのはワイナリーでの仕事ではない。たとえあなたがワイナリーについて訊いても、彼らはあなたを外に連れて行き、葡萄畑を見せたがる。彼らのワインはそこでつくられているのだ。

ビエルソでは、2001ヴィンテージはとてもバランスがよかった——すぐに大々的に取り上げられるものではなく、むしろ、非常にうまく熟成しているが、真価がわかるには時間がかかるエレガントなワインである。同じ年、アルバロとリカルドは単一畑の瓶詰めを始めた——モンセルバル、サン・マルティン、そしてラ・ファラオナだ。しかし、このように多角化すると起こりがちなコルジョン・ブレンドの品質低下は生じなかった。それどころか、実は改善されている。以前には所有していなかった葡萄畑から新しいワインがつくられるおかげで、コルジョンの選別がさらに厳しくなったからだ。

彼らが明確にしたかったのは、自分たちが単一畑ワインをつくるために最高の葡萄をコルジョンから奪ったのではなく、実は葡萄畑を買い足したことである。つまり、このようなケースでよくある共食い現象はなかったのだ。その後のヴィンテージでさらに2、3の単一畑ワインが増えて、それ以来、甥と叔父のチームはひたすら前進している。

このようにして、また1つの歴史的ワイン産地がよみがえった。多くのワイナリーが、他の地域の有名なブランドとともに、パラシオス家の例にならった。しかしこの地を復興させてくれたことに私たちが感謝すべきは、誰よりもパラシオス家である。

極上ワイン

彼らは2種類のワイン——1つは単純にビエルソと呼ばれたワイン、もう1つはいまだにつくられているコルジョン——から始め、その後、数種類の単一畑の瓶詰めに移り、さらに非常によくできていて手ごろな価格のペタロス・デル・ビエルソもつくっている。ペタロス・デル・ビエルソは30万本以上生産されており、同社の生産量の大部分を占めている。現在、8種類のワインが提供されているが、すべてメンシアのみである。すべての単一畑ワインが毎年つくられるわけではない。ワインはどれも非常によく似た方法でつくられており、特徴が共通していて、その違いはシャンボール=ミュジニー・プルミエ・クリュのアムルーズとシャルムクラの違いくらい微妙だ。最近、単一畑（彼らはスペイン語で「風景」を意味するパラヘスと呼ぶほうを好んでいる）のうちの3つに重点を置いている。具体的にはモンセルバル、ラス・ラマス、そしてラ・ファラオナである。いつの日かこれらの「風景」が、上述のコート・ド・ニュイにあるとりわけエレガントな村のものと同じくらい有名になり、同じくらい特徴が明確になって研究されるようになるかもしれない。どのワインも生産手法がきわめて還元的なので、たっぷりの空気を必要とし、デキャンティングで良くなる。

Pétalos del Bierzo [V]
ペタロス・デル・ビエルソ[V]

初心者向けのワインで、レストランのワインリストで大成功を収めている。ビエルソだけでなく全スペインでも屈指のコストパフォーマンスを誇る。コルジョンと周囲の村々で借りている樹齢40〜90年の葡萄畑の葡萄からつくられる。ワインは中古の樽で6カ月から10カ月（ヴィンテージの特徴による）寝かされ、花びら（ペタル）を思わせる香りのワインになる——この名前の由来である。口に含むと新鮮で、果実味（イチゴとクワの実）が豊かで、スパイシーさも感じられ、ほどよい酸味と塩気のおかげでもっと飲みたくなる。さいわい、渇きを癒すに十分な量がつくられている。

Corullón
コルジョン

樹齢50〜90年の先端を剪定されたメンシアが、高密度（1ha当り6000〜7000本）で、片岩（粘板岩）に植えられ、乾地農法で栽培され、青刈りは行われない。葡萄畑は以前からずっとラバを使って耕作されている。収量は20〜30hℓ/haと非常に低い。ワインは無蓋の木の槽でピジャージュ（攪拌）しながら発酵させ、樽で14カ月熟成させる。生産量は1万8000〜2万。色は濃く、イチゴと赤スグリとブルーベリーと花の香りが混ざり合っ

たバルサムのような香りがする。口に含むと、生き生きした酸味の素晴らしい背骨とはっきりしたフレーバーがあり、輪郭のくっきりした純粋で余韻の長いワインになっている。バランスとエレガンスがつねに特徴的で、2001★にはスタイルがよく表れている。2005も私たちのお気に入りだ。

Moncerbal
モンセルバル★

モンセルバル畑は標高600〜750mにあり、樹齢100年の葡萄樹が植えられており、収量はわずか9ℓ/ha──1ha当り7000本の樹があることを考えると、極端に低い。土が非常に少なく、石と鉱物と花崗岩が豊富な地域で、非常に上質のエレガントなワインを生む。地中海性気候と大西洋性気候と森林が共存する山で、山の地中海側と大西洋側の両方に葡萄畑があるが、このワインに使われる葡萄は、地中海側のオ・スフレイロ(ガリシア語で「オークの木」)と呼ばれる区画で収穫される。そこの母岩──つねに粘板岩──は極端に古い。ほかのすべてのワインと同様、濾過せずに瓶詰めされるが、このワインの場合、その瓶は2500本しかない。テクスチャーとニュアンスはとくにブルゴーニュ風である。私たちはとくに2003が気に入った。

Las Lamas
ラス・ラマス

ラス・ラマス畑はモンセルバルから数メートルしか離れていないが、テロワールもワインもまったく違う。ここは粘土が多く、ビエルソの大半がそうだが、鉄も多く含まれる。そのおかげでワインは肉づきがよく、筋骨たくましくなる。この畑も非常に険しい斜面にあり、南向きで、とても古い先端を剪定されたメンシアの葡萄樹が植えられている。収量は極端に低くて8ℓ/ha。フレンチ・オークの新樽で13カ月熟成されるが、ワインにオークは感じられないようだ。生産量はわずか1200〜1800本。

La Faraona
ラ・ファラオナ★

ラ・ファラオナとは「ザ・ファラオ(古代エジプト王の意)」のスペイン語の女性形で、パラシオス家の出自であるリオハのアルファロの俗語である。アルファロでバルクワインを買うとき、すべてを味見させてくれるが、最高のものは最後まで取っておかれる。その最高のワインを出すとき、彼らはこう言う。「さあ、これがザ・ファラオです!」。そういうわけで、これは葡萄畑の名前ではなくブランド名である。そして唯一、真の単一畑ワインである。というのも、原料はエル・フェロと呼ばれる、コルジョン村で最も高い地区(855m)にある樹齢65年の葡萄樹が植えられた0.3haの区画のみから供給する。収量は利益が上がらないほど(もちろん商品の価格によるが)ごくわずかな7ℓ/haで1ha当り7000本。世界でもトップクラスの低収量葡萄畑と言える。毎年2樽ないし3樽しかつくられない。素晴らしいワインで、非常に力強い花と果物の香りがする。口に含むととても軽いが、酸味とビエルソには珍しいタンニンのおかげで余韻が長い。このワインを飲むとコルジョンの山にいるような気分になり、大西洋の寒さと地中海の暖かさを両方感じる──「めったにない」という形容詞が実にぴったりくるワインだ。2005はとくにお薦めだが、どのヴィンテージも試す価値がある。

上:コルジョンの急斜面の葡萄畑は、以前からずっとラバを使って耕作されている。

Descendientes de J Palacios
デセンディエンテス・デ・ホセ・パラシオス
葡萄畑面積:35ha　平均生産量:35万本
Calvo Sotelo 6,
24500 Villafranca del Bierzo, León
Tel: +34 987 540 821　Fax: +34 987 540 851

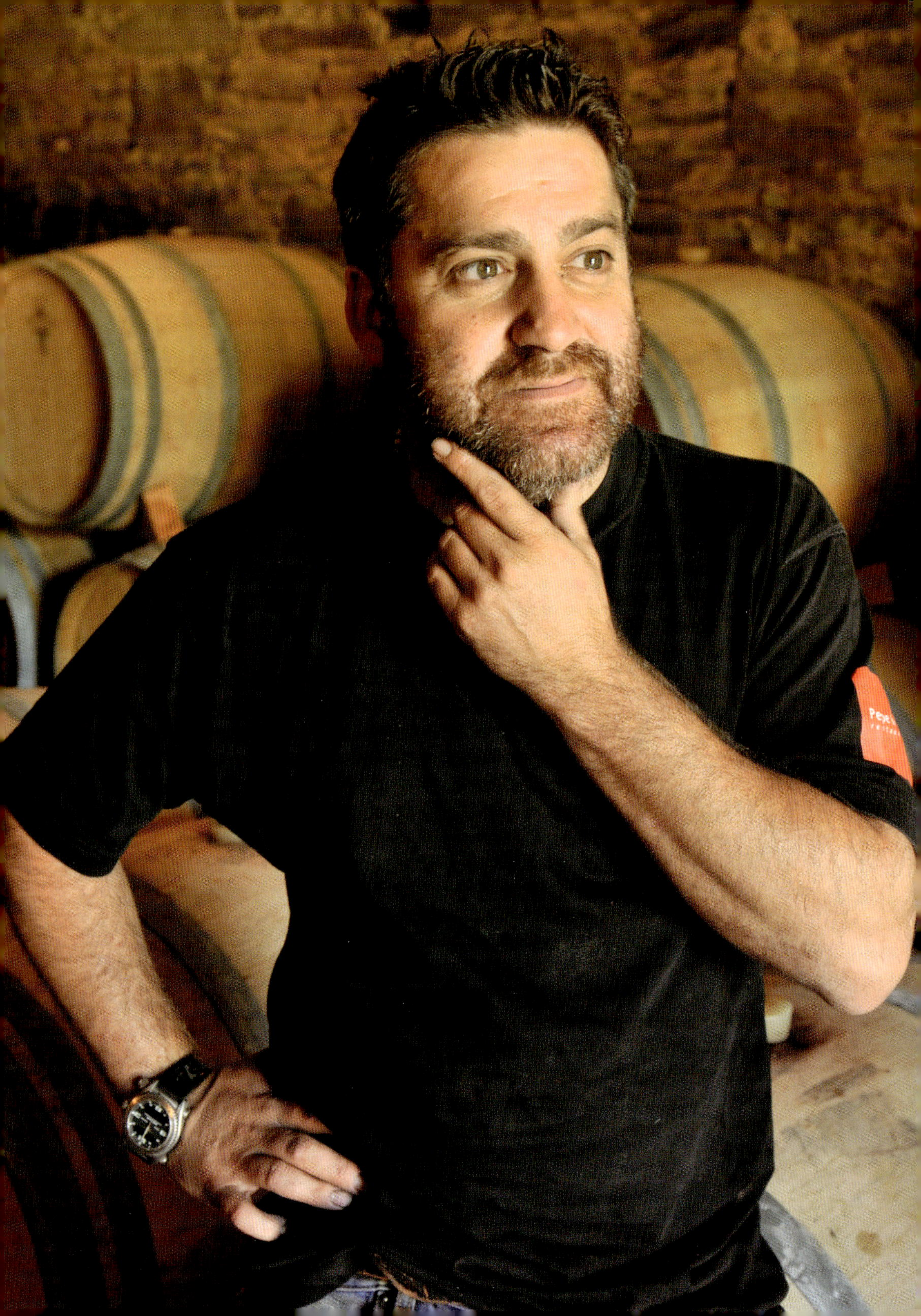

BIERZO

Bodegas y Viñedos Raúl Pérez
ボデガス・イ・ビニェードス・ラウル・ペレス

ラウル・ペレスは現在スペインワイン界の超有名人である。彼がスペインのとくに北西部で最も多作かつ人気のワイン醸造家である理由は、1つには、彼のワインがロバート・パーカーの『The Wine Advocate』誌でジェイ・ミラーから非常に高い得点を獲得したことである。手に入りにくいこともあって、彼のワインは引っ張りだこである。

このようなことは、1972年にバルトゥイージェ・デ・アバホで生まれた若いラウル・ペレス・ペレイラの計画に入っていなかった。それどころか、家族にはワインの長い伝統があったにもかかわらず、彼は20代前半までワインにまったく興味がなかった——飲むことさえなかったのだ。彼は医者になりたいと思っていた、ところがある時点でワインの虫に取りつかれ、そこから抜け出せなくなる。彼が1993年に家族のワイナリーであるカストロ・ベントサで活動を始めたあと、ビエルソの革命がはじまり、2003年まで続いた。実際、彼はビエルソ革命を促進した人物でもある。リカルド・ペレス・パラシオスが1999年にデセンディエンテス・デ・ホセ・パラシオスの名前で初めてワインをつくるのに協力したのも、バルトゥイージェ・セパス・センテナリアス2001のような素晴らしいワインをつくり出したのも、カステロ・ベントサにいたときのことだ。

しかし、このような実績のどれにも彼は満足しなかった。人とは違うことをする、自分自身を表現する必要があった。私たちが彼をビエルソの項で取り上げるのは、彼がここで生まれ、ここでいくつかのワインをつくっているからだが、彼は他の地域でもワインをつくっている。彼はルールを破り、限界を押し広げ、一線も境界も越える——まったく型にはまらないのだ。私たちに言わせれば、彼は天才であり、自由奔放な精神の持ち主だ。大西洋の影響下で熟成する素晴らしいアルバリーニョのような、とても個性的なワインをつくり、ガリシアのモンテレイとリベイラ・サクラに合弁事業を立ち上げている。国境を越えてポルトガルにも進出し、そこでJLマテオとともに、ア・トラベ、ムラデージャ、ゴルビアといった名前で素晴らしいワインをつくっている。

しかしスペインでは、ビエルソ、リベイラ・サクラ、メントリダ、セブレロス、アストゥリアス、ガリシア、マドリード、そしてバルデビンブレでワインをつくっている。たとえば、レオンのボデガス・マルゴンのブリクン・プリエト・ピコド、セブレロスのバイオダイナミック農法による古樹のガルナッチャ・エル・レベントン（メントリダにあるボデガス・ヒメネス・ランディのダニエル・ヒメネス・ランディと一緒に）、前述のキンタ・ダ・ムラデージャ、リアス・バイシャスのフォルハス・デル・サルネス。リアス・バイシャスではロドリゴ・メンデスとともに、レイラナの白とゴリアルドの赤もつくっている。マドリードでは、ベルナベレバ・ワイナリーに助言し、リベイラ・サクラではギマロで働き（エル・ペカドをつくり）、アルゲイラでも仕事をする。これからの数年でさらに増えることは間違いない。

彼の仕事は、決まった葡萄畑で毎年平均的な数のボトルを生産する、定期的な業務でないことは明らかだ。ペレスはさまざまな場所で、さまざまなやり方で（自分自身のワインづくり、合弁事業、コンサルタント業）、たいていごく小さい葡萄畑で（所有しているもの、借りているもの、他人の所有するもの）、毎年つくられるとは限らないワインを数樽だけつくる。マーケティング部長にとっては悪夢だろう。

2010年、ペレスと組んでいる生産者たちが試飲会を主催した。80余りのワインが供されたが、もっとあるのだと彼は言う。実際、ペレス自身も自分が何らかのかたちでかかわったワインがどれだけあるのか正確にはわからないのではないかと思うことがある。市販されず、純粋に友人と飲むためのワインもあるので、状況はさらに複雑だ。ガリシアには、土壌と気候の条件によく合っている地元の葡萄品種が7種か8種あり、その恵まれた環境に彼は感謝している。そのおかげで人とは違うことができるのだ。メンシアとゴデージョはなじみがなく、よく知らないと思った人は、ペレスが使っている品種のリストを見てみてほしい。カイーニョ、ロウレイロ、アラウシャ、サマリカ、アルバリン、メレンサオ（別名バスタルド、またはジュラのトルソー）、といった具合に。リベイラ・サクラは大きな可能性を秘めた地域だが、問題は葡萄栽培だと彼は考えている。

左：ラウル・ペレスは非常に個性的なワイン醸造家で、評論家に激賞された結果、今やスペインで最も人気が高い。

上：ペレスの2つの「新しい」ワイナリーのうち1つはビエルソのサラス・デ・ロス・バリオスにある。ここで彼は自分のウルトレイア・ワインをつくっている。

　彼の仕事の多くは直感にもとづいている。決まったやり方に従っているのではない──同じワインでも年によって違うのだ。彼は個性のあるワインをつくりたいと思っていて、大半のワインはごく限られた量、だいたい1000本くらい、最大でも1万5000本しかつくられない。その多様性には圧倒される。たとえば、少し不安定だがそれを補って余りある個性をもつロワール風の赤をつくっている。タンニンの強い赤品種からも、タンニンの弱い香り高い品種からもつくる。そして化学製品をほとんど、またはまったく使わない葡萄栽培に強く傾倒している。除梗せず、野生酵母とともにオークのフードルで発酵させ、新オークをさまざまな割合で使い、二酸化硫黄を低く抑えて（瓶詰めのときのみ）つくるワインもある。

　コンサルティングの仕事──そしてボデガス・エステファニアの常勤技術部長としての仕事──のおかげで、彼はうらやましいほど経済的に自立している。ということは、気に入らないヴィンテージはワインをリリースしないということだ。たとえば、彼の最上級ワインの2006は市場に出ていない。

　最新の進展は、形あるワイナリーをつくったことだ。ペレスは長いあいだ自分のものだと呼べるワイナリーをもっていなかったが、これでその時代は終わった。しかも彼が建設しているワイナリーは1つではない──2つなのだ！ ビエルソのサラス・デ・ロス・バリオスに、1800年に建てられた古いワイナリーを葡萄畑とともに買い、建物を修復した。そこでビエルソ産のウルトレイアのワインをつくっている。さらに、バルデビンブレで素晴らしい地下蔵つきの1920年代に建てられたワイナリーも買い、その構造は維持しながら、内部に最新のワイナリーを建設している。2010年の収穫に間に合わせる計画で進められた。バルデビンブレでは、プリエト・ピクドからさらに2種類のワインをつくることにしている。というのも、彼はこの品種が大きな可能性を秘めていて、まだまだ奥が深いと考えている。タンニンが強いので優しく醸造する必要があり、酸度が高いので長期間樽熟成ができる。

　企画中のワインが他にもあるかと訊かれて、ペレスはついこの間まで南アフリカにいて、そこでエベン・サディー（コルメラ、テロワール・アル・リミット）とともに、カボ・トルメンタスと名づけられる予定のモナストレルとシラーのブレンドを計画していると説明した。チリかアルゼンチンでも何かしたいと考えている。さらに、サラマンカとドウロに見られるルフェテという品種にも興味を持っている。ビエルソ産のピノ・ノワールもある。同じように独自路線を行くディルク・ニーポートとともにつくった、ウルトレイア・ドウロはすでに瓶詰めされている。とにかくこの男を止めることはできない。

極上ワイン

このリストをまとめるのは非常に難しい。ラウル・ペレスのワインのうち、どれが極上なのか？　そもそも、どれが彼のワインなのか？　名前やラベルが生まれては消えるし、あるワインが彼のものなのか、それとも彼が働いているワイナリーのものなのか、わかりにくい場合もある。市場によって異なるラベルで売られるワインもあるし、友人のために、あるいは友人とともに、小ロットだけつくるワインもあり、彼がすべてを説明しようとしたら、頭がクラクラしてくる。樹齢100年の葡萄樹の葡萄を使い、フレンチ・オークで17カ月熟成させる新しいプリエト・ピクドがあるが、これは彼が常設ワイナリーで伸ばそうとしている分野だ。サクラタはリベイラ・サクラ産のメンシアの新しいラベル。アメリカ人輸入業者のパトリック・マタのためにビエルソでつくられるピコは、スペインではウルトレイアとして売られる。赤のように醸造される白は、ラ・クラウディナと呼ばれるバルトゥイージェ・デ・アバホ産のゴデージョ。このワインが思い浮かぶのは、『The Wine Advocate』誌で最も高い得点を獲得しているスペインの白ワインだからである。この原稿を書いている時点で、ペレスは自分の会社のためにビエルソ、レオン、リアス・バイシャス、リベイラ・サクラ、モンテレイでワインをつくっているが、あなたがこれを読むときまでに、その状況が変わっている可能性はおおいにある。

Ultreia Saint-Jacques [V]
ウルトレイア・サン・ジャック[V]

ウルトレイアはプロジェクト名になる予定だった。聖ハメス街道を行く巡礼者が使う古いラテン語のあいさつに由来し、「前進する」とか「続ける」といった意味である。実際、ワインの1つはウルトレイア・サン・ジャックと呼ばれる。ビエルソ産のメンシア100%で、1500ℓの楕円形のオーク樽でバトナージュしながら12カ月熟成される。非常に香り高く、熟した赤い果物とミネラルが感じられる。口に含むと濃厚で力強いが、決して重くない。ラズベリーとグラファイトがブルゴーニュを思わせる。初心者向けの量産ワインで、1万5000本つくられ、地元では10ユーロ以下で売られる。唯一の問題は見つけにくいことだ。2008か2009を試してほしい。

Ultreia de Valtuille
ウルトレイア・デ・バルトゥイージェ★

これもまたビエルソ産のメンシアで、南向きの砂質土壌に1880年に植えられた葡萄畑から生まれる。楕円形の大樽で発酵するのが最近の標準のようだが、2008もそうである。エレガントで力強く、15%のアルコール度がワインに完璧に溶け込んでいるが、木の風味が溶け込むにはもう少し時間が必要だ。最初の2005の生産量はわずか1900本で、『The Wine Advocate』誌で98点を獲得した今となっては、絶対に見つけられない。

Sketch
スケッチ★

この単一畑ワインの葡萄はリアス・バイシャスのアルバリーニョで、フォルハス・デル・サルネスが所有する海のそばに植えられた樹齢60〜80年の葡萄樹から収穫される。ブルゴーニュ流にピジャージュしながら750ℓのバリクでつくられる。ボトルは海中で最低3カ月、水深30mでは圧力でコルクに問題が起こるので、現在は水深20mで寝かされる。ペレスがとくに好きなロンドンのレストランにちなんで名づけられている。木の風味が溶け込むように細心の注意が払われるが、非常に若いときはまだ少しオーキーで、1年間瓶熟成させるとよくなる。DOのつかないテーブルワインで、900本つくられる。ムルティと呼ばれる別のアルバリーニョもあり、そちらはオーストリア式に1500ℓの楕円形のオークの大樽で熟成される。

El Pecado
エル・ペカド★

リベイラ・サクラの赤で、ポルトガルのドウロ渓谷を思わせる風景にあるシル川のほとり、詰まった粘板岩の険しい段々畑で栽培される樹齢30〜40年のメンシアからつくられる。ワインは無蓋の槽でピジャージュしながら発酵させ、その後、樽で1年間熟成させる。ワインづくりは、リベイラ・サクラのアマンディ小地区にあるソベル村のアデガス・ギマロで行われる。葡萄の一部は全房のまま足踏みされ、残りは除梗されるが、ポンプその他の積極的な手法は葡萄にもワインにも使われない。ペレスが少量生産を好むのは、きめ細かい職人技でワインを丁寧につくることができるからだ。

A Trabe
ア・トラベ★

モンテレイのキンタ・デ・ムラデージャとの合弁事業だが、このワインはラウル・ペレスのもののようだ。ビティクルチュラ・デ・モンターニャ（「山の葡萄栽培」）というサブタイトルがついている。ア・トラベの赤は土着品種のブレンドで、35%がバスタルド（ガリシアの他の地域ではメレンサオ、ジュラではトルソー）、25%がメンシア、20%がサマリカ、10%がベルデージョ・ティンタ、5%がセロディア・ティンタ、5%がガルナッチャ・ティントレラ。ワインに興味がある人なら、とにかく試すべきワインである。

Bodegas y Viñedos Raúl Pérez
ボデガス・イ・ビニェードス・ラウル・ペレス

Plaza Alcalde Pérez López s/n,
24530 Valtuille de Abajo, León
Fax: +34 987 420 015　www.raulperezbodegas.es

BIERZO
Luna Beberide　ルナ・ベベリデ

　ルナ・ベベリデは1987年に設立された家族ワイナリーだ。80haの葡萄畑はエル・フランセスやエス・カストリジョンといった名前がついている。一家が住むビジャフランカの南向き斜面と、ワイナリーがあるカカベロスにある。当初、彼らはカベルネ・ソーヴィニヨン、メルロー、ゲヴェルツトラミネールのようなフランス品種に頼り、かなりの成功を収めた。ビエルソでは珍しく、白ワインに重点を置いている。

　ルナ・ベベリデはビエルソの旧世代と新世代の橋渡し役である。1990年代末に一家は、30年間ワインづくりをしてきたリベラ・デル・ドゥエロのベガ・シシリアを退職したばかりのマリアノ・ガルシアにアプローチした。自分たちのワインを改善するために彼のアドバイスがほしかったのだ。その結果、ガルシアの息子のエドゥアルドとともにフランスで勉強した友人が、2001年からルナ・ベベリデのワイン醸造家に就任した。彼の名はグレゴリー・ペレス、グラン・ピュイ・ラコストやコス・デストゥルネルで働いた経験のあるボルドー出身者だ。

　アレハンドロ・ルナは、マリアノ・ガルシアの息子のエドゥアルドとアルベルト、そしてグレゴリー・ペレスとともに、パイサールという小さいプロジェクトもビエルソで立ち上げた。グレゴリー・ペレスは2007年に、自分のワイナリーであるメンゴバを始めるためにルナ・ベベリデを辞め、2010年にはピサールの持ち株も売却した。

　現在、重点は地元の葡萄品種に移っているとはいえ、一部のフランス品種も残していて、それでつくるワインには、スペインでフランス品種葡萄からつくられるワインのトップクラスに入るものもある。

極上ワイン

　ラベルは長年の間にかなり変わっているが、大部分は規定外のフランス葡萄（ゲヴェルツトラミネール、メルロー、カベルネ・ソーヴィニヨン）が使われていて、ビノ・デ・ラ・ティエラ・デ・カスティジャ・イ・レオンとして売らなくてはならないので、いまだにDOビエルソではない。最近、ゴデージョ100％の白と、アルトと呼ばれるメンシア100％のワイン、さらにフィンカ・ラ・クエスタと呼ばれる単一畑ワイン（やはりメンシア）、そしてプティ・マンサンの甘口ワインも元詰めするようになった。

Viña Aralia
ビーニャ・アラリア

　商業的に大成功しているこのワインは、DOラベルのないゲヴェルツトラミネールとシャルドネ半々のブレンドで、生産は14万本に限定されている。アジア料理ととてもよく合う。

Luna Beberide Gewurztraminer [V]
ルナ・ベベリデ・ゲヴェルツトラミネール[V]

　確かにDOに入らないワインだが、ゲヴェルツトラミネールはここに適しており、地元でかなり成功しているワインだ。実際、スペイン屈指のゲヴェルツトラミネールと称されている。樹齢20年、収量25〜30hℓ/haの葡萄樹の葡萄からつくられ、ステンレス槽で発酵され、新鮮さを保つために若いまま瓶詰めされる。できるだけ若いうちに飲んでほしい。

Tierras de Luna
ティエラス・デ・ルナ

　メンシアとメルローとカベルネ・ソーヴィニヨンのブレンドで、新オーク樽で16カ月熟成され、濾過なしで瓶詰めされる。比較的モダンなタイプのワインである。2001は2005年にうまく特徴が出ていたので、このワインには時間が必要ということだ。最初はタンニンの存在感が大きくて非常に力強い。

Luna Beberide
ルナ・ベベリデ★

　品種の構成が時とともに変化している赤のキュベ。90年代には典型的なカベルネ・ソーヴィニヨン（33％）、メルロー（33％）、テンプラニージョ（24％）だったが、フランス品種（とテンプラニージョ）が減ってメンシアの量が増え、現在はメンシア40％、カベルネ・ソーヴィニヨン30％、メルロー30％になっている。しかしいまだにDOビエルソではなく、ビノ・デ・ラ・ティエラである。樹齢40年のメンシアは先端を剪定されているが、1986年に植えられたカベルネとメルローは棚仕立てである。ワインはフレンチ・オークとアメリカン・オークで24カ月熟成される。技術的にはレセルバになりうるが、DOでないワインには認められない。私たちが気に入っている1998と2000は、スタイルが明らかにボルドーに近い。

Bodegas y Viñedos Luna Beberide
ボデガス・イ・ビニェードス・ルナ・ベベリデ

葡萄畑面積：80ha　平均生産量：40万本
Antigua Carretera Madrid a Coruña km 402,
Cacabelos, León
Tel: +34 987 549 002　Fax: +34 987 549 214
www.lunabeberide.es

右：アレハンドロ・ルナは、土着品種によって家族ワイナリーの地域性を強めている。

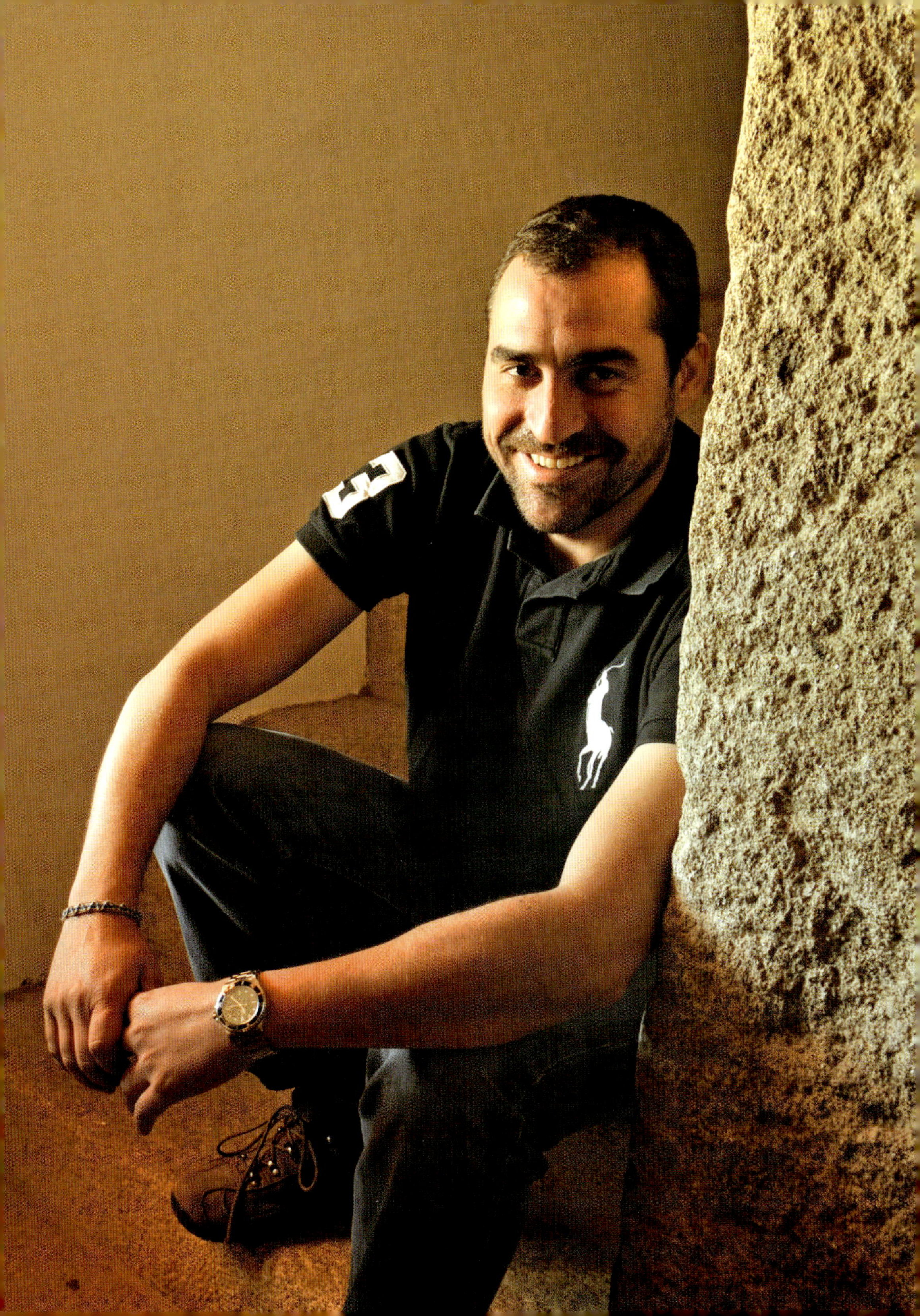

BIERZO
Bodega y Viñedos Mengoba
ボデガ・イ・ビニェードス・メンゴバ

メンゴバを操るのはグレゴリー・ペレスである。リカルド・ペレスやラウル・ペレスのような他のビエルソ出身の著名なペレスとは、友人であること以外に関係はない。彼はビエルソの出身でさえなく、それどころかスペイン人でさえない——ボルドー出身のフランス人なのだ。

ペレスは2001年、ルナ・ベベリデで働くためにビエルソにやって来て、2007年まで勤めた。その後、自分のプロジェクトを立ち上げて、ビエルソの地元品種にちなんだ名前をつけた——メンシアの「メン」、ゴデージョの「ゴ」、そしてドーニャ・ブランカはあまりうまくはまらなかったので、地元でのバレンシアナ（「バレンシアから」の意）という呼び名からとって、メンゴバに決めたのだ。とても変わった名前だが、地方色と土着品種に対する彼の関心と、プロジェクトの気迫を表している。

メンゴバ、とても変わった名前だが、
地方色と土着品種に対する彼の関心と、
プロジェクトの気迫を表している。

グレゴリーは1997年から2000年にかけて、グラン・ピュイ・ラコストとコス・デストゥルネルで働いていた。ボルドーで学び、そこでやはり学んでいたスペイン人の友人と出会っている。彼の曽祖父はスペイン人で、だからこそスペイン系の名字なのだが、家で家族はスペイン語を話さず、ボルドーに住んではいたがワイン事業とは何のつながりもなかった。しかしグレゴリーはワインに興味を持つようになり、勉強のためにブランクフォールに行き、そこにいる間に、リカルド・ペレス・パラシオス（リオハのパラシオス・レモンドとビエルソのデセンディエンテス・デ・ホセ・パラシオス）や、エドゥアルド・ガルシアに出会ったのだ。エドゥアルドの父親のマリアノ・ガルシアはスペイン屈指の著名なワイン醸造家で、ボデガス・マウロのオーナーであり、他にもリベラ・デル・ドゥエロで数多くのワインに携わっている。

マリアノ・ガルシアはビエルソのワイナリー——ルナ・ベベリデ——を手伝っていて、ワイン醸造家を探していた。グレゴリーはエドゥアルド・ガルシアを通じてその話を聞きつけると、荷物をまとめ、2001年の収穫の直前に、スペイン語を一言も話すことなく、ビエルソに到着した。5年後、すでに完全に地域に溶け込んでいたグレゴリーは、次の一歩を踏み出し、自分のプロジェクトを立ち上げる。カカベロスに近い小さなソリバス村に小さなワイナリーを持ち、エスパニーリョ、バルトゥイージェ、ビジャフランカ・デル・ビエルソ、そしてカラセドに葡萄畑を所有している。メンシアとゴデージョは（今は）よく知られているが、ドーニャ・ブランカは消滅しかけていて、古い葡萄畑でメンシアと一緒にゴブレ仕立てで植えられていた。

ペレスは他のプロジェクトにもかかわっている。その1つがレオンにあって、そこで彼はプレトというブランド名で売られているプリエト・ピクド（彼いわく「もっとよく知る必要のあるタンニンの強い葡萄」）に取り組んでいる。もう1つのイビアスはアストゥリアスが拠点で、そこでペレスはほとんど無名の絶滅しかけている葡萄に取り組んでいる。ペレスは——ルナ・ベベリデのアレハンドロ・ルナとバリャドリドにあるマウロのアルベルトとエドゥアルドのガルシア兄弟とともに——ビエルソのパイサールが2010年に設立されたときからのパートナーでもあった。

極上ワイン
この会社はメンゴバのラベルで赤と白をつくり始め、最近ではバラエタルのエスタラディーニャ（この葡萄はほとんど知られていないので、まさに珍品だ）、プティ・マンサン、ゴデージョ、ドーニャ・ブランカからつくられる甘口ワインのフォリー・ドゥース、ブレソ（「ヒース」）という名前の初心者向けの赤と白を元詰めしている。

Mengoba Mencía de Espanillo
メンゴバ・メンシア・デ・エスパニーリョ★
無名の地元品種、エスタラディーニャを少し加えたメンシア。エスパニーリョはビエルソの山間部にある小さい村で、そこの粘板岩に富む土壌に樹齢80年の葡萄が植えられている。このワインは400ℓの醸造樽でアルコール発酵とマロラクティック発酵が施され、さらに同じ樽の澱の上で11カ月熟成が続けられる。

冷涼な気候で生まれた赤ワインは、新鮮でミネラルが感じられ、赤いベリー、バルサム、ハーブ、そして土の香りと上質の渋みがあ

り、オークが非常によく溶け込んでいる。2007ヴィンテージからつくられるようになったばかりだ。

Mengoba Godello y Doña Blanca Sobre Lías
メンゴバ・ゴデージョ・イ・ドーニャ・ブランカ・ソブレ・リアス
　50%のゴデージョと50%のドーニャ・ブランカからつくられる白のメンゴバ。ペレスはドーニャ・ブランカをステンレス槽で、ゴデージョを5000ℓのオークのフードルで発酵させ、それぞれ別々に澱の上で週に1度バトナージュをしながら、8カ月熟成させる。色は非常に淡く、花と青リンゴの香りがあり、ゴデージョの余韻が残る。2007が初ヴィンテージで、生産量は合計で1万5000本。注目株だ。

上：グレゴリー・ペレスは自分のスペインのルーツを再発見し、土着品種から興味深いワインをつくっている。

Bodega y Viñedos Mengoba
ボデガ・イ・ビニェードス・メンゴバ
葡萄畑面積：13ha　平均生産量：8万2000本
Calle San Francisco E,
24416 Santo Tomás de las Ollas, León
Tel: +34 649 940 800　www.mengoba.com

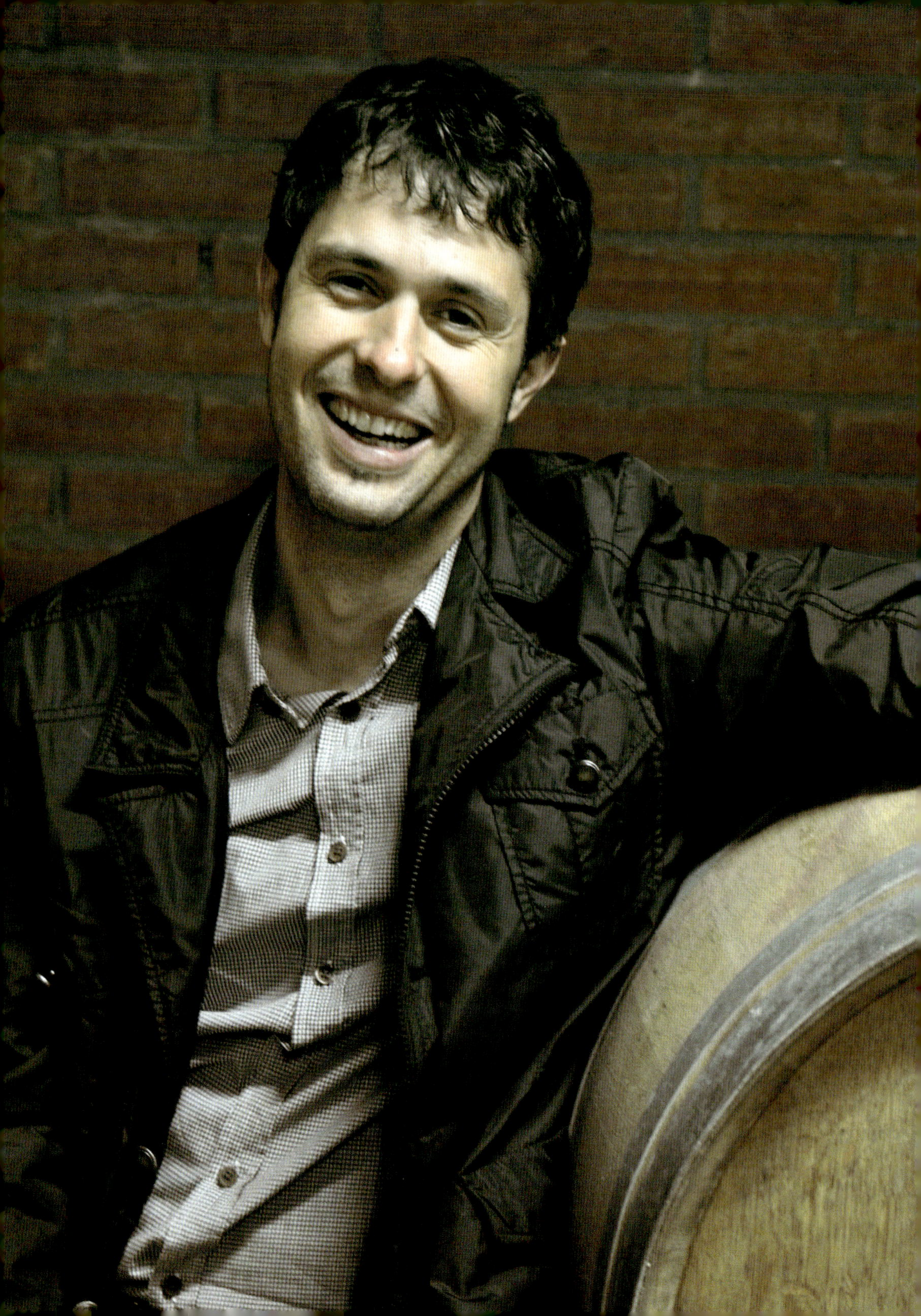

BIERZO
Bodegas y Viñedos Paixar
ボデガス・イ・ビニェードス・パイサール

2001年、ビエルソはスペインのワイン界で最も人気の地域だった。生まれ変わったこのDOの初ワインが店に並び、アメリカのワイン雑誌から高得点を獲得するワインもあった。いるだけでわくわくする地域だ。すでにこの地に設立されていたルナ・ベベリデは、多くの人からスペイン随一のワイン醸造家と評されていたマリアノ・ガルシアの助けを求めた。彼はスペインでもとくに評価の高いワイナリーであるベガ・シシリアで30年間ワイン醸造家を務め、その後、マウロ、サン・ロマン、アストラレス、アールトなどさまざまなプロジェクトを手がけていて、世間の注目を集めていた。ガルシアは息子のエドゥアルドとアルベルトをビエルソに連れて行き、さらに若いガルシア兄弟と同年代のアレハンドロ・ルナに引き合わせる。

パイサール・ワイナリーは1種類のワインだけをごく少量つくっている。
ガレージ・ワインと呼べるかもしれないが、彼らはガレージさえ持っていない！

ルナ・ベベリデは常勤のワイン醸造家を必要としていたので、ガルシア兄弟はエドゥアルドの友人のグレゴリー・ペレスを薦めた。ワインを愛する4人の若者たち——アレハンドロ・ルナ、エドゥアルドとアルベルト・ガルシア、そしてグレゴリー・ペレス——は、ともにビエルソを巡り、コルジョンの山間部（海抜900m）にある小さなドラゴンテ村（住民133人）の周辺に、いくつかのごく小さな古いメンシアの葡萄畑を見つける。ここで収穫された葡萄でデセンディエンテス・デ・ホセ・パラシオスがつくるワインが、新しいビエルソの人気を爆発させていた。

4人組は胸を高鳴らせ、一緒にプロジェクトを始めることに決めた。その葡萄畑から高品質のワインを少量だけつくろうというのだ。彼らは地元の人たちがビエルソの高地を指してパイサールと言うのを聞いて、その言葉が気に入り、自分たちのプロジェクトをパイサールと名づけた。2001年に初ヴィンテージを合計3000本、ルナ・ベベリデのワイナリーでつくった。

現在、彼らが管理している葡萄畑は5ha、粘板岩に富む急斜面に植えられているのはすべてメンシアの古樹（樹齢50〜80年）で、そのうち3haがだいたいワインに使われている。そのため、生産量は年によってばらつきがあり、8000本に達することもあるが、平均すると5000本程度である。

2010年、ペレスが独自にメンゴバを立ち上げられるように、ルナ家がペレスの持ち株を買い取った。したがって、パイサールは現在、ガルシア家とルナ家が平等に所有している。

左：エドゥアルド・ガルシアが設立に参画したパイサールの名前は、ワインに使う葡萄畑がある高地に由来する。

極上ワイン

Paixar
パイサール

このワイナリーは1種類のワインだけをごく少量つくっている。ガレージ・ワインと呼べるかもしれないが、彼らはガレージさえ持っていない！ パイサールは色だけでなく、もしそんな表現が許されるなら、香りも黒い。泥炭、石炭、グラファイト、そして黒い果物が感じられるのだ。メンシアの繊細な特徴を保とうと、不干渉主義でつくられている。葡萄を選果台に載せ、発酵前の低温マセレーションをして、野生酵母だけを使ってステンレス槽で発酵させる。フレンチ・オーク樽での熟成期間はヴィンテージの特徴によって決められるが、平均は16カ月、ワインは濾過されずに瓶詰めされる。色の濃い力強いワインで、個性が際立っている——大西洋の影響を受けた、素朴で、情熱的で、奥行きがあり、20年くらい熟成できるバランスと内容がある。2004★は渋みがあってミネラルが強いヴィンテージで、私たちの好みにぴったりだが、2006も気に入っている。

Bodegas y Viñedos Paixar
ボデガス・イ・ビニェードス・パイサール
葡萄畑面積：0.5ha　平均生産量：5000本
Calle Ribadeo 56,
24500 Villafranca del Bierzo, León
Tel: +34 98 549 220　Fax: +34 98 549 214

BIERZO
Bodegas Estefanía-Tilenus
ボデガス・エステファニア・ティレヌス

ボデガス・エステファニアは、DOビエルソの若い会社である。1999年に設立され、ティレヌスの名前でワインを売っている。非公開の会社で、所有しているのはブルゴスのフリアス家、酪農業とつながりのある名前だ。一家は、デエサス村とポサダス・デル・ビエルソ村の間にあって、ポンフェラダから6km離れている牛乳収集センターの1つを、新しいビエルソの一流ワイナリーに変身させた。祖父がトロでワインをつくっていたので、家族の古いワインの伝統を復活させたかったのだ。会社の名前はその世代への敬意である——オーナーたちの祖母の名前がエステファニアだったのである。

事業の基礎は、メンシアの古樹40haを買収することだった。樹齢は60年から100年まで、最古の樹は1911年に植えられている。ワインづくりの最新技術を利用し、フレンチ・オークの大樽を1000個以上保有している。目標はつねに世界クラスのワインをつくることであり、そのためには努力もお金も惜しんでいない。スペイン北西部で最も人気があり、多作で、評価の高いワインづくりコンサルタント、ラウル・ペレスがワインづくりの責任者である。

重点が置かれているのは葡萄畑だ。なぜなら、葡萄畑に気を配れば配るほど、ワイナリーでやらなくてはならないことが減ると信じているからだ。古い葡萄樹の収量は、1本当り葡萄1.2kgで、手で収穫される。発酵はステンレス槽で、熟成はフレンチ・オークで行う。瓶詰めされたワインはワイナリーで寝かされ、準備ができたとされてはじめてリリースされる——場合によっては3年もかかる。

ワインはすべてメンシアの赤だ。品ぞろえとしては、ホベン(オークなし)、ロブレ、クリアンサ、そして特別に古い樹からの単一畑ワインが2種類。2004年、ラインアップを広げて、別の土着品種プリエト・ピクドをクランのブランド名で、ビノ・デ・ラ・ティエラ・デ・カスティージャ・イ・レオンとして売っている。これには赤のクリアンサとロゼがある。

極上ワイン

Tilenus [V]
ティレヌス[V]

このラベルにはホベン、ロブレ、クリアンサがある。基本のラインで、それぞれオークなし、オークで8〜10カ月熟成、オークで12〜14カ月熟成される。オークのないものは純粋なメンシアの果実味を示すが、オーク熟成が長いほど、スパイシーな香りと重みがワインに加わる。2004と2000のクリアンサがとくにお薦め。

Tilenus Pagos de Posada
ティレヌス・パゴス・デ・ポサダ★

パゴス・デ・ポサダはとくに古い葡萄畑で、バルトゥイージェ・デ・アリバにあり、このワインの原料を供給している。葡萄は9月の初めに小さい箱を使って手で収穫される。上質のワインをつくるために、あらゆる細部にまで細心の注意が払われる。除梗された葡萄をつねに28℃以下に保ったステンレス槽で10日間発酵させ、ワインをさらに30日間果皮と接触させる。熟成は13カ月間、フレンチ・オークの新樽で行われ、ワインは濾過せずに瓶詰めされる。色が濃く、非常に強い。若いときには石炭、スモーク、炒ったコーヒーのような焦げた香りがあり、シーダー材、乳、そしてスパイス(白コショウ)の香り、花と赤い果物(ラズベリー)の核が感じられる。口に含むと、ほどよいストラクチャーと生き生きした酸味があるが、あふれる果実味、しなやかな渋み、そして素晴らしいハーモニーと余韻もある。2000と2001は飲み頃のはずで、このワインの非常に良い例である。2004も最高だろう。

Tilenus Pieros
ティレヌス・ピエロス

このワインは、カカベロスの高度700〜800mで栽培されている樹齢100年以上のごく古い樹から生まれる。ステンレス槽で発酵され、フレンチ・オークの新樽で18〜22カ月熟成されてから、清澄化も濾過もされずに瓶詰めされる。若いときはオークが際立つので、数年の瓶熟が必要だ。3000本しかつくられない。2001年に初めて生産された。

Bodegas Estefanía-Tilenus
ボデガス・エステファニア・ティレヌス
葡萄畑面積：52ha　平均生産量：25万本
Carretera Dehesas a Posada del Bierzo s/n,
24390 Dehesas, Ponferrada, León
Tel: +34 987 420 015　Fax: +34 987 420 015
www.tilenus.com

BIERZO
Dominio de Tares ドミニオ・デ・タレス

　書に取り上げたビエルソのワイナリーのほとんどがそうだが、ドミニオ・デ・タレスも非常に若い会社だ。評論家も消費者も、アルコール度が高く、オークが過剰で、過抽出の重いワインに飽き飽きしたとき、新鮮でエレガントなワインをつくることができる、冷涼な地域に目を向ける人がたくさんいた。ドミニオ・デ・タレスもその仲間で、上質なワインに関心を抱いた投資家グループによってつくられた会社である。タレスでは、伝統と最新技術を組み合わせ、地元の品種であるメンシアとゴデージョだけを使った、自らの出自を反映する高品質なワインづくりを目指している。

　葡萄畑がビエルソのあちこちにある——ワイナリーがあるベンビブレばかりではない——のは、ビエルソが擁する実に多様な土壌や微気候から生まれる葡萄を組み合わせることで、より複雑なワインが生まれると信じているからだ。ワイナリーでは35万ℓものワインを36のステンレス槽で発酵することが可能なので、葡萄畑ごとに別々にしておくことができる。30％の新樽を含む2500個のオーク樽もあり、ワインによって4〜24カ月の間熟成させてから、濾過せずに瓶詰めする。

　収穫は9月の半ばから10月末まで行われる。区画ごとに葡萄の熟度に応じて収穫するからだ。果房は15kgの箱で運ばれ、選果台を通る。

　初めて市場に出されたワインは2000年のセパス・ビエハス（「古い葡萄樹」）だった。手ごろな値段でビエルソから出てくると期待されていたとおりのワインだったので、たちまち成功を収めた。最近、新しいラベルや単一畑ワインも出て、品ぞろえが広がっている。

60年を超える先端を剪定されたメンシアの葡萄畑からつくられるキュベである。手摘みされた葡萄は、ワイナリーに運ばれるとすぐ、完璧な果房のみを選別するために選果台を通される。アルコール発酵は15日間続き、マロラクティック発酵はアメリカン・オーク樽で行われる。その後ワインはフレンチ・オークとアメリカン・オーク両方の新樽と中古樽で熟成され、濾過なしで瓶詰めされる。このワインはコストパフォーマンスが非常によいので、とてもよく売れている。初ヴィンテージの2000は、いまだに私たちのお気に入りだ。ほとんど不透明なほど色が濃い。アロマがほどよく強く、干しわら、紅葉、野生の花が、芯にあるよく熟した赤い果物を覆っている。口に含むとミディアムボディで、ほどよい酸味、バランス、余韻があり、香りが高くかつ力強い。2001と2004もお薦めだ。16万本つくられるので、手に入りやすい。よく知られている新世代のビエルソ・ワインである。

Bembibre
ベンビブレ

　2001年、2000ヴィンテージの経験を生かし、彼らは特有の性質と独自の個性をもつ7つの単一畑を選び出した。これらの畑はそれぞれ、土壌と気候のニーズに合わせて耕作されていた。7つのうち6つのブレンドは村の名をとってベンビブレと呼ばれる。お薦めのヴィンテージは2001と2002と2004。

Tares P3
タレスP3

　2001年に選ばれてから、別に扱われている7番目の葡萄畑——急斜面に樹齢100年の葡萄樹が植えられていて、1本当り500gの葡萄しか収穫されない——は、P3（パゴ3）というコードネームがつけられた。まったく違う個性を示しているので別に瓶詰めすることになり、タレスP3が誕生する。生産量は4500本程度。このワインはオークの影響があまり目立たないほうがよいと思う。今のところ、2004★がこのワインのお気に入りだ。

極上ワイン

Dominio de Tares Cepas Viejas [V]
ドミニオ・デ・タレス・セパス・ビエハス[V]
　セパス・ビエハスとは「古い葡萄樹」という意味で、粘板岩の含有率が高い粘土石灰岩土壌で栽培されている、厳選された樹齢

Viñedos y Bodegas Dominio de Tares
ビニェードス・イ・ボデガス・ドミニオ・デ・タレス
葡萄畑面積：自社畑が42ha、借りている畑が10ha
平均生産量：30万本
Los Barredos 4,
24318 San Román de Bembibre, León
Tel: +34 987 514 550 Fax: +34 987 514 570
www.dominiodetares.com

Rías Baixas and the Rest of Galicia
リアス・バイシャスとその他のガリシア

　DO リアス・バイシャスは、スペインとポルトガルを区切る自然の境界となっているミーニョ川の北と、ビゴ、ポンテベドラ、およびアロウサのリアス（リアはノルウェーのフィヨルドを意味するスペイン語）周辺の、ガリシア南西海岸沿いに並ぶ小地区で構成される。

　5つの小地区は南から北へ、オ・ロサル、コンダード・ド・テア、ソウトマイオール、バル・ド・サルネス、リベイラ・ド・ウジャ。ダントツで重要なのはバル・ド・サルネスで、歴史的に著名なボデガの大部分がここにある。このDOの葡萄畑の半分以上を擁し、総生産量の3分の2以上を占めている。オ・ロサルとコンダード・ド・テアは広さも重要性も中程度で、最近できたソウトマイオール（1996年）とリベイラ・ド・ウジャ（2000年）は葡萄畑の4%、総生産量の2%を占めるにすぎない。

　ここでは赤（基本は地元品種のカイーニョ・ティント、エスパデイロ、ロウレイラ・ティンタ、ソウソン）だけでなく、ロウレイラ・ブランカ、トレイサドゥラ、カイーニョ・ブランコのような品種からの白もつくられるが、新鮮で香り高いアルバリーニョをベースとする白が主流である。これらのワインはヴィンテージの1年以内に飲むべきだというのは、よくある誤解である。この話が当てはまるのは質のよくないワインだけで、収穫後最初の春に瓶詰めされた上質のアルバリーニョは、新鮮な酸味とほどよいミネラルに裏づけられたバランスのよいストラクチャーがあり、2年目の春が過ぎたあとにピークを迎え、数年間は瓶の中で成長し続ける。

　この地域のワイン文化に対するアプローチの状況を説明するために、いくつかコメントを加えるのがよいだろう。ここは大衆向けのワインづくりが長く続いた地域で、1980年代半ばまでDOの地位を得ることもなかった。1980年代半ば以降、おもにトレードマークのアルバリーニョのおかげで——スペインでも、アメリカなど重要な輸出市場でも——にわか景気のようなものを経験した。

　しかし明白な事実のほかに、リアス・バイシャスの発展には注目に値する側面がある。この地域について最も印象的なのは、長いワインづくりの伝統が、技術的にはレベルの低い民間の慣習に根ざしていることだ——この地域のワイン醸造家は、素朴な無謀ともいえるアプローチをしていた。最近の発展は、その意味で大きな飛躍である。しかしこれには代償が伴っている。この地域は最近、商業的に大変な比率で伸びている。1987年の栽培農家500軒、ボデガ14軒、葡萄畑240ha、総生産量60万ℓという数字が、わずか10年で9倍になっている。現在、栽培農家は4200軒、ボデガは130軒、葡萄畑は1900ha、そして生産量は5500万ℓ。この10年から15年の間、変化のペースは少し落ちているが、1つ気がかりな例外がある。総生産量が葡萄畑面積より高い率で増えているのだ——収量が着実に上がっていることになる。

　ありがたいことに、1990年代の葡萄畑の劇的な拡大にはプラスの側面もある。かつてはアルバリーニョの真の特性を欠くワインをつくり出していた若い葡萄樹が、今では、成熟の域に達しつつあり、上質のワインづくりの潜在力を十分にもっている。したがってこの先、最高のものが生まれるかもしれない。

現代のガリシアのシーン

　十分に古い葡萄樹が利用できるようになったおかげで、今日のガリシアのワインづくりの舞台では、さまざまなことが起こりつつある。他のワイン産地の会社が多額の投資を行う時代が去って、家族ワイナリーの若い生産者たちがだんだんに経営権を握るようになっている。表現の誠実さと純粋さに傾倒している彼らは、非常に個性的で独創的なワインを少量生産することに奮闘している。当然のことながら、若い生産者たちの勇気と熱意に見合う結果が出るとは限らない。しかし彼らが地域にとって歓迎すべき新鮮な息吹であることは間違いない。

右：大西洋の海岸。この海の影響で、リアス・バイシャスのワインはさっぱりしていて新鮮だ。

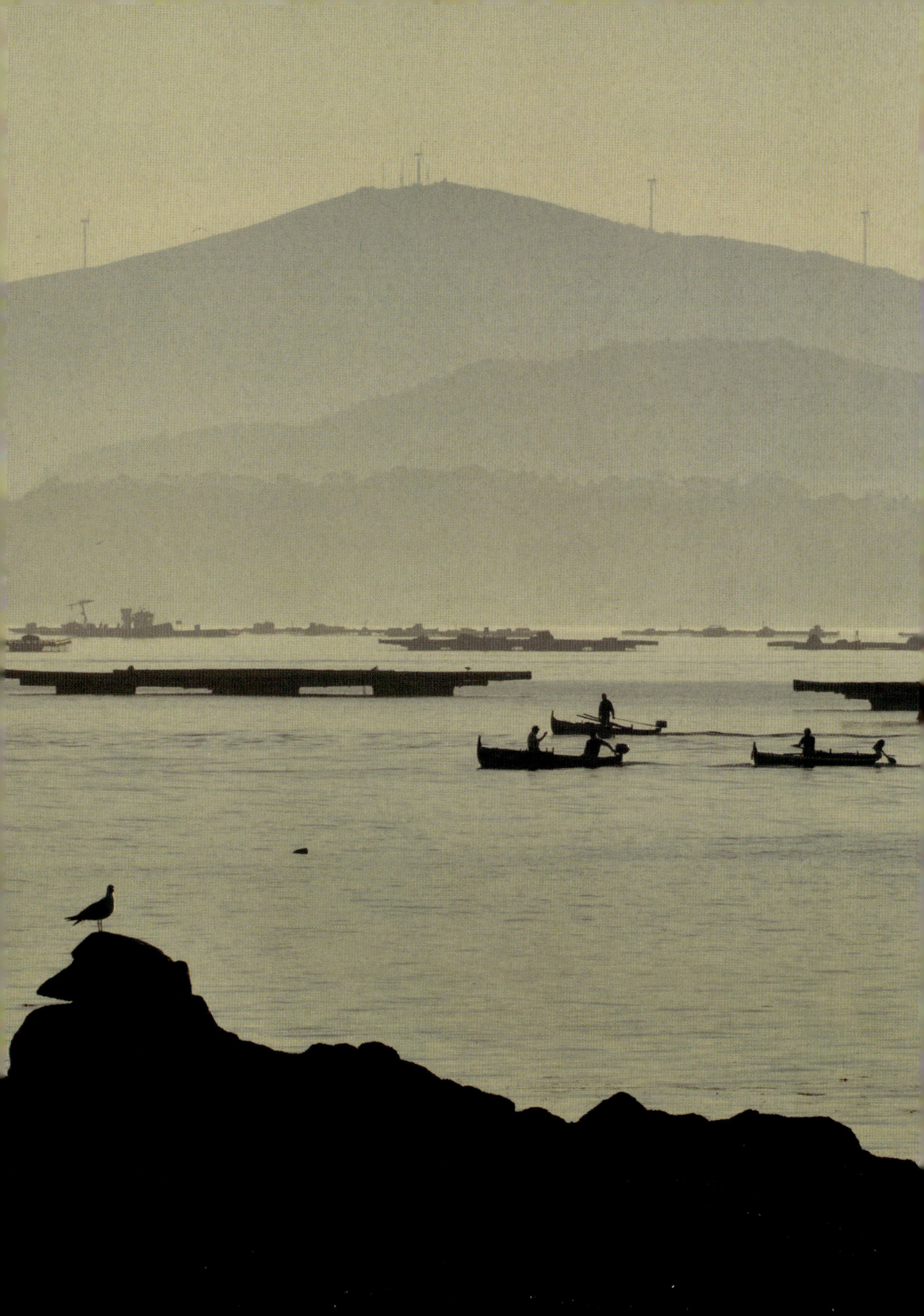

リアス・バイシャスとその他のガリシア

　このような元気のいい若者に加えて、20年ほど実績を上げている有力なボデガがいくつかある。合わせると、注目に値する生産者の短いが有望なリストができ上がる。ここではスペースの関係で個別に取り上げられないが、名前だけ挙げておこう。マヌエル・ビラルストレのアデガ・ドス・エイドスと彼のコントラ・ア・パレデのワイン、ミゲル・アルフォンソのペドラロンガ、サラテ、ベニート・サントス、トリコ、カストロ・マルティン、トロサル、サンティアゴ・ルイス、パソ・デ・バランテス、アデガス・ガレガス、テラス・ガウダ、ビーニャ・ノラ、バルミニョール。これらの生産者はすべて──急進的であるだけでなく商業志向でもあって──たまの浮き沈みはあるものの、上質ワインの愛好家に提供できる真に興味深いものを持っていることを証明している。

　リアス・バイシャスはこの20年ほど、上出来のアルバリーニョでガリシアのワイン界を席巻してきた。しかしガリシアはそれで終わりではない。有利な自然条件に恵まれているうえ、バラエティに富む地元の葡萄のおかげで、赤と白両方の個性的なワインをつくる潜在力がある。この多様性は、本来なら構造的な問題と見なされそうなものによって維持されている──人口の散在、土地所有権の細分化、そして葡萄栽培には難しい気候だ。最も歴史あるワイン産地のリベイロは、過去には最大都市リバダビアの名前のほうがよく知られていた。しかしリベイラ・サクラ、バルデオラス、モンテレイといった、さらに興味深い内陸地もある。

　これらの産地すべてで白がつくられているが、ガリシアは赤のほうが向いていると主張する人も多い。もちろん大西洋の赤で、リベイラ・サクラのメンシアを旗頭とする赤ワイン革命は（まだ始まったばかりだが）、ビエルソの場合とよく似ている。忘れられた古い葡萄品種を復活させようと試み、少量の個性あふれる新鮮な赤をつくっている──そして商業的に成功している！──数多くの小さいワイナリーにコンサルティングを行っているラウル・

右：バルデオラスの葡萄畑は斜面だけでなく渓谷にもあり、気候はどちらかと言うと大陸性である。

最上のつくり手とそのワイン

ペレスの働きが、この動きの鍵になっている。
　フレンチ・ルートと呼ばれる幹線道路の聖ハメス街道は、ナバラの中心からリオハ、ビエルソを通ってガリシアに入り、そこからバルデオラスの北、リベイラ・サクラ、リアス・バイシャス、そして巡礼の目的地であるサンティアゴ・デ・コンポステラまで続いている。葡萄品種がこの幹線道路に沿って中央ヨーロッパからスペインに運ばれてきたという伝説を、葡萄学だけでなくさらに興味深いDNA指紋鑑定が反証している。しかし中世から現代まで、ワインが巡礼者にとって慰めと栄養の主な源であることは、紛れもない真実である。

リベイロ
Ribeiro

　リベイロは、シェリー産地のヘレスよりも前に、ワイン産地としてスペインで初めて国際的に有名になった。ローマ帝国の関心を引き、中世にはブルゴーニュ出身のシトー修道会の修道士たちによってワインに磨きがかけられ、16世紀にはイギリスとの貿易で利益を上げた。それから無敵艦隊が敗れたために英国とスペインの交易がかなり減って、イギリス市場が消滅した（この期間、イギリスの商人は近くのポルトガルのドウロに目を向けた）。しかしテロワールが変わることはなく、ミーニョ川、アビア川、アルノイア川、バルバンチーニョ川が、ガリシア南部で合流する険しい渓谷は、山々によって大西洋の嵐からしっかり守られている。そのため、リベイロは少なくともガリシアでは高く評価されるワインをつくり続けていた。

　19世紀の災難――オイディウムに続いてウドンコ病、そしてフィロキセラ――は次々とリベイロを襲った。葡萄畑は完全にだめになり、しかも植え直しのやり方は最悪だった。土着の葡萄品種に替えて、高収量で特徴のないパロミノが植えられ、葡萄畑は丘の斜面から肥沃な谷底に移されたのだ。1980年代になってようやく、最初はゆっくり、土着のトレイシャドゥーラ、トロンテス、ラド、アルバニーリョ、その他の白品種が再び優勢になり、斜面が取り返された。2010年までに、リベイロ産の高品質の白――そしてだんだんに赤――が市場に戻っている。しかしそれまでに、ガリシアの他の地域がスペイン市場および国際市場で主導権を握っていた。

リベイラ・サクラ
Ribeira Sacra

　シル川とビベイ川とミーニョ川に沿った狭い渓谷と目を見張るほど急な斜面が特徴的な、リベイラ・サクラという若いDO（1996年にできたばかり）は、かつてないほど時流に乗っている。独自のワインをつくって売り始める小さい生産者が加速度的に――日に日にと思えるほど――増えている。この原点回帰の動きは5つの小地区すべてに広がっていて、他の地域で有望な将来に水を差したのと同じ間違いにつながらないことを、私たちは願うことしかできない。新興生産者の中には、メディアでの報道や世界中のワイン愛好家の信望の高まりに値する者もいる。アルゲイラ、ドミニオ・ド・ビベイ、チャオ・デ・コウソ、ロサダ・フェルナンデス、モウレ（オーナーのホセ・マヌエル・モウレはこの地の偉大な開拓者の1人）、ポンテ・ダ・ボガ、レギナ・ビアルム、ビア・ロマナ（ここも草分け）である。名前が認められつつある独立独歩の生産者として、ペドロ・M・ロドリゲス（ギマロで知られ、ラウル・ペレスと密に連携している）、ホセ・ロドリゲス（レゲイラル）、そしてトマス・ロドリゲス（バルバド）が挙げられる。

　初期の今、少量生産は職人技のアプローチと連動していて、必然的にむらができる――それが同時にこの地のワインの魅力でもあることは間違いない。一般的に手に入れるのが難しく、それほど安価ではない。シル川沿いの南東向き斜面では熟練した労働力の集約が――さらに生産段階で清潔さを確保するためのステンレス槽への投資も――必要なので、生産コストはどうしても高くなる。けれども、ここの葡萄畑は作業が困難ではあるが、ワイン界で最も誉れ高い川岸にも似た、忘れがたい風景をつくり出している。

　アマンディ、チャンタダ、キロガ・ビベイ、リベイラス・ド・ミーニョ、リベイラス・ド・シルの5つの小地区があり、土壌の違いよりも気候の違いがはっきりしている。土壌は主に沖積土で、酸性度が高く、粘板岩の含有率が高

い。主流の品種（総生産量の90%）はメンシア。かなりの差でガルナッチャ・ティントレラとゴデージョ、少量のアルバリーニョ、テンプラニージョ、トレイシャドゥーラ。長期的に注目に値する可能性がある、さらに少量の地元品種として、ブランセジャオ、カイーニョ、メレンサオ、モウラトン、ソウソン、ドーニャ・ブランカ、ロウレイラ、トロンテスがある。

バルデオラス
Valdeorras

バルデオラスはオレンセ（ポルトガル語とスペイン語の中間のような地元のガジェゴ語ではオウレンセ）県の北東端にあって、東のリベイラ・サクラの延長と言えそうな小さいDO。1350haの葡萄畑が、ラウロコ、ペティン、オ・ボロ、ア・ルナ、バルコ・デ・バルデオラス、ビラマルティン、ルビア、カルバジェダ・デ・バルデオラスの8つの村に広がっている。葡萄栽培農家は2000近いが、ワイナリーは45軒だけで、300万ℓ余りのワインを生産し、主に（90%以上）スペインで売っている。葡萄畑の平均高度は海抜500mだが、谷にあるものも斜面にあるものもあって、土壌は石ころだらけの花崗岩と砂から、粘板岩の多い浅い土壌まで変化に富んでいる。

気候は大西洋の影響を多少受ける大陸性で、平均気温は11℃、年間雨量は850〜1000mm。DOができたのは1977年、ゴデージョをベースとする——たいていドーニャ・ブランカとパロミノがブレンドされる——白と、メンシア、メレンサオ、ブランセジャオ、ソウソン・ティンタ、ネグレダ、グラオ・ネグロ、ガルナッチャ・ティントレラ、さらにテンプラニージョからつくられる少量の赤がある。ここではほぼ20年にわたって、ギティアン家が土着のゴデージョ葡萄からスペイン屈指の良質で寿命の長い白をつくっている。

モンテレイ
Monterrei

バルデオラスの南西でリベイラ・サクラの南に位置するモンテレイはオレンセ県に属し、ポルトガル国境に流れ込むタメガ川とその支流の川岸にある。4つの自治体（ベリン、モンテレイ、オインブラ、カストレロ・ド・バル）にまたがっているが、他のワイン産地よりもはるかに小さく、葡萄畑は370ha、23のワイナリーが約100万ℓのワインをつくっているにすぎない。谷と斜面では土壌が異なり、異なるワインが生まれるので、2つの別々の小地区に区分される。ここでは、キンタ・ダ・ムラデジャのようなワイナリーが国際的に注目されているおかげで、輸出市場が30%を占めてさらに増えている。

気候はやはり大西洋性と大陸性の組み合わせで、ガリシアの他の地域よりも乾燥していて、極端である。気温は夏には35℃まで上がり、冬には—5℃まで下がる。白と赤の両方が生産され、白はゴデージョ（地元ではベルデージョと呼ばれる）主体で、トレイシャドゥーラ（地元ではベルデージョ・ロウロ）、ドーニャ・ブランカ、少量のアルバリーニョ、ブランカ・デ・モンテレイ、カイーニョ・ブランコ、ロウレイラが補われる。赤の主要葡萄はメンシアで、2番目はアロウサ（テンプラニージョの地元名）、他の地元品種——ガスタルド（メレンサオ）、カイーニョ・ティント、ソウソン——がブレンドされて、個性の強いワインができることが多い。

RÍAS BAIXAS
Pazo de Señorans パソ・デ・セニョランス

　パソ・デ・セニョランスを誕生させたのは、何よりも1人の女性の勇気である。ソレダード・(マリソル)・ブエノは情熱にあふれるとても説得力のある女性で、ある日、自身のボデガでも、リアス・バイシャス統制委員会の辣腕会長としても、ガリシア地方で上質のアルバリーニョをつくるという理想の主導を目標に定めた。それからすぐ——パソ・セニョランスのアルバリーニョの初ヴィンテージがリリースされて1年経つか経たないうちに——醸造家のアナ・キンテラがチームに加わった。彼女はそれ以来ずっと同社のワインの責任者であり、つねに社長と密接な協力関係にある。

　スペインの大部分がそうだが、この地域のワインづくりの一般的レベルは、何世紀もの間ひいき目に見ても問題があった。ただし、もちろん局所的に目立った例外はある。マリソル・ブエノと1980年代の数人の先駆者によって始まったプロジェクトは、単なる一歩前進をはるかに超えていた。アルバリーニョ葡萄の根本的改革だったのだ。

　そうは言っても、この地域に数世紀前から続く長いワインづくりの伝統は無視できない。この伝統の証は、由緒あるパソ・デ・セニョランスの敷地に建つ古い石造りのラガルにも見られる。現在、当ボデガのワインの名前になっているこの14世紀の建物には、ワイン醸造設備も収まっている。この建物も、その周囲の8.5haの葡萄畑も、バル・ド・サルネスと呼ばれる小地区にあるメイスに位置する。

　この会社が始まったのは、1979年、マリソルと夫のハビエル・マレケがパソ・デ・セニョランスを買った時のことだ。14haの地所には、葡萄畑と伝統的なワイン醸造施設が含まれていた。最初の2、3年、彼らはごく原始的な方法でワインをつくり、多くの隣人たちと同様、つくったものの一部を自分たちで消費し、残りをもっと世間に認められている会社に売っていた。1980年代末にはDO

右：マリソル・ブエノと娘のビッキー。リアス・バイシャスにおけるアルバリーニョ復活の先頭に立った家族ワイナリーにて。

パソ・デ・セニョランスを誕生させたのは、何よりも1人の女性の勇気である。
ソレダード・(マリソル)・ブエノは情熱にあふれるとても説得力のある女性で、
リアス・バイシャスで上質のアルバリーニョをつくるという理想の主導を目標に定めた。

PAZO DE SEÑORANS

リアス・バイシャスが誕生し、それとともに彼らは自信を深め、改修した設備でつくったアルバリーニョの一部を、思い切って自分たちのブランド名で元詰めすることにした。初ヴィンテージの1989と1990は約7000本、その後着実に増やしていき、2010年には40万本のワインと3万本以上の「アグアルディエンテ・デ・オルホ」（葡萄の蒸留酒、アルバリーニョの搾りかすからつくるブランデーのようなもの）を生産するまでになった。

パソ・デ・セニョランスは8haの自社畑の葡萄に加えて、他の何百という小さい葡萄畑──合計がどのくらいかを知るのは実に難しい──から買う葡萄で、ワインをつくっている。この外部の葡萄畑は、ガリシアのミニフンディオ（「極小の区画」）土地保有制度を見事に示す社会学的事例である。180の家族が500以上の区画を所有している（平均すると1家族3区画）。葡萄栽培に関して言うと、年間を通じて協力はするが、各家族の伝統の重みが強力なので、具体的な方法はだいたい家族によって違う──そのため、場所、高度、向きの違いに、さらに多様性が加わる。長年、同社は地所を広げることを考えていたが、バル・ド・サルネスの地価は急上昇している。いずれにしろ、彼らはこの状況に満足しているようで、何よりもばらばらだからこそ生まれる多様性を求めて、栽培農家との関係を大切にしている。

選ばれる葡萄はつねにアルバリーニョで、パルラ（この地域の伝統的整枝法である蔓棚の一種で、コストは高いが管理がうまくできる）または格子垣で整枝されている。葡萄畑の90％以上にアルバリーニョが植えられているリアス・バイシャスのこの小地区では、決して珍しいことではない。

アナとソレダードが誰よりも前から主張してきたことに、私たちももろ手を上げて賛成だ。
つまり、最高のアルバリーニョは
ごく若いうちに飲むのがベストではないのだ。

オークを使わない白──パソ・セニョランス・アルバリーニョとパソ・セニョランス・セレクシオン・デ・アニャーダ──とともに、同社は2009年、ソル・デ・セニョランスの初ヴィンテージ（2006）をリリースした。これもアルバリーニョのバラエタルだが、ステンレス槽で発酵させた後、コーカサス・オークとフレンチ・オークで6カ月熟成させる。新しい木の芳香の影響を和らげるために、250ℓではなく500ℓの樽が使われる。このボデガは、何事もゆっくりのこの地域でつねに先鋒としての役割を果たしており、より長く熟成できる可能性を秘めたアルバリーニョの白をつくるために、数千ℓの大きなオーク槽を試すなど、新しいプロジェクトも進めている。

このボデガはマロラクティック発酵を好まないが、ヴィンテージの特徴が極端な場合は、高いリンゴ酸のせいでかなり強烈でとがっているワインに丸みをもたせるために、使わざるをえないこともある。ここではテロワールがルールであり、気候もその一部なのだ。

アナとソレダードが誰よりも前から主張してきたことに、私たちももろ手を上げて賛成だ。つまり、一般通念に反して、最高のアルバリーニョはごく若いうち（醸造後最初の夏より前）、1次的なフルーツの香りが失われる前に飲むのがベストではないのだ。最高のアルバリーニョは酸度が高くpHが低く、この品種の上質なストラクチャーは、ワインができてから徐々に良くなって4年目──場合によってはもっと後──にピークを迎えることを意味する。パソ・デ・セニョランスはすでに繰り返しこのことを証明しており、2人の女性はこれまでよりさらに説得力をもって証明し続けるつもりだ。

RÍAS BAIXAS

極上ワイン

Pazo de Señorans Albariño [V]
パソ・デ・セニョランス・アルバリーニョ[V]

同社が買い入れるさまざまな場所のアルバリーニョ葡萄のブレンド。「基本の」パソ・デ・セニョランスのラベルで、毎年のようにスペインで一番の人気を獲得するアルバリーニョであるばかりか、輸出市場で最も成功しているワインでもある。それほど成功するのも当然である。シャープなストラクチャーを通じて、すっきりと明確なミネラルを表現する新鮮で香り高いワインなのだ。量より質を目指すプロジェクトの一環としてこのつくり方はおおいに支持され、最初は少量だったが着実に伸びたおかげで、総生産量は年に40万本まで増加した。この比較的多い生産量のせいで、同じヴィンテージでもロットによって多少ばらつきが見られることがあるが、全般的な品質レベルは非常に高い。最近のヴィンテージでいちばんよいのは2001、2004、2008だろう。

Pazo de Señorans Selección de Añada
パソ・デ・セニョランス・セレクシオン・デ・アニャーダ

新鮮で香り高いワインがとくにスペインで長年にわたって人気を博した後、少なくとも多くのメディアの言う枯渇の危機にさらされていた時代、このボデガでアルバリーニョ再生にいちばん大きく貢献したのがこのワインだ。これを書いている時点で、マリソル・ブエノと醸造家のアナ・キンテラによってつくられたこのワインのヴィンテージは10を超えている。ほとんど偶然にも、初の1995でアルバリーニョとしては新しいスタイル——ステンレス槽で3年熟成される——が始まり、この従来の製法がよみがえった。さらにこのワインは、パソでもとくに高地にありながら砂質土壌が果実の熟度に好都合な単一区画の葡萄を原料とする、単一畑ワインでもある。緑色がかった金色で、香りは深く複雑で、ほどよい強さがある（火打石、柑橘類、マルメロ、オリーブ、ウイキョウ……）。口に含むとふくよかで、絹のようになめらか、すべすべの舌触りだが、同時に新鮮で、非常に生き生きした酸味がある。槽で熟成されてはいるが、寿命が長い状態でリリースされ、最高のアルバリーニョがもつかなりの貯蔵潜在力を何度も証明している。ヨーロッパでもトップクラスにランクされるに値する、（フィノ・シェリーやマンサニージャのようなアンダルシアの白以外の）数少ないスペインの白に数えられる。安定して良質のワインだが、最近のヴィンテージでは品質でパソ・デ・セニョランス・セレクシオン・デ・アニャーダ2004★を選ぶことができるだろう。

上：アルバリーニョ葡萄の熟した房。長寿ワインをつくる潜在力はパソ・デ・セニョランスによって証明されている。

Pazo de Señorans
パソ・デ・セニョランス

葡萄畑面積：150ha　平均生産量：80万本
Vilanoviña,
36616 Meis, Pontevedra
Tel: +34 986 715 373　Fax: +34 986 715 569
www.pazodesenorans.com

RÍAS BAIXAS

Palacio de Fefiñanes パラシオ・デ・フェフィニャネス

あ りうる例外をすべていちいち認める時間がないからにしても、物事を大ざっぱにまとめるとどうしてもある種の不公平が生まれる。私たちが本書で、良質のアルバリーニョの歴史は30年前に始まったばかりだと述べたのが、まさにそのケースである。この説は一般的には真実だが、いくつか称賛に値する例外があり、そのうち最も目を引くのはパラシオ・デ・フェフィニャネスである。

DOリアス・バイシャスが生まれる前から、アルバリーニョがエレガントでフルーティーな質の高い白ワインの代表になる前から、フェフィニャネスはこの地域の評判を高める唯一のラベルだった。

実際、リアス・バイシャスが正式にDOとして生まれるずっと前から、アルバリーニョがエレガントでフルーティーな質の高い白ワインの代表になる前から、フェフィニャネスはこの地域の評判を高める唯一のラベルだった。40年前なら、スペインで名の通ったワイン通の美食家たちは（今よりはるかに小さい集団だったが）、「リアス・バイシャス」はもちろん「アルバリーニョ」よりも「フェフィニャネス」を注文するほうが安心していられた——そして広く理解された——だろう。その証拠を見つけたいなら、フアン・ゴイティソロの小説『Senas de Identidad』（1966年）を参照するのがよい。ワインの輸入が問題外だったという文脈のなかに、フェフィニャネスが良質の新鮮な白ワインの同義としてしばしば出てくる。

パラシオ・デ・フェフィニャネス（あるいは、非常に美しい17世紀の建物の名ではデ・フィゲロア）につながるワインづくりの起源となる年代を正確に特定するのは難しいが、現在の形のボデガが設立されたのは20世紀初め、フアン・ヒル・デ・アラウホの曾祖母であるフアナ・アルマダとミゲル・ヒルが、自分たちの邸宅の復旧に着手したときである。1904年に存在したことは記録が証明しており、1928年にアルバリーニョ・デ・フェフィニャネスが元詰めワインとして、サンティアゴ・デ・コンポステラの画家マイヤーがデザインした——現在使われているのとほぼ同じ——ラベルとともに、正式に登録されたようだ。ワイナリーの資料保管庫には、サンティアゴのオテル・コンポステラの開業を祝うランチのメニューを記した1930年の記録が残っている。そこで供されたワインはアルバリーニョ・デ・フェフィニャネスと、赤のマルケス・デ・リスカルだった。

現オーナーのフアン・ヒル・デ・アラウホは、なぜアルバリーニョ葡萄がリースリングと同族に属するという考えを信用する人が大勢いるのか、説明する逸話を話したがる。「私の祖父はドイツで学んだ医師でしたが、自分の土地でパルラ栽培されているアルバリーニョからつくられる白ワインは、ドイツ留学中に飲んだ記憶のあるラインのワインにとてもよく似た性質があることに気づいたんです。そこで祖父と祖母は、アルバリーニョの白を売るためにつくることにしました」。

重要な拡張が行われたのは1950年代、フィゲロア侯爵——創立者の息子で現オーナーの父——がボデガの経営権を握ったときである。次の大きな変革は1990年代、温度管理できるステンレス槽の導入である。同じ頃、さらに新たな経営チームが新しいワイン醸造家とともに到着した。不安定な期間を経て、フェフィニャネスはアルバリーニョ・リアス・バイシャスの品質が向上する中、恵まれた地位を確固たるものとした。

由緒あるカンバドスの町の中、バル・ド・サルネスの海岸沿いに位置するフェフィニャネスの成長は、細分化した土地保有制度に負うところが大きい。もともとワイナリーのニーズは塀に囲われた館の周囲の葡萄樹でまかなわれていたが、現在は葡萄——すべてアルバリーニョ——の90％は60軒もの栽培農家がそれぞれ所有する、ごく小さい区画から運ばれる。土壌は花崗岩に由来する砂で、酸性度が高く非常に浅い。各栽培農家は毎年平均2000kgの葡萄を提供する。フアン・ヒル・デ・アラ

右：ワイナリー創立者の孫であるフアン・ヒル・デ・アラウホは、すでに高い伝説的な評価をさらに高めつつある。

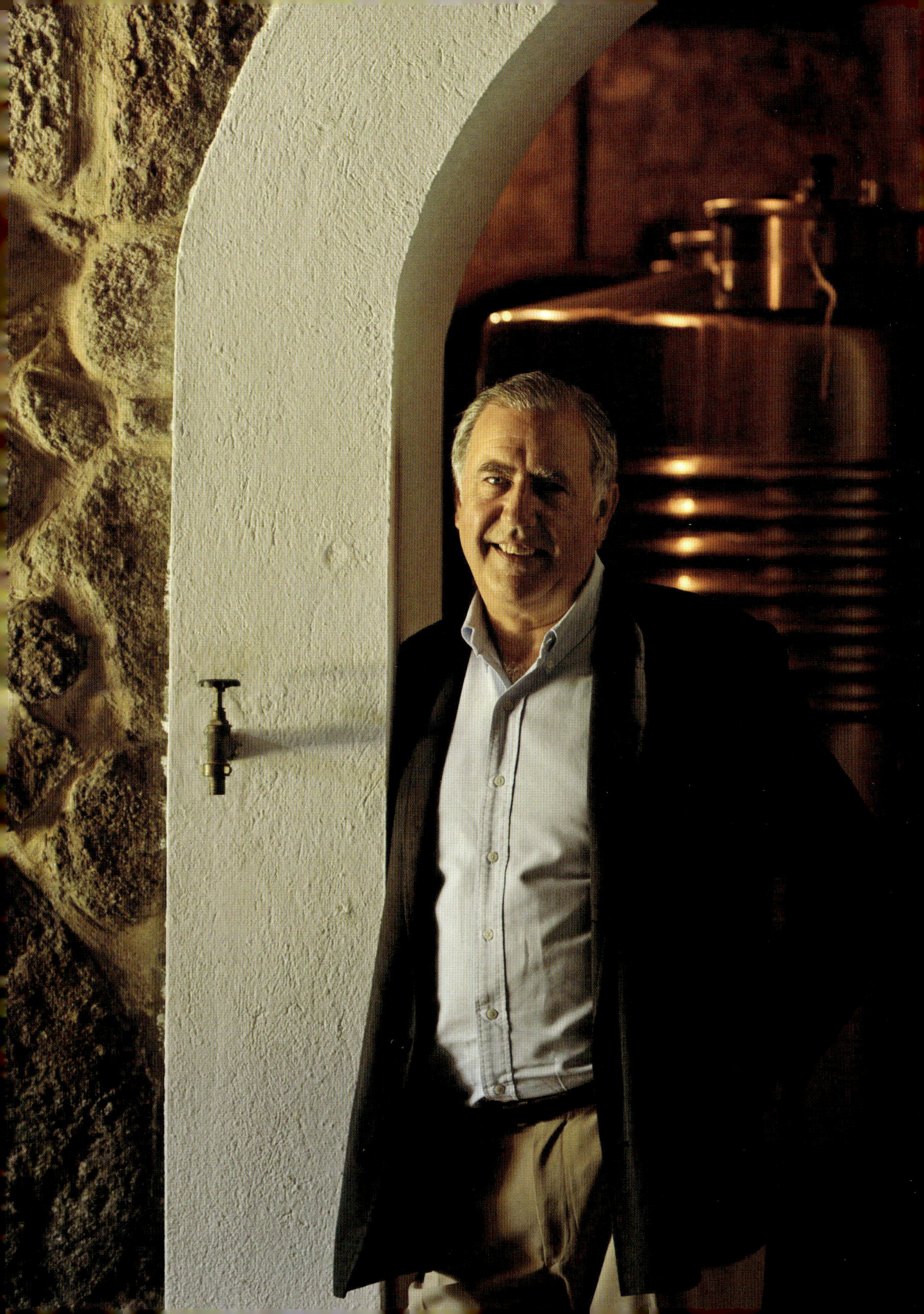

PALACIO DE FEFIÑANES

上：パラシイオ・デ・フェフィニャネス（またはデ・フィゲロア）の印象的な正面は、17世紀につくられたものだ。

ウホは、栽培家たちとの良好な関係を維持することに心を砕いている。「品質は素晴らしく、平均樹齢がおそらく40年を超える非常に古い葡萄樹のものがほとんどで、その多くが、もともとこの館にあった葡萄樹を接ぎ木したものです」。

フェフィニャネスから現在3種類のワインが出ている。古典的な基本ラベルのアルバリーニョ・デ・フェフィニャネスと、近年加えられた2種類だ。

1583アルバリーニョ・デ・フェフィニャネスはフレンチ・オークとアメリカン・オークの樽でアルコール発酵され、そのまま澱の上で5カ月寝かされてから、ステンレス槽に移される。醸造後最初の夏の初めに瓶詰めされる。オークとの軽い接触によって、樽発酵のスペインの白によくある過剰なバニラとスパイスの問題を、並外れたエレガンスで解決するワインが生まれる。

アルバリーニョ・デ・フェフィニャネスIIIアーニョは、奥行きのあるオークを使わないアルバリーニョの流行に乗っている。ステンレス槽で発酵され、そのまま最初の5カ月は澱の上で寝かされ、3年目に瓶詰めされる。力強いストラクチャーは瓶熟が2年以上必要であることを暗示する。とくに2006★のような上首尾のヴィンテージでそれが言える。

極上ワイン

Albariño de Fefiñanes [V]
アルバリーニョ・デ・フェフィニャネス★[V]

　創立1世紀を過ぎたボデガの伝統を受け継ぐワインである。このボデガがつくる2つの特別なワイン——1583とIIIアーニョ——は間違いなく期待に応えており、毎年この地域のトップグループにランクインし、素晴らしい熟成潜在力を秘めている。しかしアルバリーニョ・デ・フェフィニャネスの特別なカリスマ性、その歴史、そしてこの10年続いている品質向上の事実がすべて相まって、本書ではこのワインが「極上ワイン」の地位を獲得している。新しい技術を拒むことなく、生産の初期工程が非常に念入りに行われる。マセレーションせずにゆっくり発酵させ、野生酵母のみを使い、時間をおいて瓶詰めする。その結果生まれるワインは、最高の年には金色を帯び、エレガントな柑橘類と花が香り、酸味はバランスがよく、独特の苦みのあるノートとともに余韻が長く続く。

Bodegas del Palacio de Fefiñanes
ボデガス・デル・パラシオ・デ・フェフィニャネス

葡萄畑面積：20ha　　平均生産量：13万本
Plaza de Fefiñanes s/n,
36630 Cambados, Pontevedra
Tel: +34 986 542 204　Fax: +34 986 524 512
www.fefinanes.com

RÍAS BAIXAS
Bodegas Gerardo Méndez
ボデガス・ヘラルド・メンデス

1950年代半ばに生まれたメアーニョ出身のつくり手、ヘラルド・メンデス・ラサロは、1980年代にアルバリーニョの白が遂げた品質向上に関与した人物の1人として、高く評価されている。そして、同じように今もなおボデガの社長を務める著名人に名を連ねている。

バル・ド・サルネスのど真ん中にあるボデガ・ド・フェレイロは、スペインでもとくに古い葡萄畑を管理していることで有名だ。フィロキセラ禍より前の丈夫な葡萄樹は外観が印象的で、ねじれた幹が葉と枝を支える蔓棚に向かって伸びている。ド・フェレイロのセパス・ベラス用の葡萄を供するこのような非常に古い葡萄樹──樹齢200年のものもある──のほかに、葡萄供給源にはもっと若い葡萄畑もあり、自社畑でないものも多い。地域の景観を台無しにするユーカリの木がはびこっていたガリシアの斜面を一部復活させるために、主に1980年代に植えられた葡萄樹だ。

主な葡萄畑とワインづくりの設備は、リア・デ・アロウサ（アロウサ湾）に面したアルメンテイラのふもと、ロレスのカーサ・グランデと呼ばれる中央の建物周囲にある。現オーナーはイノベーションに対する強い信念と、自分より前の何世代にもわたるつくり手への真剣な敬意の両方を併せ持っていることで知られる。ガリシア語でド・フェレイロとは「鍛冶屋」を意味する。ワイナリーを買って、主に個人で飲んで残りを近所の人たちに売るためにワインづくりを始めたヘラルドの父親のフランシスコ・メンデス・ラレドが、たまたま「ペペ・オ・フェレイロ」（「鍛冶屋のペペ」）と呼ばれていた。そのため、そのワインはやがてオ・アルバリーニョ・ド・フェレイロ（「鍛冶屋のアルバリーニョ」）となる。フランシスコ（ペペ）は、1980年代、比較的若いDOリアス・バイシャスの立ち上げの陰の原動力となった。新世代がブランド名を考えることになったとき、すでに知られているものに優る名前はないと、ヘラルドは判断した。

土地を細分化したミニフンディオを特徴とするこの農村地域では、ワインはほとんどの家族に欠かせない日常生活の一部だった。この地域の生活と文化の中では自然な要素であり、ごくありふれた手法でつくられていた。一方では、ガリシアの海岸風景を特徴づける蔓棚仕立ての葡萄樹は、ほとんど何も生まない不毛の砂質土壌の唯一の例外だった。そして他方では、ワインは地域の毎日の食事の一部だったので、多くの家族（ヘラルド・メンデスの家族も含めて）にとって自分たちのワインをつくることは完全な日課だった。家族の葡萄樹の葡萄を原料とし、高度な技術など何も使わず、素朴な容器でつくられるワインは、ほとんどが自家消費された。ヘラルドは、少し誇張もあるかもしれないが、もっと大胆にこう言っている。「このような家庭用のワインと現在の入念に手をかけてつくるワインとでは雲泥の差があります。実際、私も始めたときには何も考えていませんでした」。

起業家精神のおかげで、ヘラルドはごく若いときから、自分のワインをラベルなしで瓶詰めしていた。1973年にはすでに始めていたので、それが彼の「ボデガ」の設立年になっている。しかしワインづくりに本当に弾みがついたのは1980年代のことで、アルバリーニョ・ド・フェレイロの初ヴィンテージのリリースが、DOリアス・バイシャスの誕生と同じ1986年だったことは、決して偶然ではない。

このボデガは葡萄の純粋な表現を得るために最先端の技術を用い、非常に綿密な葡萄栽培の実践と組み合わせている。最新技術の例は枚挙にいとまがなく、生産工程における徹底した清潔さや、低温マセレーション──この地方では多少異論のあるやり方──に対する確固とした信念などに見られる。ボデガが目指すのは、口に含んだとき、はっきりした香りとは対照的な（ある意味でそれを補いもする）すべすべした滑らかさをワインに与えることだ。

綿密な葡萄栽培の例は、葡萄樹のエンパラド・システム（蔓棚による整枝）に対するボデガの断固たる信念に見られる。格子垣が将来的に（熟練した労働力を必要とする伝統的なパルラの）代替えとして有望だと考える地元の他の生産者とは違って、ド・フェレイロの信条は、地域の気候条件にこれ以上適した解決策はないという考えだ。というのも、パルラを使えば果房が湿った地面に触

上：ヘラルド・メンデス・ラサロと息子のマヌエルは、伝統的な蔓棚による整枝がやはり自分たちのアルバリーニョにとって最適だと考えている。

れることはなく、さらに重要なことに、果粒に当る日光の量が増える。もう1つ重要なことは、葡萄畑に注がれる不断の献身的愛情である。見事なセパス・ベラス（「古い葡萄樹」）を個別に扱うのもその一例で、具体的なニーズと育ち方に応じて、1本1本、毎年整枝の仕方が変わる。

「鍛冶屋」のワイン──アルバリーニョ・ド・フェレイロとド・フェレイロ・セパス・ベラス──のほか、ボデガス・ヘラルド・メンデスは2種類のワインをつくっている。トマダ・ド・サポはスペインのネゴシアングループ（バルセガル・デ・ラス・ムエラス）のためにつくられる。これも原料は高地にある（酸味が強調される）非常に古い葡萄樹の葡萄で、澱の上で6カ月以上熟成させる──それで舌触りの滑らかさが増す。レビサカはバラエタルのスタイルから外れていて、30％のトレイシャドゥーラと5パーセントのロウレイラがブレンドされている。ステンレス槽で1年寝かされた後、主要な輸出市場の1つであるアメリカ向けに瓶詰めされる。

RÍAS BAIXAS

どよいボリューム感と余韻がある――ただし、これらの長所は瓶詰めから2カ月経ち、ワインが瓶の衝撃から回復するまで、感じられない場合もある。このボデガでは、消費者のために瓶詰めの日付を明記するという立派な方針を採用している。というのも、どのヴィンテージも瓶詰めは収穫後の春から始まって1年に数回、異なるロットにわたるのだ。上質のアルバリーニョの白はたいていそうだが、2回目の春を過ぎてから本領を発揮し、さらに2、3年はよくなっていく。

Do Ferreiro Cepas Vellas
ド・フェレイロ・セパス・ベラス★

　このワインは毎年一貫して、アルバリーニョ葡萄がいかに感動的になりうるかを示す。弟分と比べると、濃度、ミネラル分、そして複雑さが強調される。その際立った特徴は、極端に古いアルバリーニョの葡萄樹が植えられた1haの単一葡萄畑にあり、ワインの個性を強めるために葡萄の10％を故意に腐らせている。これらの葡萄樹の存在は1850年に記録されており、樹齢は200年くらいとも言われている。ヘラルド・メンデスによると、彼の祖母の祖母は、この葡萄樹は自分が知ったときにすでに古かったと話していたそうだ。魅力的だが科学的ではないこのような話は別にして、動かぬ証拠はそのような樹の存在そのものと貫禄にある。写真でも十分に驚異的だが、本物を見るに越したことはない。収穫は9月の後半に行われ、低温でのマセレーションと発酵――ヘラルドはすべてのワインに施す――の後、ワインは1年間、槽の中で寝かされ、9月に瓶詰めされる。アルバリーニョ・ド・フェレイロと同様、セパス・ベラスも瓶詰めからしばらく経って、理想的には1、2年待つと、ようやく本来の姿を現し始める。ヴィンテージによるが、平均生産量は7000本から1万2000本。

極上ワイン

Albariño Do Ferreiro [V]
アルバリーニョ・ド・フェレイロ[V]

　主に1980年代から90年代に植えられたさまざまな葡萄畑の葡萄から生まれるこの旗艦ワインは、次第に葡萄樹の古い樹齢から恩恵を受けるようになっている。アルバリーニョ・ド・フェレイロはずっと、ごまかしのない純粋で誠実なワインとして当然の高い評価を受けてきた。まだ若いときは緑がかった淡い黄色で、素晴らしい新鮮な酸味、花と果物の香り、そして口に含んだときのほ

Bodegas Gerardo Méndez
ボデガス・ヘラルド・メンデス

葡萄畑面積：15ha　　平均生産量：12万本
Galiñanes 10 (Lores),
36969 Meaño, Pontevedra
Tel: +34 986 747 046　Fax: +34 986 748 915
www.bodegasgerardomendez.com

259

RÍAS BAIXAS
Bodegas Fillaboa ボデガス・フィジャボア

この会社はグランハ・フィジャボアの名前で、1986年、DOリアス・バイシャスが正式に生まれたのとほぼ同時に設立され、その創立メンバーとなった。この地域にしては比較的広い（信頼できる筋によると、おそらくポンテベドラで最大）美しい地所は、サルバテラのミーニョ川右岸に位置する。ワイナリーは長年にわたって家族がオーナーとして経営していたが、2000年、リオハやナバラのワイナリーも所有する大手のグルポ・マサベウに買収された。

リアス・バイシャスにあるほとんどの重要なワイナリーの広さや所有する葡萄畑が、、影響力の大きいミニフンディオの土地保有制度に左右されているのとは違って、コンダード・ド・テア小地区には土地がはるかに集中している。したがって、ボデガス・フィジャボアの際立った特徴は自給自足であり、葡萄はすべて自社畑から供給している。自社畑は70haを超えるほぼ1つのクロであり、長さ1.6kmにおよぶ古い石壁に囲まれている。

2種類の有名な葡萄の蒸留酒のほかに、フィジャボアがつくっているのは2種類のワインだけである。どちらもオークを使わないアルバリーニョのバラエタルで、フィジャボアとフィジャボア・セレクシオン・フィンカ・モンテ・アルトである。フィジャボア・アルバリーニョのほうがはるかに大規模に生産されており、自社のソカルコス、カラソル、テルネロス、ラス・ニエベス、アンティグアの区画で収穫される葡萄が使われる。広報担当者によると（このような大きい会社では、実際にワインをつくっている人にたどり着くのが難しい場合がある）、ワイナリーは持続可能な葡萄栽培への注力を誇りにしている。「葡萄樹は私たちのいちばん大切な宝なので、このアプローチしか考えられません」と広報担当者は言っていた。とくに環境にやさしいワイナリー、具体的には残留物の削減、一貫生産、葡萄畑とワイナリーでの低毒性製品の使用、葡萄樹の害虫の繁殖を抑えるためのセクシャル・コンフュージョン、などに関心を寄せている。

フィジャボアは2〜3年間、フレンチ・オークで発酵したアルバリーニョをつくっていたが、結果は期待されていたほどではなく、プロジェクトは中断された。地域の他のワイナリーと同じ確立されたスタイルに従って、ストラクチャーが葡萄そのものから生まれ、ワインと澱の接触から生まれる、そんな果実味を出すことに社の評判を賭けた。私たちの見るところ、これはよい判断だった。樽発酵のアルバリーニョは確かに面白いワインを生むこともあるが、この葡萄の真の素晴らしさは、できるだけ混じりけをなくし、醸造と熟成のあいだの干渉を可能な限り少なくすることによって現れる。

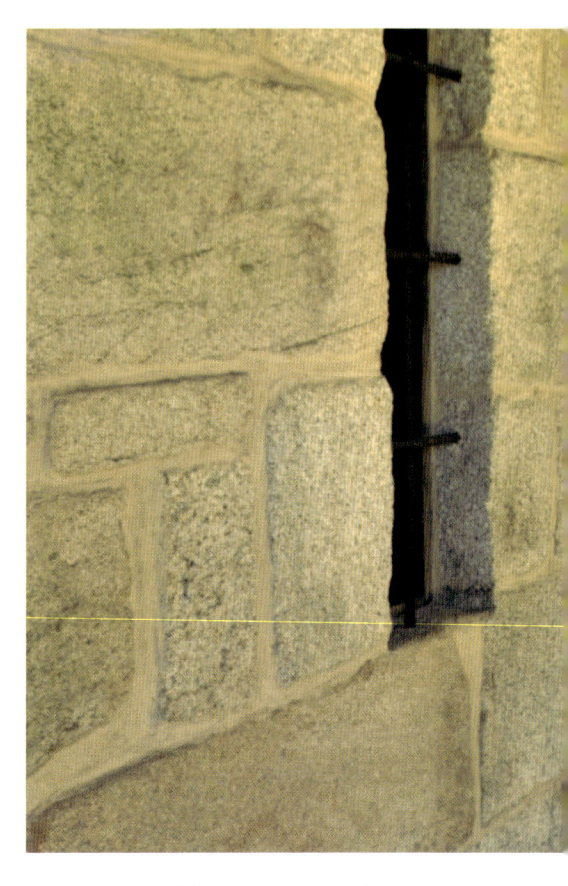

極上ワイン
Fillaboa Selección Finca Monte Alto
フィジャボア・セレクシオン・フィンカ・モンテ・アルト★

上：葡萄をすべて自社畑から供給できる恵まれた条件にあるフィジャボアで、責任者を務めるホセ・マサベウ。

稼働中の70hのうち、このワインを生み出すのは1988年に植えられた小さい区画で、この地所の塀に囲まれた11の（すべて南向きの）区画から、その品質の高さで選ばれた。モンテ・アルロ向けの生産量はさらに限定されている。1ha当り2000〜4000kgの葡萄から、1万3000本が生み出される。2002や2005、そしておそらく2007のようなこのワインの最高のヴィンテージは、、果実味が新鮮で、柑橘類、ナシ、アニシード、生ハーブなどが強く香る段階を経て、その後の熟成で複雑さ、ミネラルの強さ、そして全体的なバランスが生まれている。ワインの熟成とともに、料理とワインの理想的な組み合わせも変わる。若いうちは甲殻類やシンプルに料理した白身魚とよく合うが、数年瓶熟した後は、もっとコクのある魚料理によって輝く。香りの高さが失われる代わりに、複雑さと奥行きが増す。

Bodegas Fillaboa
ボデガス・フィジャボア

葡萄畑面積：70ha　平均生産量：25万本
Lagar de Fillaboa,
36459 Salvaterra do Miño, Pontevedra
Tel: +34 986 658 132　Fax: +34 986 664 212
www.bodegasfillaboa.com

RÍAS BAIXAS

Bodegas y Viñedos Forjas del Salnés
ボデガス・イ・ビニェードス・フォルハス・デル・サルネス

フォルハス・デル・サルネス設立の陰には、近年のガリシア・ワインにとって重要な人物の1人が存在する。2001年に亡くなったフランシスコ・メンデス・ラレドだ。現オーナーのロドリゴ・メンデスが尊敬し、自分の最初の師と考える彼の祖父である。僅差で第2の師であり、やはりこのワイナリーの物語にも登場するのがラウル・ペレス、ビエルソ出身の著名な醸造家だ。

フォルハス・デル・サルネス設立の陰には、近年のガリシア・ワインにとって重要な人物の1人が存在する。すなわちフランシスコ・メンデス・ラレドだ。

フランシスコは1980年代にこのDOを支援した有力者の1人だっただけでなく、北西部の最も興味深いワインづくりのプロジェクトを2つ立ち上げた。最初に生まれたのは広く評価されているサルネスのセラーであり、彼はその葡萄畑と設備を息子のヘラルドに譲った。次にフランシスコは、文字どおりゼロから別の非常に有望なベンチャー事業、フォルハス・デル・サルネスを始めた。彼は間接的にワインにも名前を貸している。最初は息子が彼への賛辞としてニックネームの「ペペ・オ・フェレイロ」を採用し、次に孫が彼に敬意を表して、彼がムール貝を採るための金属かごの会社につけたのと同じフォルハス・デル・サルネスという名前をワイン醸造会社につけた。

息子のヘラルドに譲った会社には干渉しないというフランシスコの決意が、赤ワインに集中するという彼の——後にロドリゴも採用した——決断に影響したのだろう。だからこそ、1980年代に「ペペ・オ・フェレイロ」によって植えられた新しい葡萄畑はすべて地元の赤品種、すなわちカイーニョ、ロウレイロ、そして少量のエスパデイロだったのだ。そして、2003年にラウル・ペレスに出会ったロドリゴは、彼にアルバリーニョ葡萄を売るとき妙な取引を提案した。「ここで赤ワインをつくるのに協力してくれたら、葡萄の代金はいただきません」。この前途有望な協力体制が初めて出した結果が、2005の赤のゴリアルド・カーニョとゴリアルド・ロウレイロである。しかし当然のことながら、ロドリゴはペレスから「このようなアルバリーニョの畑があるのなら、白ワインもつくらないのは明らかに間違いだ」と言われ、その強い薦めに抵抗できなかった。したがって、その初ヴィンテージの2005にはレイラナも初めてリリースされた。

その素晴らしいアルバリーニョの葡萄樹は、ロドリゴとその叔父でボデガの共同オーナーであるパコ・メンデス・ラサロが、彼の母親から受け継いだものだ。メアーニョにあるオ・トロノ畑は、ロドリゴの母方の曾祖母によって植えられたのである。フォルハス・デル・サルネスの葡萄畑は、この地方の典型である。土地の小さな区画は最大で1ha（いちばん大きい区画はシルにあるセステイラで、ちょうどこの面積）で、樹齢はオ・トロノのフィロキセラ禍前のパラスから、最近サコベイラデ・アバイソ（シメス）とセステイラ・デ・アルバイソ（シル）に格子垣で植えられた赤のロウレイロ、さらにア・テジェイラ（デナ）のような樹齢25年の畑まで、実にさまざまである。ボデガは3ha以上を所有しているが、最近自分たちで植えたのでこの面積はまもなく増える。さらに、年齢や関心が葡萄畑に向かなくなった隣人の畑も数ha管理していて、そのうちメアーニョにあるカイーニョ・ティントとアルバリーニョの1haは、樹齢が120年から200年である。

増えつつあるワインの品ぞろえは、ラウル・ペレスが自分のためにこのボデガでつくっているもの（スケッチとムティ）を除いても十分に幅広い。白はつねにアルバリーニョのバラエタルだ。レイラナの生産量が最大だが、レイラナ・バリカ（オ・トロノの葡萄を使っている）、レイラナ・ア・エスクサ、ゴリアルド・ア・テジェイラもある。ゴリアルド・ア・テジェイラはラウル・ペレスのスケッチの双子の兄弟のようなものである。ア・テジェイラ畑のアルバリーニョ葡萄は75ℓ樽2つを満たすのがやっとなので、1つはスケッチとして、もう1つはロドリゴのゴリアルド・ア・テジェイラとして瓶詰めされる。

上：ロドリゴ・メンデスと祖母。フォルハス・デル・サルネスが所有するフィロキセラ禍前の最古のアルバリーニョ葡萄樹の中には、彼女から受け継がれている者もある。

極上ワイン

Goliardo reds: Caíño, Loureiro, Espadeiro
ゴリアルドの赤：カイーニョ★、ロウレイロ、エスパデイロ★

　ここで生産される3種類のバラエタルの赤（および時々加わる3品種のブレンドであるバスティニョン・デ・ラルナ）は、ア・テジェイラから収穫される葡萄を除梗してつくられる。低温マセレーションしてから発酵させ、果帽を1日3回沈める。圧縮してさらに固形物と接触させたあと、ワインはマロラクティックを施され、それから12カ月、さまざまな年齢のフレンチ・オーク樽で熟成される。出来上がるワインは独特の風味があるが、気品があってエレガントでもある——最近の難解なガリシアの赤に見られる非常に洗練された表現だろう。このボデガの葡萄栽培とワインづくりに対する徹底した献身に、ガリシアの気候条件を加えれば、ヴィンテージによる変動が目立つのは必然である。生産量が非常に少ない場合は余計にそうなる。ここで言っているのは、2008のゴリアルド・エスパデイロの2100〜2600本、あるいはマグナム・ボトルわずか133本のことだ。この状況で樽を選ぶ余地はあり得ない。ワインは醸造家が解釈したとおりのヴィンテージを忠実に表す。そして醸造家がロドリゴ・メンデスとラウル・ペレスであれば、それがよいことであることは間違いない。

Bodegas y Viñedos Forjas del Salnés
ボデガス・イ・ビニェードスフォルハス・デル・サルネス

葡萄畑面積：12ha　　平均生産量：2万5000本
As Covas 5, 36968 Meaño, Pontevedra
Tel: +34 699 446 113　Fax: +34 986 742 131
rodri@inoxidablesdena.com

RÍAS BAIXAS

Adega Pazos de Lusco アデガ・パソス・デ・ルスコ

　このワイナリーは、ベテラン醸造家のホセ・アントニオ・ロペス・ドミンゲスによって、ルスコ・ド・ミーニョの名で設立された。彼はアメリカの輸入業者のスティーヴン・メツラー、およびアルムデナ・デ・ラグノと、チームを組んでいた。2007年、行動的なビエルソのワイナリー、ドミニオ・デ・タレスがこの会社の大株主となった。

　ワイナリーが位置するコンドード・ド・テア小地区は、バル・ド・サルネスやオ・ロサルのようにミニフンディオ制度が普及していない。そのため、地元ではカサ・デ・ブガジャルと呼ばれるパソ・ピニェイロのような比較的大きな地所もありうる。16世紀の──19世紀に改装された──領主の館はアルバリーニョの葡萄樹に囲まれていて、現在、アデガ・パソス・デ・ルスコの経営拠点になっている。今世紀初め、1970年に植えられた5haの葡萄畑に隣接する畑が追加され、自社畑の合計面積は6haになった。

　ルスコのワインに使われる他の葡萄は、アス・ネベスの地元の小規模栽培農家から買い入れられている。同社の創立者ホセ・アントニオ・ロペスによって結ばれたこの契約は、農家が収量を増やしすぎないように、生産量ではなく面積をベースにしている。さらに同社の環境保護の原則にも、土着酵母の命に欠かせない微生物の活動を保証するための、殺虫剤使用禁止も盛り込まれている。このような葡萄を使用し、さらに厳密な温度管理と澱の上でのワイン熟成を行うことが、同社のワインづくりの主要な基準である。

　技術的な観点から見ると、このボデガにとって大きな前進は、ドミニオ・デ・タレス・グループの外部コンサルタントとして、ラファエル・パラシオス──バルデオラスのアス・ソルテスの有能なワイン醸造家──が加わったことである。パラシオスがアドバイスしたアデガ・パソス・デ・ルスコの初ヴィンテージは2009だった。

　時間と経験によって、最高のアルバリーニョは長寿であると信じられるようになってきている。瓶詰めしてから2、3年後までもつだけではなく、個性とストラクチャーという意味で、その頃はじめて本領を発揮できるワインなのだ。これはルスコ・ド・ミーニョが設立されて以来続いている考え方であり、このボデガの主要ワイン2つは今や一流の仲間に入っていることは間違いない。旗艦キュベ──1996ヴィンテージから名前はルスコ──は1990年代のリアス・バイシャスにおける品質革命のリーダーだった。そしてこのボデガは単一畑のパソ・ピニェイロもリリースしている。どちらのワインもステンレス槽内の澱の上で9カ月も熟成されてから瓶詰めされる。

　最近、もっと手ごろな3番目のワイン、シオスがアメリカ市場向けに発売された。しかしこれはワイナリーが戦略の基礎にしたいスタイルではない。このワイナリーはもっと高級な市場を追求していて、とくにルスコ・アルバリーニョ──年に5万5000本──は生産の核である。

極上ワイン

Pazo Piñeiro Albariño
パソ・ピニェイロ・アルバリーニョ

　このワインの名前はサルバテラ・ド・ミーニョにある畑に由来している。そこに1970年に植えられた5haのアルバリーニョの葡萄樹は、同社のいちばんの宝である。ワインの独特の個性はパソ・ピニェイロの並外れた葡萄樹が生み出すものだ。若さと収量が過剰で培養酵母が乱用されているありふれた量産のアルバリーニョ・ワインとは、スタイルがかけ離れている。このワインは辛口でミネラルがあり、新鮮でフルーティー、奥行きがあって余韻が続く。他の本格的アルバリーニョと同様、長所は3年目からはっきり表れる。2005と2006のヴィンテージは素晴らしかったが、2007と2008は十分な品質がないと判断された。2009は、この小地区の最高のヴィンテージだと断言できないにしても、非常に有望と思える(ルスコ2009は実際に有望だ)。平均生産量は3500〜5000本。

Adega Pazos de Lusco
アデガ・パソス・デ・ルスコ
葡萄畑面積：14ha　平均生産量：6万本
Lugar de Grixó – Aixén
36458 Salvaterra do Miño, Pontevedra
Tel: +34 987 514 550　Fax: +34 987 514 570
www.lusco.es

RÍAS BAIXAS
Bodegas La Val ボデガス・ラ・バル

1985年に設立されたボデガス・ラ・バルも、DOリアス・バイシャスを最初から推進してきたつくり手グループのオリジナルメンバーである。創立者のホセ・リメレスにとって、当初の動機は自分のレストランに供給するのに十分なワインをつくることであり、社名は簡単に見つかった。自分が買った最初の葡萄畑から借りてきただけだ。当初のラ・バル畑──ミーニョ川河口に近いオ・ロサル小地区──にあった3haのアルバリーニョ、ロウレイロ、トレイシャドゥーラに、1985年、コンダード・ド・テアの中心部にある2つの大きなアルバリーニョの畑、アランテイとタボエクサが加えられた。アランテイにはボデガのワイン生産設備もあるので、このボデガは正式にはコンダード小地区に入っている。

数年後の1998年と2001年、さらに2つの葡萄畑が買い取られた。サン・グランデ(オ・ロサルのアルバリーニョとカイーニョ3.5ha)とペセゲイロ(トゥイの最近植えられたアルバリーニョ18ha)である。地区や品種や樹齢に関係なく、どの畑でもエンパラドで整枝されている。2010年、このボデガが所有する葡萄畑が再編成され、オ・ロサルにある畑の大部分が売却されて、ボデガの活動がコンダード小地区にさらに集中するようになっている。

ボデガス・ラ・バルが所有する葡萄畑の大半にアルバリーニョが植えられているということは、この葡萄がここのワインに果たす役割がどれだけ重要かを物語っている。最上級のラベルはすべてアルバリーニョのバラエタルだ。主要ワインのラ・バル・アルバリーニョはその典型であり、低温マセレーションとワインづくりの全工程の温度管理によって、新鮮でフルーティーな白が生まれる──この葡萄を純粋に表現する媒体になっている。もっと凝ったスタイル、たとえばワインをフレンチ・オークで熟成させるラ・バル・フェルメンタード・エン・バリカでも、澱の上で熟成させるラ・バル・クリアンサ・ソブレ・リアスでも、単一畑の葡萄からつくられるフィンカ・デ・アランテイでも、アルバリーニョが主役であることは変わらない。

ラ・バルの品ぞろえには、葡萄の蒸留酒とビーニャ・ルディも含まれる。ビーニャ・ルディはオ・ロサルの葡萄からつくられるフルーティーなリアス・バイシャスで人気の白ワインで、アルバリーニョとロウレイラにいくらかトレイシャドゥーラとカイーニョを加えたブレンドである。品種ごとに別々に醸造されてからブレンドされる。

極上ワイン

Finca de Arantei Albariño
フィンカ・デ・アランテイ・アルバリーニョ

フィンカ・デ・アランテイの原料は、同じ名前の葡萄畑の葡萄だけである。そこはボデガス・ラ・バルの最大の自社畑であり、ミーニョ川右岸の内陸という位置、向き、そして土壌成分(砂と小石)のおかげで、どのヴィンテージもガリシアで最初に収穫される区画である。ラ・バルのチームはこの別格のワインを最高のロットから厳選し、ヴィンテージによっては2002(ラベルはトレス・デ・アランテイ)や2006のような並外れた成果が得られることもある。そのような年のフィンカ・デ・アランテイ・アルバリーニョは、最高に気品のあるアルバリーニョの複雑さ、強さ、そしてフィネスを兼ね備え、さらに瓶の中で見事に発展する可能性がある。

La Val Crianza Sobre Lías
ラ・バル・クリアンサ・ソブレ・リアス★

これは感動的なワインだ。細心の注意を払ってつくられており、今までリリースされた数少ないヴィンテージは十分に納得がいく。最近、アルバリーニョ・ワインを洗練されたものにするには、ステンレス槽内の澱の上でつくるのか、それともオークでの発酵と熟成なのか、議論されている。私たちの意見では、前者がアルバリーニョの真の品質を表現する最善の方法であり、このワインがその有力な根拠である。定期的にリフレッシュされる澱の上でワインが寝かされる3年間は、すっきりしたミネラルの香りを高める。その香りはエレガントだが力強い風味と、長く複雑な余韻と相まって、最高のジャーマン・リースリングに匹敵する。ほどよく空気にさらすことで、ワインの特徴がうまく出てくる。2003と2004は素晴らしいヴィンテージで、気を配るに値する。

Bodegas La Val
ボデガス・ラ・バル

葡萄畑面積:58ha　平均生産量:40万本
Barrio Muguiña s/n – Arantei
36458 Salvaterra do Miño, Pontevedra
Tel: +34 986 610 728　Fax: +34 986 611 635
www.bodegaslaval.com

RIBEIRO
Viña Meín ビーニャ・メイン

ス ペインの大西洋岸のテロワールが示すはずの長所の多くは、この2、30年でようやく明らかになった。最高の地元品種——長年、より高い収量を求める競争の中で見捨てられていた——の復活と、各地域の本質を表現できる近代技術のおかげだ。DOリベイロ全般がこの現象を如実に表している。この地では技術が利用できるようになったおかげで、多くの小規模栽培家が独自のワイン（コレイテイロス）をつくることができるようになった。高生産量という1970年代のモデルが崩れた後すぐに生まれたビーニャ・メインは、この意味でも先駆的なワイナリーである。

オレンセとミーニョ川に近いアビア川沿いに位置するレイロは、ワインづくりの長い伝統を誇っている。その起源はサン・クロディオのシトー修道会である。葡萄畑に覆われたこの谷に広がるワインに熱心な雰囲気を最初につくり出したのは、その修道士たちだった。この地域のワインづくりの歴史の中で、ビーニャ・メインは比較的若いワイナリーであり、スペインにおける上質なワインづくり推進の一環として、1980年代末に設立された。その若さにもかかわらずDOリベイロの品質の基準となっており、映画監督ホセ・ルイス・クエルダ（ちなみに彼のワインはサンクロディオと呼ばれる）が率いるベンチャーのような、もっと最近の高品質ワイナリーにとっての手本である。ビーニャ・メインの社長を務めるハビエル・アレンは、2009年の収穫は平均より20%も少なかったので、ワイナリーの設立後初めて、需要を満たすために葡萄を買わなくてはならなかったと、2010年に語っていた。その買い入れられた1万kgの葡萄はまさに、最近クエルダが買い取った葡萄畑から供給されている。まったく同じ理由で、ビーニャ・メインは新しく2haの葡萄畑もサン・クロディオに買い、2011年に植え直すことを計画している。

ハビエル・アレンと並ぶもう1人の重要人物は、1988年にプロジェクトが始まった時から深くかかわっているリカルド・バスケスである。初期には、植え替えと葡萄畑の管理の責任者だった。バスケスは1993年に生産が始まるとセラーに入り、それ以来、葡萄畑の仕事は息子に譲って自分はセラーマスターを務めている。

高生産量モデルの失敗の結果、主にパロミノを植えられていた畑の多くは打ち捨てられた（いまだにそのままのケースもある）。ハビエル・アレンと仲間たちがこの20年で土着品種に植え直しているのはそういう区画16haであり、アビア渓谷のゴマリスおよびサン・クロディオの南東向き斜面に散らばっている（リベイロというDO名は、その所在地であるアビアの「川岸」を表すガリシア語のリベイロに由来する）。主流の品種（約75%）は地元のトレイシャドゥーラだが、全体ではゴデージョ（12%）、ロウレイラ（4%）、トロンテス（3%）、アルバリーニョ（3%）、ごくわずかなアルビージャとラドに地元の赤品種など、さまざまな品種の寄せ集めである。トレイシャドゥーラを主役とするこの多品種性は、ガリシアの他のDOに見られる単一品種の流れに抵抗する地元の伝統とぴったり調和している。

最初に植え直された葡萄畑はサン・クロディオのセラーの周囲にある。3.5haにトレイシャドゥーラ（90%）、ロウレイラ、トロンテスが植えられている。彼らの葡萄畑はすべてそうだが、土壌は主にサブレゴと呼ばれる分解した花崗岩と粘土の混ぜ合わさったもの。地所を出ると、別の6haが左（クニャス）と右（コスタス）に均等に分かれている。ゴマリスには3ha、デハ・ド・サルのゴデージョ1haとビレルマのトレイシャドゥーラ2haがある。オセベにはゴデージョ1haと赤品種0.5ha。オス・パウスとガジェゴス、さらにサン・クロディオの小さい区画で葡萄畑の総面積になるが、稼働中の畑は間もなく合計で15haになるはずだ。

旗艦ワインのほかに、ビーニャ・メインは2000ヴィンテージから樽発酵の白をつくっている。大きなオーク槽でつくることもあるが、最近では小さい600ℓの樽でつくることもある。リリース時には新オークが際立つことが多く、そのため、同社のワインのシャープなテロワールの特徴よりも、クリーミーでスパイシーなオーク香を好む市場にはアピールする。きわめて対照的な特徴だ。

右：ハビエル・アレンが率いるビーニャ・メインは、設立間もないにもかかわらず、すでにDOリベイロにおける品質の基準になっている。

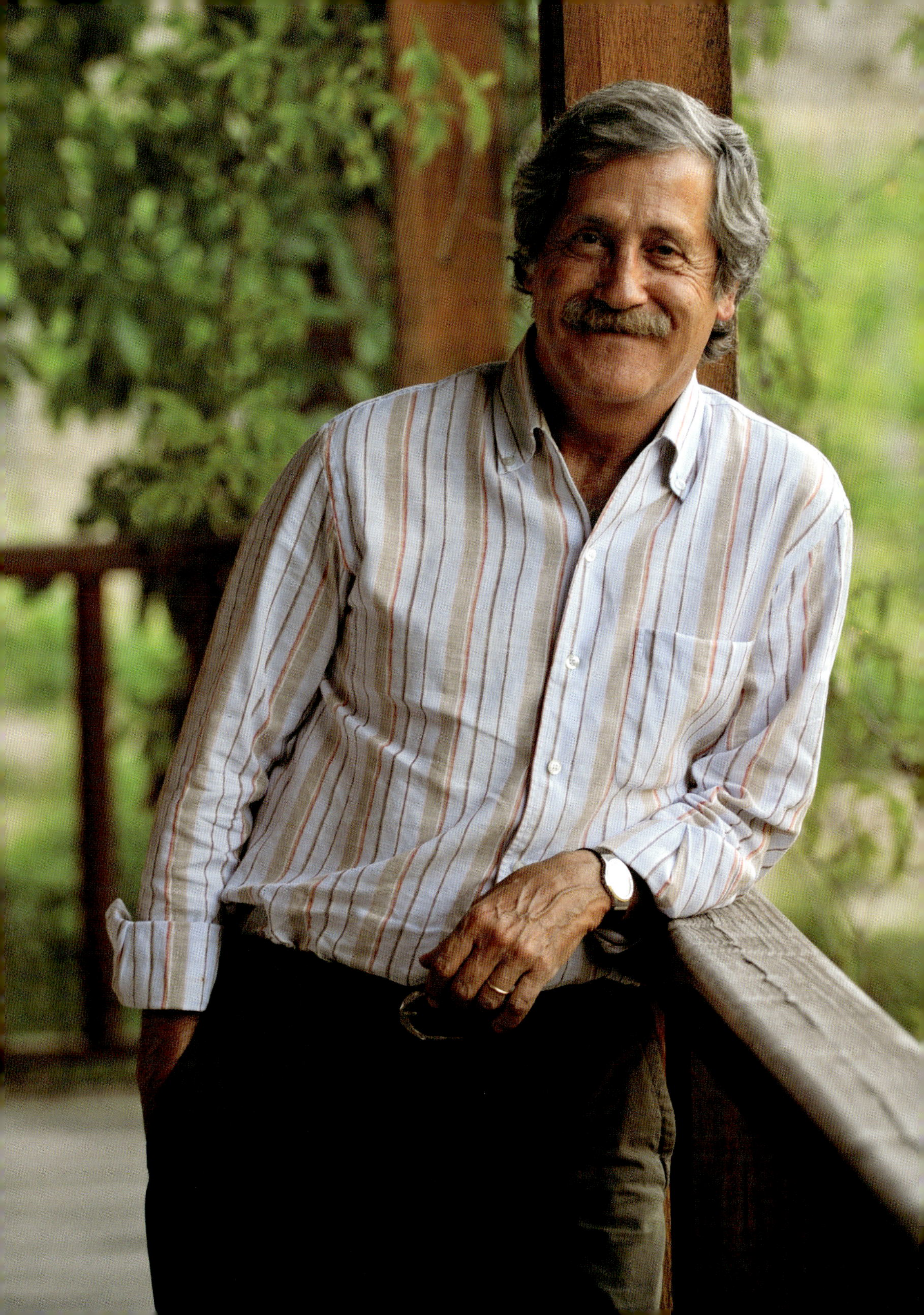

VIÑA MEÍN

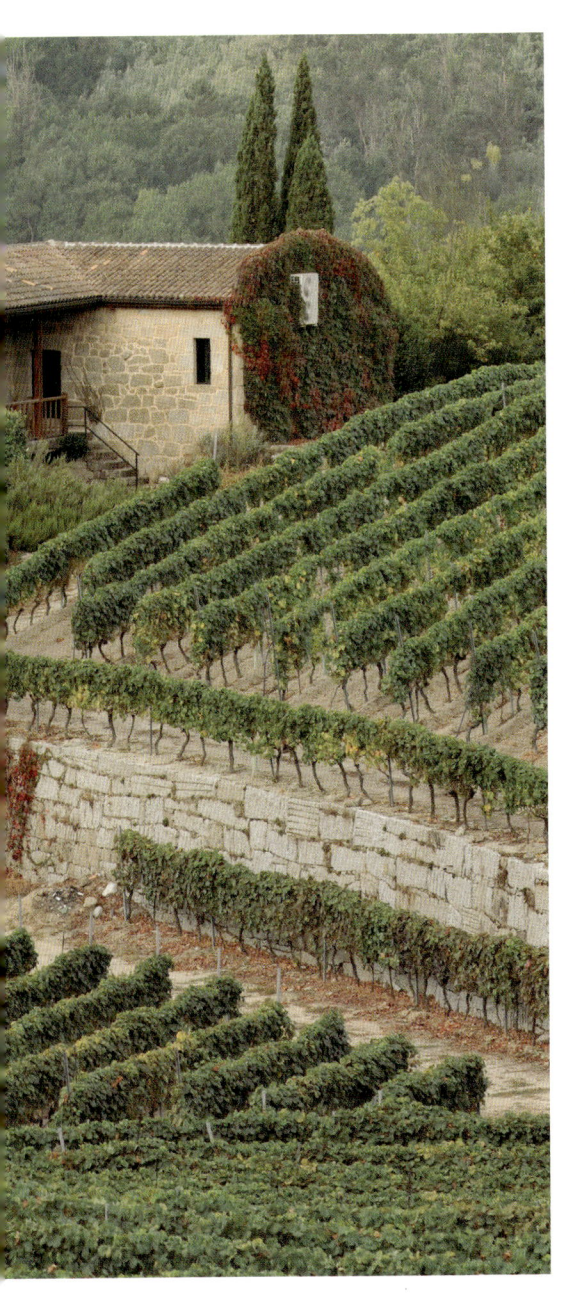

少量生産の赤もあり、地元品種のカイーニョ・ロンゴ、メンシア、そしてフェロンからつくられる。ビーニャ・メイン・ティント・クラシコの原料はオセベにある単一畑から運ばれ、典型的な強い酸味とエキス分、そして深い色を示している。

極上ワイン

　旗艦ワインは1995年の発売以来（初ヴィンテージは1994）、ワイナリーの名前を冠している。それが年間生産量の90%以上を占め、このワイナリーが築いてきた評判の土台である。さらに、同社の「魔法」と信頼性を伝えるワインでもある。このオークを使わないワインが目指すのは、果物を最も純粋に表現することであり、それは引き締まったストラクチャーによって1つにまとまる。ステンレス槽内の澱の上で6〜8カ月寝かされてから瓶詰めされるこのワインは、トレイシャドゥーラを主役とし（ヴィンテージによって70〜85%）、地所にあるすべての品種のブレンドである。ビーニャ・メインの最高のヴィンテージ——たとえば2004★や2001★——は、若いときの香りの強さと新鮮さ（ベイリーフ、白い果物、ジューシーな酸味）と、2〜3年の瓶熟——アロマが発展するのに必要な時間——を経た高貴な成熟度が組み合わさっている。2007年以降、このワインは2種類の形式で瓶詰めされている。地元の市場向けのラベルは1990年代に人気を博したときのままだが、スペインの他地域と輸出市場向けにはもっとモダンなラベルが貼られ、「セレクシオン・デ・コセチャ」と記されている。

左：眺めの美しいビーニャ・メインのワイナリーは葡萄樹に囲まれている。アビア渓谷一帯を覆う葡萄樹は、最初にシトー修道士によって植えられた。

Viña Meín
ビーニャ・メイン

葡萄畑面積：16ha　　平均生産量：10万本
Lugar de Meín s/n, 32420 Leiro, Ourense
Tel: +34 617 326 248　Fax: +34 988 488 732
www.vinamein.com

RIBEIRO
Emilio Rojo エミリオ・ロホ

エミリオ・ロホは、スペインに大勢いる「大地に帰る」葡萄栽培家と同様、現代的な都市での現代的な生活と現代的なキャリアをあきらめた。しかし他の人たちとは違って、彼はガリシア南部のアビア川を囲む葡萄畑を一度も離れたことがないかのように見えるし、そうふるまっている。この小柄な男性はさっそうとしていて、非常に個性的なワインを初めてリリースするとすぐに、その風采がスペインと外国のジャーナリストを惹きつけた。

アメリカ人のワインライター、ブルース・ショーンフェルドが彼を生き生きと描写している。「個性的なエミリオ・ロホは、わざと現代的なものに背を向けて、かまぼこ形兵舎風の建物で仕事をしている。ごわごわした口ひげをはやして黒い野球帽をかぶった姿は、雑誌の写真やシンポジウムで見かけられ、スペイン中のワインシーンですぐにそれとわかる。しかしスペインの消費者には、彼のワインを実際に見たことがない人が多い」

いや、どこの消費者でも彼のワインを見たことがある人は少ない。自分の1.5haの小さな段々畑の葡萄しか醸造する気がないので、生産量は非常に少ない。「南や西ではなく東向きなので、葡萄がゆっくり熟し、遅く収穫されるので、私が望む繊細なワインができる」からだ。さらに、彼がつける価格はリベイロ地方で最も高い。

ロホは2000年頃、当時忘れられて孤立していたワイン産地で初めて、マスコミで取り上げられてすぐにそれとわかる人物になった。その地は、巨大ワイナリー、マンモス協同組合、そして特大のネゴシアン会社が一般的なスペインの他の地域とは大きく異なる。ガリシアではミニマリズムが優勢である——実際、非常に小さい地所のミニフンディオが、この地域の農業のルールである。

スペインワインを扱う評判の高いアメリカの輸入業者、アンドレ・タメルスが21世紀の初頭、ロホに目をかけ、そのおかげで内気な栽培家がアメリカでマスコミに取り上げられるようになった。そんなことは多くのヨーロッパのワイン生産者はふつう、夢見ることしかできない。「私はアンドレと出会えて幸運でした」と彼は言う。「彼が国際市場に私を紹介してくれました」。

それでも彼はまったく変わらなかった。よりよいワインをつくるために、生産量を「増やすのではなく減らし」たいのだと言っている。そして彼は相変わらず「リベイロの世捨て人」と呼ばれる。つねに状況に目を光らせておくために、収穫期には発酵槽のそばの折り畳みベッドで眠る人だ。

ずっと前からそうだったわけではない。彼の経歴は非常に地味である。同じレイロ村で葡萄栽培と製粉業を営む一族の出であり、その村に現在また住んでいる。しかし彼は奨学金を得て大学に通い、卒業することができた——農業エンジニアやワイン醸造研究者ではなく、通信エンジニアとして。

大企業で出世街道を歩んでいた1982年、30歳の時、彼は出世競争は自分に向かないと判断した。ロンドンで1年、そしてレイロでさらに2年、「何もしないで」過ごす。その後の1987年に父親が引退すると、彼は質素な家族のセラーを引き継ぎ、バルクワインをつくるのをやめて、瓶詰の上質な白ワインに関心を持つようになった。その年、彼は最初の5000本をつくっている。

その長期休暇が彼の人生観をすっかり変えていた。1980年代にごく少数の人々がやっていたように、損なわれたテロワールとリベイロの品種の多様性を取り戻したいという思いに駆られたのだ。フィロキセラに襲われた後、平凡なパロミノと黒い果肉のガルナッチャ・ティントレラが、たいてい肥沃すぎる谷床に植えられていた。

ロホは妻が相続した2つの急斜面の葡萄畑を選び、花崗岩の巨岩で苦心して段々畑を修復し、そこに繊細なトレイシャドゥーラをはじめ、長い間かえりみられなかった低収量の土着品種を植え直した。

その場所はイベド（「オリーブ林」）と呼ばれ、30の小さい段々からなっていて、高度は140m、花崗岩土壌である。東向きなので収穫日は遅く、たいてい10月初旬になる。

ワインづくりは単純だが大変な努力を要する。葡萄をつぶし、低温（20〜22℃）のステンレス槽で、培養酵母をいっさい使わずに発酵させる。その後、でき上がったワイ

右：「リベイロの世捨て人」、エミリオ・ロホの完璧主義のワインには、アメリカに熱狂的なファンがいる。

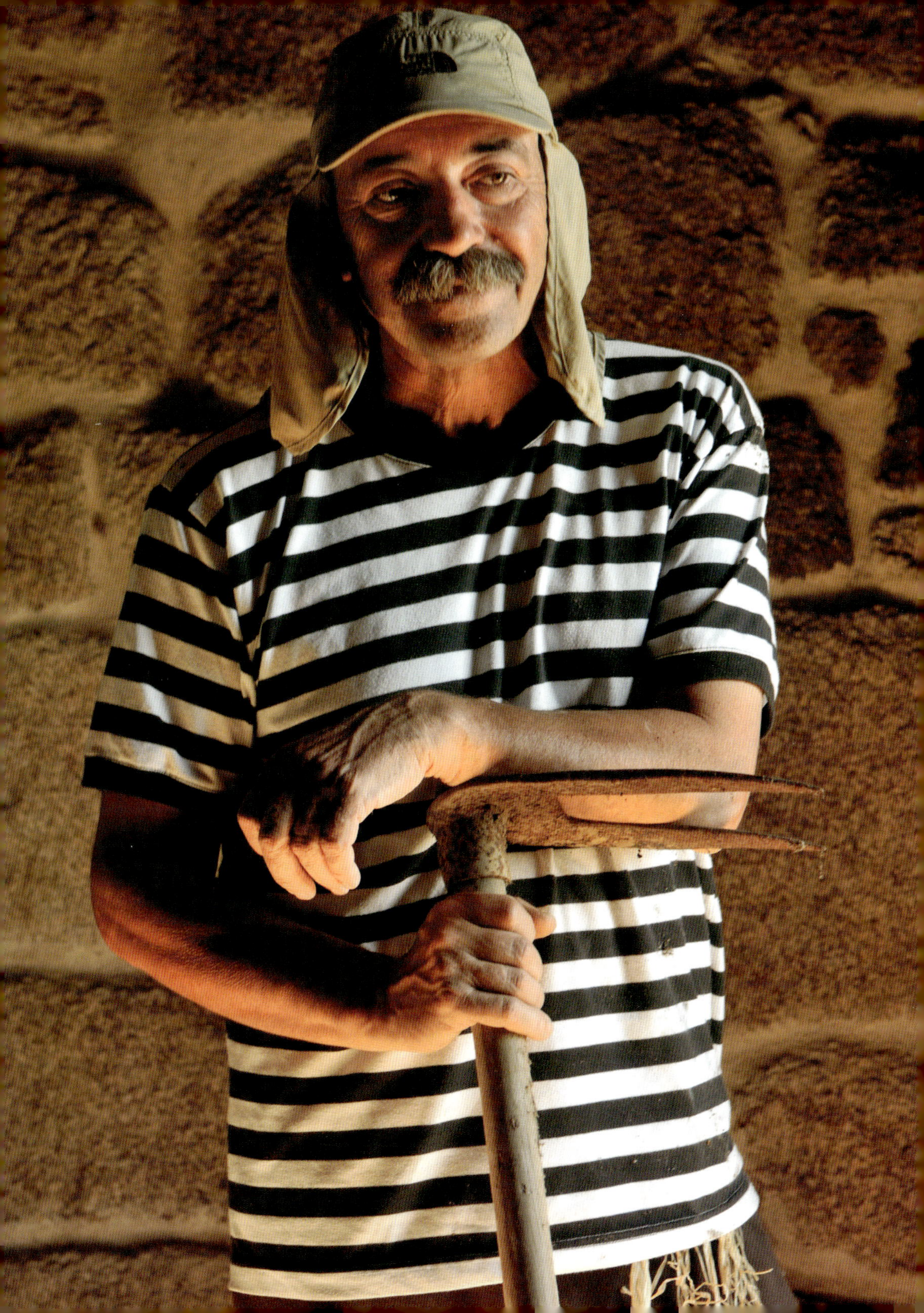

上：誇らしげに土着品種を記したロホのラベル。彼自身の手で9000本のうちの1本に貼りつけられている。

ンをやはりステンレス槽内の細かい澱の上でしばらく寝かせてから瓶詰めする。

　熟成向きの白が一般的な国の消費者より、スペインの消費者のほうが、ロホのワインの真価を理解できないことが多い。白のボトル——どんな白のボトルでも——を開けるのに2〜3年も待ちたくないという同国人の気持ちは、真の理解を妨げる。リリース時には閉じていて無表情に思えることが多いロホのワインは、時間が経つと、渋みのあるしっかりしたミネラルを感じさせるが、繊細な花の香気とフルーツの風味を完全に隠すことはなく、その複雑な組み合わせは上品でデリケートとしか表現のしようがない。生き生きした酸味のおかげで、美味しい大西洋のシーフードと合わせたくなるワインになっている。

　そのような洗練されたものに鈍感で、ロホの業績に注目すべき別の理由を見つけたスペインのマスコミ報道もある。「このワインはアメリカで150ドルの値がついている」と、マドリードの有力紙は大げさに騒ぎ立てた。いや、もちろん真実ではない——ロホはまだコシュ＝デュリの域には達していない。しかし、確かに50〜60ドルくらいで売られていて、スペイン産の白ワインにとってはどんな市場でも滅多にないことだ。

　価格がいくらであれ、それでロホが金持ちになったわけではない。販売量が年に1万本にも満たないのであれば、コスタ・デル・ソルに別荘は買えない。彼は知っている。自分は有名になっているのだから、もっとたくさんのワインをつくって売ることを考えてもよいことを知っている。しかし彼は肩をすくめるだけだ。彼が望むのはできる限りよいワインをつくることだけ——そしてこれがそれなのだ。

極上ワイン

Emilio Rojo
エミリオ・ロホ★

　これはエミリオ・ロホの唯一のワインだ——フィールド・ブレンドで、主体のトレイシャドゥーラは通常55〜75％を占める。相当量のラドのほか、アルバリーニョ、ロウレイロ、トロンテスがさまざまな割合で入っている。

Emilio Rojo
エミリオ・ロホ

葡萄畑面積：1.5ha　平均生産量：9000本
Rey de Viana 5, 32420 Leiro, Ourense
Tel: +34 600 522 812
vinoemiliorojo@hotmail.com

RIBEIRO
Coto de Gomariz　コト・デ・ゴマリス

ゴマリスの葡萄畑をファンは「金の貝殻」と呼ぶ。秋に丘の頂上からサン・クロディオ修道院を見下ろすと、本当にそのように見える。シトー修道会の修道士が11世紀に葡萄栽培を導入し、中世には高い評価のワインをつくった。その畑を共有するワイナリーは3つある——コト・デ・ゴマリス、ビレルマ、そして今は映画監督のホセ・ルイス・クエルダが所有するモナステリオ・デ・サン・クロディオである。

3つのうち、最も意欲的で注目に値するのがコト・デ・ゴマリスであり、経営するのは葡萄樹とワインを熱狂的に愛する若い2人、オーナーのリカルド・カレイロと醸造家のホセ・ロイス・セビオだ。2人はガリシアにおける赤葡萄品種復活の先頭に立ち、リベイロでとりわけ表現力にあふれた白ワインをつくり、現在、完全なバイオダイナミック農法に移行しつつある。「うちの葡萄畑を見わけたければ、地面に草がいっぱい生えている畑ですよ」とセビオは言う。「そのせいで悩みもあるし、葡萄樹に害が及ぶこともありますが、除草剤を使うのはいやなんです」

最も古い葡萄樹は1979年に植えられている。総面積は27ha、この地域にしては広い。植樹密度は5000〜7000本/haで、斜面の段々畑にしては高い。例によって、競争を高めて葡萄樹1本当りの収量を品種にもよるが1〜1.5kgまで減らし、この涼しくて湿度の高い気候でよく熟すようにするという考えだ。葡萄樹はすべて格子垣で整枝されている。花崗岩土壌は片岩の断片が混ざっており、底土には粘土が含まれるので、干ばつのときに水分を保持するのに役立つ。

1978年、カコ・カレイロ——現オーナーの父親——がこの地所に、フィロキセラ禍以降、見捨てられていた土着品種を植え直し始めた。そして1987年にその葡萄樹からワインをつくり始めた。現在のワイナリーは、伝統的な建築と最先端のセラー技術を組み合わせたもので、2001年に建設されている。そこには蒸留酒の製造所もある——ガリシアでは必須ともいえる補足設備だ。

若いほうのカレイロとセビオは品ぞろえを拡張し、槽と樽で熟成する白と、本格的なオーク熟成の赤ワインを加えた。地元の葡萄品種を正式に認められる前からブレンドしている。重要なのはカラブニェイラ。リベイロの土着品種で、国際的にはトウリガ・ナシオナルというポルトガル名のほうがはるかによく知られている。

隣接するDOリアス・バイシャスの当局(自分たち以外は世界中の誰にもアルバリーニョを使ってほしくないと思っている)にとって非常に残念なことに、とりわけ著名なゴマリスのワイン、エンコスタス・デ・シスト(「片岩(シスト)の斜面」)は95%アルバリーニョで、5%がトレイシャドゥーラだ。原料が収穫される片岩の露出部は、通常のリベイロにはない熱を必要とするアルバリーニョの生長に役立つ。コジェイタ・セレクシオナダ——トレイシャドゥーラ主体で、ブルゴーニュ産の新しい500ℓのオーク大樽で発酵——とオークを使わない白、さらにソウソン、ブランセジャオ、カイーニョ・ロンゴ、メンシアでつくられ、中古のオーク樽で1年熟成される新鮮で香り高い赤もある。DOを記さない魅力的な赤もあり、たとえばVXキュベ・カコはソウソン、カイーニョ・ロンゴ、カイーニョ・ダ・テラ、カラブニェイラ、メンシアのブレンドで、フレンチ・オークとアメリカン・オークの新樽で大胆に20カ月熟成される。

極上ワイン

Colleita Seleccionada
コジェイタ・セレクシオナダ ★

スペインのどんな樽発酵の白にも負けないくらい印象的である。その理由はいろいろあるが、何よりも、オークがほんのわずかしか感じられず、唯一の効果は、この強烈でバルサム質の余韻の長いワインの、爆発的で複雑な香りのよい風味をさらに高めていることだ。

Coto de Gomariz
コト・デ・ゴマリス

葡萄畑面積：27ha　平均生産量：6万本
Barro de Gomariz,
32429 Leiro, Ourense
Tel: +34 671 641 982　Fax: +34 988 488 174
www.cotodegomariz.com

RIBEIRA SACRA
Dominio do Bibei ドミニオ・ド・ビベイ

紀元後1世紀にローマ人が内陸の平野と大西洋をつなぐためにビベイ川に架けた象徴的な橋の近くに位置するこの生産者は、2002年に初のワインをリリースして以来、最近のリベイラ・サクラにおける小規模生産者の覚醒の鍵を握っていた。ドミニオ・ド・ビベイ自身はこの地域の他の生産者とはまったく違っていて、決して小さいとも地味だとも言えない。

このワイナリーは、実業家として成功している(そしてメンドイア生まれの)ハビエル・ドミンゲスが、地域のワイン産業を活性化するために設立したもので、彼の独創力のおかげで、とんでもなく厄介なシル川とビベイ川沿いの葡萄畑がもつ潜在力への自信がおおいに高まった。ドミニオ・ド・ビベイの経営陣、スソ・プリエト、ラウラ・ロレンソ、ダビド・ブストス、アリン・ラスクが有する多くの資質の中でも、行動力はひときわ光っている。さらに、とくに初期のころに重要だったのは、プリオラート以外に初めて進出したサラ・ペレスとレネ・バルビエル・ジュニアの技術的な専門知識である。

地所の総面積は123ha、高度は200～700m──険しい斜面と、曲がりくねるビベイ川による入り組んだ地形のせいで、管理が不可能に思える地域である。リベイラ・サクラのキロガ・ビベイ小地区の気候は、大西洋の影響を受けるものの、ガリシアの平均だけでなく同じDOの他の小地区と比べても、はるかに乾燥していて(年間雨量700mm)、はるかに温暖である。そのため、葡萄畑のほとんどは西向きである。土壌は(必然的に区画によって異なるが)、リベイラ・サクラの大部分と同様、花崗岩ベースの粘板岩だが、粘土成分が他よりわずかに多い。

現在、30ha以上にさまざまな品種が植えられている。とくに古樹の10haはかなり雑然としている。新たな植樹はこの昔ながらの混成を尊重しながら、もっと整然としたやり方で植えているので、異なる品種を別々に収穫して醸造できるようになっている。若い葡萄樹はか弱くて数

右：醸造家のラウラ・ロレンソは、ドミニオ・ド・ビベイがリベイラ・サクラ全体に与えた活力を体現している。

リベイラ・サクラの真の精神、そしてドミニオ・ド・ビベイの
テロワール重視のアプローチが、フルーティーで単純なワイン、
ラポラ(白)とララマ(赤)に具現されている。

上：急斜面に並ぶ階段状の葡萄畑が、
牧羊など昔ながらの田園風景に溶け込んでいる。

年たたないと実らないし、極端にやせた土に根が深く入り込むには時間がかかる。主要な赤品種はメンシアで、それを補うのがガルナッチャ・ティントレラ(すべて古樹)と、もう少し実験的なベースで使われる地元品種のブランセリャオ、カイーニョ、グラン・ネグロ(またはベジャ・ダ・カサタ)、モウラトン、メレンサオ、そしてソウソンである。白ワインはミーニョの3品種、すなわちゴデージョ、トレイシャドゥーラ、アルバリーニョと、急減しつつあるドーニャ・ブランカ(地中海地方ではメルセゲラと呼ばれる)からつくられる。

ドミニオ・ド・ビベイはかなり単純なラポラ(白)とララマ(赤)のほかに、少量生産の単一畑ワインを2種類、毎年リリースしている。ラペナとラシマはそれぞれゴデージョとメンシアのバラエタルだが、ラペナ2009には少しアルバリーニョが入っているかもしれない。

極上ワイン

Lapola [V] and Lalama [V]
ラポラ★[V]とララマ★[V]

リベイラ・サクラの真の精神、そしてドミニオ・ド・ビベイのテロワール重視のアプローチが、フルーティーで単純なワイン、ラポラ(白)とララマ(赤)に具現されている。さまざまな畑で収穫された白葡萄(ゴデージョ、トレイシャドゥーラ、トロンテス、ドーニャ・ブランカ)のブレンドと赤(メンシア、ブランセジャオ、ガルナッチャ・ティントレラ)のブレンドである。ドミニオ・ド・ビベイでは、発酵工程には木またはコンクリートの大きい槽が好まれていて、ステンレス槽はほとんど使われない。ワインの熟成に新オークは用いられない——それどころか、新しく買った樽にはすぐに二流のワインが満たされ、それからラポラやララマなどの最上級ワインのために使われる。

Dominio do Bibei
ドミニオ・ド・ビベイ

葡萄畑面積：34ha　平均生産量：9万本
Langullo s/n, 32781 Manzaneda, Ourense
Tel: +34 610 400 484
www.dominiodobibei.com

RIBEIRA SACRA

Adega Algueira　アデガ・アルゲイラ

この会社は現オーナーのフェルナンド・ゴンサレス・リベイロによって1998年に設立された。しかし彼と妻のアナ・ペレスは、もっとずっと前からリベイラ・サクラに住んでいて、30年以上も自分たちの葡萄畑(現在11ha)を熱心に手入れしてきた。彼らがアマンディ小地区のドアデ(ソベル)に所有する6万6000本の葡萄樹は「ソルカコス」に植えられている。小さい段々畑を地元で(ポルトガルのドウロでも)こう呼んでいて、ここのような急斜面には何を植えて栽培するにも、この方法しかない。さらに6本の小さいモノレール——それぞれの長さが150m——もあり、それを使って葡萄や道具を輸送できる。

南向きの葡萄畑はシル川のほとりの非常に険しい片岩の斜面にあり、周囲の風景はドウロにそっくりだ。彼らが育てているのは地元の葡萄だけで、赤はメンシア、アルバレージョ、メレンサオ、カイーニョ、白はゴデージョ、ロウレイロ、アルバリーニョ、トレイシャドゥーラ。ワイナリーはロマネスク様式の修道院風に建てられた石造りで、オークとクリの木立に囲まれた閑静な場所にある。

ワインはオークで熟成され、必ず足で踏まれる。というのも、これが葡萄を傷つける(除梗機ではつねにそのリスクがある)ことなく抽出する最善の方法だと、フェルナンドらは感じているのだ。彼はそれをワイナリーの「脱機械化」と呼ぶ。他の伝統的手法もすべて使おうとしており、地元のオークからつくられた樽も試している。あちこちに姿を現すラウル・ペレスがこのワイナリーのコンサルタントを務めている。

同社のワインと見事な葡萄畑——「めまい」や「峡谷」というような言葉で表現されることも多い——はニューヨーク・タイムズ紙やル・フィガロ紙で称賛されているので、スペインよりも海外でのほうがよく知られている。アルゲイラのワインはリベイラ・サクラで最も上質でエレガントだと考える人が多い。彼らのレストラン、オ・カステロはいつでも観光客を受け入れ、ワイナリー見学も行っているが、これはこの地域ではいまだにきわめて珍しいことだ。

極上ワイン

アルゲイラという総称的な名前で、核となる3種類のワインがある。すべてブルゴーニュ型のボトルで売られており、白いシンプルなラベルにイタリックの文字が記されている。まず、オークを使わない白のブレンドが、ゴデージョ、アルバリーニョ、トレイシャドゥーラからつくられる。次に、樽熟成の白のブランコ・バリカがある。前述のワインと同じブレンドだが、フレンチ・オーク樽の澱の上で12カ月熟成されるので、ミネラルの特徴が際立っている。3番目は、メンシアの赤のバラエタル。たいていの人がスペインの赤に抱くイメージよりも上質のコート・ド・ニュイに近い。

Algueira Merenzao
アルゲイラ・メレンサオ

メレンサオはこのワインの原料となっている葡萄の名称である——リベイラ・サクラではカルナスまたはゴデージョ・ティントとも呼ばれる。さらに紛らわしいことに、ガリシアの他の地域やポルトガルではバスタルドとして知られているうえ、ジュラのトルソーにほかならない。ほとんど色のつかない葡萄であり、そのために流行らなくなったのかもしれない。フェルナンドとアナは、モンテレイのキンタ・ダ・ムラデージャのホセ・ルイス・マテオと同じように、それを復活させている。アルゲイラ・メレンサオ2008は素晴らしく、ふんだんな赤い果物とスパイスの香りにわずかな肉の香りが混じる。

Algueira Pizarra
アルゲイラ・ピサラ★

メンシアの果房をまるごと足で踏み、オーク槽で長期間のマセレーションとともに発酵させ、その後中古のフレンチ・オーク樽で13カ月寝かせる。葡萄は全葡萄畑中の最高のものが選ばれており、野生ベリーとミネラルを際立たせるおかげで新鮮なワインになり、もう1口(またはもう1杯、あるいはもう1本)飲みたくなる。ピサラとは土壌の主要成分である片岩または粘板岩を意味し、それがワイン全体に現れているように思われる。毎年2万2000本ほどつくられる。このワインは2005と2007のヴィンテージがお薦めだ。

Adega Algueira
アデガ・アルゲイラ

葡萄畑面積：11ha　平均生産量：7万本
Francos – Doade, 27424 Sober, Lugo
Tel: +34 629 208 917
Fax: +34 982 402 71
www.adegaalgueira.com

VALDEORRAS
Rafael Palacios ラファエル・パラシオス

パラシオス家は間違いなくスペイン屈指のワイン一族に数えられる。リオハにあるホーム・ワイナリーのパラシオス・レモンドは、彼らがみな生まれ育ち、ワインを飲み、愛し、つくることを覚えた場所だ。2代目は1980年代末のプリオラート革命を先導した。21世紀に入ると彼らはビエルソに行き、その復活にも大きな役割を果たした。その間、ホーム・ワイナリーも活動停止していたわけではなく、末息子のラファエル・パラシオスは兄や姉と同様、ワインに携わることになった。

1990年代前半彼はフランスで過ごし、ネゴシアンだけでなくペトリュスやムーラン・デュ・カデなどのシャトーでも働きながら、モンターニュ・サンテミリオンで醸造学を学んだ。そこでオーストラリアのワイン醸造家、ジョン・カセグレンに出会い、ニュー・サウス・ウェールズにある彼のヘースティングス・リバー・ワイナリーでともに働いた。さらに南オーストラリアのクナワラでも、ウィンズやペンフォールズのようなさまざまなワイナリーで一定期間仕事をしている。このように多くの経験を積む間に、彼は白ワインに対する真の情熱をはぐくみ、うまくつくる方法を学んだ。

> ラファ（みんなが彼をそう呼ぶ）はやせた斜面のテロワールに夢中で、忘れ去られていたり、発展しきれていない葡萄栽培地域を改革する能力がある。

リオハに戻ると、家族ワイナリーの技術管理の仕事を引き受ける。1997年には、モダンな白リオハの象徴となる樽発酵のビウラ、プラセットをつくり出した。そしてほどなく、白ワインでもっと高いレベルに達する唯一の方法は、葡萄栽培の改善であることに気づく。そのままパラシオス・レモンドで働き続けたが、2004年、自分個人のプロジェクトを始めるべき時だと感じた。

彼はスペインのさまざまな地域と品種がもつ白ワインの可能性を探求し続け、バルデオラス産のゴデージョに深い感銘を受けた。彼が求めていた余韻とボリュームを実現できる品種だったのだ。さらに彼は品種だけでなく、ガリシアで最高高度の葡萄畑があり、しかも大西洋性気候と酸性土壌でもあるバルデオラス——大勢の人が上質の白ワインをつくる潜在力が国内で最も高いと考える地域——もぴったりだと考えた。そこで2004年5月、彼はゴデージョの古樹の小さい区画を、リベイラ・サクラとの境にあるビベイ・バレー小地区の経験豊かな葡萄栽培家から買い集め始めた。

ラファ（みんなが彼をそう呼ぶ）はやせた斜面のテロワールに夢中で、忘れ去られていたり、発展しきれていない葡萄栽培地域を改革する能力がある。最も重要な目標は、除草剤その他の処置を必要としない伝統的方法で、葡萄畑に取り組むことだった。

彼の葡萄樹の樹齢は6年から90年の幅があり、26もの小さい区画が広い範囲に散らばっている。ゴデージョが19.5haとトレイシャドゥーラが1.2ha。ワイナリーは数年にわたって賃借していたが、ようやく自分のものを建てた。

さまざまなロットが収穫期や葡萄畑の特性に応じて、ステンレス槽、大きなオーク槽、あるいは直接樽で発酵されている。ワイン熟成のために好んで使うのはオークのティナ、しかもフランス流の樽よりもオーストリア流の楕円形の樽だ。なぜなら接触する面積が少なくて、オークのアロマがあまり立たないからで、ゴデージョのような香り高い品種にとって、それが非常に重要だと考えている。

最終的に生まれるワインは金色で、ほどよいアロマの強さがあり、上品なトーストのような香りが、熟した果物（青リンゴ、パイナップル）、アニシード、そして力強い火打石のようなミネラルに移っていく。口に含むとミディアムボディで、酸味がほどよく、新鮮であると同時にとろりとしていて、素晴らしい後味につながる。少なくとも5年瓶熟させると、さらに複雑さを増すはずだ。しかしこれは始まりにすぎず、最高になるのはまだ先である。

右：ラファエル・パラシオスは、バルデオラスの土着品種から胸躍る白をつくるために、リオハの家族ワイナリーを離れた。

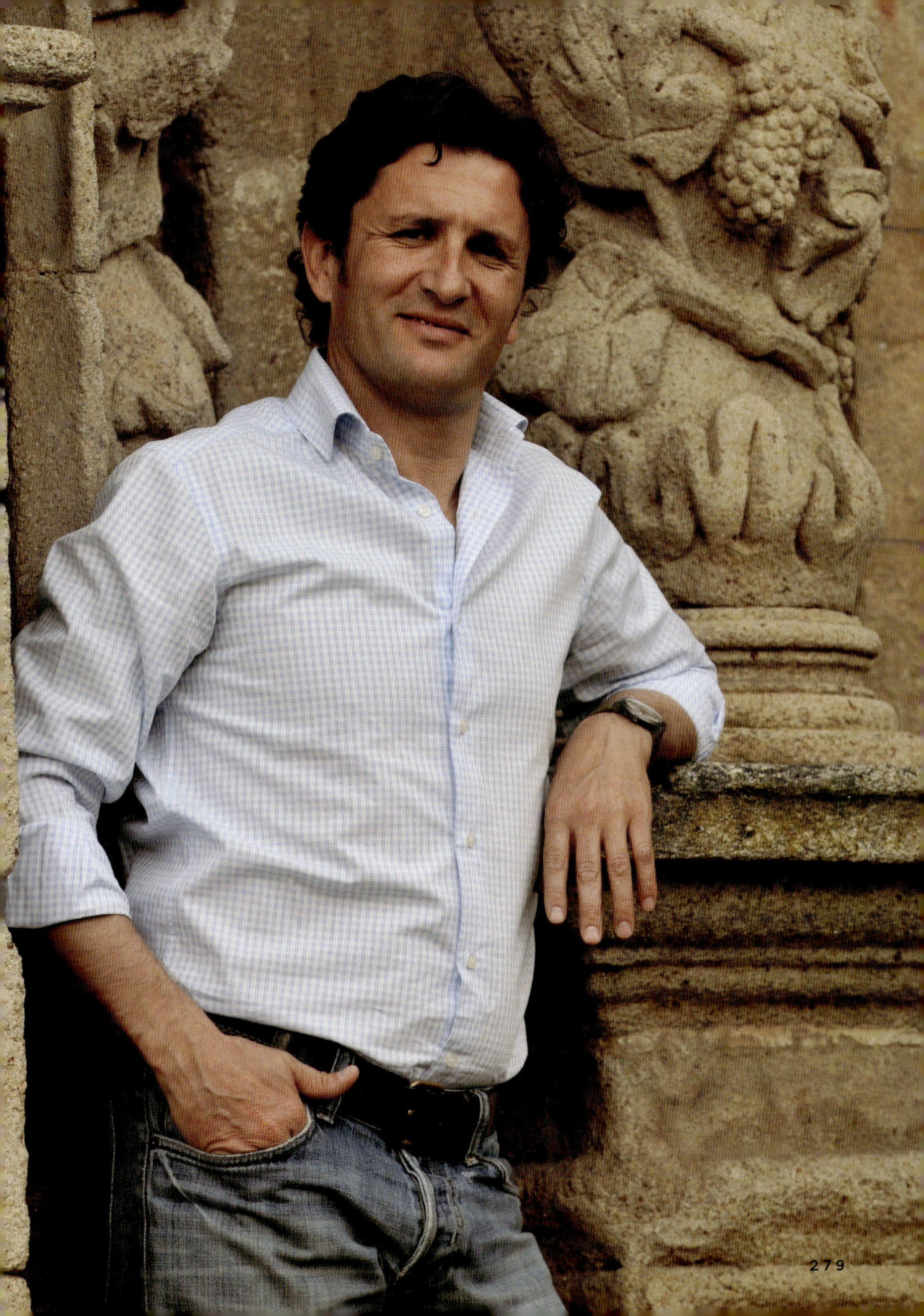

極上ワイン

　ラファは現在2種類のワインをつくっているが、非凡な2009ヴィンテージ以降、天候条件がよければ新たな単一畑ワインが加わる――わずか1800本限定の少量生産で、葡萄畑にちなんだオ・ソロという名前になる。このワイン――数年前から準備されている――を早めに試飲すると、圧倒的なミネラル感と、素晴らしい個性のある長寿ワインであることを示す酸味の背骨を感じる。他のワインから何かを奪い去ることがないように気を配りつつ、別の単一畑ワインをリリースしようという考えだ。

Louro do Bolo [V]
ロウロ・ド・ボロ[V]

　アス・ソルテスの初ヴィンテージはたちまち成功したが、スペイン市場には初心者向けの白を必要とする。なぜなら、人は白に赤ほど高い金額を払うことに慣れていないからだ――いわゆる赤中心主義の表れである。2006年、ラファは自分の葡萄と買い入れた葡萄を混ぜ合わせ、ステンレス槽で発酵させ、オーク樽内の澱の上で数カ月熟成させて、ロウロ・ド・ボロという新しいラベルをつくり出した。果実味を保とうという考えで、その結果、新鮮で飲みやすく、ふんだんなリンゴとナシにミントとスモークとスパイスの香りがいくらか混じるワインが生まれた。ラベルに示されたフルネームはロウロ・ド・ボロ・ゴデージョ・リアス・フィナス・クリアンサ・フォウドレス・ロブレ・デ・ノルマンディア。ノルマンディー・オークでできたフードルで熟成されているからだ。価格の割に品質がきわめて高い。

上：斜面に植えられたゴデージョとトレイシャドゥーラの区画から、ラファエル・パラシオスはスペイン屈指の白ワインをつくり出す。

As Sortes
アス・ソルテス★

　この地域に小さい区画の土地が多いのは、ガリシア語で「ソルテ」と呼ばれる区画に区分して（たいてい無作為に選んで）相続されるからである。この重要な伝統が、アス・ソルテスという名前の由来である。初ヴィンテージはごく最近の2004だが、このワインはスペインの上質な白ワインのトップクラスにすぐに仲間入りした。高地の葡萄畑（海抜約800m）の花崗岩土壌に植えられた樹齢23〜90年の葡萄樹から生まれる。中でも最も古い葡萄畑は、植えられた年にちなんでソルテ1920と呼ばれる。2007は非常に寒冷なヴィンテージで、酸味が強く、ラファ自身が言っているように「私のグリューナー・フェルトリーナー」である。2009もお薦めだ。バルデオラスやガリシアはおろか、スペイン全土でも最も上質な白に挙げられる。真にミネラルを感じさせるワインだ。

Rafael Palacios
ラファエル・パラシオス

葡萄畑面積：20.7ha　平均生産量：8万8000本
Calle Avenida Somoza 81,
32350 A Rúa, Ourense
Tel: + 34 988 310 162　Fax: + 34 988 310 162
www.rafaelpalacios.com

VALDEORRAS
Bodega La Tapada ボデガ・ラ・タパダ

1990年代半ば、白のゴデージョ葡萄から卓越したワイン——多くの人々にとってスペイン産の極上クラスの白——をつくり、この品種を最高ランクに高めたのは、ギティアン一家だった。それが実現したのはテロワールの特異性のおかげであり、スペインでもとくに有名なつくり手チーム、ホセ・イダルゴとアナ・マルティンの協力があったからである。それから10年後、バルデオラスは本格的に軌道に乗り、今では白の潜在能力がスペインでも随一の地域と認められるようになった（一部はすでに発揮されている）。マルティンとイダルコは今もこのワイナリーの技術管理を担当している。

*1990年代半ば、
白のゴデージョ葡萄から卓越したワインをつくり、
この品種を最高ランクに高めたのは、
ギティアン一家だった。*

ルビア・デ・バルデオラス村にあるラ・タパダは、1985年から10haのゴデージョを栽培しており、高度は海抜550m、土壌は粘板岩に富み、南向きの葡萄畑は緩やかな斜面になっている（勾配は10〜15%）。大西洋と大陸両方の影響を受けており、年間降水量は850〜1000mm。平均気温は12℃、最高が33℃で最低が−5℃、年間日照時間は2800時間。密度3100本/haで植えられている葡萄樹は、格子垣で整枝され、収量は8000〜1万2000kg/haで、それほど低くはない。ワインは強いテロワール感を伝えている。

この家族ワイナリーをつくったのはギティアン兄弟だが、先頭に立っていたラモンは1996年に交通事故で非業の死を遂げた。それ以降、セネン・ギティアンと妹のカルメンが指揮を執っている。自分たちの葡萄からのみワインをつくっているので、真に単一畑、あるいは単一農園のワインである。私たちの意見では、独自のDOを正式に認められるに値する。なぜなら、そのワインは同じDOで生産されている他のものとはまったく異なる、きわめて個性的なワインなのだ。

初ヴィンテージは1992。発酵は土着酵母を使ってステンレス槽で行い、マロラクティック発酵はしない。以降、それが製法になっている。1994年からはフェルメンタード・エン・バリカのバージョンもつくられており、樽のスモーキーな香りが果実味にうまく溶け込んでいる。2002ヴィンテージ以降、澱の上で熟成させるソブレ・リアスというワインもリリースしている。このボデガは、白ワインが実際に数年の瓶熟を経てよくなることをスペインの消費者に納得させた、最初の生産者に数えられる。

極上ワイン

すべてのワインが100%ゴデージョである。ギティアン家は2000年代初めに3ヴィンテージだけ、赤のメレンサオ葡萄から「ブラン・ド・ノワール」——ギティアン・メレンサオ——をつくったが、葡萄の供給源がなくなって断念した。すべてのワインが土着酵母を使って発酵され、濾過され、低温で安定させられる。ボトルを飾る美しいアールデコ様式のラベルは、すべて同じデザインで色だけが違う。すべてのワインがお薦めだが、収量がもう少し低く、ワインがもう少し優しく扱われたら、品質がもっと高くなるのではないかと思わざるをえない。

Guitián Godello [V]
ギティアン・ゴデージョ★[V]
葡萄を除梗してから、温度調節できるステンレス槽で発酵させ、同じ槽で6カ月熟成させたあと、マロラクティック発酵なしで瓶詰めする。ゴデージョは非常に香り高い葡萄で、そのため、このオークを使わないバージョンは果物の潜在力をすべて引き出す。繊細で、複雑で、芳しい、個性の際立つノーズ。マスタード、アプリコット、そしてエレガントなベイリーフの香りに、ウイキョウ、柑橘（グレープフルーツ）、麝香、火打石と火薬のようなミネラル感が混じる。ミディアムボディで、輪郭がはっきりしいて、エレガントで、純粋で、上質の酸味によって高められ、強いさわやかなフレーバーと、非常に長い余韻がある。ヴィンテージ後の最初の5年がいいと考える人もいるが、それよりはるかに長く置いても美味しかった。どちらが好みの味かの問題である。シーフードとよく合う。

BODEGA LA TAPADA

Guitián Godello Fermentado en Barrica
ギティアン・ゴデージョ・フェルメンタード・
エン・バリカ★
　ヴィンテージによっては、葡萄の一部（10％）が貴腐菌に侵されているせいで、グレープフルーツと火薬の香りのほかに麝香のようなものが感じられる。葡萄をオーク樽で発酵させ、そのままワインを毎日バトネージュしながら6カ月熟成させる。新鮮さを保つためにマロラクティック発酵なしで瓶詰めし、瓶内でさらに6カ月寝かせてからリリースする。10年まで熟成可能。黒と金色のラベルで、ゴデージョ葡萄から熟成向きの白ができる可能性をスペインのワイン愛好家に気づかせたワインである。ただし、後述のオークを使わないバージョンもこれと同じくらいうまく熟成する。

Guitián Godello Sobre Lías
ギティアン・ゴデージョ・ソブレ・リアス★
　このワインは他のリアス・バイシャスのワインの例にならい、特徴を強めるためにステンレス槽内の澱の上で数カ月寝かされる──オーク熟成は繊細で香り高い白葡萄には強引すぎると考える人も多く、それに代わる方法である。ギティアン家は、このゴデージョをステンレス槽内で8カ月あまり寝かせて澱と接触させてから、瓶詰めする。特徴的なモモ、バルサム、ベイリーフの香りに加えて、このワインは樽発酵バージョンよりも酵母が感じられ、澱の自己分解によるトーストの香りもする。口に含んだときのテクスチャーには深い奥行きが感じられ、フルボディで強烈だが新鮮さも保っている。ラベルはストレートなオークを使わないゴデージョとよく似ているが、オレンジ色が入っている。2008と2009ヴィンテージは素晴らしく、5～10年は熟成するはずだ。

右：セニン・ギティアンが妹のカルメンと経営するワイナリーは、独自のDOに値するほど独特のワインをつくる。

Bodega La Tapada
ボデガ・ラ・タパダ
葡萄畑面積：10ha　平均生産量：13万本
Finca A Tapada
32310 Rubiá de Valdeorras, Ourense
Tel: +34 988 324 197　Fax: +34 988 324 197

VALDEORRAS

MONTERREI

Quinta da Muradella　キンタ・ダ・ムラデージャ

　現在、キンタ・ダ・ムラデージャがモンテレイにおける品質の先導役とされているのは、真のつくり手であるホセ・ルイス・マテオの意志の強さと大変な努力のおかげだ。ワイナリーは1991年——DOモンテレイは1992年にできたばかり——に設立され、現在、パソス・デ・モンテレイ、タマゲロス、ビラルデボスのあちこちに14haの葡萄畑を所有する。土壌は粘板岩、花崗岩、鉄、石英と多岐にわたる。

マテオは技術の進歩を拒絶することなく、
伝統的手法に従おうとしている。
ワインの特徴を覆ってしまわないよう、
木の扱いには非常に慎重だ。

　葡萄畑はすべて必要に応じて、古い葡萄畑からのマッサル・セレクションによって植え直され、現在、CRAEGA（ガリシア有機農業統制委員会）からオーガニックの認定を受けている。バイオダイナミックを原則としているが、販売戦略としてではなく信念から行っていることなので、ラベルには何も記されていない。葡萄品種もアラウサ（テンプラニージョの地元名）、バスタルド、ブランセジャオ、カイーニョ・ロンゴ、カイーニョ・レドンド、メンシア、ソウソン、サマリカが見事にミックスされている。しかしマテオは、ガルナッチャ・ティントレラ、プリエト・ピクド、シラー、ティント・セロディオ、トゥーリガ・ナシオナル、ベルデージョ・ティントも試している。そしてこれは赤だけの話だ。白については、ドーニャ・ブランカ、モンストルオサ・デ・モンテレイ、トレイシャドゥーラ、ベルデージョを育て、アルバリーニョ、バスタルド・ルビオ、トロンテス、さらにソーヴィニョン・ブランなどの地元品種と外来品種を試している。

　2000年以降、ラウル・ペレスがこのワイナリーのコンサルタントを務めており、ペレスの場合はよくあることだが、取り決めが複雑だ。というのも、彼は報酬を葡萄またはワインで受け取り、一部のワインをラウル・ペレスのラベルで売っている。ア・トラベがまさにそのケースで、実はキンタ・ダ・ムラデージャの葡萄畑から原料が調達されている。

　主要な葡萄畑が4つある。ア・トラベは最も古く——実際フィロキセラ禍の直後に植えられていて、ガリシアでも最古の部類に入る——樹齢100年を超す葡萄樹もある。先端を剪定された土着の赤と白の品種が1.2ha、マテオの家族の所有で、新たな植樹のための挿し木に使われている。海抜870mに位置し、土壌は分解した粘板岩で、斜面は非常に険しい（勾配が60％のところもある）。山間部の葡萄畑でポルトガルとの国境にあり、場所によっては国境をまたがっている。

　ゴルビア畑も1.2haだが、15年前にア・トラベの挿し木を植えられた。フィンカ・ノタリオはゴルビアに近いごく小さい区画だ。メインのキンタ・ダ・ムラデージャ畑は広くて11.6haあり、樹齢5〜15年の樹を最近植えたもので、ブレンドと小ロットのバラエタル・ワインの両方に使われている。

　これに加えて、マテオは借りている葡萄畑10haも管理している——合計すると36区画、24haになる。ワイナリーの最大生産能力は7万5000本だが、今のところ生産量はもっと少なく、4000本あまりだ。マテオは技術の進歩を拒絶することなく、伝統的手法に従おうとしている。ワインの特徴を覆ってしまわないよう、木の扱いには非常に慎重だ。一般にフレンチ・オークが使われており、ワインはそこで13〜14カ月寝かされる。マテオはもっと大きいサイズで試す機会を増やしている。

極上ワイン

　ムラデージャはさまざまなワイン——年によって13から17種類——を出しているが、量は非常に少なく、年によっても違う。DOを冠しているものもあれば、そうでないものもある。というのも、さまざまなテロワールの最高の表現を見つけようと、古い品種と国際的な品種の両方を試しているのだ。初心者向けのラインはアランダと呼ばれる。ブラインドテイスティング向けではなく食卓向けのワインであり、魅力にあふれる真の大西洋ワインである。（ア・トラベの詳細についてはラウル・ペレスの項を参照）。

上：ホセ・ルイス・マテオの献身と洞察力によって、キンタ・ダ・ムラデージャはモンテレイ随一のワイナリーとしての地位を確立した。

Gorvia [V]
ゴルビア [V]

この名を冠した葡萄畑からは赤も白もつくられる。赤はメンシア(90%)にバスタルドが補われているが、白は主体がドーニャ・ブランカで、中古の250と500ℓのオーク樽で熟成される。

Muradella/Quinta da Muradella
ムラデージャ／キンタ・ダ・ムラデージャ

ムラデージャまたはキンタ・ダ・ムラデージャの名で出ているのは、バスタルド★、ドーニャ・ブランカ、ソウソン、アルバレージョとカイーニョ・レドンドのバラエタル・ワインである(バスタルドが今のところ私たちのお気に入りだ)。最古の葡萄樹から厳選された赤のブレンドもあり、白は赤と同じようにつくられている。

Quinta da Muradella Finca Notario
キンタ・ダ・ムラデージャ・フィンカ・ノタリオ★

これは単一畑ワインで、供給源はベリンの公証人(ノタリー)が所有する0.75h、海抜420mの場所に1940年代末に植えられた畑である。55%がメンシア、30%がバスタルド、15%がガルナッチャ・ティントレラ。葡萄の全房を無蓋の樽で2カ月マセレーションして発酵し、その後フレンチ・オークで14カ月熟成させる。ワインは濃いチェリー色で、ノーズは熟した赤い果物に木の香りがとてもよく溶け込んでいる。口に含むと、生き生きした酸味があり、深いミネラル──塩気？──を感じさせ、素晴らしい後味で、全体的なバランスとハーモニーの印象を残す。公証人の葡萄から白ワインもつくられている。

Quinta da Muradella
キンタ・ダ・ムラデージャ

葡萄畑面積：14ha　平均生産量：4万5000本
Avenida Luis Espada 99,
32600 Verín, Ourense
Tel: +34 988 411 724　Fax: +34 988 411 724
www.muradella.com

Basque Country / Cantabrian Coast
バスク国とカンタブリア沿岸

バスクのチャコリは、カンタブリア海に面し、西はガリシア、南はリオハ、東はナバラと接するスペイン北部におけるワインづくりの主役である。この地方は、大西洋の影響が顕著な気候がガリシアと共通で、総面積はその4分の3である。ここには3つの自治州がある。東から西にパイス・バスコ(リオハ・アラベサに属するアラバ南部は除く)、カンタブリア、およびアストゥリアスだ。そのうちパイス・バスコすなわちバスク国が、チャコリの伝統においても現在の生産においても最重要であることは間違いない。しかしカンタブリアとアストゥリアスも、上質なワインづくりに向けた誠実な努力が評価に値する。

エウスカディ、チャコリの地

地理的起源はさまざまだが、チャコリはバスク国、土地の言葉でエウスカディにしかないワインである(旅行者は、土地の言葉が自分たちの知っている他のどんな言葉とも似ていないこと、そして多くの住所や標識がスペイン語ではなくエウスカラと呼ばれるバスク語で書かれていることを、認識しておくべきである)。しかし、ワイン産地としてのリオハの一部がアラバ南部に広がり、そのため、バスクの領域に食い込んでいることを忘れてはいけない。そこに本拠地を置くリオハのトップ生産者が多い事実を無視することは許されない。

チャコリとは文字どおりには「農家のワイン」あるいは「自家製ワイン」という意味で、家族とせいぜい隣近所が飲むワインをつくるために自分の土地で葡萄樹を育てるという、昔ながらの地中海の——スペイン全土で広く実践されていた——伝統と一致する。この伝統がバスク国やガリシアのような地域で長く存続していたのは、土地保有権が細分化されているうえ、気候条件が葡萄樹栽培にはあまり向いていないからである。大規模な葡萄畑を所有することができ、収穫が定期的に行われ、コストも

右:バスクの葡萄畑はたいていカンタブリア海岸のごく近くで、それがワインのスタイルに影響している。

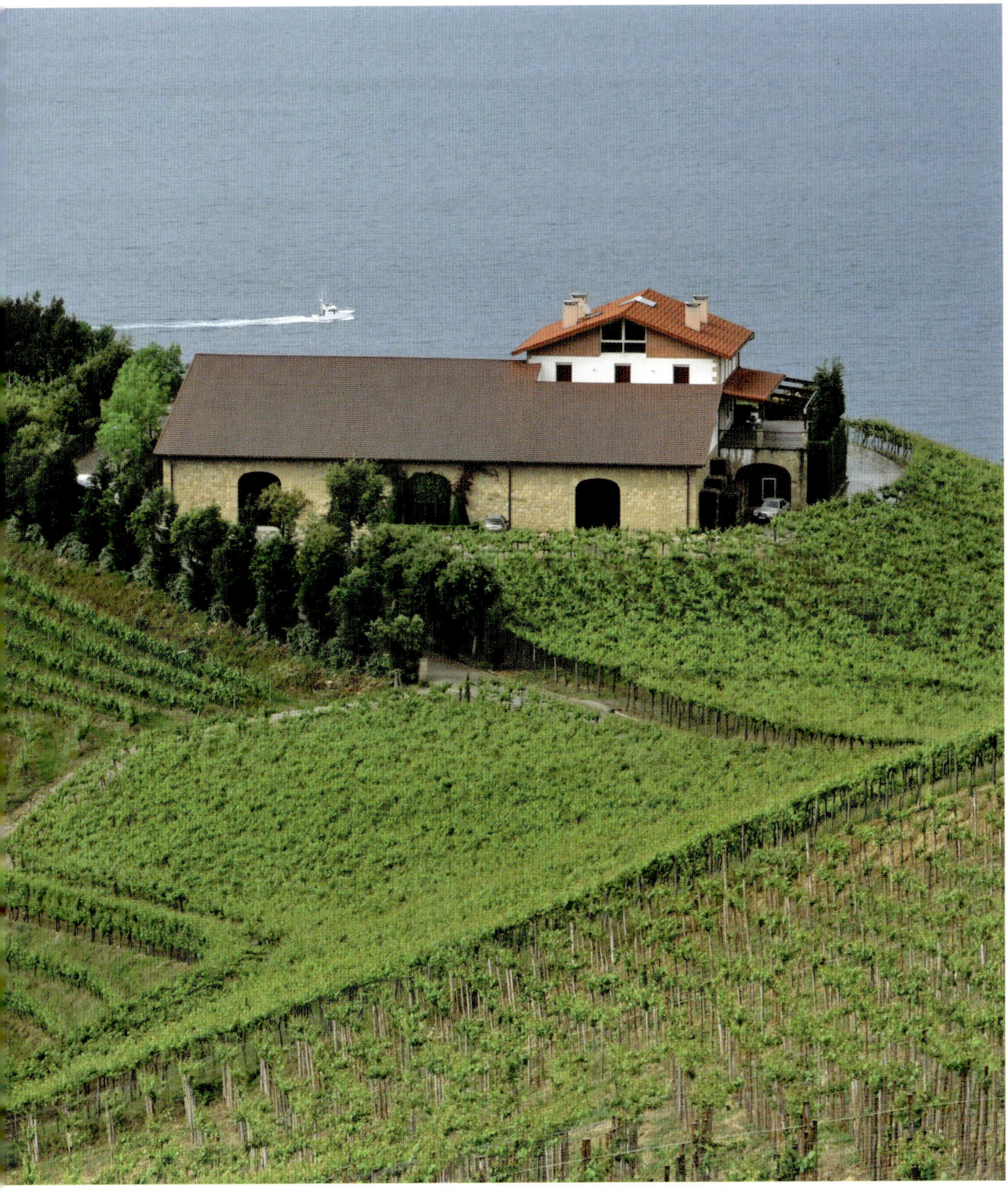

BASQUE COUNTRY / CANTABRIAN COAST

上：温度管理されたタンクにチャコリの主成分である地元の白葡萄、オンダラビ・スリが入っている。

低く抑えられる地域は、域内にとどまらないワイン取引が盛んになった。

しかし、ここにはいくぶんパラドックスがある。この2～30年におけるチャコリの顕著な台頭は、明らかに、バスク料理が国際的に成功したことによるものである。バスク料理が世界的に認められたことは、現在のスペイン料理の評価を支える柱の1つなのだ。バスクの産物を外国産のものより好む、ある種の文化的傾向もあったかもしれない。そのおかげで、バスク国の家庭──そしてとくにレストラン──でチャコリが飲まれるようになった可能性もある。しかしその局面を強調しすぎるのは、とらえ方として単純すぎる。なにしろこれは地方のみの現象ではない。

国際的なワインの現場からの最新情報に通じている人なら誰でも、チャコリが消費者とワインライター両方の関心を次第に引きつつあることに気づいているだろう。とくにアメリカ向け輸出の数字が裏づけているこの傾向は、アルコール度が低く、新鮮で、はっきりした酸味による奥行き（すべてがチャコリの特徴）を感じさせる白を支持する動きの一環として、容易に説明できる──多くのワインに見られる過剰なアルコール、濃度、強さに対する反

動である。しかしこの現象は、何よりも品質を追求する真剣な生産者が増えていることとも、大いに関係していることは間違いない。今世紀初めに、日照時間の多いヴィンテージが続いたことがプラスに働いている。

チャコリのDO

チャコリを生産する3つのDOはそれぞれ、バスクの異なる県にある──ビスカイア（ビスカヤ）、ギプスコア、そしてアラバだ。

DOビスカイコ・チャコリナは、3つのDOの中で最も活況を呈していると言えそうだ──興味深い生産者の数が最も多く、伝統を捨てずに新しい道を探求しており、チャコリの将来について断固たる革新的態度が見られる。その原動力の1つが認可品種についての柔軟性であり、隣接するDOチャコリ・デ・ゲタリアで認められている土着の2品種よりはるか先を行っている。しかも、これは根拠のない判断ではない。地元でオンダラビ・スリ・セラティアと呼ばれるプティ・クルビュをはじめ、他の品種が昔から植えられてきたビスケー湾沿いの町村の伝統にもとづいている。この多品種混成から非常に幅広い可能性が生まれ、昔から決まって供されてきた、底の平らなコップに注がれてすぐに（泡が消える前に）飲まれる運命にある酸っぱい微発泡のチャコリにはとどまらない。

DOゲタリアコ・チャコリナは、3つのDOの中で最も早く、1989年に認められた。現在、法律的にはギプスコア県全体を包含するが、このDOは歴史的には県西部の3つの町、ゲタリアとサラウスとアヤが中心である──しかし生産量のほぼ80％が集中するゲタリアが主体だ。美しいゲタリアの町は、地球が丸いことを決定的に証明した人物の生誕地だった。フアン・セバスティアン・エルカノによる初の世界一周の航海はサンルーカル・デ・バラメダから始まり、そこで終わったので、スペイン北部と南部の海運とワインづくりの町を象徴的に結びつけることになった。ゲタリアの明らかな魅力──絵のように美

しい港と起伏に富んだ海岸——に、周囲の斜面に広がる葡萄畑の美しさを加えなくてはならない。DOに認められている品種は土着の白のオンダラビ・スリと赤のオンダラビ・ベルツァのみである——前者が葡萄畑の95%を占める。オーナーがDO設立に大きく貢献したボデガ・チョミン・エチャニスのほかにも、アメストイ、アイスプルア、タライ・ベリ、ウルキなど、注目すべき興味深い生産者がいくつかある。

DOアラバコ・チャコリナは、いちばん最近（2001年2月）にできたチャコリのDO。DOチャコリ・デ・アラバは、ビルバオに近くカンタブリア海に面した県北部のアイアラの町に限定されている。ここは、生産者の組合が行政から受けた本格的な支援のおかげで、葡萄畑（ここでもオンダラビ・スリとオンダラビ・ベルツァが主体）が復活した地域である。生産者組合が設立された1989年には、19世紀後半に600ha近くあった葡萄畑のうち5haしか残っていなかった。現在60ha以上の畑と6つの生産者があるが、実際にはそのうちの1つ（名前はDOと同じアラバコ・チャコリナ）が総生産量の95%を占めている。

カンタブリアとアストゥリアス

ビスカイアのすぐ西に位置するカンタブリアでは、ワイン生産はインディカシオン・ヘオグラフィカ（地理的呼称）に保護されている2地域、ビノ・デ・ラ・ティエラ・コスタ・デ・カンタブリアとビノ・デ・ラ・ティエラ・デ・リエバナに集中している——事実上、州のの沿岸地域と内陸の渓谷に分かれている。

カンタブリアには現在9つのワイナリーと132haの葡萄畑がある。どちらの地区にも興味深い生産者があり、リエバナのピコス・デ・カバリエソやビーニャ・ルシアがその好例だ。さらに沿岸のワイナリー2つも列挙しておく必要がある。ビーニャ・ランシナとビドゥラル（リベラ・デル・アソン）はたまたま非常に近くにあって、そのワインは新しいヴィンテージが出るごとに着実に向上している。どちらも隣のDOビスカイコ・チャコリナとの境に隣接していて、そちらのDOと気候条件と葡萄品種が共通しているだけでなく、最高のワインとスタイルも似ている。これは決して驚くことではない。というのも、両地域のワインづくりの伝統は、行政上の境界とは関係なく並行して発展してきたのだ。

アストゥリアス州は地理的には広いが（アストゥリアスはカンタブリアとバスク国を合わせたくらいの広さ）、この地のワインづくりは南西部の小さいインディカシオン・ヘオグラフィカ、ビノ・デ・ラ・ティエラ・デ・カンガスに限定されている。地元の美食家とレストランの推進力だけでなく、ラモン・コアリャのようなワイン業界の有力者からの支援も、ワインづくり文化の復活に貢献した。その文化の決定的な特徴はアルバリン・ブランコ（あるいはブランコ・ベルディン）、ほかにはほとんど存在しない古代の葡萄品種である（ただし、ガリシアの白にも例外的に見られる）。コリアスは、カンガス・デル・ナルセア地区とデガーニャ地区にある数少ない生産者の中で最も有意義なボデガである。

BASQUE COUNTRY / CANTABRIAN COAST
Txomin Etxaniz チョミン・エチャニス

　海辺のゲタリアは魅力的な村だ。無頓着な観光客は見落としがちだが、真剣な旅行者なら無視することはできない、小さな名所の1つである。その魅力として、人気の高い漁港、非常に頑丈な石造りの建物、狭い路地、いたるところに飛び散っている銀色のカンタブリアの海の泡、素晴らしく美味しい料理(カイア、エルカノ)、そしてもちろん葡萄畑が挙げられる。

　ゲタリアを囲む斜面の葡萄畑が、この村の風景に最後の圧倒的な魅力を加える。この葡萄畑は、この数年ギプスコア県全体に広がって驚異的な成功を遂げている、ゲタリアコ・チャコリナの核でもある。この地域では、品質本位のチャコリ生産者も同様に増えていて、現在その数は20ほどになっている。そのパイオニアであり(1930年創立)、指標となっているのがチョミン・エチャニスである。その名前はもともと、現オーナーであるチュエカ家の祖父の名前だった。

チョミン・エチャニスは、オンダラビ・スリ葡萄(プラス少量のオンダラビ・ベルツァ)がカンタブリア沿岸で生み出せるものという点で、今なお満足のいく成果を見せている。

　ガラテ山を上り下りする多くの険しい小道を歩きまわると、この生産者の葡萄畑——所有する畑または借りている畑——に出会う可能性は高い。その葡萄畑には、紛れもないバスク語の堂々とした名前がついている。真っ先に挙げるべきはアメツメンディとグルツェ。ワインづくりの設備も、もとは村の中心部のサンサルバドル教会の隣にあったが手狭になったため、そこに移されている。他にもレオイアガ、トンペタ、イチュリなど、いくつかの葡萄畑がある。

　チョミン・エチャニスは3種類のワインをつくっており、そのうちボデガの名を冠したチャコリが、市場占有率でもブランド力でも無敵のチャンピオンである。他はスパークリング・ワイン(エウゲニア)と遅摘みの白ワイン(ウイディ)。ウイディはやや甘口で、この地域の辛口白ワインがもつ、食欲をそそる典型的な鋭い角はない。

極上ワイン

Txakoli Txomin Etxaniz
チャコリ・チョミン・エチャニス★
　この2〜30年でチャコリの生産量は著しく増えている。チョミン・エチャニスの場合、本当に目を見張るほどである——葡萄樹の若さと良識の範囲を超えて収量を上げたい衝動という意味で、この現象がもたらすリスクを考えるとなおさらだ。それでもチャコリ・チョミン・エチャニスは、オンダラビ・スリ葡萄(プラス少量のオンダラビ・ベルツァ)がカンタブリア沿岸の湿った環境で生み出せるものという点で、今もなお満足のいく成果を見せている。熟した果実の短命、薄い色、際立つ酸味、口に含んだときの軽さ……。その生産の鍵を握るのは、全房圧搾、果物のアロマを高めるために温度調節して行う発酵、瓶詰めする前に2〜3カ月澱の上で寝かせて発酵中に生じた炭酸ガスと接触させることである。これが現代の技術を用いた伝統的チャコリのスタイルであり、チョミン・エチャニスと同じようにやる生産者はごく少ない。ギプスコアの生産者の大半はいまだに伝統的スタイルを選ぶが、隣のビスカイアの生産者は違う。掛け合わせるワインづくり文化をもつ隣人たちは新しい品種と技術にもっとオープンだが、このバスクの大衆向け「農家のワイン」が飲まれていた昔には考えられなかったことである。

右：伝統的な高く整枝されたオンダラビ・スリの葡萄樹に囲まれて立つイニャキ・チュエカ(中央)とチョミン・エチャニスの中心人物。

Txomin Etxaniz
チョミン・エチャニス
葡萄畑面積：60ha　平均生産量：45万本
Calle Eitzaga Auzoa 13, 20808 Guetaria, Gipuzkoa
Tel: +34 943 140 702 Fax: +34 943 140 462
www.txominetxaniz.com

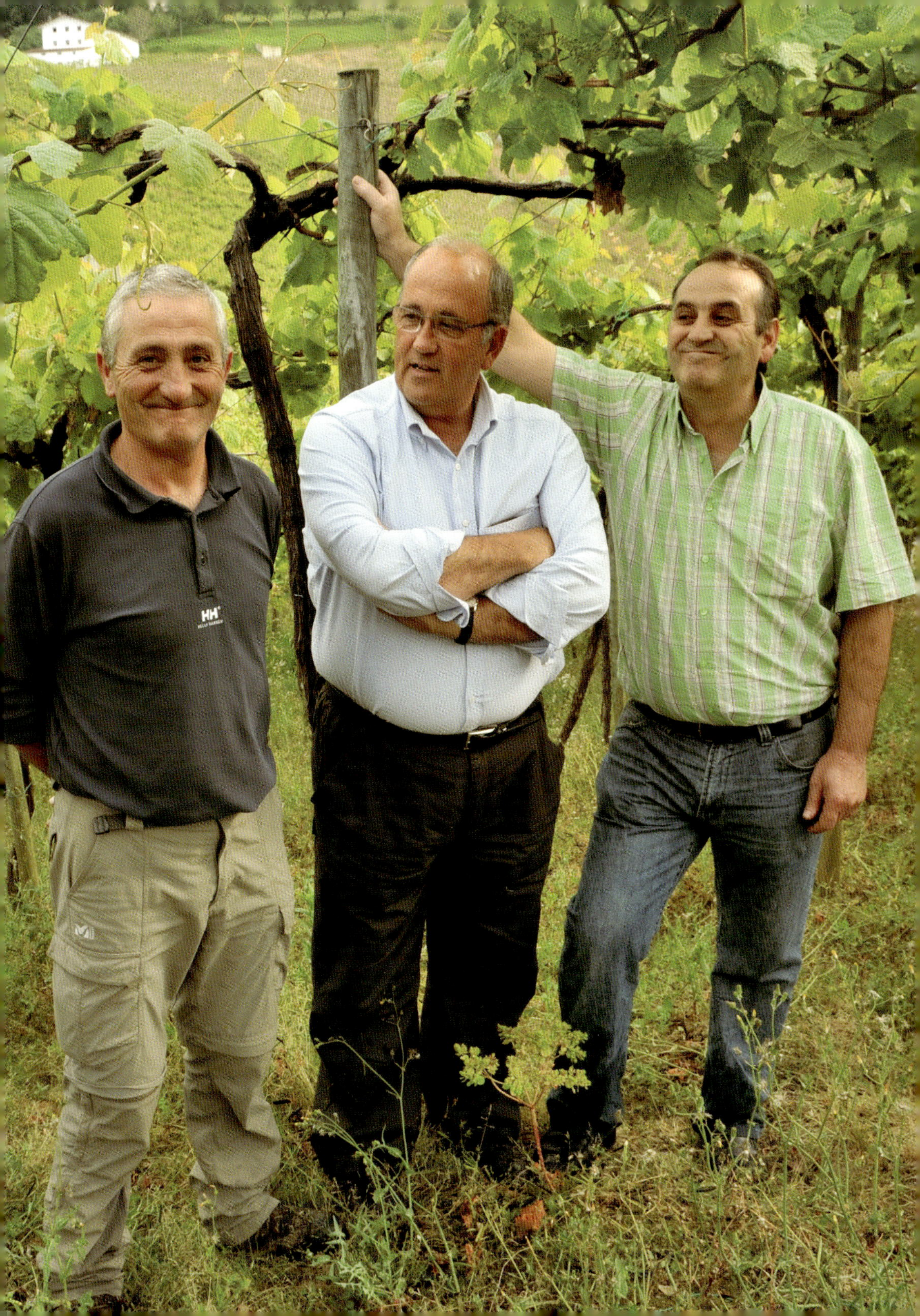

KUPELAK

BASQUE COUNTRY / CANTABRIAN COAST

Bodegas Itsasmendi　ボデガス・イトサスメンディ

スペインのワインづくりにプロとして大きな影響力をもつアナ・マルティンの緻密な助言を受け、ガリコイツ・リオスによる技術監督のもとにあるイトサスメンディは、バスク国でもとりわけ確かなプロジェクトとしての地位を間違いなく確立している。DOチャコリ・デ・ビスカイア／ビスカイコ・チャコリナの先駆的プロジェクトであり、つねに過去から学びながら、着実に成長してきた。このボデガのアプローチは自然との融合を重視すると同時に、環境とテロワールの維持を真剣に考えている。

プロジェクトの発端は1989年、地域の伝統と潜在力を認識していたビスカイアの栽培家グループが、高品質のワインづくりに情熱を注ぐ新しい事業を始めることを決意したときまでさかのぼる。ムスキスの施設が1995年に華々しく開業し、すぐに2万5000本という生産能力では不十分であることが明らかになった。2002年、セラーは象徴的なゲルニカの町に移った。そこでなら、2008のような理想的なヴィンテージに、25万kgもの葡萄──30haある自社畑のものも含めて──にも自信をもって対応できる。

葡萄畑はビスカイアのさまざまな地域にあり、その半分はウルダイバイ生物保護区のなかにある。植えられている品種は主に土着のオンダラビ・スリとオンダラビ・スリ・セラティエで、2haのリースリングもある。収量は最大7500〜8000kg/haに制限されている（DOは1万3000kg/haまで認めている）。この介入がイトサスメンディ・ワインの品質にとって不可欠であり、とくに、葡萄樹が比較的若いことを考えると、きわめて重要だ。通常は、樹齢が高くなるにつれて、次第に上質のワインを生み出すはずである。

品ぞろえのうち生産量が最大のワインは、若いチャコリ・イトサスメンディ、バスクの栽培家はどこもつくっているようなヴィンテージ・ワインである。これに加えるべきなのは、後述するイトサスメンディNo7と、イトサスメンディ・ウレスティ。後者は遅摘みの白で、残留糖分が1ℓ当り80gほどあり、過熟したものを11月末に収穫する。

極上ワイン

Itsasmendi No.7
イトサスメンディNo7 ★

平均的なスペインワインの消費者は、オークを使わない白ワインは非常に若いうちに、おそらく瓶詰め後数カ月のうちに、飲むようにつくられていると頭から決めつけている。この先入観はチャコリの場合はさらに極端で、生産者はそれを意識しているため、前年以前のものを在庫しているところはほとんどない。このNo7（単純にワインが寝かされているステンレス槽にちなんだ名前）は、初期の果物の香りが必然的に薄れても大きなものを失うことなく、瓶の中でエレガントかつスムーズに進化する熟成潜在力をもつ、オークを使わない白をつくろうというイトサスメンディの真剣な取り組みである。ブレンドのベースは主に土着品種であり、イトサスメンディNo7の顕著な特徴は、ストラクチャーのよいロットを厳選し、20％のリースリングを加えていることだ。ワインづくりの観点から見た違いは、ワインを槽内の澱の上で数カ月寝かせてから瓶詰めしていること。出来上がるワインには典型的なチャコリにはないコクとボリュームがある。生産者は瓶熟の最初の3年から5年のあいだに複雑さが増すことを予測しており、典型的なヴィンテージでも、2006のような異常に温暖なヴィンテージでも、それが実証されている。2008ヴィンテージはとくに有望そうである。毎年リリースされるたびに自宅のセラーに何本も買い足し、注意深く保管しておく価値がある。そうすれば何年も経つと、本格的で表現豊かな複雑な白になり、「良質なワイン」というあいまいなカテゴリーに確実に入ることになるだろう。

Bodega Itsasmendi
ボデガス・イトサスメンディ

葡萄畑面積：30ha　平均生産量：18万本
Barrio Arane 3, 48300 Guernica, Vizcaya
Tel: +34 946 270 316
Fax: +34 946 251 032
www.bodegasitsasmendi.com

左：評価の高い醸造家アナ・マルティンは、イトサスメンディが地域屈指の生産者としての地位を確立するのに貢献してきた。

BASQUE COUNTRY / CANTABRIAN COAST

Egia Enea　エギア・エネア

エギア・エネア・チャコリナの創立者であり、社長として顔が売れているアルフレド・エギア・クルスは、1980年代末から1990年代初めにかけて自分たちのラベルで元詰めを始めた小規模なチャコリ生産者グループの代表として、誰にも引けをとらない。現在、質の高い生産者はたくさんあり、バスクのレストランでチャコリのボトルを適当に注文しても、不快な硫黄の香りや品のない炭酸の存在感が目立つ、酸っぱくてまるみのないワインが出てくるとは限らない。少なくとも興味深いワインである可能性が高く、うれしい驚きであることも多い。

この動向はとくにチャコリ産地のビスカイア県で強い。ここは葡萄畑の面積がこの15年で6倍に増え、12以上の生産者が誕生して、綿密な葡萄栽培とワインづくりのために断固たる意見を述べている。

多くの場合、複雑さは他品種の存在によって醸し出される——とくにオンダラビ・スリ・セラティア（プティ・クルビュ）は、チャコリの他のDOでは認められていないが、DOビスカイコ・チャコリナでは妥当とされている。

このところ常套句になっているが、それでもやはり真実である考えを、アルフレド・エギアは心から信じている。つまり、ワインは葡萄畑でつくられるのだ。エギアによると、エギア・エネア・チャコリナを支えるコンセプトは、世に出る何年も前から彼の心の中にあったもので、典型的なチャコリの新鮮さと活気が十分なストラクチャーによって補われ、口に含むと複雑さとボリュームの印象が残るように、テロワールを表現することだという。

だからこそ、彼はまず葡萄畑の土壌を慎重に選んだ。彼は何年もかけて、ビスカイア県のエンカルタシオネス地区で最高の南向き斜面を研究していた。そして2001年にようやく、自分の基準を満たす区画をバルマセダに購入した。この区画は1915年まで何世紀も葡萄畑だったところで、チャコリ・バルマセダノ——フィロキセラのせいでカンタブリアのワインづくりの伝統が衰退するまで、高く評価されていたワイン——の原料を供給していたのと同じ地域にある。彼が2001年に植えられた最初の3haに、2haを2007年に加えたのは、自分の唯一のワインの生産量増加に対応するためだった。

葡萄畑の立地による特別な中気候がある。この地域では頻繁な霧がさまざまな衛生上の問題を引き起こすのだが、南向きの急斜面（勾配25％）のおかげで、この葡萄畑では発生しない。土壌がやせているので収量は7000kg/ha程度に抑えられる——チャコリ生産者間の基準を大幅に下回っている。

アルフレドはオンダラビ・スリ・セラティアを好み、最終的なブレンドの80％がこの品種で、残りの20％はオンダラビ・スリである。彼が言うには「オンダラビ・スリ・セラティアはカビにとても敏感だが、畑を適切に管理すれば、素晴らしく香り高いチャコリを生み出します。白コショウが香り、口に含んだときのコクとストラクチャーが素晴らしい。少量のオンダラビ・スリのおかげで、私たちの求めるミネラル感もあります」。彼は、葡萄畑での作業はすべてきっちり行われることがきわめて重要であると信じているので、あらゆる活動と処置のタイミングがまさにピッタリになるように、葡萄畑の様子をつねに監視している。そして、収穫を遅らせることで果実が完璧に熟すのを助けるために、厳しく青刈りするメリットをはっきり主張している。

その結果、エギア・エネアは重みのあるワインになっている。輪郭がはっきりしていて、シャープだが過剰ではない酸味があり、うまく抑えられた草の青っぽさがワインに個性を与え、心地よい苦みのあるエレガントな余韻が残る。

Egia Enea
エギア・エネア

葡萄畑面積：5ha　平均生産量：1万7000本
Artebizkarra 18, 3° izda,
48860 Zalla, Bizkaia
Tel: +34 661 922 101　www.egiaenea.com

BASQUE COUNTRY / CANTABRIAN COAST

Picos de Cabariezo　ピコス・デ・カバリエソ

カンタブリアのリエバナ渓谷は非常に特殊な場所である。スペイン北部の海岸とカスティージャ高原を隔てる細長い沿岸地域に、ピコス・デ・エウロパと呼ばれる連山がそびえていて、そこを南北に走る地溝がリエバナ渓谷である。リエバナは南に開けており、山々によって大西洋の強風から完璧に守られている。その結果、スペインの大西洋側の真ん中にありながら、雨が少なく温暖な地中海性の微小環境になっている。オレンジとレモン、そしてベガ・シシリア用の栓を供給するのに十分なコルク・オークがあり、ベドヤ村付近を中心に葡萄畑も見られる。

主に急斜面の小さい区画に散り散りになって植えられている、先端を剪定された節だらけの古い葡萄樹は、最近まで誰にも注目されていなかった。この谷には古くから蒸留酒の伝統があるが、グラッパのスペイン版ともいえるオルホ・ブランデーを営利目的でつくる製造所は、地元の葡萄を使っていなかった——山の南にあるサモラから買っていたのだ。葡萄樹は、たいてい違法な自家製の酒に使われるだけだったようだ。

そういうわけで、2000年に谷の中心となる町ポテスの近くに、5人の熱心な仲間が小さいワイナリーと蒸留酒醸造所をつくったとき、きちんとつくられて瓶詰めされたものはもちろん、リエバナ産のワインそのものを見たことがある人は誰もいなかった。5人はその辺りに葡萄樹が一見するよりたくさんあることに気づいた——10年後には60haほどになっていた。その大部分がメンシアで、たいてい樹齢が80〜100年、片岩または石灰岩の斜面に危なげにしがみついている。誰かが注意を向けさえすれば、興味深い品質を約束する葡萄樹だったのだ。

最初のワインは2006年、正式にコンパーニア・レバニエガ・デ・ビノス・イ・リコレスと呼ばれる新しい会社によってつくられた。大会社のように聞こえるが、実際には非常に小さく、山腹のホテルの下に隠れていて、2つ3つの発酵用の槽、小さい樽の貯蔵庫、そして12の美しい銅製のアルキタラス（蒸留器）があるだけだ。

隣には、スペインと外来の葡萄品種の適応を研究するために、地方自治体の協力を得て2000年に植えられた実験用葡萄畑がある。しかしワインづくりのためにワイナリーが主に頼っているのは、谷の小規模栽培農家から買っている古樹のメンシア葡萄2万7000〜3万6000kgである。パロミノの葡萄樹もいくらかあるが、これはもっぱらオルホ用に使われている。

実験用葡萄畑からは多種多様な白葡萄が収穫されるが、すべて遅摘みの白に使われる。さらにピコス・デ・カバリエソは、オークを使わない柔らかな赤（40％のメンシアにガルナッチャとテンプラニージョを加えたブレンド）と、重々しいが快いロブレというメンシアのバラエタルもつくっている。

ワインを最初に開発したのは、遠方にいたDOコステルス・デル・セグレのパイオニアである空飛ぶ醸造家のペレ・エスクデ、後にはDOモンサンの大規模なセラー協同組合の主任醸造家である。

今やリエバナ高地にあるのはピコス・デ・カバリエソだけではなく——ごく最近ルシアが加わって——DOビノス・デ・ラ・ティエラ・デ・リエバナを共有している。さらに海岸近くに、白ワインを専門につくるカンタブリアのワイナリーが6つある。カンタブリアでもアストゥリアスでもワインはまったくつくられていないと習った世代のスペイン人はみな、この国の葡萄栽培マップを学習し直さなくてはならない。

極上ワイン

Picos de Cabariezo Roble
ピコス・デ・カバリエソ・ロブレ
　フレンチ・オークとアメリカン・オークの樽で4カ月以上熟成される古樹のメンシア。バランスがよく、新鮮で、美味しく、果実味にあふれていながら、ミネラルのバックボーンもあって、それがエレガンスとして表れている。誠実なテロワール主体のワインで、邪魔になる人工的な小細工はない。

Picos de Cabariezo (Compañía Lebaniega de Vinos y Licores)
ピコス・デ・カバリエソ
（コンパーニア・レバニエガ・デ・ビノス・イ・リコレス）
　葡萄畑面積：11ha　平均生産量：5万本
　39571 Cabezón de Liébana, Cantabria
　Tel: +34 942 735 176　www.vinosylicorespicos.es

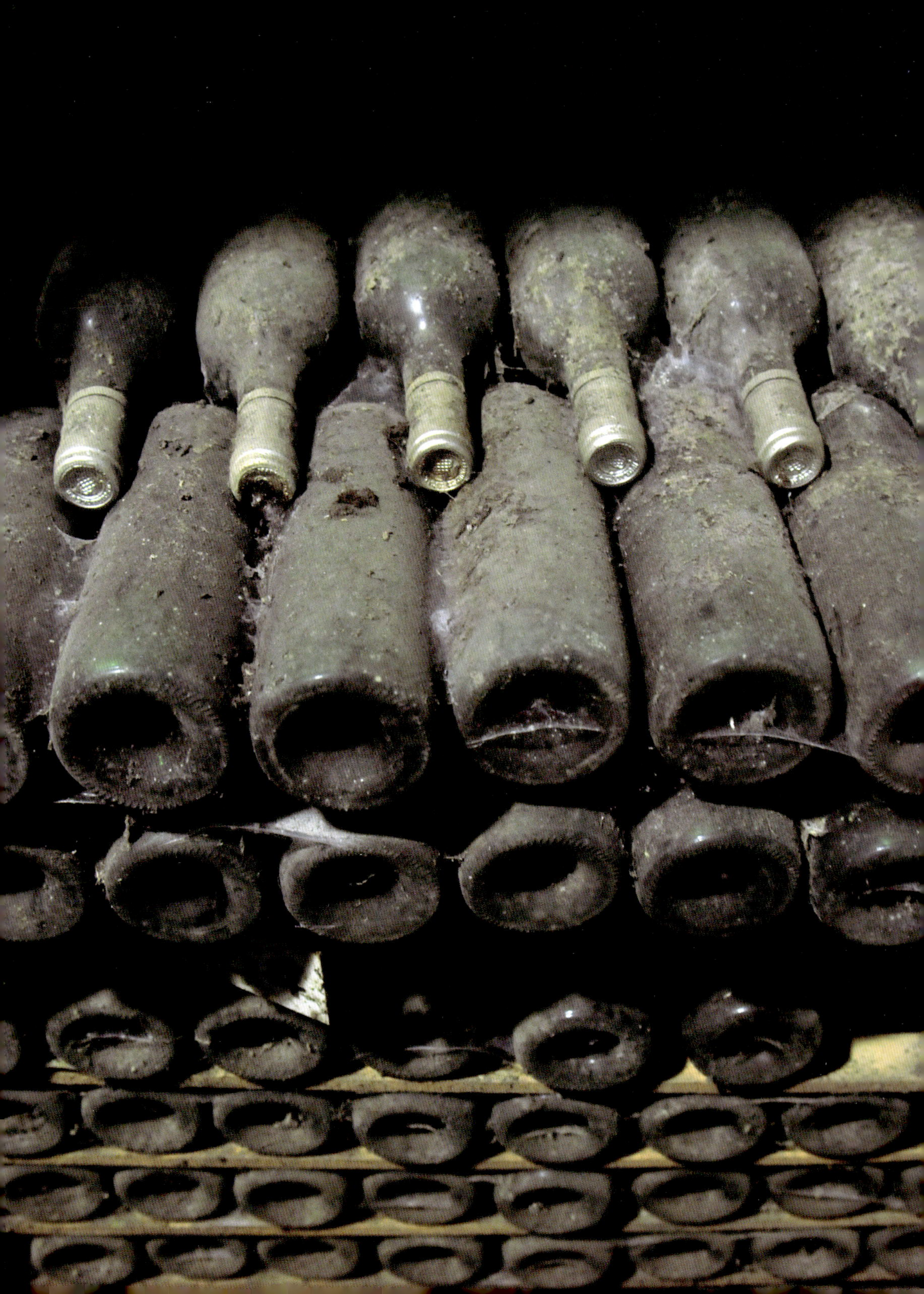

11 | ヴィンテージ

1990〜2010および古い特選ヴィンテージ

　本章の目的は、リオハの最近のヴィンテージを概説し、重要な古いヴィンテージを振り返って、この地域の極上ワインを明らかにすることである。ほどほどの量が品質につながるのが普通だが、高い生産量と高品質が同時に実現する年もある——つまり、量と質には相関があるが、必ずしも直接的なつながりではないということだ。同時に、よりうまく熟成するのが著名なヴィンテージとも限らない。ヴィンテージの公式格付けは、後から考えると、正しくとらえられていることが多い。それほどもてはやされていない——たぶん熟度が低く酸度の高い——ヴィンテージのワインが長く熟成することは珍しくない。たとえばムガの1969プラド・エネアのほうが、はるかに有名な1970プラド・エネアより新鮮で生き生きしている。

　ここで取り上げる古いヴィンテージのワインはすべて2005年から2010年の間に飲んだものなので、リオハの古い赤——と白！——はきわめて熟成向きだということだ。もちろん30年もたてば、ヴィンテージそのものが良いというのではなく、良いボトルがあるという話にすぎない。しかし、流しに捨てなくてはならない古いボトルは驚くほど少ない。テンプラニージョは非常に早く熟成するが、その後とても長い間、熟成の安定期にとどまっている。盛りを過ぎて、胸が悪くなるような堆肥と腐ったニンジンを感じさせるようになるワインもある。しかし大部分はまだまだ飲めるし、気づかないくらい衰えているものが少しある程度だ。しかも私たちがここで述べているのは、スペインで保管されているボトルのことだ——決して完璧な温度で保管されているものばかりではない。

1925

　公式のヴィンテージ格付けが始まったのは1925年、原産地呼称統制委員会が設立された年である。カス

左：リオハの非常に優れた古いボデガ——たとえばマルケス・デ・リスカル——には、熟成したヴィンテージの比較的良質な在庫がまだ残っているところもある。

ティージョ・デ・イガイとマルケス・デ・リスカルのきちんと保管されてきたボトルは、85年後も美味しく飲むことができる。もちろん、そのようなワインはつくり方がまったく違う。たとえば、イガイは30年以上樽で熟成され（樽いっぱいに注ぎ足すには何が使われたのかと思わざるをえない）、1964年4月にようやく瓶詰めされたあと、1973年に市場に出されている。そのため、いまだに比較的見つけやすい。

1928

　公式にはムイ・ブエナ（「とても良い」）に指定されているこのヴィンテージは、北東の風や収穫期の霜のような難題が生じなかったわけではない。実際、それほど著名な年ではなく、このヴィンテージでよく知られているワインは多くない。それでもボデガ・ビルバイナス・ビエハ・レセルバ（「古いレセルバ」）は真にワールドクラスである。

1934

　バランスのとれたワインで質と量の両方が実現した素晴らしいヴィンテージである。驚異的なことに1961年にようやく市場に出たカスティージョ・デ・イガイ・ティントは、このヴィンテージで最高のワインであり、リオハ史上最高のワインに数えらえる。

1942

　力強く、色の深い、優雅に熟成するワインを生んだ著名なヴィンテージ。カスティージョ・デ・イガイ・ティント、ビーニャ・トンドニア・ティント、ボデガス・リオハナスのビーニャ・アルビナは、今もなお絶好の状態にある。

1945

　1945は卓越したヴィンテージではないが、なぜか最高級のリオハを生んでいる——マルケス・デ・リスカル・キュベ・メドックは、カベルネ・ソーヴィニヨンの割合が高く、生まれてからずっと濃い色と力強さを保っている。

297

1990〜2010および古い特選ヴィンテージ

1946

1946は無名のヴィンテージである——公式には、今ではほとんど使われない「普通」、つまり上から4番目のカテゴリーだ——が、魅力的なカスティージョ・デ・イガイ・グラン・レセルバ・エスペシアルについてだけは言及する価値がある。素晴らしい酸味と強さのある真にワールドクラスのワインであり、1973年にようやくリリースされた。

1947

卓越したヴィンテージ。ヨーロッパ全土が暑く乾燥していたが、リオハも例外ではなかった。どういうわけか公式には1948が「非常に良い」で、1947は「とても良い」にすぎない。しかし今にして思えば判定は逆にするべきであり、クネのインペリアルはこのヴィンテージのボルドーの最高級ワインにも匹敵する。インペリアルとビーニャ・トンドニアのグラン・レセルバは、このヴィンテージの頂点を象徴している。

1954

このヴィンテージが単なる「良い」とされているのは、4月に霜が降りて夏が涼しかったからである。しかし時が経つと、クネのビーニャ・レアル・レセルバ・エスペシアルとロペス・デ・エレディアのビーニャ・ボスコニアは、過去最高のリオハであることが証明された。

1958

公式の格付けどおり非常に良いヴィンテージであり、短い生長周期とわずか410mmの降水量(その4分の1が夏の間に降ったことが好都合だった)は例年にない特徴だった。にもかかわらず、多くの極上ワインはこの年につくられたものではない。とはいえ、カルロス・セレス・レセルバ・エスペシアルのようなダークホースのワインが、今日まできわめて良い状態を保っている。

1959

506mmの降水量(生育期間を通して降っているが、発芽時期には少なく9月にとても多かった)、遅霜、そして6月の低温により、生長周期が200日になったため、当初は1958より品質が劣ると考えられていた。しかし傑作ヴィンテージの1つであり、1958より良いのは確かだと考えている人も多い。クネのワイン、とくにインペリアルが際立っている。

1964

「世紀のヴィンテージ」と称された。いまだに手に入り、とても美味しく飲める1964の優れたワインは非常に多いので、その中から最高を選び出すのは難しい。けれども、ロペス・デ・エレディアのものはどれも——ビーニャ・トンドニア・ティント、とくにブランコとビーニャ・ボスコニアが——秀逸である。1960年代以降、DOの地位を認められているワインの量が記録されているので、60年代の生産量が平均わずか1億ℓなのに対して、64年は1億3500万ℓだったことがわかっている。これは質と量の両方が優れているヴィンテージだが、それほど珍しくはない。60年代の偶数ヴィンテージはすべてそのリストに入るが、1964と1970は1962と1966と1968よりもいくぶん良い。

1970

マルケス・デ・カセレスは、この魅惑的なヴィンテージ——果実味を保ちながらフレンチ・オークを使うことで伝統を破った、革命とモダンワインの初年度——の最も有名なワインの1つである。このワインは技術的にはクリアンサで、当時、発酵槽も樽貯蔵室もない——実際、そんなワイナリーは例がなかった——新しい生産者がつくった最初のワインだった。それでもエミール・ペイノーによって巧みにブレンドされたので、すぐに最上級品となり、ブランド、ワイナリー、そしてモダン・リオハの地位を世間に認めさせた。この年に生産された1億1300万ℓという相当な量のワインは、どういうわけか永遠にもつように思われた。寒く湿った冬の後、発芽がかなり遅かったが、遅霜がなく、暑く多湿(6月に数回の雹)の夏の後に穏やかな秋が続いたため、生長周期は195日だった。

1973
このヴィンテージは最近再発見された。ビーニャ・トンドニア・グラン・レセルバ・ブランコとラ・リオハ・アルタの全ラインアップ（890と904アルダンサ）、ムガのプラド・エネアが秀逸だ。どういうわけか公式の格付けは上から3番目のただの「良い」である。

1981
1970年代から80年代にかけて総生産量は増え、1981年は豊作のおかげで素晴らしい品質のワインが1億3500万ℓ生産された。ただし、公式の格付けは「とても良い」にすぎない。とくに著名なヴィンテージの1982よりは見劣りする。

1982
同じヴィンテージのボルドーに匹敵すると評判の卓越した年。生長周期は210日、降水量115mmの温暖な冬、発芽期のぽかぽか陽気、6月初めの非常に高い気温、7月と8月（18mm）、そして9月（40mm）の適度な雨で、ワインの生産量は1億2500万ℓ。ほとんどのワイナリーはとても良いワインをつくり、非常に安定したヴィンテージになっている。

1987
1980年代の初めから半ばにかけて困難なヴィンテージ（壊滅的な1984など）が続き、この地域にはとても良いヴィンテージが必要だったが、1987年にようやくそれが訪れた。典型的な大陸性の年で、冬は寒く夏は暑く乾燥していた（降水量は平年なら450mm前後のところ、この年はわずか286mmだった）。

1990
ヨーロッパ全体のヴィンテージはボルドーと同じようなものだと考える人が多い。しかし、これはリオハには当てはまらず、1990にはとくにそれがはっきり表れている――ここでは平均的なヴィンテージにすぎず、ボルドーのように世界的に有名なヴィンテージではない。暑く乾燥した年で、1億6100万ℓが生産された。

1991
このヴィンテージには、素晴らしいタンニンが奥行きを感じさせる、うまく熟成できるワインが生まれた。生産量は1億4500万ℓまで下がり、ヴィンテージの格付けは「とても良い」だった。

1992
降水量673mmという非常に雨の多い年だった。10月12日に始まった収穫期にも集中豪雨があった。その日付は境界線になる。つまり、その前に収穫される葡萄は優良だが、後に収穫されるものは標準以下で、色の薄い不安定なワインを生みだす。むらのあるワインが合計1億5000万ℓ生産された。トレ・ムガ、ロダ、レミレス・デ・ガヌサなどのワインの初ヴィンテージである。

1993
リオハをはじめ中央スペイン各地で難しいヴィンテージだった。1億7400万ℓ生産されたこの年のワインは、遅くよりも早く飲むべきである。

1994
「新しいリオハ」が爆発した年である。正しく「非常に良い」に格付けされているが、公式のヴィンテージスコアは90年代には無意味になっており（ネガティブなスコアがつく年はほとんどないようだった）、人々は興味を失い忘れていた。並みの年や難しい年が続いた後だったので、この地域では良いヴィンテージがどうしても必要でもあった。暑く乾燥した夏で熟果が早かった。アルタ・ディ・パゴス・ビエホス、マルケス・デ・バルガス、レミレス・デ・ガヌサ、そしてロダは、当時注目を集めた名前である。このヴィンテージ屈指のワインであるトレ・ムガは、フレンチ・オークで熟成されたモダン・スタイルだが、現在の特徴は古典リオハのそれであり、葡萄が良いときはワインのつくり方や熟成方法に関係なく、この地域の特徴、すなわちテロワールが、やがて必ず現れることを実証し

ている。2010年にリリースされたビーニャ・トンドニアのグラン・レセルバは、数十年熟成するようにつくられている。総生産量は1億6900万ℓ──当時の平均より20%少ない。しかしこの先、ワイナリーの数、葡萄畑の面積、そして新しいワインの報道の影響力が増すにつれ、年間生産量は急増する。

1995

真に秀逸なヴィンテージである──1994と同じ「非常に良い」に格付けされている──が、きわめて広く称賛された前年に続いていたため、商業的には伸び悩んだ。ワインは上質で力強いがほど良い酸味があり、1994のものより禁欲的だ。9月初旬の暑さは、比較的涼しい日と適切なタイミングの降雨、そして乾燥した穏やかな10月によってバランスがとれている。とても健康な葡萄がかなり遅く──場合によっては10月の第2および第3週──に収穫された。おそらく古典的なクネインペリアル・グラン・レセルバの最後のヴィンテージであり、ビーニャ・エル・ピソンがロバート・パーカーから99点を獲得したので、アルタディ、リオハ、そしてスペイン全般が脚光を浴びることになった。

1996

このヴィンテージは1995とは逆の運命をたどった。そのワインについて現在わかっていることを考えると、評価が高すぎたのだ。紙の上では条件は完璧──涼しく乾燥した夏、ある程度雨のある暖かい9月、そして涼しく乾燥した10月──で、総生産量は2億2400万ℓに達した。トレ・ムガとロダI（現在の名称はロダ）、アウルス、そして通常のアジェンデはみな非常に良く、初年度だった単一畑ワイン、コンティノのビーニャ・デル・オリホも同様に秀逸で、単一畑の瓶詰めがリオハでも次第に受け入れられるようになっていった。

1997

このヴィンテージは最初からマスコミの評判が悪く、6月の雨がウドンコ病とオイディウムをもたらすなど、気候条件が厳しかったのは事実だ。生産量は2億5400万ℓで、品質にはむらがある。しかし、最初の悪いイメージにもかかわらず、多くのワイン──とくにアウルスとフィンカ・バルピエドラ──が素晴らしい熟成を見せている。

1998

1997がマスコミでたたかれ、ワインの売り上げが伸び悩んだため、リオハは良いヴィンテージを宣言する機会を待ち望んでいた。そういうわけで1998は当り年（公式には「とても良い」）だと大げさに宣伝されたが、この15年で最悪の部類に入るかもしれない。多くのワインがすでに最盛期を過ぎている。量は着実に増え、この年は2億7400万ℓだった。

1999

寒いヴィンテージで、ワインはあまりバランスが良くない。酸味はふんだんにあるが、濃度が足りなかったようだ。発芽が早い年だったが、霜で芽がすべて駄目になり、2回目の芽が出たのは5月半ばのことだったので、開花が例年より1カ月遅かった。当然、生産量は前年より落ちて合計2億1600万ℓ。葡萄の価格が急騰し、あらゆる記録が破られた。早飲みすべきヴィンテージだ──が、フィンカ・アジェンデの素晴らしいカルバリオのような例外もいくつかある。

2000

8月までの見通しは秀逸で豊作のヴィンテージだったが、9月と10月いっぱい続いた雨のせいで葡萄が熟しにくくなり、その結果、生長周期が最長を記録し、むらのある異常な年になった。生産量3億1100万ℓはいまだ破られていない記録だが、品質にはばらつきがある。トップクラスの生産者──収量を限定して古樹を使っているところ──にとって、2000はとても良質であると同時に飲みやすいヴィンテージであり、2001に見劣りするだけである。ベンハミン・ロメオ、コンタドール、ラ・クエバ・デル・コンタドールのワインはこの年、大きなインパクトを与え、アルタディ、アジェンデ、ロダ、ムガ、そしてエグ

レン家とともに、モダン・リオハの最盛期を築いた。

2001
　模範的な条件、完璧に健康な葡萄、その他あらゆる点で、真に素晴らしいヴィンテージである。そしてそれにふさわしい記事が報道され、得点を獲得し、騒がれている。むらのないヴィンテージで、長期熟成向けにつくられ、あらゆるもの（色、アルコール、酸味、タンニン）がふんだんにある。ムガのアロ、アウルスまたはアベル・メンドサ・セレクシオン・ペルソナル、バロン・デ・チレル、コンティーノ・グラシアノ、などを20年後に試してみたい。一方、2001は優れた伝統的ワイン復活の年でもあり、消えつつあるように思えたグラン・レセルバ・カテゴリーにも最高のものがいくつか出ている。秀逸な例としては、ビーニャ・アルダンサ（レセルバ・エスペシアルとラベルされてわずか3年目のものに入っている）、ビーニャ・レアル・グラン・レセルバ、モンテ・レアル・グラン・レセルバが挙げられる。生産量は比較的控えめで、合計2億4200万ℓ。

2002
　9月が暖かくて雨が多かったせいで、リオハの葡萄畑にボトリチスが発生した。9月末の涼しい北風が最悪の事態は防いだが、それでも非常に厳しいヴィンテージで、つくられたワインは早飲みタイプである。生産量はかなり減って、合計1億9700万ℓまで落ち込んだ。公式には「良い」に格付けされている。

2003
　熱波の年である。ヨーロッパ全土がそうだったが、リオハでも2003は異常なヴィンテージだった。発芽が早く、年間を通して高温で乾燥していたが、とくに夏が極端に暑かったせいでフェノール熟成が妨げられ、糖度が高くなり、酸度が危険なほど下がり、でき上がったワインはたいがい過熟で重かった。葡萄はもっとずっと早く収穫されるべきだったが、習慣はなかなか変えられない——収穫日もその1つだ。それでもリオハはなんとか2億9800万ℓのワインを生産している。

2004
　公式には「非常に良い」とされているこのヴィンテージは、2002年と2003年の後だったため、当初は非常に高い評価を得た。ただし、今では酸味の強い2005を好む人が多い。そうは言っても、2004はアルタディのビーニャ・エル・ピソンにとっては最高クラスの——最高ではないにしても——ヴィンテージである。暖かい年で、10月だけが涼しく湿度が高かった。総生産量は2億7000万ℓ。このヴィンテージの最上級ワインには、アウルス、コンタドール、コンティーノ・ビーニャ・デル・オリホ、エル・プンティド、ロダIが挙げられる。

2005
　真に秀逸な年である。暖かい春だったが、4月と5月に必要な雨が降り、夏は適度に暑かったが、酸味を維持するのに役立つ涼しい夜があった——言い換えれば、理想的な条件だったのだ。ほぼ完璧な果房が10月半ばに収穫され、葡萄はアントシアニン、色素、糖度、酸度という意味で条件が完璧にそろっていた。2001に比べて潜在的な熟成力に優れた年で、そのような比較にはまだ少し早いかもしれないが、ワインが同様の進化を遂げると予測して、1995に匹敵すると言う人もいる。私たちの意見では、とくにワインをよけいに新鮮に感じさせる酸味が優れているので、2004と比べても良いヴィンテージである。アロ、カルバリオ、シルシソン、コンタドール、ビーニャ・エル・ピソンなど、トップクラスの生産者について言えば、このヴィンテージの最高のワインにも例によって疑わしいものがあるものの、あまり驚くようなことはない。変わったものがほしければ、プハンサ・シスマかプハンサ・ノルテを試してほしい。総生産量は2億7400万ℓ、安定して品質は高い。バランスの良い年である。

2006
　非常に暑い年で、平均気温は過去10年で最高だった。ムガのように、優良年で2007をはるかに上回ると考

1990〜2010および古い特選ヴィンテージ

える生産者もあるが、私たちが試飲したワインから判断すると、たいていの場合このヴィンテージは暑すぎて、でき上がったのは酸度の低すぎるたるんだワインである。気候条件のせいで糖度とフェノール熟度に違いが生まれ、そのせいかもしれないが非常に不均一な年のようで、良い葡萄畑は良いものと悪いものを分けて扱っている。総生産量は前年と同レベルの2億7800万ℓ。

2007

ほど良い酸味とふんだんなタンニンを生む寒冷なヴィンテージで、この地域が2000年以降続いていた温暖なヴィンテージが途切れ、長期保存向けのワインがつくられている。成熟が遅れ、9月が非常に暖かかったので、収穫はとてもゆっくり9月21日頃に始まり、10月12日に終わった。結果としてテンプラニージョの収量は非常に低く、酸味がほど良く、アルコール含有量はだいたい14％未満だった。ワインは新鮮で、オークの影響を抑えているワイナリーが増えているように思われる。総生産量は安定した2億7400万ℓを保っている。マリア・ホセ・ロペス・デ・エレディアによると、2007は「父がうちのボデガで過去最高のヴィンテージだったと言っている1947の再来かもしれません。他の人と話をすると、どこも同じというわけではなさそうです——たとえば、ブリオネス辺りでは雹に2度襲われて、ウドンコ病が激しかったようです。アーロでは雹は降りませんでしたし、ウドンコ病は収量を減らした程度でした。うちでは赤も白も抜群の葡萄を選んでいて、ワインの進化は非常に有望です。これも歴史的なヴィンテージになるかもしれません」。グラン・レセルバなどトップクラスのワインはまだリリースされていないが、クリアンサは非常に有望なワインであることが示されている。2006が比較的弱かったアルタディのエル・ピソンは回復している。コンティーノには素晴らしい白で驚かされた。

2008

2007が温暖なヴィンテージの連続が途切れた年であるなら、2008もまた涼しい——だがこの場合はもっとむらがある——ヴィンテージで、もっと酸度が高い。生長周期中と10月末に雨が多く、収穫が遅れて葡萄の選別の必要性が高まった。全体として見ると難しい年だった。フィンカ・アジェンデは、古樹のビウラからつくった新しい白のマルティレスをリリースした。トップクラスの赤ワインはまだリリースされていないので、成り行きを見守る必要がある。2億7200万ℓのワインが生産された。

2009

2009は2000年代前半のような暑いヴィンテージに戻ったが、生育期に何度か雹が降ったために複雑になった。その結果むらのあるヴィンテージになり、自社のワインの品質に心底興奮している生産者もあれば、それほど楽観的でない生産者もある。この5年間、この地域はだいたい同じ量のワイン——2009年は2億7800万ℓ——を生産しているが葡萄畑は増えているので、1ヘクタール当りの収量が減っているということで、DOの規制強化に呼応している。

2010

この原稿を書いている時点ではまだ葡萄の収穫中なので、ワインの品質を語るのは早すぎる。しかし2008と2009の場合と同様、2010も標準的ではない年のようだ。夏が高温で、昼夜の気温差がほとんどなかった。しばしば「不均一」というコメントが繰り返されるのは、葡萄が高い糖度の熟成には早々と達したが、フェノール熟成に達するのがはるかに遅かったからだ。ワインはあまり奥行きが出ないが、おそらくアルコール度は高く、若飲みのワインになるだろう。最初の10年が終わったところで、「世紀のヴィンテージ」は今のところ2001、2005、そして2007と思われる。

右：戦利品は勝利者に。家族の宝である古いヴィンテージへの鍵を握るマリア・ホセ・ロペス・デ・エレディアの手。

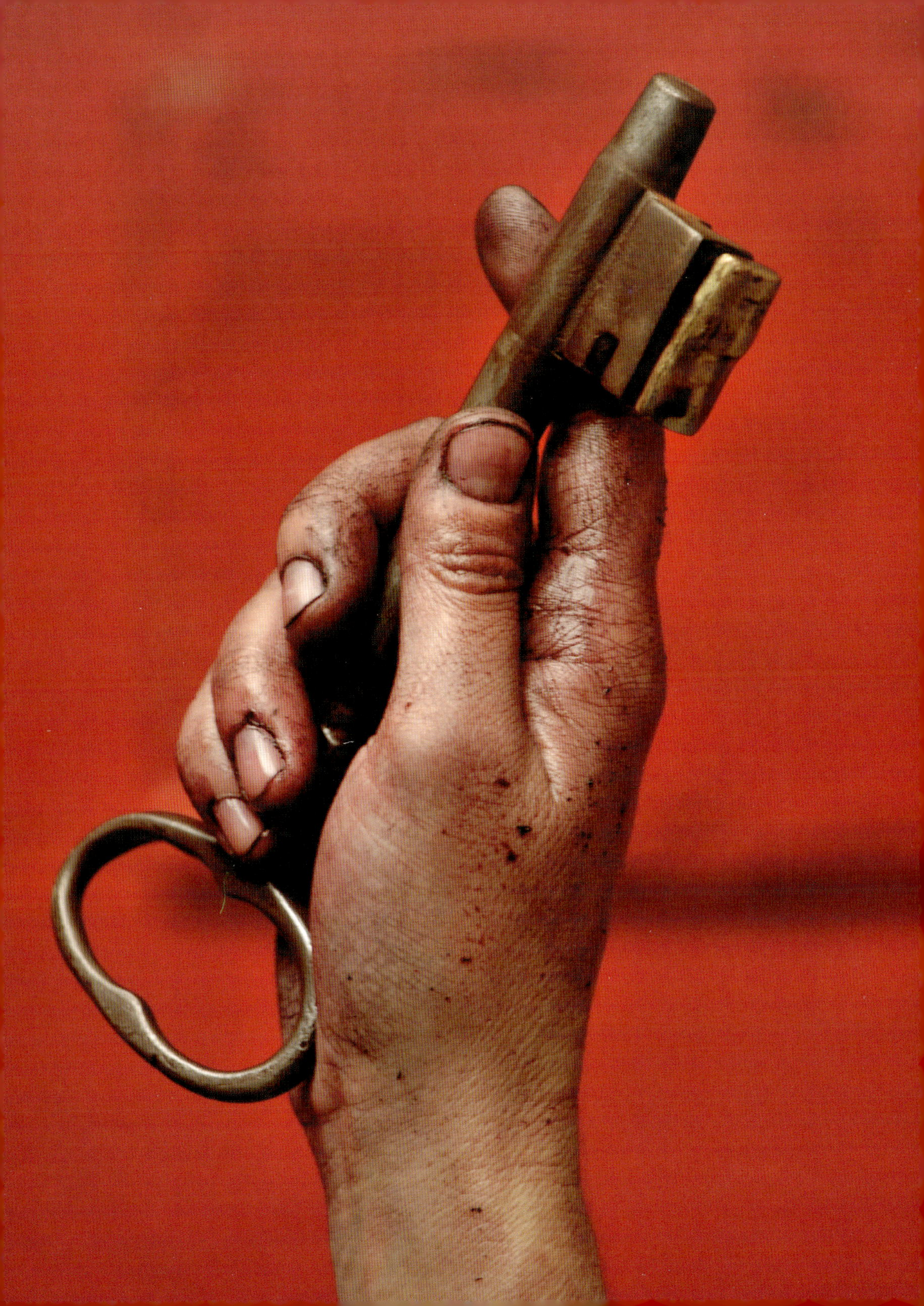

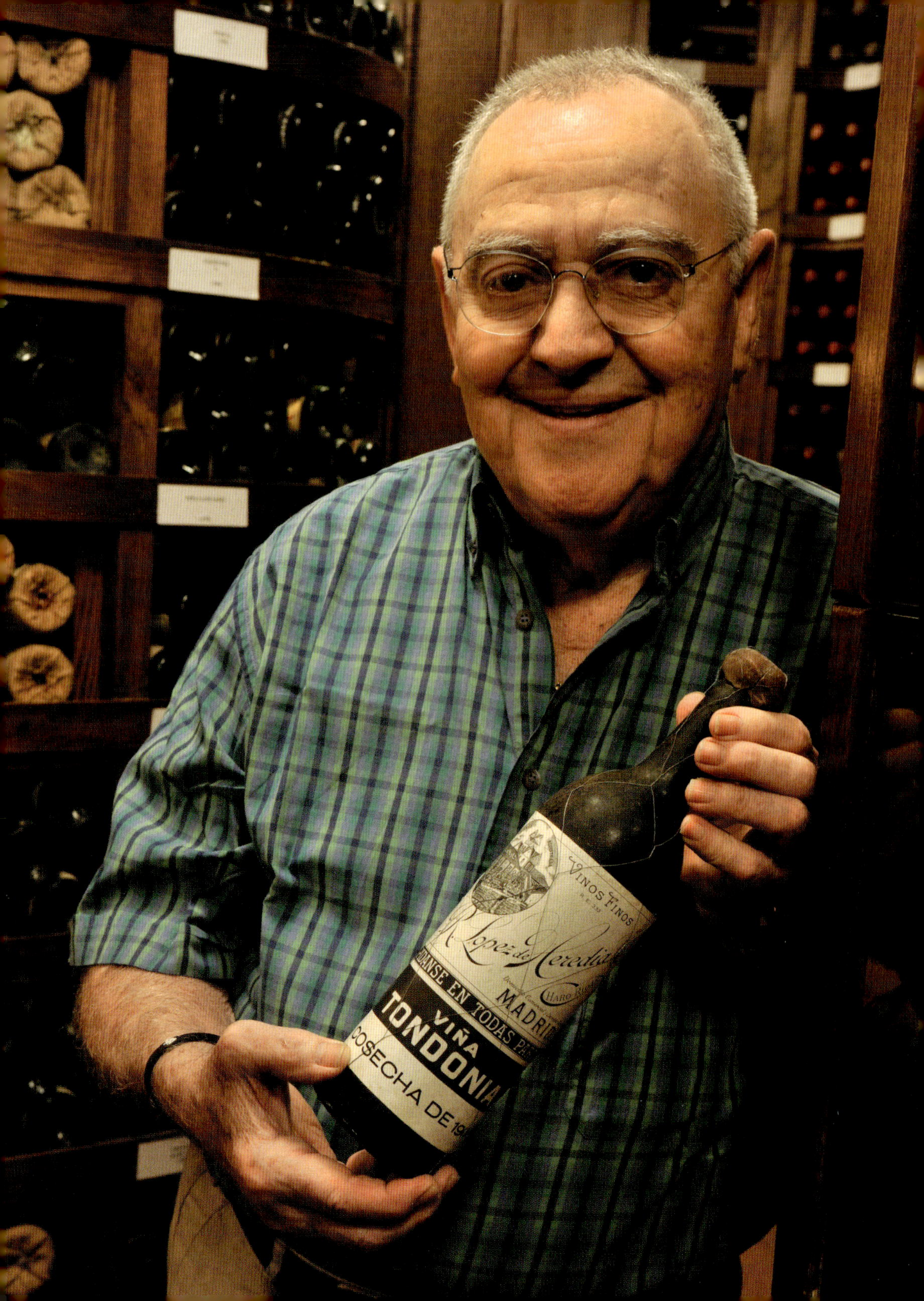
VINOS FINOS
MADRID
VIÑA
TONDONIA
COSECHA DE

スペイン北西部の極上レストラン

12｜ワインと料理

今日のグルメ界において、スペイン北西部は「美食家の楽園」とほぼ同義である。ごく短期間で打ち立てられた評判だ。わずか1世代前の1970年代半ば、『ミシュラン・グリーン・ガイド』は外国人観光客に対し、料理にオリーブオイルを使うスペインの卑怯な習慣に気をつけるよう注意していた。ところが今やサン・セバスティアンには、世界中の同規模のどの都市よりもたくさん三ツ星レストランが集まっている。フランコ独裁政治が終わりに近づいていた時代、大勢の若いバスク人シェフの生き生きした活気が、スペインの中で大西洋の影響を受けるこの多湿の地域全体に広がり、同時に、最先端のテクニック、素晴らしい地元の食材、さらにはほんの2～3年前には馬鹿にされていた流行おくれの伝統までもが、脚光を浴びるようになった。

その動きが始まったのは40年前、フアン・マリ・アルサックとペドロ・スビハナの独創的なグループ、ニュー・バスク・クイジーンからだった。彼らの影響はたちまちスペイン全土に広がった——最初は近隣の地域へ、その後はるばるガリシアまで達した。ガリシアの人々はその良さを知るとすぐさま夢中になり、今ではみなを夢中にさせている。

現在、ナバラからガリシアまでの一帯ほど秀逸なレストランが密集している地域は、世界でもほとんど例がない。この才能の宝庫を考えると、ここに挙げるような短くて主観的なリストでは、ごく上質なレストランのいくつかはどうしても割愛されてしまう。それでも、これからの数ページで取り上げた名前は、スペインで極上の食べ物（と飲み物）を提供している。

評価システム
- ★★★　　良いからとても良い
- ★★★★　　非常に良い
- ★★★★★　飛び抜けて良い
- R　　　　土地の名物

リオハ　Rioja

カサ・トニ　★★★ R
Casa Toni

ヘス・サエスはリオハの代表料理を軽妙に新しくしている——赤パプリカのムースとサクサクのウエハースを浮かべた彼の「リオハナ風」ポテトポタージュを試してほしい。

Calle Zumalacárregui 27
San Vicente de la Sonsierra
Tel: +34 941 334 001　www.casatoni.es

エル・ポルタル・デ・エチャウレン　★★★★★ R
El Portal de Echaurren

フランシス・パニエゴは、家族が経営する由緒あるホテルで、技術的にはモダンだが良識のある独自のスタイルを着実に練り上げ、スペイン人シェフの最上層にまで上り詰めた。とくに低温技術を使うのがうまく、驚くような料理を生み出す。たとえばカリカリのナッツのようなアスパラガスは、65℃で6時間調理されている。

Calle Padre José García 19 Ezcaray
Tel: +34 941 354 047　www.echaurren.com

ラス・デュエラス　★★★
Las Duelas

古くからある女子修道会の見事な修道院の中で、フアン・ナレスは土地の特性がいくらか加わった意欲的な現代的料理をつくっている。デュエラスとは「木の樽板」を意味する——アーロのレストランにまさにピッタリに思えるワイン関連の言葉だ。代表的な一品は、あめ色のタマネギと醤油を添えた塩抜きタラのステーキだ。

San Agustín 2 Haro
Tel: +34 941 304 463
www.hotellosagustinos.com

左：サン・セバスティアンにあるレコンドの誇り高き店主。非凡なコレクションに数ある最高のワインの1本を手にしている。

スペイン北西部の極上レストラン

ラ・ビエハ・ボデガ ★★★R
La Vieja Bodega

　この美しいセラーは、その名が示すとおり確かに古い——起源ははるか17世紀までさかのぼる。しかしラウル・ムニスの料理は決して古くない。薄緑色のクスクスとリーキのエキスをあしらったアンコウがその好例である。

Avenida de La Rioja 17
Casalarreina
Tel: +34 941 324 254　www.viejabodega.com

テレテ ★★★R
Terete

　この古風なホテルの客は、楽しくくつろいだ雰囲気の中、古い細長いテーブルに相席し、伝統的な野菜のメネストラ（煮込み）から始まり、素晴らしい仔羊のローストをメインとする、時代を超えた土地の逸品を楽しむ。もちろん、リオハのワインも。

Calle Lucrecia Arana 17 Haro
Tel: +34 941 310 023　www.terete.es

ナバラ　Navarra

エル・モリノ・デ・ウルダニス ★★★★
El Molino de Urdániz

　有能な家族に支えられているダビド・ヤルノスは、創意あふれる分子調理を導く灯台としてパンプローナの外れに立ち、ニンジンとその搾り汁と焼いた塩漬けの葉を添えたフォアグラのローストや、イベリアのニンニクソースに浸した乳のみ豚のような創作料理で注目を集めている。

Carretera Francia por Zubiri (Na-135) km 16.5
Urdániz
Tel: +34 948 304 109
www.elmolinourdaniz.com

エネコリ ★★★
Enekorri

　創業25周年のこのレストランは、モダンなスタイルにがらりと模様替えし、その料理も一新された。厨房のフェルナンド・フロレスとともにエネコリは、松の実の「プラリーヌ」と焦がしバターをあしらったアカザエビのホウレンソウ添えのような料理を提供している。

Calle Tudela 14 Pamplona
Tel: +34 948 230 798　www.enekorri.com

マエル ★★★★R
Maher

　野菜で有名なリベラ・デル・エブロは、エンリケ・マルティネスの心地よいホテルレストランで、料理の潜在能力を十分に発揮している。そこでは、オリーブオイルとつやつやのピーマン、香り高いハーブでつくられた「ピル・ピル」ソース、そして柔らかい野菜の芽を添えた、心和むタラ料理のような、マルティネスの洗練されたアプローチを確認できる。

Ribera 19 Cintruénigo
Tel: +34 948 811 150　www.hotelmaher.com

ロデロ ★★★★R
Rodero

　コルド・ロデロが長年営むこのレストランは、退屈な保守主義や無節操な分子調理偏重からの避難所である。ブラッドソーセージ、カリフラワー、そして赤インゲン豆でつくった大きなチュリ・タ・ベルツ（「白と黒」）・カネロニを料理する時、彼は自分のルーツであるナバラのやり方を革新すると同時に、それにこだわっているのだ。

Calle Emilio Arrieta 3 Pamplona
Tel: +34 948 228 035
www.restauranterodero.com

ツバル　★★★R
Túbal

　アチェン・ヒメネスは素晴らしいもてなし役だ。彼女のレストランは伝統的なナバラ料理の砦であると同時に、リベラの野菜のショーケースでもある。野菜はつねに肉や魚とスペイン流に組み合わされている——たとえば、カルドンとアサリ、ヤマドリタケとフォアグラと合わせたアーティチョークのソテー、といった具合だ。

Plaza de Navarra 4 Tafalla
Tel: +34 948 700 852
www.restaurantetubal.com

バスク国　The Basque Country

アケラーレ　★★★★
Akelarre

　海を見下ろす緑の牧場にのどかにぽつんと立つペドロ・スビハナのレストランは、創造の精神を保ち、感動的なセラーを擁している。彼が最近思いついた料理には、生野菜のゼリー寄せを添えた香ばしいイベリコ豚のパンセタ、小エビのサヤインゲン添え、湯通ししたメルルーサにエボシ貝とオリーブオイルとルッコラをあしらった一品などがある。35年前、もっとはるかに地味だったスペイン料理界で、スビハナは名高いスズキのグリーンペッパーコーン添えで革命を起こした。彼の本当に素晴らしいところは、つねに独創的であり続けることだ。

Paseo Padre Orcolaga 56 San Sebastián
Tel: +34 943 311 209　www.akelarre.net

アルサック　★★★★★
Arzak

　フアン・マリ・アルサックと、ダイニングルームで彼を支える妻のマイテ、そして今では評判の高い共同シェフとなった娘のエレナは、高級スペイン料理のパイオニアと目されている。旧友のペドロ・スビハナと同様、現状に満足することなく、次第に前衛的になっていく料理法に後れを取らない優れた仕事をしている。数年間アルサックに来ていなかった客は、そのたゆまぬ進化に驚くだろう。ガチョウ脂とナツメヤシのチョリソを添えた卵と白トリュフの花は、何年も前のオニカサゴのパテとはまったく違う。

Avenida Alcalde José Elosegui 273
San Sebastián
Tel: +34 943 278 465　www.arzak.es

エルカノ　★★★★R
Elkano

　魚や肉のバスク風グリルの殿堂。メルルーサ、タイ、ヒラメ、そしてビーフステーキが、完璧の域に達している。はるばる日本やカナダからも客が訪れ、水揚げされたばかりの素晴らしく大きな魚を、原始的とさえ言えそうなごくシンプルな方法——だがここでは芸術にまで高められたスタイル——で調理したものを堪能している。

Herrerieta 2 Getaria, Guipúzcoa
Tel: +34 943 140 024
www.restauranteelkano.com

エチェバリ　★★★★R
Etxebarri

　ビクトル・アルギンソニスは、グリル料理におけるフェラン・アドリアであり、厳選した魚と肉だけでなく、パエリヤやアイスクリームにさえも想像力を働かせることで、人々を魅了する革命的なシェフだ。彼があつらえた特別なグリルは本領を発揮している。アルギンソニスは主にトキワガシと葡萄樹の切り枝を用いるが、オレンジやオリーブの枝も使っている。

Plaza San Juan 1 Atxondo, Vizcaya
Tel: +34 946 583 042
www.asadoretxebarri.com

スペイン北西部の極上レストラン

ホラストキー ★★★R
Jolastoky

　厨房に立つサビン・アラナとダイニングルームに立つ妹のイチャソは、1921年に開業したこの中産階級向けバスク料理の代表的レストランを、活気に満ちた場所に保っている。ヤマシギとカブのシチューも、ライスと生野菜とパセリソースを添えたハマグリも、時代を超越した最高傑作だ。

Avenida de los Chopos 24 Getxo, Vizcaya
Tel: +34 944 912 031　www.jolastoky.com

カイア・カイペ　★★★R
Kaia-Kaipe

　ゲタリアではエルカノに代わる選択肢である。絶品の魚が最高のテクニックでグリルされ、カイアルデ・ルームでバラエティに富んだ料理が供される。

Calle General Arnao 4 Getaria, Guipúzcoa
Tel: +34 943 140 500　www.kaia-kaipe.com

マルケス・デ・リスカル　★★★
Marqués de Riscal

　コンサルティング・シェフとしてエスカライのフランシス・パニエゴを擁するこの魅力的なレストランは、由緒あるリスカル・ワイナリーの複合施設として建てられたフランク・ゲリー設計のビルにあり、リオハの定番を繊細かつモダンに解釈した料理を提供する。

Calle Torrea 1 Elciego, Álava
Tel: +34 945 180 888
www.luxurycollection.com/marquesderiscal

マルティン・ベラサテギ　★★★★★
Martín Berasategui

　サン・セバスティアン周辺に居並ぶ星付きレストランの中でも、伝統的な着想と最先端を行く独創性のバランスが最も絶妙な店かもしれない。繊細さとバランスに対する見事なセンスをもつベラサテギは、驚くほど込み入った料理を何でもないかのようにやり遂げる。しかし、たとえば冷たいバジルのエッセンス、ライムのシャーベット、ジュニパーのアイス、そして少量の生アーモンドという組み合わせには、かなり複雑なものがある。

Loidi Kalea 4 Lasarte-Oria, Guipúzcoa
Tel: +34 943 366 471
www.martinberasategui.com

ムガリツ　★★★★★
Mugaritz

　見つけにくい場所だが、見つける努力をする価値はある。野生ハーブマニアのアンドニ・ルイス・アドゥリスは、バスクのシェフの中でもとりわけ実験的で、アドリアに似ているかもしれない。現在、出されているのはフルコースのテイスティングメニュー2種類だけで、ユキワリダケの繊維をあしらった骨抜きの近海稚魚のシンプルなローストや、ニンニクの花を浮かべた香りの良いスープのような、変わった料理も出てくるかもしれない。

Aldura Aldea 20 Errenteria, Guipúzcoa
Tel: +34 943 518 343　www.mugaritz.com

レコンド　★★★R
Rekondo

　メルルーサのグリーンソースのような美味しいバスク料理を食べられる場所であり、とくに世界有数のセラーに貯蔵されている最上級ワインをまともな価格で飲むことができる。

Paseo de Igueldo 57 San Sebastián, Guipúzcoa
Tel: +34 943 212 907　www.rekondo.com

スベロア　★★★★R
Zuberoa

　モダン主義の人の中には、イラリオ・アルベライツは伝統に忠実すぎると言う人もいる。もし彼がそうであっ

ても、16世紀のすてきな田舎家で仕事をしているシェフであれば、それほど驚くにはあたらないだろう。しかし、彼にとって重要なのは過去だけにとどまらない。彼が得意とするのは、現代的な手法と一流の新鮮な食材を使って、伝統的なバスク料理を新しいものにすることだ。ロブスターのシチューから小イカのオニオン添えまで、ほぼ完璧である。

Plaza Bekosoro 1 Oiartzun, Guipúzcoa
Tel: +34 943 491 228　www.zuberoa.com

カンタブリア　Cantabria

バル・デル・プエルト　★★★
Bar del Puerto

このレストランに独創性や現代性という言葉が当てはまらないことは確かだが、スペインで最高のシーフードが食べられる場所である。アカザエビの大きさだけでも驚異的で、その味も素晴らしい。アジのコロッケも美味しい。

Hernán Cortés 63 Santander
Tel: +34 942 213 001　www.bardelpuerto.com

ボデガ・シガレーニャ　★★★R
Bodega Cigaleña

熱烈なワイン愛好家のアンドレス・コンデは、60年続くこの魅力的な家族経営のホテルで、1200以上のワインを取りそろえている――リオハ、ブルゴーニュ、ロワール、モーゼル、ジュラから仕入れた本当に貴重な品もある。そのようなワインと合わせるべき最高の食の楽しみも、赤ピーマンを添えた厚切りマグロから、美味しいステーキやフライまでそろっている。

Calle de Daoiz y Velarde 19 Santander
Tel: +34 942 213 062

カサ・コフィーニョ　★★★R
Casa Cofiño

ひっそりとたたずむ絵葉書のように美しい村で、昔カフェだったこのレストランには、あっと驚くようなワインリストと、この地方のどこにもないような最高のコシド・モンタニェス（濃厚な豆と肉のスープ）がある。常連客はミートボールシチューに心酔しているが、それももっともなことだ。

Plaza Mayor Caviedes　Tel: +34 942 708 046

カナドール・デ・アモス　★★★★R
Cenador de Amós

ヘスス・サンチェスはカンタブリアの一流料理人であり、自分のルーツを決して見失うことなく、しかも創意にあふれている。そのことを、タマネギのしぼり汁を使ったカンタブリアのメルルーサ料理が証明している。レストランは人里離れたところにあるが、サンタンデールから遠くはないし、足を運ぶだけの価値は十分にある。

Barrio del Sol s/n Villaverde de Pontones
Tel: +34 942 508 243
www.cenadordeamos.com

アストゥリアス　Asturias

カサ・ゲラルド　★★★★R
Casa Gerardo

フォバダ（アストゥリアスの豆シチュー）はここの代表料理であり、この老舗レストランでは伝統料理全般が最高だ。しかし若いマルコス・モランは、イベリコハムと豆のピューレを添えたハマグリや、焼きパイナップル・アイスクリームとオリーブオイル入りダークチョコレートを浮かべたタンジェリン・スープのような料理に、斬新なアイデアを取り入れている。ここのメニューは以前よりはるかに多様で、あらゆるものがそろっている。

Carretera AS-19 Gijón a Avilés km 8 Prendes
Tel: +34 985 887 797　www.casa-gerardo.com

スペイン北西部の極上レストラン

カサ・マルシアル ★★★R
Casa Marcial

　ナチョ・マンサノはアストゥリアス料理復活の原動力であり、土地の産物と伝統に十分な敬意を払っている。マンサノのピトゥ・カレヤ（アストゥリアスの方言で放し飼いの鶏）料理は伝説的だ——どこの鶏料理よりも美味で柔らかい。燻製のポテト、タマネギ、卵、トウモロコシを添えたイワシのフライからは、一片の才能以上のものがうかがえる。

La Salgar s/n Arriondas, Parres
Tel: +34 985 840 991　www.casamarcial.com

エル・レティロ ★★★R
El Retiro

　ナチョ・マンサノの元同僚である若きリカルド・ゴンサレスは、家族の営むレストランに戻り、シンプルでモダンな土地の料理を、とても誠実かつ陽気に提供している。彼のビンナガのエスカベチェを食べてみてほしい。地元の客は昔からの好物をゴンサレスにつくり続けてほしいと思っている——彼は喜んでそれに従っている。

Pancar, Llanes
Tel: +34 985 400 240

レアル・バルネアリオ ★★★R
Real Balneario

　スペイン北部で最高の場所だ。ビスケー湾の光り輝くビーチ、大きな出窓、そして居心地の良いダイニングルームでは、ロヤ家が3世代にわたって素晴らしい伝統料理を供しており、現在はいくつか新しい創作料理も加えている。シーフードが感動的で、トリッパのフライドポテト添えもしかりだ。

Avenida Juan Sitges 3 Salinas
Tel: +34 985 518 613
www.restaurantebalneario.com

ガリシア　Galicia

カサ・マルセロ ★★★★
Casa Marcelo

　マルセロ・テヘドルはガリシアの若手シェフがつくるノベ・グループの「ゴッドファーザー」であり、彼の独創的な料理もガリシアで随一である。フルコースのテイスティングメニューしか用意されていないが、内容がたえず変わっていて、バラエティに富んでいる。「ポテト・リーキの卵黄とベーコン添え」、「セレイロ産メルルーサ、レモン・ピルピル・ソースと青ピーマンのブロス」、「ピニャ・コラーダ」というような簡潔で謎めいた表現の裏に、必ずうれしい驚きが隠されている。

Rúa Hortas 1 Santiago de Compostela, La Coruña
Tel: +34 981 558 580　www.casamarcelo.net

エル・モスキート ★★★R
El Mosquito

　モダン主義の人には敬遠されているが、ここは相変わらずガリシア伝統料理の天国で、どこよりも美味しい（そして大きい）シタビラメのフライや、絶対にはずせないフィリョース（甘いカスタードを詰めたクレープ）を食べさせてくれる。

Plaza da Pedra 4 Vigo, Pontevedra
Tel: +34 986 224 441
www.elmosquitovigo.com

オ・レチロ・ダ・コスティーニャ ★★★R
O Retiro da Costiña

　ガルシア兄妹は、ガリシアの伝統料理ともっと大胆な新しい料理の絶妙なバランスを実現している。食事の手順には、カンタブリア産のアンチョビを楽しみながら、セラーで直接ワインを選ぶことが含まれる。その後、トマトジャムを塗ったトーストにのせたホタテや、2通りの調理法があるスズキにじっくり調理したリーキを添えたものなど、純粋な楽しみに進む。

上：ソセとソアンのカナス兄弟（右と中央）。レストランテ・ソーリャの友人ペペ・ソーリャとともに、ペペ・ビエイラにて。

Avenida de Santiago 12 Santa Comba, La Coruña
Tel: +34 981 880 244
www.nove.biz/ga/o-retiro-da-costina

ペペ・ビエイラ ★★★★
Pepe Vieira

　ソセ・カナスは最小主義だが美味しい料理をつくり、弟ソアンの驚異的なセラーにはスペインのワインの神童ラウル・ペレスが手がけたさまざまなワインもあるので、この店を訪れるのはとても実り多い。ソセが大胆に創作したホタテのポテトとラードのクリーム添えはたちまち定番になった。

Camiño da Serpe s/n Raxo-Poio, Pontevedra
Tel: +34 986 741 378　www.pepevieira.com

ソーリャ ★★★★R
Solla

　創業者の息子のペペ・ソーリャは、このレストランを有名にした巨大な蒸しアカザエビを（もちろんテナガエビ、ロブスター、イセエビ、クモガニなども）忘れてはいない。しかし、リンゴと即席エスカベチェを添えたカキや、ナスのピューレと焼き野菜のジュをあしらったマイグレ（スズキの親戚）など、最新の創作料理も加えている。

Avenida Sineiro 7
San Salvador de Poio, Pontevedra
Tel: +34 986 872 884
www.restaurantesolla.com

ヤヨ・ダポルタ ★★★
Yayo Daporta

　保守的な地元の客にはいくぶん誤解されているが、この大胆な若いシェフは軽いタッチと絶品の食材で創作している。古い町にたたずむ魅力的な石造りのこの店に、常連客が最初はぽつぽつと、その後どんどんと集まるようになり、アルバリーニョで「蒸した」メルルーサとザルガイとワカメを楽しんでいる。デザートには厳選された甘口ワインが付く——たとえば、ホワイトチョコレートのスープに浮かべた野生レッドベリーのシャーベットには、カスタ・ディーバ・コセチャ・ミエル・ムスカットが添えられる。

Rúa Hospital 7 Cambados, Pontevedra
Tel: +34 986 526 062
www.yayodaporta.com

"Bribón"
S.M. D.Juan Carlos I
Barón de Oña 1997

Palacio de
Negralejo
Viña Alberdi 1984

Cafetería "ke"
Sotogrande
Viña Alberdi 2000

La Flor de Torango
Viña Alberdi 2000

13 | 秘密のアドレス

熟成したリオハの魔法

スペインでは時折、数十年物のワイン（とくにリオハ）を、まんざら理不尽でもない価格で買える機会がある。たいてい個人のセラーから、所有者が亡くなった場合やあまりに高齢になった場合に、市場に出てくるのだ。しかしもちろんそのような機会は滅多にないので、本書の読者のほとんどは利用することができない。もっと興味深いのは、本当に古いワインがどこで買えるか、そういうワインを在庫していて、見事に熟成したリオハの魔力と釣り合う素晴らしい料理も提供できるレストランがどこで見つかるか、という詳細な情報になろう。

ここでは、あまり期待しすぎないのが賢明だ。なぜなら、ワインを店やレストランで貯蔵するという話になると、スペインという国には長い伝統がない。したがって、真に特別な場所はわずかだ。しかし存在するごく少数の場所の一部をここで紹介する。この秘密をばらすことで私たちは、そこに足しげく通う熱狂的なファンから罵られるに違いない。ともかく、本書の読者は最良のアドバイスを受ける資格がある——とくに、このページまでたどり着くだけの辛抱強さがある人たちは！

古いリオハという意味で（そして感動的なほどさまざまなヴィンテージのムートンとベガ・シシリアなど、他のワインでも）絶対的なエースは、1880 マルケス・デ・リスカルまで置いてある、サン・セバスティアンのレストランテ・レコンドである（Paseo de Iguedo 57、wwwrekondo.com）。秘密の宝を求めてワインリストに目を通したい人は、2〜3時間前に行こう。持ち帰り用のワインを買いたければ、やはりサン・セバスティアンにあるエセイサ・ビノス（Prim 16、+34 943 466 814）にまだ古いリオハがあるかもしれない。

ギプスコアを離れずカンタブリア海の真ん前にあるゲタリアのレストラン・カイア（General Arno 4、www.kaia-kaipe.com）には感動的なメニューと、さらに注目に値するセラーがある。必ずイゴル・アレギに、あなたの古いリオハに対する純粋な情熱を語ること。そうすれば彼は自分の宝を見せて、本当に特別な逸品を選ばせてくれるかもしれない。ギプスコアで3番目に挙げられるのは、もう少し目立たないがやはり注目に値するオテル・レストランテ・エチェベリで、スマラガがある（www.etxeberri.com）。どうか誰にも言わないで……。

やはりスペイン北部のサンタンデールでワイン愛好家の巡礼が目指すべきは、セラーでレストランのラ・シガレーニャ（Daoiz y Velarde 19、+34 942 213 062）、ワインリストから選ぶことも、若いのに思慮深い専門家アンドレス・コンデのアドバイスを求めることもできる。26kmほど東、アストゥリアスのルアルカに近いカサ・コンスエロ（Carretera Nacional 634 km 511、www.casaconsuelo.com）も隠れた名店で、ロペス・デ・エレディアのあらゆる歴史的ヴィンテージをはじめ、古いリオハと非常に古いリオハの感動的なリストを誇っている。

スペインの反対側の端にも、熟成したリオハ（1960年代のワインもあるが、とくに70年代と80年代のもの）を求めるワイン愛好家が訪れなくてはならない場所がある。アルメリアに近いエル・アルキアンのレストランテ・ボデガ・ベジャビスタ（Urbanizacion Bella Vista、+34 950 297 156）である。ここでも熱心な若い専門家——パコ・フレニチェ——が舵取りをしている。

リオハ自体はレストランよりも小売店のほうが優れているが、アーロにはスペイン屈指のワインを愛する（そしてワインに精通している）シェフがいる。オテル・ロス・アグスティノスのレストランテ・ラス・デュエラス（www.lasduelas.com）のオーナー、フアン・ナレスだ。ここには、とてもセンスの良い膨大なワインリストがあるが、古いヴィンテージだけが足りない。

古いワインがいまだに手に入るワインショップということでは、アーロにはフアン・ゴンサレス・ムガの店（www.gonzalezmuga.com）が数軒あり、ビノテカ・ロドリゲス・アロンソ（Conde de Haro 5-7）もある。ログローニョとエスカライのエル・リンコン・デル・ビノ（www.rinconesdelvino.com）には、古いヴィンテージを蔵するセラーがある。そしてもちろん生産者自身の中にも、小売できる（非常に）古いヴィンテージをまだ在庫しているところもある。おまけに貯蔵条件は最適だ。

左：ラ・リオハ・アルタのような歴史的ボデガは、スペインのショップやレストランと同じように、熟成したヴィンテージを小売りしている場合もある。

極上ワイン100選

カテゴリーごとに生産者またはワイン名のアルファベット順。
星印(★)が付いているものは私たちの意見で極上の中の極上を示す。

リオハ10傑

カスティージョ・イガイ・グラン・レセルバ・エスペシアル・ブランコ1946
CVNE インペリアル 1947
マルケス・デ・カセレス 1970
マルケス・デ・リスカル・キュベ・メドック 1945★
モンテ・レアル 1964
トレ・ムガ 1994
ビーニャ・ボスコニア 1954
ビーニャ・エル・ピソン 2004
ビーニャ・レアル・レセルバ・エスペシアル 1954
ビーニャ・トンドニア・グラン・レセルバ・ブランコ 1964

リオハ赤ワイン10傑

アウルス
シルシオン
コンタドール
コンティーノ・ビーニャ・デル・オリボ
ラ・ニエタ
プラド・エネア
ラ・リオハ・アルタ・グラン・レセルバ 890
レミレス・デ・ガヌサ・レセルバ
ビーニャ・エル・ピソン★
ビーニャ・トンドニア・グラン・レセルバ・ティント

リオハ白ワイン10傑

アベル・メンドーサ・マルバシア
アルタディ・ビーニャス・デ・ガイン・ブランコ
カペラニア
コンティーノ・ブランコ
マルティレス
プラセット
プハンサ・アニャーダス・フリアス
ケ・ボニート・カカレアバ
レメリュリ・ブランコ
ビーニャ・トンドニア・グラン・レセルバ・ブランコ★

リオハのお買い得10傑

アルドニア
アジェンデ・ティント★
アルタディ・ビーニャス・デ・ガイン・ティント
ルベリ・マセラシオン・カルボニカ
ムガ・クリアンサ
シエラ・カンタブリア・クリアンサ
バレンシソ
ビーニャ・アルベルディ
ビーニャ・レアル・レセルバ
ビーニャ・トンドニア・レセルバ・ブランコ

ナバラ10傑

3プルソ
アリンサノ
カプリチョ・デ・ゴヤ★
チビテ・コレクシオン125ブランコ
エセンシア・モンハルディン
グラン・フェウド・ビーニャス・ビエハス・レセルバ
イサル・デ・ネケアス
パゴ・デ・シルスス・セレクシオン・エスペシアル
パラシオ・デ・オタス・アルタール
サンタ・クルス・デ・アルタス

リアス・バイシャスのアルバリーニョ10傑

コントラ・ア・パレデ
ダビラ
ド・フェレイロ
ド・フェレイロ・セパス・ベラス★
フェフィニャネス
フィジャボア・セレクシオン・フィンカ・モンテ・アルト
ゴリアルド・ア・テジェイラ
ラ・バル・クリアンサ・ソブレ・リアス
ルスコ・パソ・ピニェイロ
パソ・デ・セニョランス・セレクシオン・デ・アニャーダ

リアス・バイシャス以外のガリシアの白ワイン10傑
ア・トラベ・ブランコ
アルゲイラ・ブランコ・バリカ
アス・ソルテス
コト・デ・ゴマリス・コジェイタ・セレクシオナダ
エミリオ・ロホ
ギティアン・ゴデージョ
ギティアン・ゴデージョ・ソブレ・リアス★
ラポラ
スケッチ
ビーニャ・メイン

ガリシアの赤ワイン10傑
ア・トラベ・ティント
アバディア・デ・ゴマリス
アルコウセ
アルゲイラ・ピサラ
Dベントゥラ・ビーニャ・カネイロ
エル・ペカド
ゴリアルド・エスパデイロ★
ラマ
キンタ・ダ・ムラデージャ・フィンカ・エル・ノタリオ
サメイラス・ティント

ビエルソのワイン10傑
アルトス・デ・ロサダ・ラ・ビエンケリダ
カラセド
ルナ・ベベリデ・レセルバ
モンセルバル・コルジョン
パイサール
ピタクム・アウレア
タレスP3
ティレヌス・パゴス・デ・パソダ
ウセド
ウルトレイア・デ・バルトゥイージェ★

カンタブリア沿岸のワイン10傑
アメストイ
コリアス・ギルファ
エギア・エネア
ゴロンドナ
イトサスメンディNo7★
ルシア
ピコス・デ・カバリエソ・ロブレ
リベラ・デル・アソン
セニョリオ・デ・オチャラン
チョミン・エチャニス

用語集

アルタ・エスプレシオン 字義は「高い表現力」。ほとんどの「伝統的」リオハのイメージと品質が低下したことへの反動として1990年代以降につくられた、新樽(ほとんどフレンチ・オーク)熟成の濃厚で色の濃いワインを表す用語。ワインはどちらかというと国際的なスタイルだったが、すぐに評論家や消費者からの支持が減り、市場占有率を失って、もっとバランスの良いエレガントなワインに道を譲った。一部に最高の価格がついたことから、最終的にはアルタ・エストルシオン(高額搾取)と呼ぶ人もいた。

エスタシオン・エノロヒカ ワイン醸造研究所。リオハで有名なものはアーロにある。

エン・バソ 先端を剪定された。フランスのゴブレに相当する剪定方法(バソはゴブレットを意味する)。

カミノ・デ・サンティアゴ 聖ハメスの道。巡礼者たちがサンティアゴ・デ・コンポステラまで歩くルート。

カラド 貯蔵庫

キンタ 田舎の邸宅。ワイン園。

グラン・レセルバ 長期保存。(ほとんどの地域で)最低24カ月、オーク樽で熟成させ、さらに2~3年瓶熟してからリリースするワインのカテゴリー。

クリアンサ 字義は「育成」または「養育」だが、オーク樽で最低6~12カ月(地域による)熟成され、さらに1年瓶で寝かされてから売られるワインの分類にも使われる。

コセチェロ リオハで職人技を用いるワインのつくり手。オークを使わない赤を、たいていカーボニック・マセレーションで、古い手法に従ってつくる。バスク国で人気が高い。このスタイルのワインにも用いられる。

コノ ティナ、槽と同義。

シウダード 市。プエブロ(村)から1段階上がる。1891年にアーロに認められた肩書き。

スエロス・アマリージョス 黄色い土壌。リオハ・アラベサとリオハ・アルタ西部に見られる粘土石灰岩土壌の名称。

スエロス・ロホス 赤い土壌。明るい色のもとである鉄と粘土に富んだテラロッサ土壌の名称。

セコ 辛口

セパス・ビエハス 古い葡萄樹。規定はないので漠然と使われている。(ある栽培家が鳴った携帯電話に出て、どこで何をしているのかと訊かれて、「古い葡萄樹を植えている」と答えたという話がある)。

ソブレ・リアス 澱の上。シュール・リー。

ソルカコス 段々畑を表すガリシア語(とポルトガル語)の言葉。

デノミナシオン・デ・オリヘン・カリフィカダ(DOC) 最高ランクの呼称。リオハとプリオラートだけがこのカテゴリーに入る。

デノミナシオン・デ・オリヘン(DO) 原産地呼称。フランスのAOCに相当。

ティナ タンク

ティント 赤

テンプラノ 早い。テンプラニージョの名前の由来。

トラシエゴ/トラシエガ 澱引き。この動作が女性らしいのか男性らしいのか合意が得られていないので、女性形と男性形両方の単語が見られる。

バリエダデス 葡萄の品種

バリエダデス・メホランテス 字義は「品質改善品種」で、フランス品種や国際品種を指す婉曲語句だが、スペイン北部の原産地から離れた場所ではテンプラニージョを指すのにも使われる。

バリオ・デ・ラ・エスタシオン 鉄道近辺。リオハのアーロにある鉄道駅に隣接する地区で、19世紀には多くのワイナリーが建てられた。

パイス・バスコ バスク国

パゴ 葡萄畑。(ビーノ・デ・バゴは単一畑ワインの意味)。

パラ 字義は「葡萄樹」だが、通常、蔓棚式で栽培されている蔓がはっている葡萄樹を指す。

パラへ 田舎の地点。ある地区を特定するのに用いるワイナリーもあるが、葡萄畑の単一区画とは限らない。

パルセラ 区画

ビニェードス 葡萄畑

ビノ ワイン

ビノ・デ・アウトル 作家もののワイン、あるいは(大ざっぱに訳すと)デザイナーズ・ワイン。ワイン醸造家の特徴が最も重要なワイン——アルタ・エスプレシオンの同義語としてよく用いられるコンセプトである。テロワールが良質ならまともでない考えだ。

ビノ・デ・メサ テーブルワイン。公式には一番下のカテゴリー。しかし素晴らしいワインの中には、DOやビノ・デ・ラ・ティエラのルールに従わないため、このカテゴリーに入ってしまうものもある。このカテゴリーは新たなEUの規制のもとで消えつつある。

ビノ・デ・ラ・ティエラ 字義は「土地からのワイン」または「国からのワイン」。フランスのヴァン・ド・ペイに相当するワインのカテゴリーで、認可されている葡萄品種という意味では、ルールはたいていのDOよりいくらか柔軟だ。このカテゴリーは新たなEUの規制のもとで消えつつある。

ビーニャ 葡萄畑だが、葡萄樹の意も。

ピンチョ 焼き串の意。通常、楊枝または串を刺してまとめたタパスの一種。

ブエナ 良い。原産地呼称統制委員会が公表している公式ヴィンテージ格付けの1つで、エクセレンテとムイ・ブエナに次ぐ3番目。しかし本当の意味は並み——この広報至上主義の時代に、良好なヴィンテージがムイ・ブエナ、つまり「とても良い」より下に指定されることはない。

ブランコ 白

フィンカ 地所(資産の場合)

参考図書

フェルメンタード・エン・バリカ 樽発酵

フドレ フランス語のフードルから。ワインの容器で、普通はとても大きくて木製。

ベナホス アーロ市議会が所有する共用菜園で、自家用栽培のために住民に貸出している。

ペルード 毛深い。適切なワイン用語でも、リオハやその住民の特性でもないが、葉の裏が毛深いテンプラニージョのクローンをテンプラニージョ・ペルードと呼ぶ。

ボデガ ワイナリー

ホベン 若い。オークを使わないワインを指定するのに用いる。

ミニフンディオ ごく小さい区画で土地を所有する制度で、スペイン北部に見られる。

ムイ・ブエナ とても良い。公式のヴィンテージ格付けでエクセレンテに次ぐ2番目のカテゴリー。

ラロ 変わっているという意味のレア（肉の焼き加減を表すのには使わない）。

リオハノ リオハ出身の人々の呼称で、字義は「リオハ出身」。食べ物、衣装、伝統などにも使われる。

レセルバ 保存。（ほとんどの地域で）最低12カ月、オーク樽で熟成させ、さらに2年瓶熟してからリリースするワインのカテゴリー。

ロサド ロゼ。ピンク色のワイン。

ロブレ オーク。オーク熟成させるが、クリアンサ・ラベルに求められる最低期間、すなわち地域によって4〜6カ月に達しないワインの、半公式または非公式のカテゴリーにも用いられる。セミ・クリアンサとも呼ばれる。

Michel Bettane and Thierry Desseauve, *The World's Greatest Wines* (Stewart, Tabori and Chang; 2006)

Oz Clarke and Margaret Rand, *Grapes & Wines* (Websters International, London; 2001)

Luis Díaz, "Ni la Mencía es Autóctona ni el Albariño Procede del Rin" (*La Voz de Galicia*; 29 December 2005)

Pierre Galet, *Dictionnaire Encyclopédique des Cépages* (Hachette Livre, Paris; 2000)

Iñigo González Inchaurraga, *El Marqués que Reflotó el Rioja* (LID Editorial Empresarial, Madrid; 2006)

Juan Goytisolo, *Señas de Identidad* (Seix Barral, Barcelona; 1966)

Jose Luis Hernáez Mañas, *As Castas Galegas de Videira: Estado da Investigación* (Estación de Viticultura y Enología de Galicia, 1999)

Alain Huetz de Lemps, *Vignobles et Vins du Nord-Ouest de l'Espagne* (Institut de Géographie, Bordeaux; 1967)

Julian Jeffs, *The Wines of Spain* (Faber and Faber, London; 1999)

Hugh Johnson and Jancis Robinson, *The World Atlas of Wine (5th edition)* (Mitchell Beazley, London; 2001)

Manuel Llano Gorostiza, *Los Vinos de Rioja* (Banco de Vizcaya, Bilbao; 1983)

—, *Un Vaso de Bon Vino* (CVNE, Bilbao; 1979)

Jesús Marino Pascual, *Museo de la Cultura del Vino Dinastía Vivanco: Arquitectura* (Dinastía Vivanco, Briones; 2005)

Agustín Muñoz Moreno, *Geología y Vinos de España* (ICOG, Madrid; 2009)

José Peñín, *12 Grandes Bodegas de España* (Pi & Erre Ediciones, Madrid; 1995)

—, *Cepas del Mundo* (Pi & Erre Ediciones, Madrid; 1997)

—, *Guía Peñín de los Vinos de España 2010* (Peñín Ediciones, Madrid; 2009)

John Radford, *The Wines of Rioja* (Mitchell Beazley, London; 2004)

La Rioja: Sus Viñas y su Vino (Gobierno de La Rioja, Logroño; 2009)

Rioja Alavesa (Asociación para la Promoción de la Rioja Alavesa, Vitoria; 1998)

Jancis Robinson, *Vines, Grapes and Wines* (Mitchell Beazley, London; 1986)

Manuel Ruiz Hernández, *Estudios Sobre el Vino de Rioja* (Gráf Sagredo, Haro; 1978)

Las Rutas del Vino en España, (Ciro Ediciones, Biblioteca Metrópoli, Madrid; 2006)

Julio Sáenz and James Bishop, *Tres Siglos de La Rioja Alta SA* (La Rioja Alta, Haro; 2009)

Ion Stegmeier, *Navarra: La Cultura del Vino* (Gobierno de Navarra, Pamplona; 2008)

George M Taber, *In Search of Bacchus* (Scribner, New York; 2009)

Luis Tolosa Planet and Mikel Larreina Díaz, *Bodegas y Vinos de la Rioja* (LT&A Ediciones, Barcelona; 2005)

El Vino Entre dos Siglos (López de Heredia, Haro; 2007)

Viña Tondonia, un Pago, una Viña, un Vino (López de Heredia, Logroño; 2007)

索引

★印はつくり手の名称。

ア

アケラーレ　307
アスカラテ、ヘス　80, 82
アスピアス、イニャーキ　156
★アデガ・アルゲイラ　277
★アデガ・パソス・デ・ルスコ　264
アベル・メンドーサ・モンヘ　108-11
アメストイ、ビセンテ　140
アメソラ・デ・ラ・モラ　180-1
アメソラ・デ・ラ・モラ家：クリスティナ　180-1；イニゴ　180；ハビエル　180；マリア　180-1
アルサック家：エレナ　307；フアン・マリ　305, 307；マイテ　307
★アルタス、ボデガス・イ・ビニェードス　218
アルタチョ家　189
★アルタディ　105, 106, 126-31, 136, 314
アルテビノ　149
★アルドニア、ボデガス　124, 314
アルト・デル・ピオ　128
アルネ、ルイス　199-200
アレン、ハビエル　266-7
アントニャナ、フアン・マリ　220
アントン、ゴンサロ　148-9；息子ゴンサロ　149
イガイ、シャトー　9, 193, 314
★イスキエルド、ボデガス・パシリオ　171
イダルゴ、ホセ　92, 281
イトサスメンディ、ボデガス　292-3
イヌリエタ、ボデガス　220
ヴィジェ、アルフォンセ　98
ウエツ・イ・ランス、アラン　7, 8
ウルタード・デ・アメサガ、カミロ　132：フランシスコ　132
ウルティア家：マリア　68-9, 71；ビクトル　68-9, 71
★エギア・エネア　294
エギア・クルス、アルフレド　294
エギサバル、マルコス　184
エグレキサ、パブロ　172
エグレン家　161；ギジェルモ　112, 120；マルコス　112-15, 120, 121, 161；ミゲル・アンヘル　112, 120
★エクソプト　159
エスクデロ家：アマドル　20, 202；アンヘレス　201；ベニート　201；ヘスス　201；フアン　201；ホセ・マリア　201
★エスクデロ/パルサクロ　201-2
エステファニア、ボデガス　234
エステファニア・ティレヌス、ボデガス　242
エスパルテロ将軍、バルドメロ　190
エミリオ・バレリオ、ボデガス　200
★エミリオ・ロホ　270-2
★エルマノス・ペシーニャ、ボデガス　118-19
★エレデロス・デル・マルケス・デ・リスカル　9, 24, 3, 43, 48, 132-5, 163, 189
エンシソ、カルメン　122-3
★オスタトゥ、ボデガス　150-1
オスペデリア、デル・ピノ　154
オスボルネ　188, 208
★オタス、ボデガ　223
オルベン　149

カ

ガステル、ハイメ　223
ガドー、ジャン・フランソワ　128, 218
ガリド、ハビエル・ゴメス　159
ガルシア家：アルベルト　236, 241；エドゥアルド　236, 238, 240, 241；マリアノ　149, 236, 238, 241
カスティージャ・アルスガライ、ドン・カミロ　219
★カスティージョ・デ・クスクリタ、ボデガス　94-5
★カスティージョ・デ・モンハルディン　221
カストロ・ベントサ　233
カセグレン、ジョン　278
カノカ、ラ　112
★カミロ・カスティージャ、ボデガス　10, 204, 219
カルペット、リカルド・ペレス　168
★カルロス・セレス、ボデガス　96
カレイロ家：カコ　273；リカルド　273
★カンピージョ、ボデガス　157
カーニャス家：フアン・ルイス　158；★ルイス　158
ギティアン家：カルメン　281；ラモン　281；セネン　281
キンタノ、マヌエル　140, 190
キンタ・デ・ムラデージャ　284-5
キンテラ、アナ　250, 252
★クネ（CVNE：コンパニア・ビニコラ・デル・ノルテ・デ・エスパーニャ）　10, 48, 68-73, 171, 314
★グランハ・ヌエストラ・セニョーラ・デ・レメリュリ　140-3
グルポ・マサベウ　260
クエルダ、ホセ・ルイス　266, 273
クルクエラ、イシドロ　68
ゲルペンス家：マルティン・M　215；リカルド　214-5；イネス　215
ゴロスティサ、マヌエル・ジャノ　168, 171
ゴンサレス、リカルド　310
ゴンサレス・リベイロ、フェルナンド　277
コセチェロス・アラベセス　128
★コト・デ・ゴマリス　273
コリオ、ハビエル　223
★コンダドール、ボデガ　104-7, 314
コンデ、アンドレス　309, 313
★コンパニア・デ・ビノス・テルモ・ロドリゲス　172-5
★コンパニア・ボデゲラ・デ・バレンシソ　122-3

サ

サエス、フェルナンド・ゴメス　167
サエル、ヘスス　305
サエンス、フリオ　86
サエンス・デ・サマニエゴ家　151：アスンシオン　150；ドロテオ　150；エルネスト　150；ゴンサロ　150；イニゴ　150；マリア・アスン　150
サブーア、ジャン・マルク　212
サルディアラン・グループ　149
サンタ・セピナ・エルミタージュ　140
サンチェス、ヘスス　309
サントス、イバンとマリオ　124
サントラヤ、アグスティン　88-9
サンペドロ　ダビッド　159
サン・ペドロ家：カルロス　136-7, 139；クリスティナ　136；ハビエル　136；ヘナロ　136
サン・マルティン、フランシスコ　216
シプリアーノ・ロイ、ボデガス　98
ジェルヴェ、ジャン　122, 162
スピハナ、ペドロ　305
セガスティサバル、ケパ　220
セニョリオ・デ・サリア　215
★セニョリオ・デ・サン・ビセンテ　112-15, 120
セビオ、ソセ・ロイス　273
セプリアン・サガリガ、ビセンテ・ダルマウ　190-1
セラヤ、フアン　184
ソロン家：フランシスコ・ハビエル、マルケス・デ・ラ・ソロン　152；ハイメ　152；マリア・テレサ　152；パブロ　152；フアン・パブロ・デ・シモン　152-3

タ

ダウリェリア、カルメン　90
★タパダ、ボデガ・ラ　281
タメルス、アンドレ　270
チビテ家　163：カルロス　21；クラウディオ　208；フェリクス　208；フェルナンド　208-9；フアン・チビテ・フリアス　208；フリアン（父）　208, 209；フリアン（息子）　208；メルセデス　210
チビテ/セニョリオ・デ・アリンサノ　10, 14, 16, 204, 208-11, 219, 314
チュエカ、イニャキ　291
★チョミン・エチャニス　290-1
ディエゴ・サモラ　96
ディエス、カルロス　90
ディオス・アレス、ボデガス　136
★ディナスティア・ビバンコ　116-17
★デセンディエンテス・デ・ホセ・パラシオス　228-31, 233, 238, 241
デル・コラル、フアン・ピエス　94
★デル・ハルディン、ボデガ　214-5
デル・ビリャル、ビクトルとソニア・オラノ　221
デ・アラウホ、フアン・ヒル　254-6
デ・アランサバル、ギジェルモ　84-5
デ・アルバ、クルス　96
デ・グレゴリオ、ミゲル・アンヘル　48, 100-3, 125
デ・フラダス、マルス　96
デ・マドラソ家：ヘスス　168-9, 171；ホセ　168；リカルド・ペレス・ビジョータ　171
デ・ラカジェ、ロペス　218
デ・マタ家（マルケス・デ・バルガス）：フェリペ　194；イラリオ　194；ペラヨ　194-5
★デ・ラ・マルケサ、ビニェードス・イ・ボデガス　152-3
デ・レカンダ、フロンティノ　96
テヘルド、マルセロ　310
★ドミニオ・デ・タレス　243, 364
★ドミニオ・ド・ビベイ　274-6
ドミンゲス、ハビエル　274
ドメック　162, 208
ド・フェレイロ、ボデガ　257-9

318

★トピア、ボデガス 99
トマス、エスペランサ 90
トレス・シニア、ミゲル 210

ナ
ナバハス・マトゥテ家：アレハンドロ 188；セレスティノ 188；グレゴリオ 188；ホセ・ルイス 188
ナルダ、エミリオ・ソホとマルタ 189
ナレス、フアン 305, 313
ヌーニェス、イニャキ 212-13
★ネケアス、ボデガス・イ・ビニェードス 216-17

ハ
バイゴリ、ヘス 156
★バイゴリ、ボデガス 156
バウマン、ジグムント 90
★バシリオ・イスキエルド、ボデガス 160
バスケス、リカルド 266
バスティダ、ロドルフォ 96, 125
バニャレス、ハビエル 223
バリョベラ、ボデガス 136
★バル、ボデガス、ラ 265
バルデマル 186-7
バルビエル・ジュニア、レネ 274
バルマ 194
バレリオ、エミリオ 222
バレンティン、ルイス 122-3
★バロン・デ・レイ 203
パイサ・イ・ビニェードス 102
★パイサール、ボデガス・イ・ビニェードス 236, 240-1
★パゴ・デ・シルスス・デ・イニャキ・ヌーニェス 212-13
パソ・デ・セニョランス 250-3
パニエゴ、フランシス 305, 308
パラシオ、コスメ 162
★パラシオ、ボデガス 10, 14, 122, 162
パラシオ、イシドロ 90
★パラシオ・レモンド 196-8, 228, 238, 278
パラシオ家：アルバロ 196-7, 226, 230, 238；アントニオ 196, 228；ホセ 196, 228；ラファエル（ラファ） 196, 198, 264, 278-9；リカルド・ペレス 228-9, 230, 233, 238
パラシオ・デ・カネド 226
★パラシオ・デ・フェフィニャネス 16, 254-6
パラシオ・デ・ボルノス 215
★ビニェードス・シエラ・カンタブリア 120-1
★ビニェードス・デル・コンティーノ 11, 48, 168-71
★ビニェードス・デ・パガノス 120, 161
ビベエードス・ラカギエ ラオルデン 129
ビバンコ家 116-17
ビラ、キム 102
ビラ・ビテカ 102
★ビルバイナス、ボデガス 10, 92-3
ビーニャ・アラナ 86
ビーニャ・アルダンサ 86
ビーニャ・アルベルディ 98
★ビーニャ・イサディ 148-9, 152
★ビーニャ・サルセダ 163
★ビーニャ・メイン 265-9
★ピコス・デ・カバリエソ 295
ピノー、ジャン 38, 132, 152；息子シャルル・ピノー 132
ヒル、ハビエル 197

ブエノ、ソレダード（マリソル） 250-1
ブストス、ダビド 274
★ブレトン、ボデガス 125
ブレトン家：マリア・ビクトリア 125；ペドロ 125
★プエジェス、ボデガス 154-5
プエジェス家：フェリクス 154；ヘス 154-5
★プハンサ、ボデガス・イ・ビニェードス 136-9
プヨーベール、トム 159
プラダ、ホセ・ルイス 224-5
プリエト、スソ 274
★ファウスティノ、ボデガス 157, 182-3
★フィジャボア、ボデガス 260-1
★フィンカ・アジェンデ 100-3, 125
フィンカ・アンティグア 178
フィンカ・イガイ 190
フィンカ・バルピエドラ/ビーニャ・ブハンダ 176-9, 188
フィンカ・ビジャクレセス 149
フィンカ・ラス・クエバス 86
フィンカ・ラ・クエスタ 86
★フェルナンド・レミレス・デ・ガヌサ 144-7
フォルネル家：クリスティナ 164；エンリケ 164
★フォルハス・デル・サルネス、ボデガス・イ・ビニェードス 262-3
フフレニチェ、パコ 313
フリアス家 189
フロレス、フェルナンド 306
ベガ・シシリア 44, 149, 236, 241, 297, 313
ベシノ、コンチャ 216-17
ベトゥス 149
ベラサテギ、マルティン 308
ベルセオ、ボデガス 96
ベルソラ、リカルド 132
ベルーエ、ジャン・クロード 172
ベシーニャ家 118-19
ペレス、アナ 277
ペレス、グレゴリー 236, 238-9, 241
ペレス、ラウル 16, 33, 228, 232-5, 238, 262, 284
ペレス、サラ 274
★ヘラルド・メンデス、ボデガス 257-9

マ
マウロ、ボデガス 238
マサベウ、ホセ 261
マジエール、フィリペ 71
マテオ、ホセ・ルイス 284-5
★マルケス・デ・カセレス 11, 43, 48, 59, 66, 164-7, 182, 314
★マルケス・デ・バルガス 194-5
★マルケス・デ・ムリエタ 8, 9-10, 39, 48, 189, 190-3
マルティネス、フリオ 157
マルティネス、ペドロ 156
マルティネス・アルソ家：エルテリオ 182；フリオ・ファウスティノ・マルテネス 182；ファウスティノ・マルティネス・ペレス・デ・アルベニス 182
マルティネス・ブハンダ・グループ 176, 186
マルティネス・ブハンダ家：カルロス 48, 176-8；ヘス 48, 186；ピラル 176-8
★マルティネス・ラクエスタ、ボデガス 97
マルティン、アナ 95, 281, 292-3
マレケ、ハビエル 250
★ムガ、ボデガス 48, 80-3, 84

ムガ家：アウロラ・カーニョ 80；イサベル 80；イサーク 80；イサシン 80, 82；ホルヘ 80-1；フアン 80；マヌエル 80, 82
ムニス、ラウル 306
ムリエタ、ルシアノ 190, 193
ムルガ、ラモン・ビルバオ 96
★メンゴバ、ボデガス・イ・ビニェードス 236, 238-9, 241
メンデス・ラサロ家：フランシスコ・メンデス・ラルド 257；ヘラルド 16, 257；マヌエル 258；ロドリゴ 262
メンドーサ家：★アベル 108-9, 12；マイテ 108-9
モラン、マルコス 309
★モンテシージョ、ボデガス 188

ラ
ライアン、ホセ・マリア 125
★ラウル・ペレス、ボデガス・イ・ビニェードス 232-5
ラガル・デ・セルベラ 86
ラクエスタ、フェリクス・マルティネス 10, 11, 97
★ラクス/オリヴィエ・リヴィエール、ボデガス 199-200
ラス・オルカス、ボデガス 136
ラス・デュエラス 313
★ラデラス・デ・モンテフラ 222
★ラファエル・パラシオス 278-80
★ラモン・ビルバオ 96
★ラン、ボデガス 184-5
リヴィエール、オリヴィエ 199-200
リオス、ガリコイツ 292
リオハナス、ボデガス 10, 89
★リオハ・アルタ 48, 84-7
リメレス、ホセ 265
ルイス、サンティアゴ 16
ルイス・カーニャス 152, 158
ルイス・デ・ベルガラ、ハビエル・ペレス 194
ルスコ・ド・ミーニョ 264
ルナ、アレハンドロ 236-7
★ルナ・ベベリデ 236-7, 238, 241
ルマサ 184
レアル・デ・アスア、エウセビオとライムンド 68
レゴブルブ、イグナシオ・ゴメス 124
レミレス・デ・ガヌサ家：クリスティナ 144, 147；フェルナンド 144-7；マリア 147
レメリュリ 43, 192
ロイ、シプリアーノ 98
ロシーリョ、ローレン 178
★ロダ、ボデガス 84, 88-91
ロットリャント、マリオ 90
ロドリゲス・サリス家：アマイア 140；ハイメ 140-1；テルモ 43, 48, 140-2, 172-5, 200
ロペス・デ・エレディア家：フリオ・セサル（父） 74；フリオ・セサル（孫） 74；マリア・ホセ 74-9；メルセデス 74, 76, 79；ペドロ 74；ラファエル 74, 77
★ロペス・デ・エレディア/トンドニア、ボデガス 78, 74-9, 313
ロペス・デ・ラカジェ、フアン・カルロス 48, 126-9, 136
ロペス・ドミンゲス、ホセ・アントニオ 264
ロメオ家：アンドレス 106；★ベンハミン 104-7, 128；マリマール 106
ロレンソ、ラウラ 274
ローラン、ミシェル 162

著者：ヘスス・バルキン（Jesús Barquin）

ラ・ボタのラベルで特別なワインを元詰めしているエキポ・ナバソスの創立者。しばしば『The World of Fine Wine』誌およびウェブサイト「elmundovino.com」にテイスティングしたワインについて寄稿、その文章を認められてスペインの全国美食賞を獲得している。グラナダ大学の教授でもある。

ルイス・グティエレス（Luis Gutiérrez）

マドリードの多国籍大企業勤務。自由時間を家族とワインに割いている。「elmundovino.com」には定期的に、他のメディアにも折にふれて、テイスティングしたワインの記事を寄せる。スペインとポルトガルだけでなくブルゴーニュ、シャンパーニュ、ローヌ、そしてドイツのリースリングについても執筆する。

ビクトール・デ・ラ・セルナ（Víctor De La Serna）

スペインの全国紙『El Mundo』の副編集長兼ワイン文化を扱うウェブサイト「elmundovino.com」の責任者。スペイン南東部のワイナリー、フィンカ・サンドバルのオーナー。料理とワインに関する著作でスペインの全国美食賞を2回獲得している。

監修：大狩 洋（おおがり わたる）

京都市出身。「REGENCE 六本木」勤務を皮切りにソムリエの道に入る。さまざまな高級フレンチレストランやホテルにてシェフソムリエとして各国大使並びVIPなどの接遇にあたる。2002年、小笠原伯爵邸のオープン当初より支配人兼シェフ・ソムリエに就任。スペインワインや食文化を研鑽し、その技術は本場スペインからも認められている。

翻訳者：大田 直子（おおた なおこ）

東京大学文学部社会心理学科卒業。訳書に、『アシュタンガ・ヨーガインターミディエート・シリーズ』、共訳に『地図で見る図鑑 世界のワイン』『死ぬ前に味わいたい1001ワイン』（いずれも産調出版）など多数。

Fine Wine Editions
Publisher Sara Morley
General Editor Neil Beckett
Editor David Williams
Subeditor David Tombesi-Walton
Editorial Assistants Anouck Mittaz, Inés Rivera de Asís
Map Editor Jeremy Wilkinson
Maps Tom Coulson, Encompass Graphics, Hove, UK
Indexer Ann Marangos
Production Nikki Ingram

THE FINEST WINES OF RIOJA AND NORTHWEST SPAIN
FINE WINEシリーズ スペイン リオハ＆北西部

発　行	2012年10月20日
発 行 者	平野 陽三
発 行 元	ガイアブックス
	〒169-0074 東京都新宿区北新宿 3-14-8
	TEL.03(3366)1411
	FAX.03(3366)3503
	http://www.gaiajapan.co.jp
発 売 元	産調出版株式会社

Copyright SUNCHOH SHUPPAN INC. JAPAN 2012
ISBN978-4-88282-849-5 C0077

落丁本・乱丁本はお取り替えいたします。
本書を許可なく複製することは、かたくお断わりします。

Printed in China

First published in Great Britain 2011 by
Aurum Press Ltd
7 Greenland Street
London NW1 0ND
www.aurumpress.co.uk

Copyright © 2011 Fine Wine Editions Ltd

Photographic Credits

All photography by Jon Wyand, with the following exception:

Page 9: The Battle of Nájera, from an illuminated manuscript of Froissart's Chronicles; © Photos 12 / Alamy